"十四五"时期国家重点出版物 工业和信息化部"十四五"规划专著
出版专项规划项目

新型热电材料研究丛书

THERMOELECTRICS

锡硫族层状宽带隙
热电材料

赵立东 秦炳超 常诚 著

TIN CHALCOGENIDES:
LAYERED AND
WIDE-BANDGAP THERMOELECTRICS

人民邮电出版社

北京

图书在版编目（CIP）数据

锡硫族层状宽带隙热电材料 / 赵立东，秦炳超，常诚著. -- 北京 : 人民邮电出版社，2023.12
（新型热电材料研究丛书）
ISBN 978-7-115-62066-8

Ⅰ．①锡… Ⅱ．①赵… ②秦… ③常… Ⅲ．①热电转换－材料科学 Ⅳ．①TK123

中国国家版本馆CIP数据核字(2023)第118685号

内 容 提 要

热电材料是一类能够直接、可逆地实现热能和电能相互转换的新能源材料，在温差发电和精确温控等领域有着不可替代的应用。近年来，研究人员开发出了高效且环境友好的锡硫族层状宽带隙热电材料 SnQ（$Q=$ Se、S），使宽温区内材料的热电性能实现了巨大提升，引发了热电领域对这类宽带隙热电材料的研究热潮。

本书共七章，首先从热电材料的研究背景引入，介绍了层状材料的输运机制，阐明了研究层状宽带隙热电材料的重要性。然后，对锡硫族层状宽带隙热电材料 SnQ（$Q=$ Se、S）的晶体结构和本征热电性能、多晶的制备及晶体的生长方法、P 型晶体的多价带输运效应及性能优化、N 型晶体的"三维电荷-二维声子"输运特性及性能优化，以及多晶的输运性能研究和性能优化进行了系统的分析和总结。最后，本书对层状宽带隙热电材料未来的发展进行了展望，对热电领域的科研人员和相关产业开发人员具有重要的指导意义。

本书可供从事热电材料相关研究的科研人员、热电产业工作者学习参考，也可以作为高等院校材料科学与工程、物理和化学等相关专业的教学参考用书。

◆ 著　　　　赵立东　秦炳超　常　诚
责任编辑　林舒媛
责任印制　李　东　焦志炜

◆ 人民邮电出版社出版发行　　北京市丰台区成寿寺路 11 号
邮编　100164　电子邮件　315@ptpress.com.cn
网址　https://www.ptpress.com.cn
北京捷迅佳彩印刷有限公司印刷

◆ 开本：700×1000　1/16
印张：23　　　　　　　　2023 年 12 月第 1 版
字数：374 千字　　　　　　2023 年 12 月北京第 1 次印刷

定价：159.00 元

读者服务热线：(010)81055410　印装质量热线：(010)81055316
反盗版热线：(010)81055315
广告经营许可证：京东市监广登字 20170147 号

丛书序

　　热电材料是一种可实现热能和电能直接相互转换的重要功能材料，相关技术在航空航天、低碳能源、电子信息等领域有着不可替代的应用价值。2017年，科技部印发的《"十三五"材料领域科技创新专项规划》中明确提出发展热电材料。2018年，热电材料被中国科协列为"重大科学问题和工程技术难题"之一。2019年，美国国家科学院在《材料研究前沿：十年调查》报告中也明确把研发新型高性能热电材料列为未来十年材料研究前沿和重要研究方向。热电效应自被发现距今已两百余年。以往，主要是美国和欧洲的一些国家在研究热电材料，直至近二十年，我国在热电材料领域才取得一席之地，这离不开国家政策和重大项目的支持，也离不开国内热电材料领域各研究团队的不懈努力。

　　赵立东教授多年来致力于热电材料的研究，特别是在新型热电化合物的设计合成方面做出了多项具有国际影响力的创新性工作，相关研究成果多次发表在 Science 和 Nature 等重要学术期刊上，在推动热电材料发展方面做出的创新性贡献获得了国际同领域的高度评价。此次由赵立东和相关团队优秀作者编写的"新型热电材料研究丛书"在内容和撰写思路上具有鲜明的特色。现有热电材料领域相关图书大多聚焦热电材料领域大框架的整体讨论和大范围的概括性总结，该丛书的不同之处是基于近几年快速发展的 3 种前沿、经典、具有潜力的热电材料体系，展开了全方位的总结讨论和深入分析，尤其阐述了调控材料自身性能的众多策略，为读者提供了寻找高效热电材料的研究思路，对热电技术在新时代下的产学研应用具有指导性作用，能填补同领域热电材料图书的空白，促进国内热电材料领域的学术发展，推动热电技术在温差发电与制冷领域的科技创新。

张清杰

中国科学院院士

武汉理工大学教授

前　言

近年来，地球能源问题日趋严峻，煤炭、石油、天然气等化石能源的现有储量日益衰竭，大量化石能源的不完全燃烧带来的雾霾等环境问题日益严重，开发研究新能源工作早已迫在眉睫。研究表明，全球范围内约有 60% 的能源在利用过程中损失，而其中的绝大多数都是以废热的形式散发到大气中，造成了极大的能源浪费。因此，回收利用废热、提升废热利用效率，对于提高当前的能源利用效率、降低能源消耗有着极其重要的意义，同时也会对我国乃至全球的能源利用格局产生深远的影响。热电材料作为一种具有特殊性质的环境友好型新能源材料，引起了越来越多研究人员的关注。针对热电材料及其技术的研究源自热电转换效应，包括泽贝克效应、佩尔捷效应和汤姆孙效应。与传统的发电技术相比，热电能源转换技术具有可模块化、无运动部件、无噪声、无污染、零磨损等诸多优点，使其在一些特殊领域，尤其是对服役条件和可靠性有着严格要求的航空航天领域，有着广阔的应用前景。与此同时，热电器件在诸如工业废热发电、汽车尾气废热发电、太阳光电复合发电、微型移动能源和半导体制冷与温控等关键技术领域也有着重要的应用。

随着材料合成制备技术和理论计算方法的不断发展，在过去几十年间，基于热电材料及其器件的能源转换技术实现了长足的进步和发展。尤其是，随着研究人员对热电材料内在物理输运机制理解的不断深入和材料微观多尺度缺陷结构调控手段的不断发展，热电材料的性能得到了大幅度优化，在传统热电材料体系（如 Bi_2Te_3、$PbTe$、$SiGe$、半霍伊斯勒合金等）中均获得了超过 1.0 的稳定 ZT 值。此外，基于更多热电材料设计新理论的提出和晶体生长制备技术的快速进步，有越来越多的新型热电材料体系得到开发，锡硫族层状宽带隙热电材料 SnQ（Q=Se、S）就是其中的典型代表。这类材料的宽带隙特征使得材料的热电性能突破了窄带隙的束缚，有望在很宽的温度范围内实现优异的热电性能；其层状晶体结构特征，使得材料具有特殊的声电输运机制以及本征低

1

热导等优异特性，当将材料制备为晶体时，可在晶体的层内方向得到较高的载流子迁移率和电输运性能，进而能够实现优良的热电性能。

本书重点介绍锡硫族层状宽带隙热电材料的国内外研究前沿进展，在剖析材料内在特性的同时，对材料的外在表观性能进行了总结，建立了锡硫族层状宽带隙热电新材料的结构和性能之间的桥梁。其中，第 1 章介绍了层状热电材料的输运机制，阐明了研究层状宽带隙热电材料的重要性。第 2 章，对锡硫族层状宽带隙热电材料 SnQ（Q = Se、S）的基本性质、晶体结构和本征热电性能、强非谐振效应及本征低热导特性等进行了深入的剖析。作为材料科学研究的基础，材料的合成与制备方法同样值得关注。尤其是对于锡硫族层状宽带隙热电材料，其晶体的生长以及多晶的制备工艺在很大程度上会影响材料的热电性能，因此第 3 章着重总结了多晶的制备和晶体的生长方法与技术。第 4 章至第 6 章分别对 P 型锡硫族层状宽带隙晶体的多价带输运及宽温区热电性能优化、N 型晶体的"三维电荷－二维声子"输运特性、多晶的性能优化和研究进展进行了系统的分析和总结。最后，在第 7 章中，本书对层状宽带隙热电材料未来的发展进行了展望。

限于作者的自身水平和精力，书中难免会存在一些不足和疏漏之处，恳请广大读者朋友和同行专家批评指正，在此表示诚挚的谢意。

作者

2023 年 12 月

目　录

第1章　锡硫族层状宽带隙热电材料的研究背景 ·············· 1

1.1　引言 ······················· 1

1.2　热电材料的研究基础 ·················· 1

   1.2.1　热电效应及其理论 ··············· 3

   1.2.2　热电材料的优化方法 ·············· 6

   1.2.3　热电领域的前沿进展 ·············· 15

1.3　层状热电材料的研究历程 ··············· 16

   1.3.1　研究和开发层状热电材料的必要性 ········· 16

   1.3.2　人工超晶格的研究 ··············· 18

   1.3.3　层状材料的输运机制 ·············· 20

1.4　锡硫族层状宽带隙热电材料 ·············· 21

   1.4.1　SnSe 基热电材料 ··············· 21

   1.4.2　SnS 基热电材料 ··············· 26

1.5　本章小结 ····················· 29

1.6　参考文献 ····················· 31

第2章　锡硫族层状宽带隙 SnQ 材料的晶体结构和本征热电性能 ········· 37

2.1　引言 ······················· 37

2.2　SnQ 材料的基本性质 ················· 38

   2.2.1　SnSe 材料的物理和化学性质 ··········· 38

   2.2.2　SnS 材料的物理和化学性质 ··········· 41

2.3　SnQ 材料的晶体结构及其特征 ············ 43

2.4　SnQ 材料的本征热电性能 ·············· 47

2.5 SnQ 材料的非谐振效应和低热导特性 ············ 52

    2.5.1 非谐振效应及其与热导率的关系 ············ 53

    2.5.2 SnQ 材料的本征低热导特性 ············ 62

    2.5.3 SnQ 材料热导率的外部影响因素 ············ 74

2.6 本章小结 ············ 87

2.7 参考文献 ············ 88

第 3 章 锡硫族层状宽带隙 SnQ 材料的制备方法 ············ 93

3.1 引言 ············ 93

3.2 SnQ 多晶的制备方法 ············ 93

    3.2.1 材料的合成 ············ 94

    3.2.2 粉体材料的致密化处理 ············ 105

3.3 SnQ 晶体的生长方法 ············ 111

    3.3.1 Bridgman 法 ············ 112

    3.3.2 温度梯度法 ············ 114

    3.3.3 垂直气相法 ············ 118

    3.3.4 水平熔体法 ············ 120

    3.3.5 水平液封法 ············ 121

    3.3.6 薄膜 SnSe 的生长方法 ············ 123

3.4 本章小结 ············ 125

3.5 参考文献 ············ 126

第 4 章 P 型锡硫族层状宽带隙 SnQ 晶体热电性能的优化 ············ 132

4.1 引言 ············ 132

4.2 P 型 SnSe 晶体热电性能的优化 ············ 132

    4.2.1 空穴掺杂促进多价带参与电输运 ············ 132

    4.2.2 固溶及缺陷优化策略协同调控热电性能 ············ 138

    4.2.3 动量空间和能量空间的能带对齐效应协同
        优化热电性能 ············ 152

4.3 P 型 SnS 晶体热电性能的优化 ············ 161

    4.3.1 空穴掺杂促进多价带参与电输运 ············ 161

4.3.2　多价带交互策略协同优化热电性能 ·············· 169

4.4　本章小结 ······································· 178

4.5　参考文献 ······································· 179

第 5 章　N 型锡硫族层状宽带隙 SnQ 晶体热电性能的优化 ····· 183

5.1　引言 ··· 183

5.2　Br 掺杂的 N 型 SnSe 晶体的热电性能研究 ············ 183

5.2.1　Br 掺杂的 SnSe 晶体最优热电性能方向 ·········· 184

5.2.2　Br 掺杂的 SnSe 晶体热电性能分析 ·············· 188

5.2.3　三维电输运性能分析 ························· 192

5.2.4　SnSe 晶体持续性相变过程 ···················· 198

5.2.5　SnSe 晶体中能带的简并和退简并过程 ············ 204

5.3　Pb 固溶的 N 型 SnSe 晶体的热电性能研究 ············ 211

5.3.1　Pb 固溶的 SnSe 晶体的持续性相变过程 ··········· 212

5.3.2　Pb 固溶的 N 型 SnSe 晶体的电输运性能 ·········· 218

5.3.3　Pb 固溶的 N 型 SnSe 晶体的能带简并过程 ········· 219

5.3.4　Pb 固溶的 N 型 SnSe 晶体的热输运性能及 ZT 值 ···· 221

5.4　S 固溶的 N 型 SnSe 的热电性能研究 ················ 222

5.4.1　S 固溶的 SnSe 的高温相变 ···················· 223

5.4.2　S 固溶的 N 型 SnSe 的电输运性能分析 ··········· 224

5.4.3　S 固溶的 N 型 SnSe 的热输运性能分析及 ZT 值 ····· 225

5.5　Bi 掺杂的 SnSe 晶体的热电性能研究 ················ 227

5.5.1　Bi 掺杂的 SnSe 晶体的热电性能 ··············· 227

5.5.2　Bi 掺杂的 SnSe 晶体微观点缺陷的 STM 表征 ······· 232

5.6　N 型 SnS 晶体的研究探索 ························· 234

5.6.1　本征 S 空位 SnS_{1-x} 晶体 ····················· 235

5.6.2　Br 掺杂的 SnS 晶体 ·························· 236

5.6.3　其他 N 型掺杂的 SnS 晶体 ···················· 242

5.7　本章小结 ······································· 246

5.8　参考文献 ······································· 248

第 6 章　锡硫族层状宽带隙 SnQ 多晶热电性能的优化 ·················· 253

　　6.1　引言 ··· 253
　　6.2　熔融法与机械合金化法 ··································· 253
　　　　6.2.1　SnSe 和 SnS 的二元以及三元相图 ·············· 253
　　　　6.2.2　形成能和转换能级 ····························· 260
　　　　6.2.3　本征 Sn 空位掺杂 ···························· 264
　　　　6.2.4　非本征 P 型掺杂 ····························· 266
　　　　6.2.5　N 型掺杂 ··································· 271
　　　　6.2.6　固溶与析出第二相 ····························· 283
　　　　6.2.7　织构取向 ···································· 299
　　　　6.2.8　机械合金化法 ······························· 305
　　6.3　纳米合成法 ··· 310
　　　　6.3.1　溶液反应条件对 SnSe 性能的影响 ·············· 310
　　　　6.3.2　非稳态掺杂固溶 ····························· 323
　　　　6.3.3　N 型掺杂 ··································· 329
　　　　6.3.4　表面处理 ···································· 332
　　　　6.3.5　纳米 SnS 的探索与发展 ······················ 337
　　6.4　本章小结 ·· 339
　　6.5　参考文献 ·· 340

第 7 章　结语及展望 ··· 353

　　7.1　本书总结 ·· 353
　　7.2　研究展望 ·· 354
　　7.3　参考文献 ·· 355

第1章 锡硫族层状宽带隙热电材料的研究背景

1.1 引言

近年来，全球环境和能源问题日益严峻，化石能源存在储量不足、能源利用过程中损耗过大等问题，开发和研究新能源材料迫在眉睫。热电材料作为一种具有特殊性质的环境友好型新能源材料，引起了越来越多研究人员的关注。随着材料合成制备技术和理论计算方法的不断发展与完善，在传统热电材料（如 Bi_2Te_3、PbTe、SiGe 和半霍伊斯勒合金等体系）的研究基础上，有越来越多的新型热电材料体系被开发。其中，锡硫族层状宽带隙热电材料 SnQ（Q = Se、S）就是典型代表。这类材料的宽带隙特征使得材料的热电性能突破了窄带隙的束缚，有望在宽温度范围内实现高效的热电性能；其层状晶体结构特征，使得材料具有特殊的声电输运机制以及本征低热导等优异特性，将材料制备为晶体时，可在层状晶体的层内方向得到较高的载流子迁移率和电输运性能，进而获得意料之外的优良热电性能。

本章以热电材料的本质特性及研究基础为出发点，首先介绍热电效应的基本理论、热电材料的典型参数及优化方法和热电领域的前沿进展；随后，针对层状宽带隙热电材料这一全新研究分支，重点讨论层状热电材料的研究历史和内在热电输运机制，表明研究和发展层状宽带隙热电材料的重要性和必要性；最后，总结锡硫族层状宽带隙热电材料 SnQ 的研究进展，并对未来潜在发展方向进行展望。

1.2 热电材料的研究基础

近年来，全球能源问题日趋严峻，煤炭、石油、天然气等化石能源的现有储量日益减少，与此同时大量的化石能源不完全燃烧而带来的雾霾等环境问题日益严重，开发研究新能源材料及相关技术迫在眉睫。根据相关研究结果，绝大多数的能源损失是以废热的形式散发到大气中，造成了极大的能源浪

费 [1]。因此，回收利用废热、提升废热利用效率，对于提高当前的能源利用效率、降低能源消耗有着极其重要的意义，同时也会对我国的能源配置格局产生深远的影响。

热电技术是一种通过利用固体内部载流子的运动，从而实现热能和电能直接相互转换的新能源技术 [2-4]。热电技术源自热电转换效应，包括泽贝克效应（Seebeck Effect）、佩尔捷效应（Peltier Effect）和汤姆孙效应（Thomson Effect）。与传统的发电技术相比，热电能源转换技术具有可模块化、无运动部件、无噪声、无污染、零磨损等诸多优点。这些优点使其在一些特殊领域，尤其是对服役条件和可靠性有着严格要求的航天领域，有着非常广阔的应用前景。与此同时，热电器件在工业废热发电、汽车尾气废热发电、太阳光电复合发电、微型移动能源和半导体制冷与温控等民用技术领域也有着重要应用。

目前，很多国际知名汽车制造企业都在大力支持汽车热电器件的研发工作。例如，美国的通用汽车公司（General Motors Company，GM）专门设立了研发汽车热电器件的开发项目，福特公司和宝马公司也正在积极与热电企业合作，在自己品牌的汽车上安装热电器件。由 Gentherm 领导的团队（包括宝马和福特在内）推出了一款可集成到两种不同车型（宝马 X6 和林肯 MKT）中的热电器件，这种由方钴矿材料做的热电器件能够产生超过 600 W 的输出功率。丰田、本田、日产和通用汽车等其他汽车制造商也推出了类似的项目，通过收集尾气废热来提高汽车的燃油效率。热电能源转换技术也是深空和航天探测领域中的关键电源技术，在航天航空、国防与军工等方面起着不可或缺的作用。在深空环境下，由于太阳光的辐射功率很低，单一的太阳能电池并不足以维持航天器的正常工作，这使得温差发电电源成为深空探测器中至关重要的供电设备。到目前为止，美国和俄罗斯（苏联）已经成功地将放射性同位素热电发电机（最重约为 57.8 kg）送上太空。2006 年 6 月，中国原子能科学研究院同位素研究所成功研制出国内第一个钚 -238 同位素电池。2019 年，我国发射的"嫦娥四号"探测器采用同位素温差发电和热电综合利用技术相结合的方式实现了设备供电。随着我国"嫦娥工程"探月计划的稳步实施和未来火星探测计划的逐步开展，热电能源转换技术在拓宽我国航天活动半径以及相关领域的深入研究中显得尤为重要。因此，涵盖热电材料的物理输运机制、热电材料的合成制备技术、热电器件的组装设计和新型热电材料的开发探索等研究领域的热电研究，是目前材料科学和能源技术领域的前沿方向之一。

1.2.1 热电效应及其理论

热电效应主要可以从 3 个方面来描述，分别是泽贝克效应、佩尔捷效应和汤姆孙效应。这些效应解释了热能和电能之间的转换现象，在热电材料的研究中起着重要的指导作用。泽贝克效应是最早被发现的热电效应，指两种不同的金属连接构成闭环时，在外加温差时内部产生电流的现象，其表示为[5]：

$$S_{ab} = S_a - S_b = \lim_{\Delta T \to 0} \frac{V}{\Delta T} \tag{1-1}$$

其中，S_{ab} 是材料 a 和 b 的相对泽贝克系数，S_a 和 S_b 分别是材料 a 和 b 的绝对泽贝克系数，V 是热电势。泽贝克效应的机理是，当两种材料的连接处被加热时，电子会从电子能量较低的材料传递到电子能量较高的材料，从而产生电动势。

与之相逆，佩尔捷效应是指，当电流通过一对热电偶时，会产生一定的加热或冷却的效应，取决于电流方向和热电偶本身的材料特性，其表示为[5]：

$$\frac{dQ}{dt} = \pi_{ab} I = (\pi_a - \pi_b) I \tag{1-2}$$

其中，π_{ab} 是材料 a 和 b 的相对佩尔捷系数，π_a 和 π_b 分别是材料 a 和 b 的绝对佩尔捷系数，Q 是热能，t 是电流通过的时间，I 是电流。佩尔捷效应的机理是，当电流从一种材料传递到另一种材料时，电子所输运的能量会发生变化。

基于泽贝克效应和佩尔捷效应，汤姆孙效应是指当电流和温度梯度同时存在于均质导体中时，材料中出现的可逆的加热或冷却的效应，其表示为[5]：

$$dQT = \frac{\tau I dt}{dx} \tag{1-3}$$

其中，比例系数 τ 被称为汤姆孙因子。这 3 种效应之间的关系可以描述为[5]：

$$\pi_{ab} = S_{ab} T \tag{1-4}$$

$$\frac{dS_{ab}}{dT} = \frac{\tau_a - \tau_b}{T} \tag{1-5}$$

热电材料由于能够实现热能和电能之间直接和可逆的能量转换，因此被认为是解决全球能源困境的有效手段之一。通常，热电材料的性能好坏通过无量纲优值——热电优值（业界常用 ZT 值代表热电优值）进行描述。ZT 值越高，热电材料的性能越优良，对应热电器件的能源转换效率（热电转换效率）越高。

ZT 值的定义式为[5]：

$$ZT = \frac{S^2\sigma}{\kappa_{\text{tot}}}T = \frac{S^2\sigma}{\kappa_{\text{ele}}+\kappa_{\text{lat}}}T \qquad (1\text{-}6)$$

其中，S 是泽贝克系数，σ 是电导率，κ_{tot} 是总热导率，κ_{ele} 是电子热导率，κ_{lat} 是晶格热导率，T 是绝对温度。此外，热电材料的发电功率（热电势）一般通过功率因子（Power Factor，$\text{PF}=S^2\sigma$）进行评估[6]。通常，要实现高 ZT 值，需要材料具备较高的 PF 和 / 或较低的晶格热导率 κ_{lat}。

为了获得高 ZT 值，最基础和关键的步骤就是适当地调整空穴或电子载流子浓度 n，以优化材料的电输运性能。S、σ、κ 与 n 之间的关系可描述为[7]：

$$S = \frac{8\pi^2 k_{\text{B}}^2}{3e\hbar^2}m^* T\left(\frac{\pi}{3n}\right)^{2/3} \qquad (1\text{-}7)$$

$$\sigma=ne\mu \qquad (1\text{-}8)$$

$$\kappa_{\text{tot}}=DC_{\text{p}}\rho = \kappa_{\text{ele}}+\kappa_{\text{lat}} \qquad (1\text{-}9)$$

$$\kappa_{\text{ele}} = L\sigma T = ne\mu LT \qquad (1\text{-}10)$$

其中，m^* 是载流子的有效质量，e 是基元电荷，k_{B} 是玻耳兹曼常数，μ 是载流子迁移率，D 是热扩散系数，C_{p} 是比热，ρ 是质量密度，L 是洛伦兹常数。这些关系式表明，S、σ 和 κ 彼此之间具有强烈的内在联系，从而难以实现最佳的 ZT 值，如图 1-1 所示。

为了预测得到适当的 n，进而实现较高的 ZT 值，经典能带模型是常用的手段之一。在热电材料中，描述其输运特性的能带模型可以看作理想能带，它假定电子结

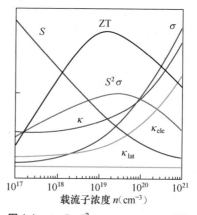

图 1-1　σ、S、$S^2\sigma$、κ_{tot}、κ_{ele}、κ_{lat}、ZT 与 n 之间的关系曲线[8]

构不会因轻掺杂和微小的温度波动而变化。在这种情况下，可以通过单抛物带（Single Parabolic Band，SPB）模型或凯恩能带（Kane Band，KB）模型研究和预测 ZT 值与载流子浓度之间的关系。此外，基于常规第一性原理的密度泛函理论（Density Functional Theory，DFT）也常用于研究各种热电系统的 ZT 和 n 之间的关系。这些基于物理原理的理论研究和预测，对于开展热电材料的实验研究具有重要的指导意义。

设计高性能热电材料的目的是将其应用于热电发电和冷却装置。对于热电发电装置，其发电效率 η_p 表示为：

$$\eta_p = \frac{T_h - T_c}{T_h} \cdot \frac{\sqrt{1 + ZT_{ave}} - 1}{\sqrt{1 + ZT_{ave}} + \frac{T_c}{T_h}} \tag{1-11}$$

其中，ZT_{ave} 是热端温度 T_h 和冷端温度 T_c 区间内的平均 ZT 值。对于热电冷却装置，其制冷效率 η_c 可以描述为：

$$\eta_c = \frac{T_c}{T_h - T_c} \cdot \frac{\sqrt{1 + ZT_{ave}} - \frac{T_h}{T_c}}{\sqrt{1 + ZT_{ave}} + 1} \tag{1-12}$$

为了计算 η_p 和 η_c，ZT 满足以下关系式：

$$ZT_{ave} = \frac{\int_{T_c}^{T_h} ZT(T)\mathrm{d}T}{T_h - T_c} \tag{1-13}$$

$$ZT(T) = \sum_{i=0}^{n} C_i T^i \tag{1-14}$$

其中，C_i 是每个 T^i 项的拟合系数。图 1-2（a）和图 1-2（b）分别给出了发电效率和制冷效率与 ZT_{ave} 之间的定量关系。由图可知，当 ZT_{ave} 值约为 1.0 时，热端温度为 700 K 且冷热端温差达到 400 K 时，可以获得约 15% 的发电效率 η_p；保持热端温度为 300 K，可以实现约 3% 的制冷效率和约 20 K 的制冷温差。综上所述，合理的热电材料设计是获得高 ZT_{ave} 以及确保高 η_p 或 η_c 的关键因素之一。

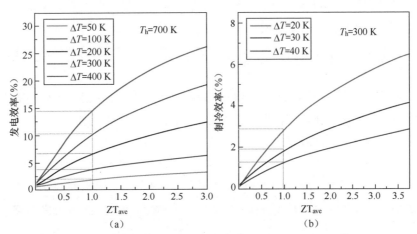

图 1-2　不同温差（ΔT）下的热电转换效率与 ZT_{ave} 的关系 [8]

（a）发电效率 η_p；（b）制冷效率 η_c

1.2.2 热电材料的优化方法

如前文所述,热电材料的性能优劣可以通过 ZT 值来表征,而 ZT 值又由泽贝克系数 S、电导率 σ 和总热导率 κ_{tot} 共同决定。要优化热电性能、提高 ZT 值,必须协调 3 个参数间的相互关系。这里将优化热电材料输运性能的常用方法总结如下。

1.2.2.1 优化载流子浓度

式(1-7)至式(1-10)给出了泽贝克系数 S、电导率 σ、总热导率 κ_{tot} 和电子热导率 κ_{ele} 的物理表达式。由图 1-1 可知,调节热电材料的载流子浓度是优化热电输运性能(简称热电性能)的基本途径。最初研究的热电材料主要是金属材料,直到将研究重点转移到半导体材料上,热电领域才迈出具有实质意义的第一步。半导体材料的主要优点是它们的泽贝克系数 S 比金属材料的要高得多。但是,对于本征 N 型(或 P 型)半导体来说,来自价带的空穴(或来自导带的电子)的热激发也会对泽贝克系数产生重要影响。当电子和空穴共存时,泽贝克系数实际上是它们的相对贡献之和,即它们对电导率贡献(σ_{N} 和 σ_{P})的加权值。也就是说,由于带相反电荷的载流子都从热端移到冷端,因此感应出的泽贝克电动势会被抵消,这对热电输运是不利的。因此,必须调节载流子浓度以使半导体表现出主要的 N 型或 P 型输运行为。通常,对大多数性能优异的热电材料而言,最佳载流子浓度为 $10^{19} \sim 10^{21}\ \text{cm}^{-3}$,并且相应的费米能级接近能带边缘(间距一般在 $10 \sim 100\ \text{meV}$)。

优化载流子浓度是优化热电材料性能的基本途径,也是提高热电性能的最有效方法之一。对于某些具有本征低热导特性的热电体系,情况尤其如此。通常,热电研究中有两种不同的调控载流子浓度的方式,即外来元素掺杂和固有缺陷调控。

外来元素掺杂主要采用元素周期表中的相邻族异价元素取代和在笼状热电体系中填充客体原子等思路,是调控材料载流子浓度的主要方法。值得注意的是,尽管这个想法看起来很简单,但是选择合适的掺杂元素也需要多次的尝试。在多数热电体系中,受掺杂剂溶解度极限和掺杂效率较低的限制,最佳载流子浓度无法实现,这也是在实验中未能实现某些理论预测的更高热电性能的主要原因。对于含有两种或多种元素的复杂半导体,掺杂剂的溶解度会因不同元素的种类和化学势而变得不同。例如,掺杂剂在 PbTe/Se/S 中的溶解度(其至掺杂活性和效率）取决于样品是富含 Pb 还是富含 Te/Se/S。实际上，在二元半导体中，应该至少有两个重要的溶解度参数，而不是单一的溶解度，无论是富含阳离子还是富含阴离子。掺杂剂的溶解度以及对应的载流子浓度也可以通过温度来调节。在大多数均匀掺杂的半导体中，载流子浓度由外来掺杂剂决定，并且与温度无关，这意味着只能在相当窄的温度范围内优化 ZT 值。为了在整个温度范围内实现较高的 ZT 值，研究人员提出了诸如功能梯度掺杂和温度依赖性（T 依赖性）掺杂等策略。功能梯度掺杂的主要思想是在样品的每个部分引入掺杂，以针对该器件的工作温度梯度进行优化。Dashevsky 等人通过气态源扩散成功地将 In 元素引入 N 型 PbTe 晶体中，并且在较大的温度范围内观察到泽贝克系数几乎是恒定的 [9]。功能梯度掺杂的主要缺点是，用扩散方法引起的均质效应会引起梯度结构不稳定，从而导致热电性能及稳定性下降。相比之下，温度依赖性掺杂没有扩散方法所带来的不稳定等问题，已经在实际应用中显示出一定的优势。温度依赖性掺杂的关键点是找到溶解度随着温度升高而增加的掺杂剂。Pei 等人 [10] 在掺 Ag 的 $PbTe/Ag_2Te$ 复合物中观察到，随着温度的升高，其载流子浓度增加，这是由于 Ag 在 PbTe 基材料中的溶解度随温度变化而引起的。在 PbTe 基热电体系中，Na 元素掺杂也被证明可能是温度依赖性掺杂 [11]。

而对于固有缺陷调控，材料中存在的大量内在缺陷（包括空位、间隙等）在优化载流子浓度方面提供了额外的"调节旋钮" [6]。其中，一个典型的例子就是 $Bi/Sb_2Te/Se_3$ 的 V_2VI_3 化合物，其内部大量的空位和反位缺陷，直接决定了材料的导电类型和载流子浓度。例如，在富含阳离子条件下生长的 Bi_2Se_3（N 型）、Bi_2Te_3（P 型）和 Sb_2Te_3（P 型）铸锭中，观察到的本征导电行为实际上受 $V_{Se}^{\cdot\cdot}$、Bi'_{Te} 和 Sb'_{Te} 支配（$V_{Se}^{\cdot\cdot}$ 是带正电荷的阴离子空位，而 Bi'_{Te} 和 Sb'_{Te} 是当阳离子原子占据阴离子空位时所形成的带负电荷的反位缺陷）。这些本征缺陷的类型和浓度对材料的成分非常敏感，可以通过本征或非本征成分掺杂进一步地调控。通常，阳离子和阴离子之间的电负性 χ 和共价半径 r_C 的差异较小，导致阳离子反位缺陷的形成能较低。相反，增加阳离子和阴离子之间 χ 和 r_C 的差异有利于形成阴离子空位。因此，阳离子反位缺陷的形成能的降低，可以很好地解释 P 型 $Bi_{2-x}Sb_xTe_3$ 中空穴载流子浓度随着 Sb 含量（若无特殊说明，本书中的含量均指摩尔分数）的增加而提高的趋势，这是因为 Sb 和 Te 之间的 χ 和 r_C 的差异小于 Bi 和 Te 之间的差异，如

图 1-3（a）所示。类似地，Bi_2Te_3 中 Te 位置处 Se 的等电子取代增加了阳离子反位缺陷的形成能并降低了阴离子空位形成能，这导致样品具有 N 型半导体特性。在 $Mg_{2+x}(Si,Sn)$ 体系中也发现了类似的固有点缺陷对载流子浓度的重要影响[12]。如图 1-3（b）所示，在 $Mg_{2+x}(Si,Sn)$ 固溶体（本书中固溶体都按照摩尔分数固溶）中，在假设 Sb/Bi 是唯一的掺杂物并且每个原子提供一个电子的前提下得到的理论预测曲线与实验测得的载流子浓度曲线存在明显偏差，这正是由于体系中 Mg 间隙的影响，材料中过量的 Mg 有助于 Mg 间隙的形成并有效地增加载流子浓度。除此之外，在 SnTe、SnSe、GeTe 和 BiCuSeO 等热电体系中，协同调控其固有的本征缺陷（Sn 空位、Ge 空位、Bi/Cu 双空位等）能够显著提升材料的整体热电性能。

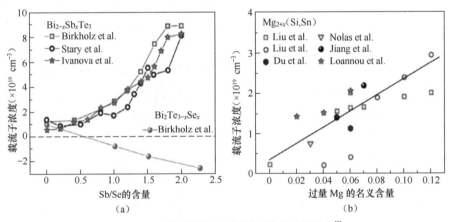

图 1-3 不同体系的载流子浓度与本征缺陷的关系[6]

（a）单向生长的 $Bi_{2-x}Sb_xTe_3$ 和 $Bi_2Te_{3-x}Se_x$ 材料的室温载流子浓度与 Sb 含量和 Se 含量的关系；
（b）$Mg_{2+x}(Si,Sn)$ 体系中，实验测得载流子浓度与过量 Mg 的名义含量的关系，直线为理论预测结果

1.2.2.2 调整能带结构

根据 ZT 的表达式可知其与 S^2 成正比，所以提高泽贝克系数似乎比增加电导率能更有效地实现高 ZT 值。Mott 和 Jones 等人在用量子力学处理材料的热电问题时，提出了金属和简并半导体材料中泽贝克系数的一般表达式[6]：

$$S = \frac{\pi^2}{3} \cdot \frac{k_B^2 T}{e} \cdot \frac{\partial}{\partial E}(\ln \sigma)_{E=E_F} = A\left[\frac{1}{n} \cdot \frac{dn(E)}{dE} + \frac{1}{\mu} \cdot \frac{d(E)}{dE}\right]_{E=E_F} \quad （1-15）$$

其中，A 为只与温度有关的约化参数。可以看出，增加载流子浓度和载流子迁移率与能量 E 之间的依赖关系可以有效提升泽贝克系数。对于给定的载

流子浓度，增加态密度（Density of State，DOS）有效质量（m_d^*）能够得到较高的泽贝克系数，可以通过增大能带简并度（N_v）或提高单带有效质量（m_b^*）的方法得到较高的 m_d^*，因为 $m_d^* = N_v^{2/3} m_b^*$。通常，热电研究中有以下 4 种能带调控方法。

（1）能带收敛和简并化。当材料中多个能带在几 $k_B T$ 内具有相同或相当的能量时，能带简并度会增加。这种现象通常源自：第一，多个能带的极值（价带顶或导带底）之间没有或有极小的能量差异（轨道简并度）；第二，布里渊区中的多个载流子"口袋"由于晶体的对称性而发生简并（能谷简并度）。如今，大多数性能优异的热电材料（如 PbTe、SnSe、Bi_2Te_3、Mg_2Si 和 P 型半霍伊斯勒合金等）都具有高能带简并度的特征 [13]。通常，当能带极值位于布里渊区的低对称点时，高对称晶体可能具有高的载流子能谷简并度。对于间接带隙半导体，由于多个能带极值处于不同位置，通常导带和价带的不同能带之间可以获得高简并度。根据这两种情况，关于能带收敛的研究可以分为两类。第一类涉及通过合金化或改变温度来收敛不同的能带以达到更高的轨道简并度。这一类的典型实例是 PbTe/Se/S 体系和 $Mg_2(Si,Sn)$ 固溶体系。在 PbTe 化合物中，价带顶出现在 L 点（$N_v = 4$），并且沿着 Σ 方向存在第二价带（$N_v = 12$）。这两个价带之间的能量差仅为 0.2 eV。随着温度的升高，L 点的价带顶向下移动，而 Σ 处的第二价带的能量位置大致保持恒定，如图 1-4（a）所示 [13]。这导致温度超过 800 K 时出现了明显的能带收敛（$N_v = 16$）。此外，还可以通过与特定元素（Mn、Mg、Cd 和 Sr 等）固溶合金化来调节第一价带和第二价带之间的能量差，进而调整能带收敛至特定温度。Pei 等人的研究结果表明，通过在 Te 位合金化一定含量的 Se 元素，可以提高 PbTe 基体发生价带收敛的起始温度，在 850 K 时获得了高达约 1.8 的 ZT 值 [13]。同样，在其他铅硫族化合物和相关的Ⅳ～Ⅵ化合物体系中也有类似的温度诱导的能带收敛行为。第二类涉及通过改变晶体的对称性以获得更高的能谷简并度。这一类的典型例子是 $(Bi,Sb)_2Se_3$ 固溶体和四方黄铜矿等体系。研究表明，通过成分诱导的晶体结构转变能够实现能带收敛。在 $Bi_{2-x}Sb_xSe_3$ 中，将 Sb 含量增加至 $x = 1$，可以观察到从菱形相到正交相的结构转变，这会导致电子能带结构的显著变化。导带底从布里渊区的中心移到 Γ-Y 处的过程［见图 4-4（b）］，会使 N_v 从 1 增大到 2。能带的收敛会产生较大的态密度有效质量，进而改善材料的电输运性能。利用结构转变诱导修饰电子能带结构的策略可能会给其他热电体系的研究提供一个全新的方向。

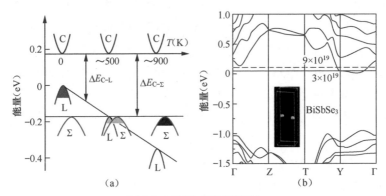

图 1-4　不同体系的能带收敛

（a）在 $PbTe_{0.85}Se_{0.15}$ 体系中，温度引起的能带收敛示意[13]；（b）在 $Bi_{2-x}Sb_xSe_3$ 中，结构
转变引起的能带收敛示意[14]

（2）能带扁平化。能带扁平化处理是提高 m_b^* 的常用策略，可以通过掺杂或合金化等方法来实现。例如，在 N 型 PbTe 中[15]，相同的载流子浓度下，在 La 掺杂的样品中得到的泽贝克系数 S 要比在 I 掺杂样品中的更高，这源自更高的 m_b^*，因为在两种情况下，能带简并度（$N_v = 4$）相等。能带结构计算表明，在掺 La 的 PbTe 中，L 点的导带会受到 La 原子的 f 轨道或 d 轨道与 Pb 原子 p 轨道之间的杂化影响，从而导致 L 点导带的 m_b^* 提高。相比之下，I 原子的 d 轨道对总态密度的贡献很小。而在 N 型 PbSe 中[16]，通过合金化 CdSe 能够实现 PbSe 的导带扁平化，从而显著提升材料的有效质量和泽贝克系数，协同调控 PbSe 基体的热电性能。

（3）能带对齐。在热电研究中，如果引入的第二相的能带与基体材料的能带对齐，从而以较低的能量切断电荷载流子的输运，则引入的纳米结构或异质结可以充当电子能量过滤器，因此能带对齐可以作为提高泽贝克系数的另一种途径。这一思路的原理可以理解为：低能量势垒选择性地过滤了低能载流子，因此可以在费米能级附近获得较大且能量非对称的电导率，从而增大泽贝克系数[6]。除此之外，能带对齐还可以在增大泽贝克系数的同时，使样品保持较高的载流子迁移率。在 N 型 PbS 中[17]，通过分步优化策略，在 $Pb_{0.94}Sn_{0.06}S$ 基体中引入 PbTe 第二相，首先使其能带对齐；其次，PbTe 作为嵌入的第二相可以显著增强声子散射，但相界面上的能量势垒降低，导致对载流子的散射弱于对声子的散射，使基体材料保持了较高的载流子迁移率，从而协同优化了 N 型 PbS 体系的热电性能。

（4）共振能级。共振能级的概念最早是在 19 世纪 50 年代针对金属材料提出的，它提供了一种使固体材料的态密度失真的方法。当杂质产生的能级位于基体材料的导带或价带中时，就会出现共振能级。共振能级对泽贝克系数的影响来自两个方面。首先，共振能级在基体态密度中产生一个窄峰，这有利于泽贝克系数的提升。其次，共振能级以一种对能量极其敏感的方式使导电电子发生扩散，即共振散射，这可能会导致泽贝克系数增加或减少。基于此，要通过共振能级显著增大泽贝克系数，需要共振能级本身必须对应传导能带的离域能级。Heremans 等人[18] 对共振能级的概念进行了实验验证，在 PbTe 样品中掺杂 2%（摩尔分数）Tl 元素后，其 ZT 值翻倍，这主要归因于泽贝克系数被极大提高。共振能级对于泽贝克系数的增大效应也逐渐在其他热电体系中得以验证和实现，主要包括 Al 掺杂的 PbSe、In 掺杂的 SnTe 和 GeTe、Sn 掺杂的 Bi_2Te_3 等。为了最大限度地利用共振能级，必须密切关注两个控制参数，即共振能级的位置和宽度[6]。对前者来说，相对共振能级与能带边缘的位置关系，其与费米能级的位置关系更为重要。以 P 型半导体为例，如果共振能级低于费米能级（处于较高能态），则泽贝克系数可能会增加。因此，有必要采用不同的掺杂剂来分别调整共振能级和费米能级的位置。共振能级的宽度处于 10 ~ 100 meV，才能将费米能级包含在共振能级中，这表明由 s 轨道和 p 轨道产生的共振能级在增大泽贝克系数方面更为有效。

1.2.2.3　降低热导率

前文指出，材料的 ZT 值与总热导率 κ_{tot} 成反比，因此，实现优异的热电性能需要低的热导率。其中，电子热导率 κ_{ele} 与洛伦兹常数 L、电导率 σ 和绝对温度 T 成正比，而不同材料体系之间的 L 相差不大，保持在 $1.5 \times 10^{-8} \sim 2.5 \times 10^{-8}$ W·Ω·K^{-2} [6]。因此，降低热导率的重点应当聚焦在最大限度地降低材料的晶格热导率 κ_{lat} 上。通常，获得低 κ_{lat} 有两个主要方向：一个是通过引入多尺度缺陷来增强声子散射；另一个是寻求具有本征低热导特性的新型热电材料。

引入多尺度缺陷降低材料的晶格热导率已经成为热电领域非常成熟的技术手段。晶格中的热量由具有各种模式和频率的声子携带，而 κ_{lat} 是所有声子热导率的总和。总的来说，为了最大限度地降低一种给定热电材料的 κ_{lat}，可以同时将多尺度缺陷引入基体材料，包括点缺陷、位错、纳米尺度的晶界和沉淀、填充物和电子－声子相互作用等。如图 1-5 所示，可以将具有不同频率的声子充分散射，进而最大限度地降低晶格热导率[6]。已有研究结果证明，多尺度声子散射策略可有效降低 PbTe/Se/S、Ge/SnTe 和 (Bi,Sb)$_2$(Te,Se)$_3$ 等体系的 κ_{lat}，进而显著提升 ZT 值。

图 1-5 所示为热电材料中的一些典型的声子散射源[6]，包括原子尺度、纳米尺度、载流子尺度和亚微米尺度的各类缺陷。高频声子也可以被载流子散射，一般称之为载流子－声子相互作用。在这些声子散射源中，点缺陷是基本的晶体缺陷，因为位错可以被视为点缺陷的线性排列，而晶界又可以视为刃位错的线性排列（对小角度晶界而言）。为了评估不同尺度的晶体缺陷的声子散射效应，可以将 κ_{lat} 描述为[19]：

$$\kappa_{lat} = \int \kappa_s(f)\mathrm{d}f \tag{1-16}$$

其中，$\kappa_s(f)$ 是光谱晶格热导率，其定义式为[19]：

$$\kappa_s(f) = C_p(f) \times v^2(f) \times \tau(f) \tag{1-17}$$

其中，$C_p(f)$ 是声子的光谱比热，$v(f)$ 是声子速度，$\tau(f)$ 是散射时间，f 为频率。在所有的晶体中，声子均通过 U 散射与其他声子发生散射，并遵循 $\tau(f)U^{-1} \sim f^2$ 的关系。结合声子的德拜近似——$C_p(f) \sim f^2$，可以得到 $\kappa_s(f)$ 为常数的结论。在这种情况下，所有频率的声子对材料的晶格热导率 κ_{lat} 均有贡献，即所有频率声子的额外散射都可以使 κ_{lat} 显著降低。

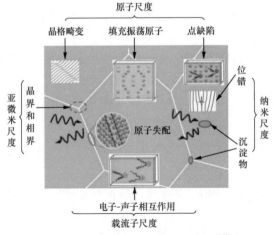

图 1-5　各种尺度下的声子散射源[6]

点缺陷主要以 $\tau_\mathrm{P}^{-1} \sim f^4$ 关系散射高频声子，因此在降低 κ_lat 中起着重要作用。以多晶 SnSe 体系为例，图 1-6（a）给出了通过引入具有不同含量的不同掺杂原子（分别为 S、Ge、Te、Sr 和 Ba）计算出的 SnSe 的晶格热导率 [20]。这些原子具有与 Sn 和 Se 不同的原子大小，这可能引起原子尺度的晶格畸变以及掺杂原子周围较大的应变，从而导致 κ_lat 显著降低。增加掺杂原子的尺寸，可以获得更低的 κ_lat，这是由于这些原子能够引起更明显的晶格畸变和应力场应变。同时，提高含量也可以实现更低的 κ_lat，因为引入更多的掺杂原子会导致更大的晶格畸变和应变密度。

晶界和相界之类的界面主要以 $\tau_\mathrm{G}^{-1} \sim f^0$ 关系散射低频声子，这就是多晶总是比对应的晶体具有更低晶格热导率的根本原因。然而，大多数声子为 0.63 THz 频率附近的中频声子，多数情况下这些声子能够避免界面和点缺陷的散射。与之对应，位错散射的目标是散射满足 $\tau_\mathrm{D}^{-1} \sim f$ 和 $\tau_\mathrm{D}^{-1} \sim f^3$ 的中频声子，正好对应点缺陷和界面散射的中间区域。图 1-6（b）给出了 Si 单质体系中计算得到的三声子散射（300 K）、声子位错散射和声子同位素散射的散射率 [21]。位错散射是根据 T 矩阵和格林函数计算得到的，并且这些散射率是在较高的位错密度（$\rho_\mathrm{d} = 5 \times 10^{13}\ \mathrm{cm}^{-2}$）下计算得出的。位错的整体行为可以通过使用经典晶界模型更好地进行理解。这是因为小角度晶界的结构可以被视为刃位错的一列。此外，即使位错密度比图 1-6（b）中使用的位错密度小两到三个数量级，对应实际位错密度 ρ_d 为 $10^{10} \sim 10^{11}\ \mathrm{cm}^{-2}$，位错散射仍然与室温下的声子 – 声子散射相当，这表明它们在降低 κ_lat 中具有重要作用。其他的一些相关计算结果也表明，位错在主导散射方面十分重要。

引入诸如纳米沉淀物等的夹杂物可同时引起明显的晶格畸变并在基质中产生高密度相界，因此也被视为进一步减小晶格热导率的有效方法。特别地，孔隙是热电材料中独特的夹杂物，因为声子无法在这些孔隙中输运，从而导致晶格热导率大幅度降低。图 1-6（c）中通过在 SnSe 基质中诱导产生不同数量的纳米孔隙，比较了声子散射（蓝色区域）和热辐射（黄色区域）对降低晶格热导率的贡献 [22]。其中，热辐射是通过经典的有效介质理论模型，在 50 nm 的孔径下进行评估得到的。可以清楚地看到，声子散射在降低晶格热导率中起主导作用，这是源自基体材料中纳米孔隙表面对声子的散射 [22]。

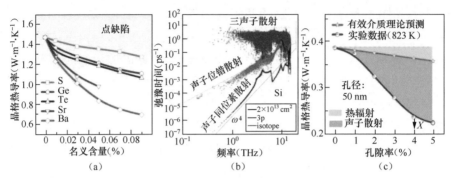

图 1-6　典型热电材料中不同尺度的缺陷散射示例

（a）多晶 SnSe 体系中，通过引入不同含量的掺杂原子计算得到的晶格热导率[20]；（b）Si 单质体系中，计算得到的三声子散射、声子位错散射和声子同位素散射的散射率[21]；（c）SnSe 体系中不同孔隙率下晶格热导率的实验值与有效介质理论模型的对比[22]

　　通常情况下，可以使用 Callaway 模型评估不同尺度的晶体缺陷对于降低 κ_{lat} 的效果。通过计算得到了具有不同声子散射源的典型热电体系的晶格热导率及声子频率色散分布，其中散射源主要包括 U 散射、晶界（Grain Boundary，GB）、点缺陷（Point Defect，PD）、纳米沉淀（Nanoprecipitate，NP）、刃位错（Edge Dislocation，ED）和平面空位（Planar Vacancy，PV）等。可以得出结论：引入具有分层结构的多尺度晶体缺陷可以有效地散射具有不同频率的声子，从而在诸多热电体系中都能得到较低的晶格热导率。

　　通过在多个尺度引入缺陷来降低 κ_{lat}，相当于在外部水平上进行相对粗略的工程设计，实际上很难在不影响电子输运的情况下实现。在优化热电性能的过程中，需要仔细选择引入的散射中心，以确保最大限度地抑制声子的输运，同时保持电输运性能不受影响。相比之下，获得低 κ_{lat} 的内在方法，即探索和开发具有本征低 κ_{lat} 的新型热电半导体，其优势非常明显。在过去的数年中，研究人员在开发具有本征低热导特性的新型高性能热电材料方面取得了巨大进展，如 SnSe、BiCuSeO、BiSbSe$_3$、K$_2$Bi$_8$Se$_{13}$、AgSbTe$_2$ 和 MgAgSb 等。上述本征低热导材料的低热导特性主要源自原子水平的成键状况，但又因体系而异。追溯其物理原理，在德拜温度以上时，假设声子 – 声子的 U 散射为主导散射，则 κ_{lat} 表示为：

$$\kappa_{lat} = C\frac{M_{ave}\theta_D^3\delta}{\gamma^2 N^{2/3}T} \tag{1-18}$$

其中，C 是物理常数的约化值，M_{ave} 是晶体中原子的平均质量，θ_D 是德拜温度，δ 是每个原子的平均体积，N 是原胞中的原子数，γ 是表征材料非谐振性的格林内森常数。该公式表明，具有本征低 κ_{lat} 的材料，除增强非谐振性导致的大格林内森常数外，可能具有以下特征之一：复杂的晶胞结构、弱化学键、低频光学支等，如图 1-7 所示 [6]。

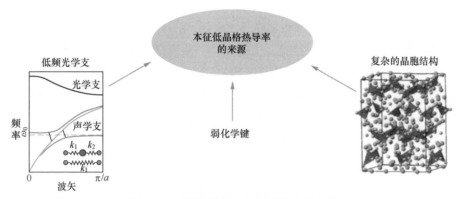

图 1-7　本征低晶格热导率的典型特征示意 [6]

1.2.3　热电领域的前沿进展

近年来，随着研究的深入和各方面表征技术的进步，热电领域的研究范围也在逐渐扩展。第一，继续研究提升传统热电材料（如 PbTe、Bi_2Te_3 等体系）的性能。在传统优化策略的基础上，研究人员还探索和开发出了设计高熵合金、拓扑绝缘态、调控晶体对称性、晶格原子有序化调控和引入磁性纳米粒子等全新的热电优化途径。这些不断更新和发展的热电优化策略，都能在一定程度上协同优化热电体系的输运性能。第二，研究人员探索和开发出了许多具有特殊结构的新型热电材料。在热电理论中，晶格热导率是不受其他条件限制的决定性参数之一，因此新型热电材料以本征低热导材料居多，SnSe 材料就是其中的典型。第三，运用理论计算和先进表征技术探究材料内在的输运机制对于热电材料的设计至关重要。在优化宏观热电性能的基础上，研究人员也在运用不断进步的理论计算方法，优化材料设计和开发的过程，以及使用更加先进的表征手段，探究材料内部的输运机理与宏观热电性能之间的耦合关系。其中，理论计算手段主要包括运用第一性原理进行特殊的材料体系设计、能带结构和声子谱计算、缺陷形成能等热力学计算以及分子动力学和非平衡态计算等；先进的仪器表征技术则主要包括球差电镜等微观表征技术、电子湮灭技术、角分辨光电子能谱分析、同步辐射及非弹性中子散射等射线技术和 3D 打印等先进制备技术等。第四，实现实验室成果有效转化、开发和组建高效的热电器件对于热电领域的发展意义重大。优化热电材料性能的最终目的是提升能源转换效率，并将其设计为高效的、能够实现工业应用的热电器件。

截至本书成稿之日，热电器件仍主要以 Bi_2Te_3 材料体系为基础，而其他高性能的热电体系由于能量损失、接触界面和组装过程设计等问题的存在，所构建出的热电器件的能源转换效率仍无法匹配其热电性能。近年来，基于材料性能的优化以及结构设计和黏接组装技术的进步，多种材料体系的热电器件的能源转换效率得到了显著优化，这将进一步推动更多高性能材料（如 SnSe、GeTe 等体系）的器件组装设计和转换效率实现优化。

截至本书成稿之日，热电领域仍然只有 Bi_2Te_3 及其合金材料真正实现了大规模商用，而且只能用于室温附近的发电和制冷。由于各个热电参数与载流子浓度之间的强烈耦合关系，传统的理论研究认为，这一复杂的耦合关系导致高性能的热电材料大都被限制在窄带隙半导体（E_g 为 $0.1 \sim 0.4$ eV）范围内，如 BiSbTe 合金、MgAgSb 材料、PbTe 材料以及 GeTe 材料等，这也反过来限制了这些材料的实际应用温度范围。因此，重新审视热电参数之间的复杂关系，开发高性能的宽带隙热电材料，拓宽热电材料的应用温区，对于热电领域的发展至关重要。

1.3 层状热电材料的研究历程

1.3.1 研究和开发层状热电材料的必要性

材料的尺寸在决定其电子和声子输运特性中起着至关重要的作用。随着各种材料合成技术的发展，现在可以制备各种低维材料，例如量子点（零维）、纳米线（一维）和薄膜／纳米片（二维）。然而，对低维材料的热电性能进行可靠的测试表征以及器件的实际使用仍然是热电领域面临的巨大挑战。另外，由于主体原子的化学键合环境，许多块体材料在其晶体结构中嵌入了各种低维特征。例如，许多材料中构成原子的化学键仅在平面方向上延伸，而在层外方向的化学键为范德瓦耳斯型（如 Bi_2Te_3、SnSe 等）或具有弱的静电相互作用（如 $BiCuSeO$、Bi_2O_2Se 等）。类似地，许多层状材料的构成原子处于一维链状的键合环境，如 In_4Se_3 等。这种低维化学键的存在显著地调节了块体材料中的电子和声子输运特性，其中典型的例子是晶体 SnSe 中的声子输运，它在层内表现出强的共价键合（二维连接性），而在层外表现为弱的范德瓦耳斯型相互作用 [23]。这种情况的另一个例子是晶体 In_4Se_3，它具有一维原子链，并导致 Peierls 畸变 [24]。

　　实际上，由于具有良好的声电输运性能，具有层状结构的热电材料（层状热电材料）已经被认为是热电领域的候选体系，这可以从它们较高的 ZT 值看出，如图 1-8 所示。20 世纪 50 年代，M_2X_3（M=Bi、Sb，X=Te、Se）被确认为具有最高热电效率的半导体，到了 20 世纪 90 年代，通过不同的优化策略，其热电性能得到了进一步改善。Bi_2Te_3 及其衍生物作为 P 型和 N 型热电材料被研究，并且至今仍被认为是在室温附近实现发电应用的最佳热电材料。Peltier 商业化

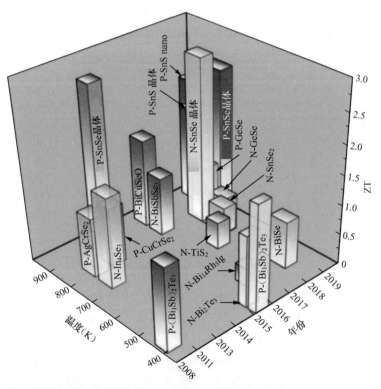

图 1-8　具有层状结构的热电材料的最大 ZT 值及对应温度，其中包含 P 型和 N 型 Bi_2Te_3 基材料、P 型和 N 型 SnSe 材料、BiCuSeO 材料和 In_4Se_3 材料等体系 [25]

冷却器以及宝马、福特、雷诺等汽车公司都在使用热电发电机（Thermoelectric Generator，TEG）进行废热回收，Bi_2Te_3 基热电材料是其中的基本元件。尽管 PbTe 及其衍生物是在中温区实现发电应用的首选热电材料，但 Pb 的毒性限制了基于 PbTe 的热电材料的大规模市场应用。另外，与基于 Te 的硫族化合物相比，基于 Se 的硫族化合物是更加理想的，因为它们具有地下储量丰富、无毒性和成本效益高等优点。近年来，SnSe 作为 P 型和 N 型热电材料，其在中温区内具备极为出色的热电性能，因此被认为是 PbTe 的潜在替代品。而具有层状结构的硫族氧化物，如 BiCuSeO、Bi_2O_2Se 等也已被确认为中高温区内的高性能热电材料。简言之，就高热电性能和应用而言，基于层状结构的热电材料在热电领域具有不可替代的重要地位。

1.3.2　人工超晶格的研究

提高块体热电材料 ZT 值的挑战在于热电参数之间的强烈耦合关系。对于具有单抛物带的块体材料，其沿某个特定方向的 ZT 值可以表示为 [26]：

$$ZT_{3D} = \dfrac{\dfrac{3}{2}\left(\dfrac{5F_{\frac{3}{2}}}{3F_{\frac{1}{2}}} - \xi^*\right)^2 F_{\frac{1}{2}}}{\left(\dfrac{1}{B} + \dfrac{7F_{\frac{5}{2}}}{2} - \dfrac{25F_{\frac{3}{2}}^2}{6F_{\frac{1}{2}}}\right)} \tag{1-19}$$

其中：

$$B = \frac{1}{3\pi^2}\left(\frac{8\pi^2 k_B T}{h^2}\right)^{3/2}(m_x m_y m_z)^{1/2}\frac{k_B T \mu_x}{e\kappa_{lat}} \tag{1-20}$$

$$F_i = F_i(\xi^*) = \int_0^\infty \frac{x^i}{e^{x-\xi^*}+1}dx \tag{1-21}$$

其中，ξ^* 为能带边缘的简约化学势，B 为品质因子，m_x、m_y 和 m_z 分别为沿不同方向的有效质量分量，μ_x 为沿 x 方向的载流子迁移率。由式（1-19）～式（1-21）可知，虽然载流子迁移率和晶格热导率通常与块体材料中的散射强度有关，但是只能确定两个独立的参数，即沿某一方向的化学势和散射强度。常规方法是，试图调整载流子浓度以获得最佳的化学势，并选择高载流子迁移率方向。但是这些方法很快达到极限，直到引入量子力学之后才取得进一步的突破。当一种材料尺寸达到纳米级别时，电子波函数被限制在一维或二维内，从而赋予了提升 ZT 值额外的自由度 [26]。但是，由于尺寸会对量子效应产生强烈影响，理论预测不能直接用于实际。

获得高性能块体热电材料的途径源自后来对人工超晶格的研究。通过分析，得到了几种提高 ZT 值的解耦合机理。第一种涉及费米能级附近态密度的增加。根据 Mott 关系式（1-15），超晶格中泽贝克系数的提升源自 $n(E)$，而 $n(E) = g(E) \cdot f(E)$，其中 $g(E)$ 是每单位体积和单位能量的态密度，$f(E)$ 是费米函数。$g(E)$ 可通过超晶格中的载流子工程来改善。当势垒层的宽度与量子阱的宽度相当时，局部电子波功能将被释放。通过改变超晶格常数（如生长方向、晶格周期和层厚），能带结构的各向异性提供了调整费米面的不同载流子"口袋"的相对贡献的可能性。局部态密度的急剧变化导致泽贝克系数增加，而载流子浓度几乎没有变化，从而使电导率和泽贝克系数解耦合。

第二种，调制掺杂结构具有二维电子气的输运特征。因为电离的杂质散射中心被限制在势阱中并被势垒阻挡，所以载流子散射的可能性较小。由能带结构产生的高载流子迁移率对声子输运的影响很小。因此，超晶格的 μ_x/κ_{lat} 始终远高于块体材料的 μ_x/κ_{lat}。

除此之外，还有一种重要的机制是特殊的界面声子散射。尽管在界面上引入热阻的概念比将量子效应引入热电领域中要早得多，但在超晶格中这种效应是独特的。量子约束效应也影响声子，从而产生一种新型的 U 散射。有限的层厚度和较大的超晶格常数导致在层叠方向上较小的布里渊区。U 散射限于这个小的布里渊区，热导率会因此降低。此外，界面不仅影响层外的热导率，还会影响层内的热导率。界面效应可分为 3 类：镜面反射、漫反射和混合反射（部分镜面反射和部分漫反射）。在镜面反射界面处，如果忽略了极化变化，则在界面处透射或反射的声子将遵循 Snell 定律。当入射角超过临界角时，声子应完全反射而不穿过界面。在漫反射界面处，层内的热导率与透射率和反射率无关。因此，可以从各个层分别计算热物理性质。在混合反射界面上，由于透射率的存在，层间声子的能量通量不能忽略。现实中的超晶格始终拥有部分镜面反射和部分漫反射的界面。由于分子束外延的生长机制遵循阶跃 – 壁架 – 扭结模型，阶跃边缘和界面平面上存在原子级的粗糙度和平坦区域。因此，原子级的粗糙度被认为是超晶格热导率降低的主要原因。考虑到这种机制不会影响载流子迁移率，因此超晶格被认为是达到"声子玻璃 – 电子晶体"标准的最佳材料。

1.3.3 层状材料的输运机制

尽管由于纳米结构技术的限制，量子效应很难在块体材料中实现，但可以利用材料的特性在块体材料中实现上述优点。层状材料与超晶格相似，引起了研究人员的关注。但是，块体材料中的输运机制与超晶格不同，因此有必要阐明具有层状结构的块体材料中的电子 – 声子输运机制，以开发优化方法。

层状材料的层厚度和层间距始终处于几埃（Å，10^{-10} m）的尺度范围。通常，块体材料中电子的相干长度（约 100 Å）比该尺度大得多。因此，与没有层状结构的常规块体材料一样，电子耦合以形成能带。电子输运依赖能带结构，固体理论并没有显示出特殊的输运机制。然而，即使化学计量简单，具有层状结构的块体材料由于其复杂的键合条件而具有复杂的电子结构。对于电子输运，层内方向始终具有比层外方向更小的有效质量，这表示沿层内方向的载流子迁移率较大。

而声子的输运是完全不同的，因为声子的波长可以在原子尺度与介观尺度之间。短波声子不耦合，因此显示出准粒子输运机制。由于不同原子层和层间空间之间的键合不同，这两个区域可以看作具有不同电磁特性的两层介质。声子到达边缘时会发生反射、透射和扩散。与超晶格类似，界面始终发生部分镜面反射和部分散射。为了评估镜面反射和散射的影响，镜面反射率（r）表示为在界面处发生镜面反射的声子的比例，透射率（t）为折射声子比例。由 $p=r+t$ 确定的镜面参数（p）表示镜面贡献的分数。可以通过表面均方根（Root Mean Squre，RMS）粗糙度（σ_{rms}）和声子波长（λ）来估计参数 r 和 t[27]：

$$r = \exp\left[-\frac{1}{2}\left(\frac{4\pi\sigma_{rms}n_i\cos\theta_i}{\lambda} \right)^2 \right] \qquad （1\text{-}22）$$

$$t = \exp\left\{ -\frac{1}{2}\left[\frac{2\pi\sigma_{rms}(n_i\cos\theta_i - n_e\cos\theta_e)}{\lambda} \right]^2 \right\} \qquad （1\text{-}23）$$

其中，n_i 和 n_e 分别是入射介质和出射介质的实际折射率，θ_i 和 θ_e 分别是入射角和出射角。

由式（1-22）和式（1-23）可知，σ_{rms} 越小、波长越长，对应的镜面反射率和透射率越高，即低扩散，表示高热导率。此外，输运取决于原子层和中间层电磁特性的偏差。对于没有层状结构的常规块体材料，$t=1$。层内和层外的相互作用差异越大，发生的输运越少。流体的输运机制还取决于克努森数（Kn），由 Kn = l_{MFP}/d 确定，其中 l_{MFP} 表示声子平均自由程（Mean Free Path, MFP），d 表示特征尺寸（此处为原子层间厚度）。当 Kn ≫ 1，即声子平均自由程远大于特征尺寸时，声子更可能与原子层边缘碰撞，而不是与其他声子或缺陷相互作用。对多层石墨烯的研究证明了这种机理。假设 l_{MFP} 为 800 nm，厚度为 0.35 nm，则石墨烯的 Kn 大于 2000。任何横断面速度分量或随机的厚度波动都很难对薄层石墨烯产生影响。此外，层内共价键与层间范德瓦耳斯相互作用之间的差异较大，从而在少层石墨烯中产生了约为 1 的镜面反射率 p。如果石墨烯的尺寸是无限的，则层内热导率在反射中没有损失。热导率的下降归因于非谐振性的增加以及层数的增加。双层石墨烯的计算结果证实，假设无非谐振性变化，层数对层内热导率的影响很小。相反，当 Kn 约等于 1 时，大多数声子将与其他声子和缺陷相互作用。因此，在原子层边缘的扩散会导致热导率降低[27]。值得注意的是，层外的热导率总是低于层内的热导率。这可以用以下事实解释：在平面输运中，具有较大 θ_i 的全反射更为常见。因此，在具有层状结构的块体材料（如 Bi_2Te_3 和 SnSe）中，其固有的声子平均自由程较短，更容易获得低热导率。

1.4　锡硫族层状宽带隙热电材料

1.4.1　SnSe 基热电材料

SnSe 是一种传统的半导体材料，其带隙约为 0.86 eV，且具有较大的光吸收系数。以往制备的 SnSe 通常为 P 型半导体，其空穴载流子浓度约为 10^{18} cm^{-3}，而室温下的电导率低至 10^{-1} ~ 10^{-5} S·cm^{-1}。极差的导电性使得 SnSe 未被作为潜在的热电材料进行研究，而其在太阳能电池等领域有着相应的应用。2014 年，Zhao 等人[23]首次提出 SnSe 材料具有极低的本征热导率，并在晶体 SnSe 中，沿晶体层内 b 轴方向得到了超高的 ZT 值（约 2.6，923 K），这一发现在热电领域引起了巨大的轰动。此后，有关 SnSe 体系热电性能以及材料内部输运机制的研究迅速成为领域内的热点。近年来，研究人员基于 SnSe 的晶体结构、电子能带结构和热电性能及显著特性等方面开展了大量的探索和研究，逐步揭示了 SnSe 材料的热电输运机制，并大幅度优化了 SnSe 材料的热电性能。

SnSe 具有层状正交晶体结构，如图 1-9（a）所示。SnSe 层的 *bc* 面中 Sn 和 Se 原子上下呈锯齿状的折叠排列，并沿 *a* 轴堆叠。Sn—Se 键可分为两种类型：*bc* 面内的强键和沿 *a* 轴的弱键。由于这种弱的键合，SnSe 晶体易沿 *bc* 面发生解理。这种结构会导致高度各向异性的载流子输运性质，尤其是载流子迁移率。如图 1-9（b）所示，本征 SnSe 晶体沿 *b* 轴方向的室温载流子迁移率接近 250 cm^2·V^{-1}·s^{-1}，比 *a* 轴方向的室温载流子迁移率高约 10 倍。这种特殊的层状结构还导致 SnSe 晶体在室温下沿 *a* 轴和 *b* 轴分别具有 0.34 W·m^{-1}·K^{-1} 和 0.7 W·m^{-1}·K^{-1} 的极低总热导率，如图 1-9（c）所示。结合较高的功率因子和极低的总热导率，如图 1-9（d）所示，本征 SnSe 晶体的 ZT 值达到了很高的水平，在高温区可以达到 2.5 以上[23]。

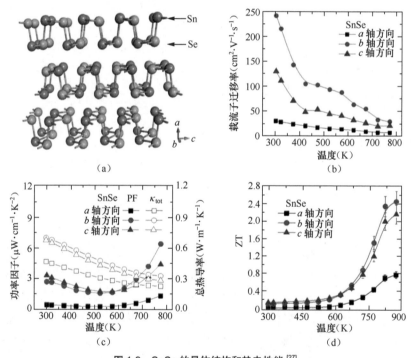

图 1-9　SnSe 的晶体结构和热电性能 [27]

（a）SnSe 的三维晶体结构示意；（b）SnSe 晶体沿不同轴向的载流子迁移率；

（c）功率因子和总热导率；（d）ZT

除载流子迁移率外，SnSe 的高功率因子还与其复杂的价带结构所导致的高泽贝克系数有关。如图 1-10（a）所示，使用 DFT 计算得到了低温空间

群为 *Pnma* 的 SnSe 相的电子结构，表明了 SnSe 材料的多价带特性。第一价带顶（Valence Band Maxima，VBM）位于 Γ—Z 方向（实空间中的 *c* 方向），第二 VBM 位于其同一方向下，能量差为 0.06 eV。较小的能量差表明，第二 VBM 在一定的载流子浓度下（计算值约为 4×10^{19} cm^{-3}）很容易参与载流子输运。多带结构导致 P 型 SnSe 中产生了相对较大的泽贝克系数，如图 1-10（b）所示，随着载流子浓度的增加，费米能级开始激活多价带，进而费米能级处的能量态密度增加，并为载流子输运提供额外的通道。为了研究 SnSe 的电子能带结构，研究人员对空穴掺杂的 SnSe 晶体进行了角分辨光电子谱（Angular Resolved Photoemission Spectroscopy，ARPES）表征[28]，如图 1-10（c）和图 1-10（d）所示，很好地揭示了 SnSe 的多价带输运特征。多价带输运是 P 型 SnSe 优异热电性能的主要来源。通过 Na 元素替代产生的有效空穴掺杂，可以有效提升其载流子浓度，协同增强电导率和泽贝克系数，提升整个温度区间内的功率因子，进而能够在层内 *b* 轴方向上实现 0.7 ～ 2.0（300 ～ 773 K）的 ZT 值，温区 ZT$_{ave}$ 值达到了 1.34[28]。在此基础上，通过同族元素 S 和 Te 的取代，在多价带输运的基础上，进一步调控其能带结构和晶体结构，也能够实现协同优化热电性能的效果[29]。此外，在 Na 元素掺杂优化载流子浓度的基础上，通过向晶体中引入一定量的外部缺陷 SnSe$_2$，可以产生额外的 Sn 空位，使空穴载流子浓度进一步提升，从而实现 P 型 SnSe 晶体热电性能的进一步提升[30]。

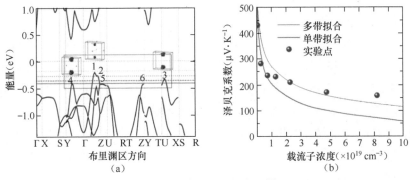

图 1-10　SnSe 的多带特征[27]

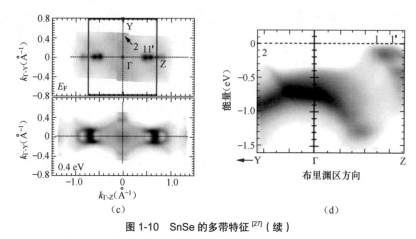

（c） （d）

图 1-10　SnSe 的多带特征 [27]（续）

（a）SnSe 的能带结构和不同载流子浓度对应的费米面示意；（b）实验数据以及通过单带和多带模型拟合出的 Pisarenko 曲线；（c）费米能级处结合能为 0.4 eV 时的 ARPES 能带，其中标出了平面布里渊区和高对称动量；（d）ARPES 得到的沿 Y—Γ—Z 方向的能带结构

除 P 型 SnSe 晶体的高性能外，使用不同掺杂剂所得到的 N 型晶体也显示出优异的性能。2016 年，Duong 等人 [31] 首次提出了 Bi 掺杂的 N 型 SnSe 晶体。通过将 N 型晶体载流子浓度提高到 2.1×10^{19} cm^{-3}，在 773 K 下，沿 Sn$_{0.94}$Bi$_{0.06}$Se 晶体 b 轴方向的 ZT 值达到约 2.2。2019 年，Chang 等人 [32] 提出了 Br 掺杂的 N 型 SnSe 晶体中的三维电荷和二维声子输运特性，从而在 773 K 下，沿样品层外方向得到了创纪录的超高 ZT 值（约为 2.8）。由于强烈的层间声子散射，沿 SnSe 晶体垂直晶面方向有利于实现二维声子输运；与此同时，较高的层间电荷密度及重叠导致样品在层外方向上还具有很高的电导率，也就是三维电荷输运特性。此外，从 $Pnma$ 至 $Cmcm$ 的连续性相变过程赋予掺 Br 的 N 型 SnSe 晶体更高的对称性，并导致高温下导带发散，引起了平均惯性有效质量的降低和载流子迁移率的提升。这两个因素有助于掺 Br 的 N 型 SnSe 晶体中产生高 ZT 值 [32]。进一步地，可通过 PbSe 合金化来调节相变温度，进而增强 N 型 SnSe 晶体的热电性能 [33]。Pb 掺杂可在整个温度范围内使 SnSe 晶体的载流子迁移率保持较高的水平，并使导带进一步收敛，进而提升泽贝克系数。此外，SnSe-xPbSe 晶体的晶格热导率显著降低。在掺杂 12%（摩尔分数，余同）PbSe 的 SnSe 晶体中，测试温区内的热输运和电输运得到了协同优化，沿层外方向 300 ～ 723 K 的 ZT$_{ave}$ 值达到了 1.34。

SnSe 具有优异的热电性能归因于其低热导特性。关于其本征低热导特性的起源的研究有很多[34-35]，现有的结果普遍认为，SnSe 材料的本征低热导特性源自其强烈的晶格非谐振特性，这对应着材料具有较高的格林内森常数。针对 SnSe 晶体，研究人员采用非弹性中子散射（Inelastic Neutron Scattering，INS）表征来分析其声子输运特性[34]。结果表明，沿着 Γ—X 方向的 TA（Transverse Acoustic branch，横向声学支）模式比沿着 Γ—Y 方向的 TA 模式更柔和。这对应于沿 a 轴的 κ_{lat} 比沿 b 轴的 κ_{lat} 低。进一步的测试表明，在较高温度下，沿着 Γ—X 方向的声子色散的软化比沿着 Γ—Y 方向声子色散的软化更剧烈，这揭示了材料中强各向异性的声子非谐振性。这一结果与此前的报告吻合，沿 a 轴、b 轴和 c 轴的平均格林内森常数分别为 4.1、2.1 和 2.3[23]。这种强烈的非谐振性是由 Se 原子 p 轨道的共振键产生的，这削弱了 Sn^{2+} 中 $5s^2$ 孤对电子的配位作用，由于局部 Sn 配位使多面体动态变形，因此这两种效应叠加在一起会增加晶格的不稳定性。总之，层状结构和不稳定电子结构导致的晶格不稳定性是 SnSe 材料低热导率的根源，这也决定了 SnSe 晶体能够实现十分优异的热电性能。

近年来，尽管 SnSe 晶体在热电领域中展现出了广阔的应用前景，但由于它们机械性能不佳、易碎和合成工艺复杂，暂时还不能被大批量投入实际的商业化应用。因此，研究多晶和纳米晶 SnSe 材料很有必要。迄今为止，研究人员已经对 P 型和 N 型多晶 / 纳米晶 SnSe 展开了一些相关工作。在多晶 SnSe 中，空穴掺杂（Li、Na、K 和 Ag）通过调节费米能级附近的载流子浓度以激活多个价带，在高温下实现了超过 1 的 ZT_{max} 值。K 掺杂还能够形成可有效散射声子的相干纳米结构。因此，在多晶 SnSe 中，Na 掺杂可增强电输运，Na、K 双掺杂还可以进一步降低晶格热导率[36]。SnSe 中 Na 和 Ag 的双掺杂会导致载流子浓度提高和价带收敛性增强，从而导致多晶 SnSe 中电导率和泽贝克系数的协同增加[37]。此外，Ag_8SnSe_6 纳米结构的存在导致平行于放电等离子烧结（Spark Plasma Sintering，SPS）压力方向的 $Sn_{0.99}Na_{0.01}Se$–Ag_8SnSe_6 样品在 773 K 时的 κ_{lat} 降低了 20%，因此其 ZT_{max} 值约为 1.33[37]。通过利用类似策略，多晶 $Ag_{0.01}Sn_{0.99}Se_{0.85}S_{0.15}$ 的 κ_{lat} 和 ZT 值在 823 K 时分别达到了 0.11 $W \cdot m^{-1} \cdot K^{-1}$ 和 1.67[38]。此外，通过简单的溶剂热法合成的纳米晶 SnSe 存在更多的纳米级析出物和中尺度的晶界，从而导致强烈的声子散射，因此通常表现为显著降低的 κ_{lat}，结合快速 SPS 方法和电输运性能的优化策略，可以得到超过 2.0 的 ZT_{max} 值[39]。与之类似，当在多晶 / 纳米晶 SnSe 中掺杂 $BiCl_3$、Br、Sb 和 Bi 等掺杂剂时，其显示出优良的 N 型热电性能。Zhang 等人 [40] 在 N 型多晶 SnSe$_{0.87}$S$_{0.1}$I$_{0.03}$ 材料的垂直于 SPS 压力方向得到了约 1.0 的 ZT 值，并进一步在 Sb 掺杂中实现了约 3.94×10^{19} cm^{-3} 的高 N 型载流子浓度，最终 ZT 值达到约 1.1；Zhao 等人 [33] 通过有效的 Br 元素掺杂和 Pb 固溶，协同调控了 N 型多晶 SnSe 的热电性能，最终在 773 K 下得到了约 1.2 的高 ZT 值；Ge 等人 [41] 在 Cl 掺杂优化 N 型 SnSe 多晶载流子浓度的基础上，通过 Re 掺杂，引入了多种点缺陷和纳米级析出物，导致声子散射增强并降低了材料的晶格热导率，最终在 793 K 下的 Sn$_{0.97}$Re$_{0.03}$Se$_{0.93}$Cl$_{0.02}$ 样品中得到了约 1.5 的高 ZT 值，为当时在 N 型 SnSe 多晶系中得到的最高 ZT 值 [41]。

尽管通过化学合成方法可以改善多晶/纳米晶 SnSe 的热电性能，但其 ZT 值仍难以匹敌 SnSe 晶体。最近，Lee 等人 [42] 成功实施了一种化学策略，通过在 613 K 的 4％ H$_2$/Ar 气氛下还原样品，成功去除了样品中的 SnO 杂质。这些经过还原处理的多晶 SnSe 样品的 κ_{lat} 非常低，在 773 K 时约为 0.11 W·m^{-1}·K^{-1}，远低于 SnSe 晶体的 κ_{lat}。最终，沿平行于 SPS 压力方向，掺杂 5％ PbSe 合金化的多孔多晶 SnSe 在 773 K 时的 ZT 值达到了 2.5[42]。这些研究和发现已经开辟了研究 SnSe 热电材料物理性质和化学性质的新篇章，这也将激励研究人员探索更多具有层状结构的新型热电材料。

1.4.2　SnS 基热电材料

SnS 作为一种与 SnSe 结构相似的硫族化合物，在近年来逐渐引起了研究人员的关注，其中 S 元素的地球储量更加丰富、环境友好且价格低廉，因此 SnS 也是一种潜在的热电材料。SnS 晶体在室温下为对称性较低的层状结构（*Pnma*），是一种具有非对称性的扭曲 NaCl 晶体结构，在高温下会经历相转变，转变为具有较高对称性的正交 *Cmcm* 相。与 SnSe 一样，由于 SnS 为层状结构，其在晶体学的各个方向表现出不同的性质（各向异性），使其具有非常强的非谐振性，所以具有很低的热导率。此外，相关的理论计算结果表明，这种简单的化合物中存在着令人惊讶的复杂电子能带结构。

由于 SnS 材料拥有比 SnSe 更大的带隙（约 1.2 eV），所以本征 SnS 材料的电输运性能极差，导致其具有较差的热电性能。虽然目前关于 SnS 材料的研究进展比较缓慢，不过也取得了一些不错的成果。S 元素在升温过程中蒸气压较高，传统的熔融合成过程会导致安瓿破裂甚至爆炸，因此，研究人员开发了缓冷升温的合成方法，并通过先合成多晶再生长晶体的分步方法，成功制备和生长了 SnS 晶体[43]。本征 SnS 晶体的热电性能较差，只在 873 K 附近得到了约 1.0 的 ZT 值，这主要源自本征 SnS 晶体极低的热导率。

与 SnSe 类似，SnS 的本征低热导特性源自其强烈的非谐振性。SnS 是一种具有各向异性结构的材料，每个原子在空间三维方向上排列方式也不尽相同，所以成键的强弱不同造成强的非谐振性，这是其本征低热导特性的一个重要原因。SnS 键合的强非谐振性可导致晶体结构的低热导性，表征声子频率和晶体积变化之间关系的格林内森常数 γ 可用于评估其非谐振性。因此，使用准谐波近似的第一性原理 DFT 计算来获得声子色散曲线关系和格林内森常数，结果表明，计算得到的最高声学模的边界频率为 56 cm^{-1}，低于传统的具有立方结构的 PbS、PbSe 和 PbTe 材料。这些"软"的声学模表明该材料具有较低的德拜温度，其键合能越弱，则非谐振性越强。为了定量获得晶体沿 3 个轴向的非谐振性，对各个方向的声子模式进行格林内森常数 γ 的计算。因为低频率的声学支声子振动模式对热导率贡献较大，所以主要计算低频率的横向声学支（TA 和 TA′）和纵向声学支（Longitudinal Acoustic branch，LA）。在 SnS 材料中，沿布里渊区的 Γ—X 方向声子频率明显高于 Γ—Y 和 Γ—Z 方向。换言之，SnS 晶体的 a 轴方向的格林内森常数 γ 大于 b 轴和 c 轴方向。3 个方向的平均格林内森常数分别为 4.03、1.92 和 2.06。因此，可以在 SnS 中预测其趋近非晶态的最低晶格热导率。基于 DFT 计算的德拜温度和声子群速度，可以计算出其沿 3 个方向的最小晶格热导率，分别为 κ_{min}^{a} = 0.35 W·m^{-1}·K^{-1}、κ_{min}^{b} = 0.45 W·m^{-1}·K^{-1} 和 κ_{min}^{c} = 0.52 W·m^{-1}·K^{-1}。其后，对 SnS 材料的 INS 测试也从实验角度验证了 SnS 材料的声子软化行为和强非谐振性[44]。

与 SnSe 类似，SnS 材料同样具有复杂的价带结构，通过一定的元素掺杂优化载流子浓度，也可以实现多价带输运的效果。理论计算结果表明[43]，第一价带顶的最大值（VBM 1）位于 Γ—Z 方向，第二价带顶的最大值（VBM 2）位于 U—Z 方向，能量差 ΔE_{12} = 0.056 eV。沿 Γ—Z 和 Γ—Y 方向的第三和第四价带顶的能量差分别为 ΔE_{13} = 0.065 eV 和 ΔE_{14} = 0.118 eV。有趣的是，第一和第四价带顶之间的能量差（ΔE_{14} = 0.118eV）甚至小于 SnSe 中第一和第三价带顶之间的能量差（约 0.13 eV）。因此，通过提升载流子浓度，使得费米能级进入多带，可以显著增大材料的泽贝克系数。此外，ARPES 测试表征结果也验证了这一点[43]。SnS 具有多价带的电子能带结构，且价带之间的能量差较小，有利于多价带的输运，从而导致泽贝克系数的增大，这使其具有优异的电输运性能。通过 Na 掺杂，SnS 晶体的载流子浓度达到约 10^{19} cm^{-3}。在室温下，2% Na 掺杂的 SnS 晶体样品的电导率最高可达到约 692 S·cm^{-1}，功率因子 PF 达到约 30 μW·cm^{-1}·K^{-2}。在整个温区内，2% Na 掺杂的样品在 c 轴方向获得最大的 ZT$_{ave}$ 值（约为 0.57）。当冷端温度固定为 300 K、热端温度为 873 K 时，理论热电转换效率 η 达到约 10%，而且 b 轴方向的也达到了约 9%。这与本征未掺杂样品（η 约为 1%）相比实现了近 10 倍的提升[43]。

研究人员还揭示了 SnS 材料中多个价带随温度升高时的复杂演变过程，通过固溶 Se，进一步调控和促进了 SnS 中 3 个独立价带与温度的依赖关系[44]。基于同步辐射测试结果，他们精修得到了 Se 固溶的 SnS 晶体的原子占位和晶格常数的详细信息，并基于此进行了高温能带结构的理论计算，发现了 SnS 材料中的 3 个独立价带的温度依赖性输运行为，即 3 个价带经历了收敛（增加 m^* 和减小 μ）、相交（收敛与分离），以及分离（减小 m^* 和增加 μ）这 3 个过程。这 3 个过程能够有效地协调 m^* 和 μ 之间的矛盾关系。固溶 Se 后能够有效促进这些过程的进行，从而进一步地优化 m^* 和 μ。Se 的引入可以减小每个价带的 m_b^*，从而提升 μ，在维持大的泽贝克系数的基础上获得了大的品质因子 [$\beta \propto \mu(m^*)^{3/2}$]，优化了电输运性能。室温下，功率因子达到了约 53 μW·cm^{-1}·K^{-2}。此外，Se 的引入会引起光学支声子的"软化"行为，与声学支相互作用，进一步降低晶格热导率。室温下，晶格热导率从约 3.03 W·m^{-1}·K^{-1} 降低到约 1.67 W·m^{-1}·K^{-1}。最终，ZT$_{max}$ 值在 873 K 时达到约 1.64，整个温区内 ZT$_{ave}$ 值进一步提升到 1.25 左右，理论转换效率达到 17.8%。基于这种高性能的 SnS 晶体，研究人员还尝试搭建了热电器件，并获得了一定的热电转换效率，这对于基于高性能晶体的热电材料的进一步发展和实际应用具有重要意义。

理论计算表明，N 型 SnS 晶体有望实现远高于 P 型 SnS 晶体的热电性能[45]。然而在实验中，其面临的挑战要比 N 型 SnSe 晶体大得多，主要原因在于难以实现真正意义上的有效掺杂，各种常用掺杂剂（包括 Sn 位掺杂 Sb、Bi 和 S 位掺杂卤族元素 Cl、Br、I 等）的实验效果都很差。其中，尽管 Br 元素的掺杂效果最好，但其最高电子载流子浓度仍只有约 10^{17} cm^{-3}，与最优浓度范围相差甚远。最终，得到的 N 型 SnS 晶体在层外方向的 ZT$_{max}$ 值只有约 0.12，ZT$_{ave}$ 值只有约 0.08[46]，仍有较大的上升和优化空间。

在 P 型材料的研究中，通过机械合金化和 SPS，Tan 等人[47] 提出多晶

SnS 材料在 873 K 时具有很低的热导率（约 0.5 W·m^{-1}·K^{-1}），并且在 Ag 掺杂的 SnS 中获得了约为 0.6 的 ZT 值，这表明低成本的 SnS 是很有研究前景的热电材料。此后，第一性原理的计算也表明了 SnS 拥有低的热导率和高的泽贝克系数，如果能够实现有效掺杂，SnS 材料可以具有很高的热电性能[45]。通过 Na 元素的有效掺杂，Zhou 等人[48]提出多晶 SnS 材料中载流子浓度可达到约 10^{19} cm^{-3}，ZT 值约为 0.65。并且，通过单抛物带模型预测，如果载流子浓度达到 10^{20} cm^{-3} 数量级，多晶 SnS 材料的 ZT 值能够进一步提升至约 0.8。在 Na 掺杂的基础上，Wang 等人[49]通过 Se 固溶进一步调整了 SnS 的能带结构，使得其带隙减小、有效质量增大、点缺陷声子散射增强，进而协同优化了 P 型多晶 SnS 材料的热电性能，在 873 K 下得到了超过 0.7 的 ZT 值。此外，Asfandiyar 等人[50]通过 Ag 掺杂和引入额外 Sn 空位的策略，在大幅度提高载流子浓度的同时，在多晶 SnS 材料中引入了大量的位错缺陷和富 Ag 纳米级析出物，极大地增强了中频和低频声子的散射，获得了极低的晶格热导率，最终在 877 K 下实现了约 1.1 的 ZT 值，为迄今为止在多晶 SnS 体系中得到的最优性能。N 型多晶 SnS 材料方面取得的进展不多，主要还是由于无法实现比较有效的 N 型电子掺杂。其中，2 % Br 掺杂以及 4 % Cl 掺杂的多晶 SnS 材料的电子载流子浓度最高仍只有约 10^{17} cm^{-3}，最终得到的 ZT 值在 873 K 下只有约 0.17。因此，在 SnS 材料（多晶和晶体）中，如何在实验中实现有效的 N 型电子掺杂，进而得到预期的具有高热电性能的 N 型材料，将会是今后的研究重点之一。

1.5　本章小结

热电材料是一类能够直接、可逆地实现热能和电能相互转换的新能源材料。由于其具有无毒、无污染、无损耗、工作过程无机械运动等特性，在能源和环境问题日趋严峻的形势下，在关乎国计民生的重要领域有着不可替代的应用。热电材料及器件的能源转换的实现，源自材料内部的声子和电子输运特性，可以归结为泽贝克效应、佩尔捷效应和汤姆孙效应。热电器件的能源转换效率由热电材料的 ZT 值决定，ZT 值越高，能源转换效率越高，对应的热电材料越有希望实现大规模的产业化应用。热电材料的 ZT 值由材料的诸多声电输运参数决定，这些参数之间相互耦合，使得提升 ZT 值具有一定的挑战性。

经过研究人员数十年的努力，现在比较成熟的热电优化方法可以概括性地分为：优化载流子浓度、调整能带结构和降低材料的热导率等。

在诸多决定材料热电性能的相关参数中，相对而言，晶格热导率是不受其他参数控制的独立变量。因此，寻找和开发具有本征低热导特性的新型材料体系是热电领域研究的重点。层状材料由于其特殊的声子和电子输运特性，引起了越来越多研究人员的关注。由于其与超晶格的相似性，层状材料被认为是有望达到"声子玻璃 – 电子晶体"标准的最佳材料。在层状材料中，一般需要研究两个方向的输运特性，即层内方向和层外方向。层内方向往往具有很高的载流子迁移率和电输运性能，而层外方向一般具有很强的声子散射和极低的晶格热导率。一些层状材料除具备各向异性的输运性能外，其化学键合的特殊性导致其晶体结构往往具有很强的非谐振性，因此在层内方向也能够得到较低的热导率。因此，由于存在良好的电声输运性能，层状材料已经被看作热电材料中的新型热门候选材料，其在热电领域已经具有不可替代的重要地位。

锡硫族层状宽带隙热电材料 SnQ（Q = Se、S）具有上述层状材料的优良特性。此外，宽带隙特性使其有望在更宽的温度范围内实现优秀的热电性能。2014 年，研究人员首次制备了大块的 SnSe 晶体，在实验中验证和实现了 SnSe 材料的本征低热导特性以及面内超高的载流子迁移率，进而在 SnSe 晶体中实现了非常优异的热电性能。在本征 SnSe 晶体的研究基础上，研究人员又开发了 P 型 SnSe 晶体的多带输运特性和 N 型 SnSe 晶体的"三维电荷 – 二维声子"输运特性，在 P 型和 N 型晶体中都实现了非常优异的热电性能，表明了 SnSe 晶体作为高性能热电材料的巨大应用潜力。在 SnS 中，鉴于 S 元素更大的蒸气压，研究人员开发出了分步生长晶体的工艺，并初步得到了 ZT 值约为 1.0 的本征 SnS 晶体。在此基础上，同样利用多带输运特性，实现了 P 型 SnS 晶体在宽温区的性能提升。然而，由于晶体的机械性能较差、生长过程烦琐，研究和开发高性能的 SnQ 多晶十分必要。研究人员如今已经能够得到最大 ZT 值分别超过 2.0 和 1.0 的 SnSe 和 SnS 的多晶热电材料。这些研究和发现已经开启了 SnQ 热电材料物理性质和化学性质的新篇章。然而，在上述研究进展的基础上，如何获得尺寸更大、机械性能更好的晶体、如何简化多晶的合成工艺、如何将 P 型材料中的优化策略成功应用于 N 型材料等，都是在未来的科学研究中需要重点关注和解决的关键问题。

对于锡硫族层状宽带隙热电材料，需要指出的是，近几年，新型的 SnQ_2（$Q=Se$、S）材料体系也引起了热电领域的关注。其中，$SnSe_2$ 是一种本征 N 型的层状热电材料，其带隙约为 1.05 eV，经过一定的优化，普遍能够得到超过 0.5 的 ZT 值。对 $SnSe_2$ 晶体的研究也取得了一定的进展，通过改良的 Bridgman 法，人们得到了大尺寸的本征和 Br 掺杂的 $SnSe_2$ 晶体，其测试温区内的 ZT_{ave} 值得到了大幅度改善。SnS_2 材料同样是一种具有层状结构的宽带隙材料，也具有适用于热电领域的声子和电子输运特性。理论计算和有限的实验结果均表明，SnS_2 具有出色的潜在热电性能，表明这种低成本且环保的新型化合物是一种很有前途的热电材料。然而，由于 SnS_2 的大带隙和高热导率，其固有的低载流子浓度阻碍了其热电性能的改善。对于 SnS_2 材料的热电研究，现有成果主要还是集中在理论计算层面，少量的实验研究仍将重点放在如何简化合成和制备工艺上，掺杂的实验尝试不少，但效果均不佳。因此在未来，这类材料的研究重点是实现有效的 P 型、N 型元素掺杂。在此基础上，才有望进一步实施基于元素固溶的能带结构调控等策略。

总之，研究具有层状结构的宽带隙热电材料已经成为当前热电领域中十分重要的研究分支，而锡硫族 SnQ 热电材料正是其中的佼佼者，其特殊的晶体结构和声电输运性能决定了其具有十分优异的热电输运性能，这也使其成为如今最重要的热电材料体系之一。虽然 SnQ 晶体已经具备十分优异的热电性能，但未来仍有很多问题亟待解决。例如，如何解决晶体材料的接触电阻问题，使高性能晶体实现与热电器件性能的匹配；如何开展对于 N 型 SnSe 晶体层内性能的研究；如何得到对应的高性能 N 型 SnS 晶体和多晶等。此外，对现有 SnQ 材料的研究对于热电领域的发展同样意义重大，它不仅提供了一种性能优异、成分简单、环境友好的备选材料体系，更为未来更多的具有层状结构的宽带隙热电材料的筛选、开发和实验研究，提供了非常高的参考价值。

1.6　参考文献

[1] 赵敏, 黄东风, 佘孝云. 从 BP 世界能源统计年鉴看中国能源发展 [J]. 能源与环境, 2014, 6(1): 18-19.

[2] 张晖, 杨君友, 张建生, 等. 热电材料研究的最新进展 [J]. 材料导报, 2011,

25(3): 32-35.

[3] 任志锋, 刘玮书. 热电材料研究的现状与发展趋势 [J]. 西华大学学报（自然科学版）, 2013, 32(3): 1-10.

[4] 赵立东, 张德培, 赵勇. 热电能源材料研究进展 [J]. 西华大学学报, 2015, 34(1): 1-13.

[5] ZHANG X, ZHAO L D. Thermoelectric materials: Energy conversion between heat and electricity [J]. Journal of Materiomics, 2015, 1(2): 92-105.

[6] ZHU T, LIU Y, FU C, et al. Compromise and synergy in high-efficiency hhermoelectric materials [J]. Advanced Materials, 2017, 29(14): 1605884.

[7] TAN G, ZHAO L D, Kanatzidis M G. Rationally designing high-performance bulk thermoelectric materials [J]. Chemical Reviews, 2016, 116(19): 12123-12149.

[8] SHI X L, ZOU J, CHEN Z G. Advanced thermoelectric design: From materials and structures to devices [J]. Chemical Reviews, 2020, 120(15): 7399-7515.

[9] DASHEVSKY Z, SHUSTERMAN S, DARIEL M P, et al. Thermoelectric efficiency in graded indium-doped PbTe crystals [J]. Journal of Applied Physics, 2002, 92(3): 1425-1430.

[10] PEI Y, MAY A F, SNYDER G J. Self-Tuning the carrier concentration of PbTe/Ag_2Te composites with excess Ag for high thermoelectric performance [J]. Advanced Energy Materials, 2011, 1(2): 291-296.

[11] BISWAS K, HE J, BLUM I D, et al. High-performance bulk thermoelectrics with all-scale hierarchical architectures [J]. Nature, 2012, 489(7416): 414-418.

[12] DU Z, ZHU T, CHEN Y, et al. Roles of interstitial Mg in improving thermoelectric properties of Sb-doped $Mg_2Si_{0.4}Sn_{0.6}$ solid solutions [J]. Journal of Materials Chemistry, 2012, 22(14): 6838-6844.

[13] PEI Y, SHI X, LALONDE A, et al. Convergence of electronic bands for high performance bulk thermoelectrics [J]. Nature, 2011, 473(7345): 66-69.

[14] WANG S, SUN Y, YANG J, et al. High thermoelectric performance in Te-free $(Bi,Sb)_2Se_3$ via structural transition induced band convergence and chemical bond softening [J]. Energy & Environmental Science, 2016, 9(11): 3436-3447.

[15] PEI Y, LALONDE A D, WANG H, et al. Low effective mass leading to high thermoelectric performance [J]. Energy & Environmental Science, 2012, 5(7):

7963-7969.

[16]　QIAN X, WU H, WANG D, et al. Synergistically optimizing interdependent thermoelectric parameters of N-type PbSe through alloying CdSe [J]. Energy & Environmental Science, 2019, 12(6): 1969-1978.

[17]　XIAO Y, WANG D, ZHANG Y, et al. Band sharpening and band alignment enable high quality factor to enhance thermoelectric performance in N-type PbS [J]. Journal of the American Chemical Society, 2020, 142(8): 4051-4060.

[18]　HEREMANS J P, JOVOVIC V, TOBERER E S, et al. Enhancement of thermoelectric efficiency in PbTe by distortion of the electronic density of states [J]. Science, 2008, 321(5888): 554-557.

[19]　FAN S, ZHAO J, GUO J, et al. P-type $Bi_{0.4}Sb_{1.6}Te_3$ nanocomposites with enhanced figure of merit [J]. Applied Physics Letters, 2010, 96(18): 182104.

[20]　SKELTON J M, BURTON L A, PARKER S C, et al. Anharmonicity in the high-temperature *Cmcm* phase of SnSe: Soft modes and three-phonon interactions [J]. Physical Review Letters, 2016, 117(7): 075502.

[21]　TAO W, JESUS C, ROEKEGHEM A V, et al. Ab initio phonon scattering by dislocations [J]. Physical Review B, 2017, 95(24): 245304.

[22]　SHI X, WU A, LIU W, et al. Polycrystalline SnSe with extraordinary thermoelectric property via nanoporous Design [J]. ACS Nano, 2018, 12(11): 11417-11425.

[23]　ZHAO L D, LO S H, ZHANG Y, et al. Ultralow thermal conductivity and high thermoelectric figure of merit in SnSe crystals [J]. Nature, 2014, 508(7496): 373-377.

[24]　RHYEE J, LEE K H, LEE S M, et al. Peierls distortion as a route to high thermoelectric performance in $In_4Se_{3-\delta}$ crystals [J]. Nature, 2009, 459(7249): 965-968.

[25]　SAMANTA M, GHOSH T, CHANDRA S, et al. Layered materials with 2D connectivity for thermoelectric energy conversion [J]. Journal of Materials Chemistry A, 2020, 8(25): 12226-12261.

[26]　HICKS L D, DRESSELHAUS M S. Effect of quantum-well structures on the thermoelectric figure of merit [J]. Physical Review B, 1993, 47(19): 12727-12731.

[27] ZHOU Y, ZHAO L D. Promising thermoelectric bulk materials with 2D structures [J]. Advanced Materials, 2017, 29(45): 1702676.

[28] ZHAO L D, TAN G, HAO S, et al. Ultrahigh power factor and thermoelectric performance in hole-doped single-crystal SnSe [J]. Science, 2016, 351(6269): 141-144.

[29] QIN B, WANG D, HE W, et al. Realizing high thermoelectric performance in P-type SnSe through crystal structure modification [J]. Journal of the American Chemical Society, 2019, 141(2): 1141-1149.

[30] QIN B, ZHANG Y, WANG D, et al. Ultrahigh average ZT realized in P-type SnSe crystalline thermoelectrics through producing extrinsic vacancies [J]. Journal of the American Chemical Society, 2020, 142(12): 5901-5909.

[31] DUONG A T, NGUYEN V Q, Duvjir G, et al. Achieving ZT=2.2 with Bi-doped N-type SnSe single crystals [J]. Nature Communications, 2016, 7(1): 13713.

[32] CHANG C, WU M, HE D, et al. 3D charge and 2D phonon transports leading to high out-of-plane ZT in N-type SnSe crystals [J]. Science, 2018, 360(6390): 778-783.

[33] CHENG C, DONGYANG W, DONGSHENG H, et al. Realizing high-ranged out-of-plane ZTs in N-type SnSe crystals through promoting continuous phase transition [J]. Advanced Energy Materials, 2019, 9(28): 1901334.

[34] LI C W, HONG J, MAY A F, et al. Orbitally driven giant phonon anharmonicity in SnSe [J]. Nature Physics, 2015, 11(12): 1063-1069.

[35] XIAO Y, CHANG C, PEI Y, et al. Origin of low thermal conductivity in SnSe [J]. Physical Review B, 2016, 94(12): 125203.

[36] GE Z H, SONG D, CHONG X, et al. Boosting the Thermoelectric performance of (Na, K)-codoped polycrystalline SnSe by synergistic tailoring of the band structure and atomic-scale defect phonon scattering [J]. Journal of the American Chemical Society, 2017, 139(28): 9714-9720.

[37] LUO Y, CAI S, HUA X, et al. High thermoelectric performance in polycrystalline SnSe via dual-doping with Ag/Na and nanostructuring with Ag_8SnSe_6 [J]. Advanced Energy Materials, 2019, 9(2): 1803072.

[38] LIN C C, LYDIA R, YUN J H, et al. Extremely low lattice thermal conductivity

and point defect scattering of phonons in Ag-doped $(SnSe)_{1-x}(SnS)_x$ compounds [J]. Chemistry of Materials, 2017, 29(12): 5344-5352.

[39] WEI W, CHANG C, YANG T, et al. Achieving high thermoelectric figure of merit in polycrystalline SnSe via introducing Sn vacancies [J]. Journal of the American Chemical Society, 2018, 140(1): 499-505.

[40] ZHANG Q, CHERE E K, SUN J, et al. Studies on Thermoelectric properties of N-type polycrystalline $SnSe_{1-x}S_x$ by iodine doping [J]. Advanced Energy Materials, 2015, 5(12): 1500360.

[41] GE Z H, QIU Y, CHEN Y X, et al. Multipoint defect synergy realizing the excellent thermoelectric performance of N-type polycrystalline SnSe via Re doping [J]. Advanced Functional Materials, 2019, 29(28): 1902893.

[42] LEE Y K, LUO Z, CHO S P, et al. Surface Oxide removal for polycrystalline SnSe reveals near-single-crystal thermoelectric performance [J]. Joule, 2019, 3(3): 719-731.

[43] HE W, WANG D, DONG J F, et al. Remarkable electron and phonon band structures lead to a high thermoelectric performance ZT>1 in earth-abundant and eco-friendly SnS crystals [J]. Journal of Materials Chemistry A, 2018, 6(21): 10048-10056.

[44] HE W, WANG D, WU H, et al. High thermoelectric performance in low-cost $SnS_{0.91}Se_{0.09}$ crystals [J]. Science, 2019, 365(6460): 1418-1424.

[45] GUO R, WANG X, KUANG Y, et al. First-principles study of anisotropic thermoelectric transport properties of Ⅳ-Ⅵ semiconductor compounds SnSe and SnS [J]. Physical Review B, 2015, 92(11): 115202.

[46] HU X, HE W, WANG D, et al. Thermoelectric transport properties of N-type tin sulfide [J]. Scripta Materialia, 2019, 170: 99-105.

[47] TAN Q, ZHAO L D, LI J F, et al. Thermoelectrics with earth abundant elements: Low thermal conductivity and high thermopower in doped SnS [J]. Journal of Materials Chemistry A, 2014, 2(41): 17302-17306.

[48] ZHOU B, LI S, LI W, et al. Thermoelectric properties of SnS with Na-doping [J]. ACS Applied Materials & Interfaces, 2017, 9(39): 34033-34041.

[49] WANG Z, WANG D, QIU Y, et al. Realizing high thermoelectric performance of

polycrystalline SnS through optimizing carrier concentration and modifying band structure [J]. Journal of Alloys and Compounds, 2019, 789: 485-492.

[50] ASFANDIYAR, CAI B, ZHAO L D, et al. High thermoelectric figure of merit ZT > 1 in SnS polycrystals [J]. Journal of Materiomics, 2020, 6(1): 77-85.

第 2 章　锡硫族层状宽带隙 Sn*Q* 材料的晶体结构和本征热电性能

2.1　引言

作为传统的半导体材料，锡硫族层状宽带隙 Sn*Q* 材料的带隙均大于 0.85 eV，具有较大的光吸收系数，因此以往主要将其作为光伏材料研究，在太阳能领域有着相应的应用。本征的 Sn*Q* 材料为 P 型半导体，其空穴载流子浓度低于 10^{18} cm^{-3}，室温电导率低至 $10^{-1} \sim 10^{-5}$ S·cm^{-1}，电输运性能极差，因此在很长一段时间内其被认为不适合作为热电材料。直到 2014 年，研究人员在 *Nature* 上发表了关于 SnSe 晶体的文章，其在层内方向具有极低的热导率，最终在 923 K、层内 *b* 轴方向获得了 ZT 值约为 2.6 的新纪录，这一发现在热电领域引起了巨大的轰动。此后，SnSe 才逐渐被热电界所关注，其优异的热电性能也逐渐被发掘出来。对于 SnS 材料，通过分步制备方法生长得到的 SnS 晶体也因其本征低热导特性而在晶体层内方向实现了 ZT 值大于 1。进一步的研究表明，锡硫族层状宽带隙热电 Sn*Q* 材料的本征低热导特性源自其强烈的非谐振效应。

本章从锡硫族层状宽带隙 Sn*Q* 材料基本的物理和化学性质出发，首先介绍该材料的晶体结构特征和本征热电性能，指出其优异的本征热电性能的根源在于其本征低热导特性；随后，通过总结现有研究成果，指出 Sn*Q* 材料的本征低热导特性源自其强烈的非谐振性。基于此，从材料非谐振效应的本质出发，分析并总结非谐振效应与本征低热导之间的关系，以及孤对电子、共振键、笼状晶体等与低热导有关的常见概念与非谐振效应的关系。接着，着重讨论 Sn*Q* 材料中强烈的非谐振效应及其内在来源，以及化学计量比偏离、氧化过程等外在因素对于其热导率的影响。最后，指出 Sn*Q* 材料中未被解释的低热导特性的内在机制，对这一方向的后续研究进行展望。

2.2 Sn*Q* 材料的基本性质

2.2.1 SnSe 材料的物理和化学性质

SnSe 是一种无机化合物半导体，摩尔质量为 197.67 g·mol^{-1}，在室温下的理论密度为 6.179 g·cm^{-3}，熔点为 1134 K。SnSe 具有正交层状晶体结构，其分层沿 *a* 轴堆叠。由于其较高的空穴载流子迁移率，它已被广泛研究并用于电子设备等。在 600～800 K 的温区内，SnSe 经历了从空间群 *Pnma* 到空间群 *Cmcm* 的连续性相变[1]。低温 *Pnma* 相 SnSe（*a* = 11.49 Å，*b* = 4.44 Å，*c* = 4.135 Å，1 Å = 10^{-10} m）在 300 K 下具有间接带隙 E_g（约为 0.86 eV），而高温 *Cmcm* 相具有直接带隙 E_g（约为 0.46 eV）。表 2-1 总结了 SnSe 材料的一些基本物理参数[2]。为了在合成过程中获得稳定的 SnSe 化合物相，必须进一步了解 SnSe 的基本化学性质和热力学相关的参数。

表2-1　300 K下SnSe材料的基本物理参数

化学式	SnSe
摩尔质量	197.67 g·mol^{-1}
存在形式	钢灰色无味粉末
理论密度	6.179 g·cm^{-3}
熔点	861 ℃（1134 K）
在水中的溶解度	可忽略不计
带隙	0.86 eV（间接），0.46 eV（直接）
晶体结构	正交晶系
空间群	*Pnma* No. 62
晶胞参数	*a* = 11.49 Å，*b* = 4.44 Å，*c* = 4.135 Å
载流子浓度	2×10^{17}～4×10^{17} cm^{-3}
载流子迁移率	27～250 cm^2·V^{-1}·s^{-1}
泽贝克系数	500～550 μV·K^{-1}
电导率	2～10 S·cm^{-1}
热导率	0.46～0.7 W·m^{-1}·K^{-1}

在化学反应学中，Sn 单质可以直接与 Se 单质作用形成稳定的 SnSe 化合物。研究人员通过质谱等研究方法，测量了诸多相关的反应焓[3]。考虑到热化

学数据，Sn、Se 和 SnSe 之间的基本反应式和相关反应焓可总结如下 [4]。其中，括号里的 s 为 solid，表示固体；g 为 gas，表示气体。

Sn（s）+ Se（s）→ SnSe（s）$\Delta H_{298K, f}$(SnSe) =（−21.5 ± 1.7）kcal · mol^{-1};

SnSe（s）→ Sn（s）+ Se（s）ΔH =（16.5 ± 2.0）kcal · mol^{-1};

SnSe（g）→ Sn（g）+ Se（g）ΔH =（85.5 ± 2.0）kcal · mol^{-1};

SnSe（g）→ SnSe（s）　　　ΔH =（−52.4 ± 1.0）kcal · mol^{-1};

Sn（s）→ Sn（g）　　　　ΔH =（72.0 ± 2.0）kcal · mol^{-1};

Se（s）→ Se（g）　　　　ΔH = 49.4 kcal · mol^{-1}.

这些反应式对于探索组成 SnSe 的饱和蒸气压的原子和分子种类的本质至关重要。此外，对 SnSe 材料升温过程中的蒸气压、解离能、吉布斯形成能和比热等热力学参数，也都通过不同的测量技术进行了相关表征 [3, 5]，这对于理解 SnSe 材料的热稳定性、确定 SnSe 晶体和多晶的制备工艺等具有指导价值。

二元相图对于提供热力学信息同样非常有用。图 2-1 所示为 Sn-Se 体系的二元相图 [4]，其中可以找到两个中间相，即 SnSe 和 SnSe$_2$。在 Sn-SnSe 区域

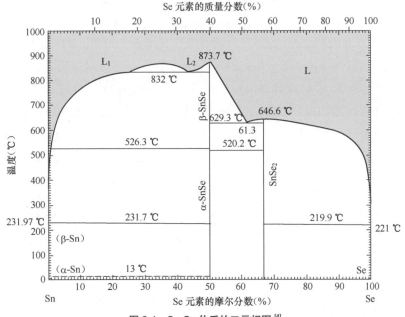

图 2-1　Sn-Se 体系的二元相图 [4]

中，可以观察到液相混溶性间隙、晶体反应和共晶反应。另外，在 SnSe-SnSe$_2$
和 SnSe$_2$-Se 区域中也可以观察到共晶反应。化学计量比为 1∶1 的 SnSe 的中
间相有两个热力学稳定相，分别表示为 α-SnSe（低温）和 β-SnSe（高温）。作
为一种重要且方便的合成 SnSe 的方法，高温熔融法已得到广泛应用。通常，
为了获得高纯度和稳定的 SnSe 化合物，高温熔融应当设置在熔点以上（$T >$
1134 K）进行。为了在多晶 SnSe 的烧结过程中追求高密度和稳定相，通常在
800～1105 K 的高温下对其进行热压烧结，这种烧结产物通常为 β-SnSe 相。
而近年发展起来的快速低温烧结方法（如 SPS 等）也越来越广泛地在热电领
域实现应用，在 SnSe 体系中，通常在相变点 800 K 以下烧结即可得到高致密
度多晶样品。

　　为了研究 SnSe 的热稳定性等性能，图 2-2（a）和图 2-2（b）分别给出了在
300～1273 K 的温区内 SnSe 在惰性氮气气氛下的热重分析（Thermogravimetric
Analysis，TGA）和差热分析（Differential Thermal Analysis，DTA）曲线[4]。
TGA 曲线显示，当温度达到约 853 K 时，样品质量略有增加，由于表面氮吸
附，峰值在约 993 K 时出现。这种吸附可以在 DTA 曲线中 993 K 附近的吸热
峰中得到验证。其后，TGA 中的样品质量在 993～1134 K 连续下降，表明
Se 被挥发。这表明 SnSe 的挥发开始温度比其熔点低得多。DTA 曲线显示了
一个急剧的放热峰并伴有一个吸热峰，这归因于 SnSe 在约 1134 K 之前的热诱导
相变[6]。这表明，α-SnSe 比 β-SnSe 稳定得多，并且 β-SnSe 在高温下可能会发生
分解。1134～1273 K 的 TGA 曲线中没有看到质量变化。但是，DTA 曲线中的
1253 K 处有一个吸热峰，这表明形成了 Sn-N-Se 相，可能是由于样品中掺入了氮，

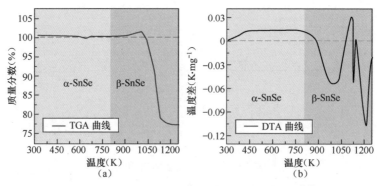

图 2-2　SnSe 材料在惰性氮气气氛下的热分析曲线[4, 6]

（a）热重分析（TGA）；（b）差热分析（DTA）

因此形成了杂质相，这一点需通过进一步的高温 X 射线衍射（X-Ray Diffraction，XRD）实验进行验证。SnSe 的 TGA 和 DTA 曲线是其作为热电材料及应用于热电领域的重要指导。考虑到高温下 β-SnSe 的不稳定性，SnSe 基热电材料更适用于 1000 K 以下的温区 [4]。

2.2.2　SnS 材料的物理和化学性质

作为 SnSe 的同族类似物，SnS 具有与 SnSe 一样的晶体结构和类似的物理、化学性质。SnS 是一种具有层状结构的间接带隙半导体，其带隙 E_g 为 1.1 ~ 1.2 eV，摩尔质量为 150.775 g·mol^{-1}，熔点约为 880 ℃（1153 K），由低温 Pnma 相变为高温 Cmcm 相的相变温度约为 602 ℃（875 K）。低温 Pnma 相 SnS 的晶格常数为 $a = 11.19$ Å、$b = 3.98$ Å、$c = 4.33$ Å，室温下表现为深灰色无定形粉末。与 SnSe 类似，由于 Sn 空位的存在，本征 SnS 材料呈现出 P 型空穴传导的特性。在研究初期，SnS 的物理输运参数差异较大，相关文献 [7, 8] 中给出的电导率数值范围为 10^{-5} ~ 0.07 Ω^{-1}·cm^{-1}，载流子浓度范围为 10^{15} ~ 10^{18} cm^{-3}，空穴载流子迁移率范围为 4 ~ 139 cm^2·V^{-1}·s^{-1}。SnS 材料同样具有本征低热导特性，其多晶在 300 K 以下的热导率同样可以低至约 1.0 W·m^{-1}·K^{-1}。

由于 S 元素的熔点和沸点较低，其高温蒸气压更大，导致 Sn-S 二元体系的高温反应要比 Sn-Se 二元体系的更复杂。Sn-S 体系的二元相图如图 2-3 所示 [9]，可以看到，Sn-S 体系中形成了 3 个中间相，即 SnS、Sn_2S_3 和 SnS_2。SnS 和 SnS_2 可完全互溶，而 Sn_2S_3 会熔融成液相和 SnS_2。此外，还存在两个液相混溶性间隙，一个在 Sn-SnS 区域中，另一个在 SnS_2-S 区域中。这 3 种共晶相分别位于富 Sn 区域、SnS 和 Sn_2S_3 之间以及富 S 区域。3 个中间相在固态下均经历数个与温度有关的相变过程。如前所述，固相 SnS 会随温度变化，以两种同素异形体形式存在，分别为 α-SnS 和 β-SnS，其中，低温 α-SnS 相在约 602 ℃时转变为 β-SnS 相。α-SnS 相本质上是严格遵循 1∶1 化学计量比的，而 β-SnS 相则可以溶解过量的 S。β-SnS 相在 700 ℃附近与 Sn_2S_3 相的平衡过程中，其 S 元素原子占比最大可达 50.5 %。此外，在后续的实验中，研究人员还得到了 Sn_3S_4 和 Sn_4S_5 等二元亚稳相化合物 [10-11]。

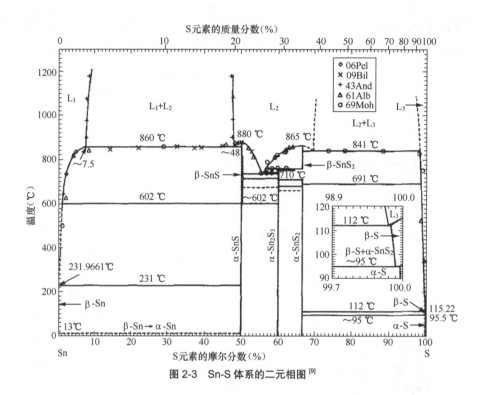

图 2-3　Sn-S 体系的二元相图 [9]

由于 Sn-S 二元体系的产物更多，其单质之间的化学反应会更加复杂。其中，固相 SnS 的形成焓在 298 K 和标准大气压下约为 -108 kJ·mol⁻¹。涉及 SnS 相的热力学反应式及相关参数如下 [9]。其中，括号里的 l 为 liquid，表示液体。

Sn（l）+ 1/2 S$_2$（g）→ α-SnS（s）

$\Delta G^0 = -173\,170 + 92.222\,T$（J·mol⁻¹），500 K < T < 875 K；

α-SnS（s）→ β-SnS（s）　　　　$\Delta H = 670$ J·mol⁻¹，$T = 875$ K；

Sn（l）+ 1/2 S$_2$（g）→ β-SnS（s）

$\Delta G^0 = -172\,500 + 91.456\,T$（J·mol⁻¹），875 K < T < 1153 K；

β-SnS（s）→ SnS（l）　　　　$\Delta H = 31\,600$ J·mol⁻¹，$T = 1153$ K。

SnS$_2$、Sn$_2$S$_3$ 和 Sn$_3$S$_4$ 在相同条件下的形成焓则分别为 -153.6 kJ·mol⁻¹、-297.5 kJ·mol⁻¹ 和 -370 kJ·mol⁻¹。

2.3 Sn*Q* 材料的晶体结构及其特征

如前所述，SnSe 和 SnS 属于同一晶系，具有相近的晶胞参数以及类似的相变行为。因此，这里以 SnSe 为例，介绍这类材料的晶体结构及其特征。

SnSe 在室温下为正交 *Pnma* 结构，其晶格常数为 $a = 11.49$ Å、$b = 4.44$ Å、$c = 4.135$Å。图 2-4（a）～图 2-4（d）给出了室温下 SnSe 的晶体结构和沿 3 个轴向的投影晶体结构[12]。可以看出，α-SnSe 具有典型的双原子层结构，与黑磷相同。α-SnSe 的一个晶胞由 8 个原子组成。Sn 和 Se 原子通过强异质键连接形成晶体层，该晶体层由锯齿状 Sn-Se 链的两个平面组成。每个 Sn 原子键合相邻的 Se 原子，并且每个 Se 原子也键合相邻的 Sn 原子。相邻层主要通过范德瓦耳斯力和远距离静电引力相互结合。SnSe 的价键呈现出极强的各向异性，如图 2-4（b）所示，一个 Sn 原子周围连接着 7 个 Se 原子，从而形成了高度畸变的 $SnSe_7$ 多面体。其中，层外方向有 3 个弱 Sn—Se 键，另外 4 个强 Sn—Se 键沿着层内方向连接。正是这种独特的强弱键组合构成了 SnSe 的双原子层结构。值得注意的是，除这 7 个 Sn—Se 键外，Sn 原子还存在一对孤对电子，其对 SnSe 的非谐振性和低热导特性起着至关重要的作用[13]。由于 SnSe 在层外方向的弱键，SnSe 晶体非常容易沿着 (001) 晶面解理，如图 2-4（e）所示。由于这个特征，SnSe 常被看作二维热电材料。但是与 Bi_2Te_3 和 MoS_2 不同，SnSe 的价键并不是范德瓦耳斯型。因此，准确地说，SnSe 是一种介于二维和三维之间的层状热电材料[12]。

即使同为层内方向，SnSe 晶体的 b 轴和 c 轴的热电性能仍然存在着显著差异。从图 2-4（c）和图 2-4（d）可以看出，c 轴方向的价键略长于 b 轴方向，因此其 c 轴方向的价键强度较弱，所以 b 轴方向的电输运性能略优于 c 轴方向；同样，b 轴方向的热导率也会略高于 c 轴方向。由此可见，在测量 SnSe 晶体的过程中，确定 SnSe 的 a、b、c 晶轴方向至关重要，如图 2-3（e）所示。首先，SnSe 的层内和层外方向可以根据晶体解理面来确定。层内 b 轴、c 轴方向的确定则需要借助 X 射线劳厄背反射（X-Ray Back-Reflection Laue）来确定。由于 SnSe 在 b、c 轴的非对称性以及立方结构，其衍射斑点相对正交晶系存在些许偏差，如图 2-4（f）所示。通过图中 α、β 角度的相对大小可以确定 b、c 轴的方向，角度大于 90°对应的晶轴为 b 轴；角度略小于 90°对应的晶轴为 c 轴[12]。

　　高温 β-SnSe 相（800 K < *T* < 1134 K）同样具有正交结构，空间群为 *Cmcm*，其晶胞参数为 *a* = 4.31 Å、*b* = 11.71 Å 和 *c* = 4.42 Å。与 α-SnSe 类似，β-SnSe 具有典型的双原子层结构。Sn 和 Se 原子通过强杂极性键连接[4]。与 α-SnSe 不同，β-SnSe 具有更高的晶体结构对称性。当从 β-SnSe 冷却为 α-SnSe 时，β-SnSe 在 800 K 附近开始发生相变，相变在 800 K 至 600 K 的温区内 200 K 持续进行[1]，最终完全转变为 *Pnma* 结构，即 α-SnSe，并且晶轴发生了转变。

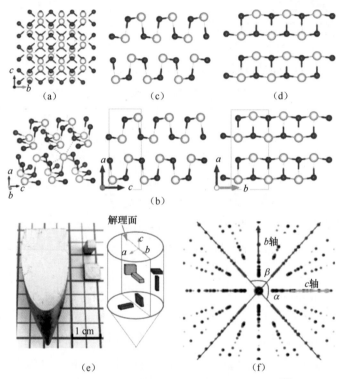

图 2-4　SnSe 的晶体结构、晶体样品及定向特征[12]

（a）SnSe 沿着 *a* 轴方向的晶体结构，灰色为 Sn 原子，红色为 Se 原子；（b）Sn 原子的价键连接；（c）SnSe 沿着 *b* 轴方向的晶体结构；（d）SnSe 沿着 *c* 轴方向的晶体结构，为了晶体结构的可视性，弱 Sn—Se 键没有被标注出来；（e）左侧为生长得到的 SnSe 晶体，右侧为用于热电性能测试的样品切割示意；（f）SnSe 晶体沿着 [100] 方向的劳厄衍射斑点

　　为了说明相变过程中 Sn 和 Se 原子位置的变化，图 2-5（a）和图 2-5（b）显示了 Sn 和 Se 原子的原子位置参数（*x* 和 *y*）的变化[4, 14]。可以看到，*y* 参数基本不随温度变化，而 *x* 参数随温度连续变化，最终接近、等于 β-SnSe 相的

对应参数。图 2-5（c）和图 2-5（d）展示了随着温度升高，Sn 和 Se 原子的热参数的变化。在室温下，Sn 和 Se 原子的热参数分量 U_{11}、U_{22} 和 U_{33} 基本一致。当温度升高时，热参数的各向异性变得尤为明显。对于 Sn 原子，随温度升高，U_{11} 比 U_{22} 和 U_{33} 大很多。对于 Se 原子，U_{11} 和 U_{22} 大于 U_{33}。由于相变改变了材料的晶体学参数和热学参数，在从 β-SnSe 相冷却至 α-SnSe 相的过程中，样品体积膨胀了约 2.5%。这种体积膨胀是导致 SnSe 晶体生长过程中安瓿破裂和样品损坏的主要原因[13]。

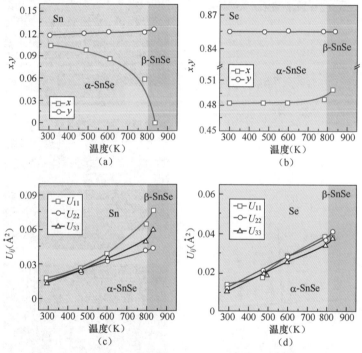

图 2-5 SnSe 中原子位置参数和热参数分量随温度变化的曲线 [4, 14]

（a）Sn 原子的原子位置参数（x 和 y）随温度变化的曲线；（b）Se 原子的原子位置参数随温度变化的曲线；（c）Sn 原子的热参数分量（U_{11}、U_{22} 和 U_{33}）随温度变化的曲线；（d）Se 原子的热参数分量随温度变化的曲线

此外，可以在实验上通过微观结构的表征观测 SnSe 材料的晶体结构[5]。在室温下，可以清楚地观测到 SnSe 晶体的无缺陷晶格图像，如图 2-6（a）所示，其中右上角的原子强度分布及峰间距对应 (100) 晶面间距，图中还给出了沿 [011] 方向的选区衍射（Selected-Area Diffraction，SAD）图像。需要指出的是，

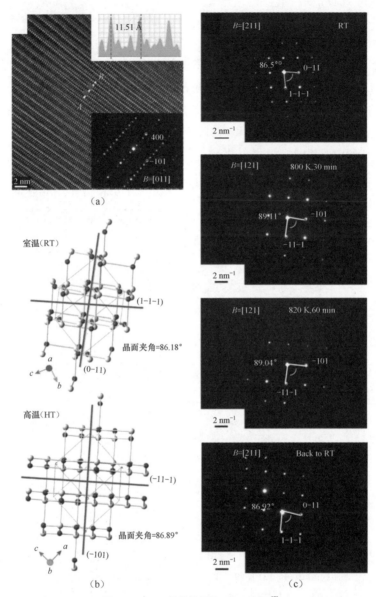

图 2-6　SnSe 晶体的原位 TEM 表征[5]

（a）SnSe 晶体的高分辨 TEM 图像，其中，右上角为沿虚线 *AB* 的原子强度分布，清楚地显示了
对应的(100)晶面间距；右下角为沿[011]方向的 SAD 图像；（b）沿[211]和[121]方向观察得到的，
室温相间（RT；*Pnma*）和高温相（HT；*Cmcm*）的理论晶体结构；（c）在不同温度条件下得到的
SnSe 晶体在同一区域的 SAD 图像

运动学上被禁止的 *Pnma* 空间群的 (100) 类型的晶面，在图 2-5 中可以显示，这是由于沿这些方向的电子衍射普遍存在双重衍射，这也反映了这类空间群中平移对称元素（螺杆 / 滑移面）的存在 [5]。原位透射电子显微镜（Transmission Electron Microscope，TEM）同样能够在实验中表征 SnSe 随温度变化的相变过程以及此过程中晶体对称性的变化，这可以通过 SAD 验证。在 SnSe 中，低温 *Pnma* 相的 [211] 晶轴，在温度升高至约 800 K（SnSe 完全转变为高温 *Cmcm* 相）后，转变为 [121] 晶轴，因此沿此晶轴的 SAD 图像可以反映出相变过程晶体结构的变化。图 2-6（b）所示为理论上的室温（Room Temperature，RT）*Pnma* 相沿 [211] 方向和高温（High Temperature，HT）*Cmcm* 相沿 [121] 方向的晶体结构，其中，*Pnma* 相中 (1-1-1) 和 (0-11) 晶面夹角为 86.18°，*Cmcm* 相中 (-11-1) 和 (-101) 晶面夹角为 86.89°。图 2-6（c）给出了不同温度下的原位 TEM 对应晶轴方向的 SAD 图像，可以看到，室温下的晶面夹角实验值（86.5°）与理论值较为接近，当温度升高至 800 K 并保温 30 min 后，样品完全转变为 *Cmcm* 相，同一区域对应的 (1-1-1) 和 (0-11) 晶面夹角增加了约 2.6°，最终，高温下 (-11-1) 和 (-101) 晶面夹角实测值为 89.11°，也与理论值对应 [5]。另外，在高温 800 K 下保温 30 min 后再升温至 820 K 并保温 60 min，样品对应的晶面夹角并未发生明显变化，表明 SnSe 晶体样品高温 *Cmcm* 相也具有一定的晶格稳定性。通过观察恢复到室温后再次得到的 *Pnma* 相的 SAD 图像以及对应晶面夹角，可以认为，SnSe 晶体的高温相变是可逆的，鉴于衍射实验中观察到的微妙的角度变化，这一相变过程可能仅涉及 SnSe 原子层的改组。

2.4　SnQ 材料的本征热电性能

通过改良的温度梯度法等制备方法可以得到 SnQ 材料的本征晶体，研究人员通过 X 射线劳厄背反射等手段确定了晶体的各个轴向，在经过进一步切割打磨处理后，即可对本征晶体样品进行热电性能的测试和表征。图 2-7 所示为本征 SnSe 晶体沿 *a*、*b*、*c* 这 3 个轴向的热电性能参数随温度变化的曲线 [5]。

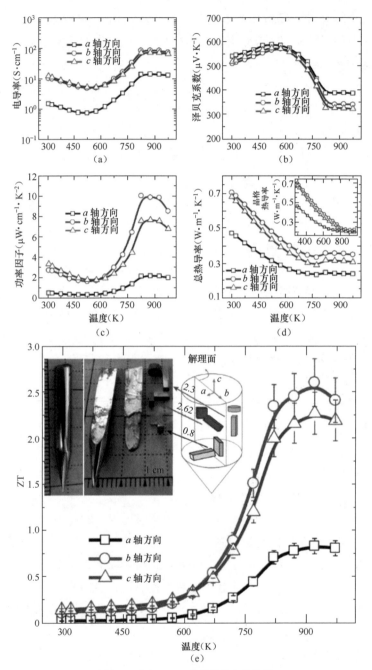

图 2-7　本征 SnSe 晶体的热电性能 [5]

（a）电导率 σ；（b）泽贝克系数 S；（c）功率因子 PF；（d）热导率（κ_{tot}、κ_{lat}）；（e）ZT

SnSe 晶体沿不同轴向的电导率显示出相同的随温度变化的趋势，如图 2-7（a）所示。可以看到，该曲线分为 3 个区域：首先是 300～523 K 的类金属载流子输运行为，其次是 523～800 K 的半导体行为，最后是 800～923 K 的几乎不随温度变化的电导率曲线。其中，523 K 附近的电导率上升可以归因于半导体材料中载流子的热激发，而第二区域内电导率提升则源自材料的晶体结构由 Pnma 相向 Cmcm 相的转变。可以很容易地看出，沿 b 轴和 c 轴方向的电导率接近，而沿 a 轴方向的电导率则较低。这种各向异性是由于在 SnSe 层状结构中，层内方向的载流子迁移率要远远高于层外方向。与之不同的是，泽贝克系数显示出几乎各向同性的行为，即与晶体学方向无关，如图 2-7（b）所示。泽贝克系数在 525 K 以上时逐渐减小，这表明载流子的热激发导致了载流子浓度提升。同时，这也预示着可能存在高温下的双极扩散行为，因为电子能带结构的理论计算结果表明，SnSe 在由 Pnma 相向 Cmcm 相转变的过程中，其带隙会显著减小[5]。基于所得电导率和泽贝克系数，可以计算得到功率因子 PF，如图 2-7（c）所示。沿各个轴向的功率因子均在约 850 K 时取得最大值，沿 a、b、c 这 3 个轴向的最大值分别约为 2.1 $\mu W \cdot cm^{-1} \cdot K^{-2}$、10.1 $\mu W \cdot cm^{-1} \cdot K^{-2}$ 和 7.7 $\mu W \cdot cm^{-1} \cdot K^{-2}$。这些数值与那些传统的高性能热电材料（如 PbTe、Bi_2Te_3 等体系）相比并不具备优势，但与那些具有本征低热导特性的热电材料（如 $Yb_{14}MnSb_{11}$[15]、Ag_9TlTe_5[16] 和 $AgSbTe_2$[17] 等）相比，优势较为明显。

本征 SnSe 晶体沿各个轴向的热导率曲线如图 2-7（d）所示，在室温（300 K）下，沿 a、b 和 c 这 3 个轴向的总热导率分别为 0.46 $W \cdot m^{-1} \cdot K^{-1}$、0.70 $W \cdot m^{-1} \cdot K^{-1}$ 和 0.68 $W \cdot m^{-1} \cdot K^{-1}$，这远远低于那些性能优异的传统热电材料。令人惊讶的是，SnSe 晶体的热导率随着温度的升高而持续降低，并且在 973 K 时都落在 0.23～0.34 $W \cdot m^{-1} \cdot K^{-1}$。而由图 2-7（d）图中的晶格热导率曲线可知，SnSe 材料中的总热导率主要源自晶格热导率的贡献，即材料中的热输运以声子输运为主。沿 a 轴方向，SnSe 晶体的晶格热导率在 973 K 时下降至约 0.20 $W \cdot m^{-1} \cdot K^{-1}$。这是一个非常低的值，甚至远远低于通过纳米结构和全尺度分层结构设计的 PbTe 基热电材料。基于上述的电输运和热输运参数的测试结果，最终得到了本征 SnSe 晶体沿各个轴向的 ZT 值曲线，如图 2-7（e）所示。可以看到，在 923 K 附近，本征 SnSe 晶体沿 a、b、c 这 3 个轴向均获得了最大 ZT 值，分别约为 0.8、2.62 和 2.3[5]。需要指出的是，750 K 以下 SnSe 的 ZT 值普遍较低，因此，要想真正实现 SnSe 晶体在热电领域的实际应用，仍需要进一步优化其低温区域的热电性能。

　　同样，可以对本征 SnS 晶体的热电性能进行测试表征和分析，测试结果如图 2-8 所示。可以看出，由于本征 SnS 的载流子浓度较低，所以其电导率非常低，如图 2-8（a）所示。与 SnSe 类似，SnS 晶体在 300 ～ 600 K 条件下展现出类金属行为，载流子主要受到声子散射作用的影响，所以电导率随温度增加呈现下降的趋势。在 600 K 以上，本征半导体载流子热激发作用占据了主导，这使得载流子浓度升高，导致电导率显著上升。在 923 K 时，沿着晶体 b 轴方向，电导率可以达到最高约 35 S · cm^{-1}，沿 a 轴、b 轴方向分别可以达到约 6 S · cm^{-1} 和 25 S · cm^{-1}。从整个温区电导率的变化趋势可以看出，SnS 晶体沿其 3 个轴向表现出明显的各向异性电导率。层内方向（b 轴、c 轴）的电导率显著高于层外的 a 轴方向，且层内的 b 轴方向为其电导率最优方向。由于本征 SnS 的载流子浓度较低，其在室温下具有很大的泽贝克系数，b 轴、c 轴方向的泽贝克系数达到约 700 μV · K^{-1}，而 a 轴方向的略高，约为 770 μV · K^{-1}，如图 2-8（b）所示。可能的原因是，与层内方向相比，层外 a 轴方向的载流子浓度可能受到强烈的层间散射影响，一些低能量载流子越过层间变得困难，从而产生能量过滤效应，使得泽贝克系数增大，造成层内外方向泽贝克系数的差异。但是，这一效应随着 600 K 以上载流子受到热激发作用而逐渐消失。所以，在 600 K 以上，高温热激发会导致载流子浓度显著提高，其泽贝克系数也逐渐降低。在 923 K 时，本征 SnS 晶体的泽贝克系数降至约 450 μV · K^{-1}。但是，在整个温区内，本征 SnS 晶体的泽贝克系数均较高。综合考虑 SnS 晶体沿 3 个轴向的电导率和泽贝克系数，晶体层内的 b 轴方向呈现最优的电输运性能。室温下，功率因子 PF 约为 1.2 μW · cm^{-1} · K^{-2}，873 K 时达到约 7.5 μW · cm^{-1} · K^{-2}，如图 2-8（c）所示[18]。

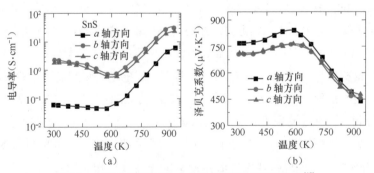

图 2-8　本征 SnS 晶体沿 a、b 和 c 轴方向的热电性能[18]

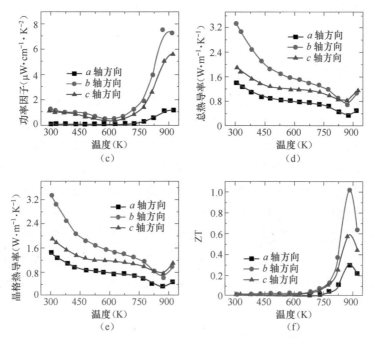

图 2-8　本征 SnS 晶体沿 a、b 和 c 轴方向的热电性能 [18]（续）

（a）电导率 σ；（b）泽贝克系数 S；（c）功率因子 PF；（d）总热导率 κ_{tot}；

（e）晶格热导率 κ_{lat}；（f）ZT

同样，SnS 晶体的总热导率在 3 个轴向上表现出明显的差异，如图 2-8（d）所示。b 轴方向上总热导率最高，在室温下约为 3.3 W·m⁻¹·K⁻¹，而 a 轴、c 轴方向上，分别约为 1.9 W·m⁻¹·K⁻¹ 和 1.4 W·m⁻¹·K⁻¹。随着温度的升高，总热导率逐渐下降，在 873 K 时降到最低，并出现一个上升的拐点。其主要原因是，在 873 K 附近，SnS 晶体发生了相变。SnS 晶体的低温相（*Pnma* 相）具有较低的对称性，当发生高温相变时，晶体结构转化为具有更高对称性的 *Cmcm* 相，所以出现总热导率上升的现象。在 873 K 时，总热导率沿 a、b、c 这 3 个轴向分别降至约 0.30 W·m⁻¹·K⁻¹、0.68 W·m⁻¹·K⁻¹ 和 0.82 W·m⁻¹·K⁻¹。由于在整个温区内，本征 SnS 晶体的电输运性能较低，来自电子热导率的贡献非常少，所以晶格热导率几乎等于总热导率，如图 2-8（e）所示。这表明，本征 SnS 晶体中晶格的振动（声子输运）主导了热输运。结合 SnS 晶体沿 3 个轴向呈现的各向异性的热电性能可以看出，层内方向的 ZT 值优于层外方向，且 b 轴方向的 ZT 值最优，如图 2-8（f）所示。在

873 K 时，最大 ZT 值约为 1.0，其他两个方向的最大 ZT 值分别约为 0.3（a 轴）和 0.6（c 轴）。此外，可以看到，与 SnSe 类似，在 300 ～ 750 K，由于本征低载流子浓度，SnS 晶体的 ZT 值极低。这说明，要想进一步实现 ZT 值的提升，需合理优化 SnS 晶体的载流子浓度。

与晶体样品对应，研究人员还测试表征了本征 SnSe 和 SnS 多晶的热电性能[19-20]。由于多晶样品中存在大量的晶界等晶格缺陷，其载流子迁移率要比晶体层内方向的载流子迁移率低几个数量级。这也导致多晶的电输运性能更差，尤其是在低温段，多晶样品的电导率接近 0，直至温度升高至 600 K 以上时，电导率才呈现指数形式的增长，但最终仍远远低于晶体层内方向的电导率。由于多晶和晶体具有相近的载流子浓度，其泽贝克系数也较为接近。最终，多晶的功率因子在整个温区内都远低于晶体。对于 SnSe 多晶，垂直于烧结压力方向的最大功率因子 PF 约为 4.0 $\mu W \cdot cm^{-1} \cdot K^{-2}$；平行于烧结压力方向则约为 1.0 $\mu W \cdot cm^{-1} \cdot K^{-2}$。虽然多晶的电输运性能要远低于晶体的层内方向，但大量缺陷引起的声子散射增强也会降低材料的晶格热导率。然而，由于 SnQ 材料的本征特性，外来缺陷对其声子输运和晶格热导率的影响并不够显著，与晶体相比，多晶的热导率降低不是很明显。最终，可以得到本征 SnQ 多晶的 ZT 值。由于电输运性能较差，多晶的 ZT 值很低。沿垂直于烧结压力方向，本征 SnSe 和 SnS 多晶在约 800 K 时的 ZT 值只有约 0.6 和 0.2[19-20]。

2.5 SnQ 材料的非谐振效应和低热导特性

由对本征 SnQ 材料热电性能的测试表征可知，晶体在高温段的高效热电性能主要源自材料极低的本征热导率，进一步地，还源自材料强烈的非谐振效应。在众多热电参数中，只有晶格热导率基本不随载流子浓度的变化而变化。这种特性使得晶格热导率成为唯一相对独立的热电参数，从而能大大简化热电优化过程。在获得低热导材料后，我们可以把注意力更多地集中在优化材料的电输运性能上，而不用担心其对热导率会产生不利影响。晶格热导率本质上反映了材料中晶格振动的状态，其主要源自两部分，即原子成键的非谐振效应（内部因素）和各种尺度的晶体缺陷（外部因素）[21]。本节主要讨论其内部机制，即非谐振效应。

2.5.1　非谐振效应及其与热导率的关系

2.5.1.1　非谐振效应的概念

非谐振效应是一种相对概念，指的是一种偏离简谐运动的晶格振动状态。在理想晶格中，原子处于谐振状态，各种振动模式相互独立，没有干扰。这使得晶格的振动不存在能量损失。然而，在非谐振状态，原子的各种振动模式是相互干扰的，这使得每种振动模式存在有限的传播距离和存在时间。非谐振是材料产生热导率的内在来源，在载热声子的输运过程中，当原子被迫偏离其平衡位置时，外加力不再与原子位移成正比，从而导致声子输运失衡，增强了声子之间的散射，进而使得晶格热导率大幅度降低。

非谐振表示晶体振动的非对称性。这种非对称性如图 2-9 所示。图 2-9（a）所示为一维单原子模型，其可以看作一条由质点和弹簧组成的振动系统。对于谐振和非谐振体系，它们的区别在于弹簧的杨氏模量是恒定值还是随着位移而变化。对于谐振体系，杨氏模量为恒定值 k。图 2-9（b）所示为原子势能随位移的变化。可以看出，在谐振体系中，原子的势能曲线呈现镜

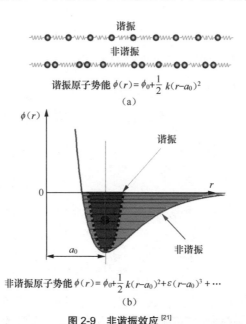

图 2-9　非谐振效应 [21]

（a）包含质点和弹簧的一维单原子模型，上下分别对应谐振体系和非谐振体系；（b）原子势能（ϕ）与原子相对平衡位置位移（r）的关系，蓝色曲线对应谐振态，红色曲线对应非谐振态

面对称。谐振原子势能是由一个常量和一个二阶项组成的多项式。而在非谐振体系中，原子的势能会发生"畸变"，可用公式表示为包含多阶项的多项式，其中三阶及以上的项对应着非谐振效应对原子势能的影响。

从声子谱中同样能够看出非谐振对于晶格振动的影响。图 2-10 所示为一维单原子链的谐振和非谐振声子谱[21]。可以看出，与谐振谱相比，非谐振效应使声子频率向下移动了 $\Delta\omega$（对应着声子速度的降低）。并且，非谐振效应越强，频率下移的程度越大。这种频率的下移被称为声子软化效应。由于晶体中的热传导可以看作声子的输运过程，所以非谐振效应带来的声子传播速度的降低能够有效地降低晶格热导率。

根据玻耳兹曼输运方程，晶格热导率可以表示为[22]：

$$\kappa_{L,\alpha\beta} = \sum_{qs} C_v(qs) v_g^\alpha(qs) v_g^\beta(qs) \tau_{qs} \tag{2-1}$$

其中，晶格热导率被表征为一个二阶张量，α、β 表示它的分量；C_v 为定容比热；v_g 为声子群速度；τ 为声子弛豫时间。

由式（2-1）可见，除了声子群速度，声子弛豫时间也是影响晶格热导率的关键因素。在理想晶体中，声子弛豫时间是无限大的，而在非谐振体系中，由于声子与声子的碰撞色散，其弛豫时间为一个有限值。玻耳兹曼输运理论从另一个角度解释了非谐振对晶格热导率的影响。

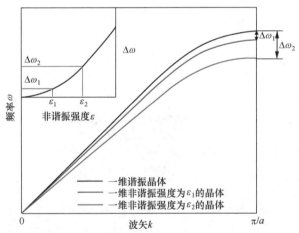

图 2-10　一维单原子链的谐振（黑色）与非谐振（红色和蓝色）声子谱，
左上插图表示声子频率的偏移程度与非谐振强度之间的关系[21]

下面对非谐振对热导率的影响进行定量分析。非谐振的强弱可以通过格林内森常数来确定。格林内森常数 γ_i 表征声子频率与晶格膨胀之间的关系[21]：

$$\gamma_i = -\frac{V}{\omega_i} \cdot \frac{\partial \omega_i}{\partial V} \tag{2-2}$$

其中，ω_i 和 V 分别为声子频率和晶胞体积。当原子偏离平衡位置所受的力正比于其位移（谐振）时，声子频率是不会随着晶胞体积的改变而改变的，格林内森常数为 0。但是在非谐振状态，ω_i 随着晶胞体积的变化而变化，其强度体现为格林内森常数的大小。

经过推导，材料的晶格热导率 κ_{lat} 可以表示为[23]：

$$\kappa_{lat} \propto \frac{M v_m^3}{T V_m^{2/3} \gamma^2} \left(\frac{1}{N^{1/3}} \right) \tag{2-3}$$

其中，M 为平均原子质量；v_m 为平均群速度；γ 为格林内森常数；V_m 为平均原子体积；N 为晶胞内的原子数。

平均群速度可以通过声速测试系统直接获得，从而可以计算格林内森常数。图 2-11 所示为多种高性能热电材料的晶格热导率与格林内森常数之间的关系[24]。可以看出，晶格热导率与格林内森常数的关系满足 $\kappa_{lat} \propto 1/\gamma^2$。

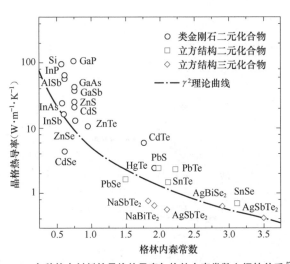

图 2-11　多种热电材料的晶格热导率与格林内森常数之间的关系[24]

2.5.1.2　孤对电子与非谐振效应

一般情况下，具有孤对电子的物质都有很强的非谐振效应和极低的热导率。孤对电子是指单独成对、不与其他原子成键的电子，也称为非成键电子。孤对电子一般是原子的最外层电子。氮族元素 As、Sb、Bi 是常见的具有孤对电子的元素，它们的最外层电子轨道分别是 $3d^{10}4s^24p^3$、$4d^{10}5s^25p^3$ 和 $4f^{14}5d^{10}6s^26p^3$。可以看出，孤对电子来自外层 s 轨道。然而，并不是具有 s 轨道的原子都具有孤对电子。一些情况下，由于轨道杂化的影响，孤对电子也会参与原子成键，从而失去高非谐振效应。典型的例子就是 $AgInTe_2$ 和 $AgSbTe_2$[25]。在 $AgInTe_2$ 中，其原子轨道为 $4d^{10}5s^25p^1$，而 $AgSbTe_2$ 的原子轨道为 $4d^{10}5s^25p^3$。可以看出，In 和 Sb 都具有外层 s 轨道，但是 $AgInTe_2$ 的晶格热导率远高于 $AgSbTe_2$。这种晶格热导率之间的巨大差异可以通过轨道杂化导致孤对电子消失来解释。当外层多个轨道的能量差异很小时，如 s 轨道和 p 轨道，二者会发生杂化反应，从而形成 sp 轨道，使得低能量的 s 轨道参与价键连接，从而消除孤对电子的影响。在 $AgInTe_2$ 中，$5s^2$ 轨道的能量略低于 $5p^1$ 轨道，最终二者发生轨道杂化，各个电子均与 Te 原子成键。而在 $AgSbTe_2$ 中，Sb 的外层轨道为 $5s^25p^3$，s 轨道的能量远低于 p 轨道，从而阻止了 sp 杂化轨道的形成。二者的轨道差异引起了晶格热导率的不同，如图 2-12 所示。值得注意的是，轨道杂化的现象不仅与原子种类有关，还与原子所处的环境有关。也就是说，In 在其他物质中同样能够形成孤对电子，如 $TlInTe_2$[26] 和 $InTe$[27]。而 Sb 在其他物质中同样会失去孤对电子，如 Cu_3SbSe_4。为了更准确地表征哪些离子具有孤对电子，有必要在列出元素的同时列出其具体的价态。常见的具有孤对电子的离子有 As^{3+}、Sb^{3+}、Bi^{3+}、In^+ 和 Tl^+[21]。

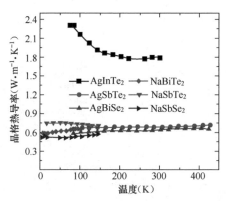

图 2-12 $AgInTe_2$、$AgSbTe_2$、$AgBiSe_2$、$NaBiTe_2$、$NaSbTe_2$ 和 $NaSbSe_2$ 的
晶格热导率 κ_{lat} 随温度变化的曲线[21]

在具有孤对电子的材料中，其非谐振效应的强度可以通过孤对电子与邻

近原子的静电排斥力来表征。在热振动过程中，孤对电子与邻近原子会发生轨道交叠，这种交叠会产生非线性静电斥力。与一维单原子模型中的非线性斥力一样，这种非线性静电斥力同样会产生非谐振效应。具体来说，原子轨道交叠的程度越大，产生的静电斥力也就越大。静电斥力的大小通常用孤对电子的离域程度来表征。孤对电子的离域程度越高，由孤对电子产生的非线性静电斥力就越小。

进一步，我们可以通过原子成键角度直观地表征非谐振性（角度越大，孤对电子的离域程度越高）。这里列举一个典型的例子。Cu_3SbSe_4 中不具有孤对电子，Se—Sb—Se 的成键角度为 109.5°；在具有孤对电子的 $CuSbSe_2$ 和 Cu_3SbSe_3 中，Se—Sb—Se 的成键角度分别为 95.24° 和 99.42°。最终，三者的晶格热导率的大小从低到高分别为 κ_{lat}（Cu_3SbSe_3）< κ_{lat}（$CuSbSe_2$）< κ_{lat}（Cu_3SbSe_4），如图 2-13 所示。根据以上提及的关系，Skoug 等人[28] 列出了一系列包含氮族元素的物质，总结了它们的成键角度与晶格热导率的关系，再次验证了原子成键角度与非谐振效应强度的关系。

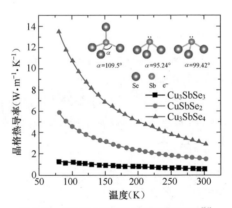

图 2-13　孤对电子对晶格热导率的影响[21]

2.5.1.3　共振键与非谐振效应

通常情况下，强的非谐振效应在低对称材料中发现得较多，而高对称晶体的非谐振效应较弱，并且热导率较高。例如，Cu_3SbSe_4 本身没有孤对电子，晶体结构为高度对称的正交晶系；而 Cu_3SbSe_3 由于自身孤对电子的存在而呈现低对称的斜方晶系。然而，之前的研究工作发现，一些高对称物质中同样存在强非谐振效应。其中，非常著名的是 V - VI化合物（PbTe、PbSe 和 SnTe 等），如图 2-11 所示。关于这些材料的非谐振效应的起源，在很长一段时间内都含糊不清，直到共振键理论的产生。

共振键理论最早被应用于高分子领域，其中苯环是最早被发现的共振化合物。随后，它被应用于固态化学等领域 [21]。通常来说，共振键是指多种价键状态共振后的平衡状态。通过价键理论和晶体结构形貌可以很直观地表征共振键的形成。图 2-14 所示为单原子二维晶格模型，且每个原子只有两个价电子（如 PbTe）。在通常情况下，原子的成键方式有两种，如图 2-14（a）和图 2-14（c）所示。然而，如果晶格在这两种状态下频繁地进行快速切换，并且这种状态切换能够降低晶格整体势能，那么这种动态成键状态就能够稳定存在，如图 2-14（b）所示。这种动态状态下的化学键被称为共振键。对于 IV 族元素（Si、Ge、Sn 和 Pb），它们的最外层有 4 个价电子，所以能够形成高度对称的四面体结构。然而对于 IV-VI 化合物（PbTe、PbSe 和 SnTe 等），它们的晶体结构是正交晶系，原子配位数高达 6，如果采用传统的共价键理论无法解释这一现象。通过计算发现，与苯环类似，PbTe 的价键在处于共振动态平衡时能量最低，也就是说 PbTe 的少数价键在 6 个键位频繁地快速切换，最终达到稳定的共振态。事实上，共振键大量存在于热电材料及相变材料中 [21]。Lencer 等人 [29] 总结了大量物质的共振状态与电离强度及轨道杂化的关系，主要包含 V 族元素、二元化合物 $A^{IV}B^{VI}$、三元化合物 $A^{IV}_2 B^V_2 C^{VI}_5$、$A^{IV} B^V_2 C^{VI}_4$ 和 $A^{IV} B^V_4 C^{VI}_7$，如图 2-15 所示，物质的共振强度与轨道杂化强度和电离强度成反比。值得注意的是，一些高性能热电材料（PbTe、SnTe、PbSe 和 SnSe）集中在高共振态区域。

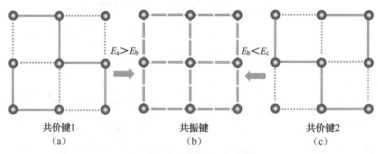

共价键1　　　　　　　　共振键　　　　　　　　共价键2
（a）　　　　　　　　　（b）　　　　　　　　　（c）

图 2-14　共振键形成示意 [21]
（a）共价键；（b）共振键；（c）另一种共价键

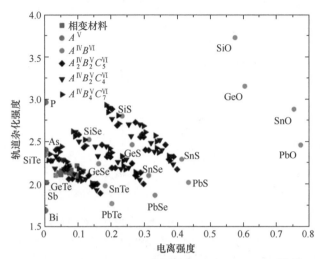

图 2-15　共振键与轨道杂化强度和电离强度之间的关系 [21, 29]

共振键与非谐振效应的关系主要在于共振键本身特有的长程原子间作用力引起了非线性原子间作用力。从第一性原理的角度分析，长程原子间作用力能够使声子散射谱中的光学支和声学支发生耦合效应，从而产生声子软化，增强非谐振效应。同样以 PbTe、PbSe、PbS 和 SnTe 为例，Lee 等人在他们的工作中利用第一性原理计算了不同价键材料的原子间作用力 [30]，如 PbTe、PbSe、PbS 和 SnTe 中的共振键，NaCl 中的离子键，以及 InSb 中的杂化共价键，如图 2-16 所示。可以看出，在 NaCl 和 InSb 中，其原子间作用力一般出现在邻近和次邻近原子间，随着距离的增大，原子间作用力迅速递减，可以忽略不计。然而在 PbTe、PbSe、PbS 和 SnTe 中，除了邻近和次邻近原子，原子间作用力在远离中心原子的第 8 个和第 14 个原子间仍然存在，这就是所说的长程原子间作用力。值得注意的是，长程原子间作用力不是电荷产生的库仑力，因为库仑力在任何情况下都是随着距离的增大而急剧缩小的。

长程原子间作用力可以通过原子位移引起的态密度变化来表征。以 SnSe 为例，SnSe 是一种极具潜力的低热导率热电材料，其低热导率正是来自非谐振效应。当将中心原子位移 0.02 Å 以后，SnSe 的态密度发生了剧烈的变化，在远离中心的部分原子位置，其态密度的变化仍然十分显著，产生这种现象的原因正是长程原子间作用力引起的强非谐振效应。

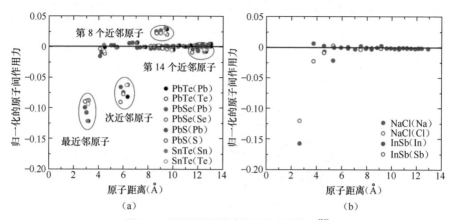

图 2-16　原子间作用力与原子距离的关系 [30]

（a）在共振键晶格中归一化的原子间作用力与原子距离之间的关系；

（b）在离子键和共价键晶格中归一化的原子间作用力与原子距离之间的关系

2.5.1.4　笼状晶体与非谐振效应

"声子玻璃 – 电子晶体"是一个理想的热电材料设计理念，具体就是指材料中存在着两种特殊通道：一方面，长程有序的晶体结构提供电子输运通道；另一方面，短程无序结构散射声子。研究发现，具有振荡模式的晶体结构能够实现这种特殊的"声子玻璃 – 电子晶体"状态。振荡模式指的是原子或者原子团簇受到周围微弱的原子间作用力，从而在原子平衡位置产生大幅度位移振动。原子振荡首先在笼状结构化合物（如方钴矿材料 [31]）中被发现。在这些材料中，元素掺杂可使外来原子填充笼中心，由于笼状结构较大的空间以及弱的原子间作用力，宿主原子能够在笼状结构中实现大幅度原子振荡，从而产生很强的声子散射及非谐振效应。后来，原子振荡在越来越多的非笼状化合物中被发现，如 $Na_{1-x}CoO_3$[32]、$\beta\text{-}K_2Bi_8Se_{13}$[33]、$CsAg_5Te_3$[34]、$AgBi_3S_5$[35]、$BiCuSeO$[36] 和 $CsPbI_3$[37] 等。它们产生原子振荡是因为较弱的原子间作用力，这种具有原子振荡的结构被称为超结构。

从声子散射的角度分析，原子振荡主要是通过光学支和声学支的反耦合效应使声学支的频率向低频偏移。这一现象可以通过简单的弹性模型来解释。如图 2-17（a）所示，原子振荡可以理解为被两个弹簧固定在中间的质点。相对于板与板之间连接的弹簧，板与球之间的弹簧的杨氏模量更小，因此当系统整体发生振荡时，相对于板，小球的振荡更加剧烈，该系统的各种振荡模式如图 2-17（b）所示 [21]。通过模型拟合，可以得到不同模式下对应的声学支和光学支的位置。可以看出，由于球与板的相对振荡，声学支和光学支之间产生了更大的分隔，产生的结果是声学支频率向下偏移。这种由原子振荡产生的光学支和声学支的反耦合效应恰恰与共振键引起的光学支和声学支的耦合效应相反，但它们的共同点是增强了系统的非谐振效应[34-35]。

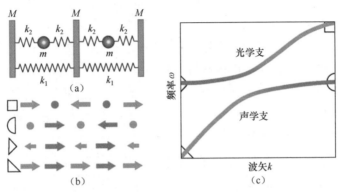

图 2-17　笼状结构材料中的原子振荡示意[21]

（a）弹簧质心模型，其中板与板之间的弹簧的杨氏模量为 k_1，球与板之间的弹簧的杨氏模量为 k_2，$k_1 > k_2$，板的质量为 M，球的质量为 m，$M \gg m$；（b）球与板之间存在着 4 种不同的相对运动模式，分别用不同的符号表示；（c）图（b）中的 4 种相对运动模式分别对应声子谱的 4 个极限位置

原子位移参数是一个能够形象地表征原子振荡的参数。并且，这个参数能够通过实验手段（如中子散射或同步辐射测试）得到[38]。原子位移参数是指原子势能与偏离原子平衡位置的距离之间的关系。图 2-18 所示为振荡原子（具有弱键连接）和正常原子（强键连接）的原子位移参数。可以很明显地看出，当提供的能量势能一定时，振荡原子的原子位移参数更大，这也就对应着更强的非谐振效应。值得注

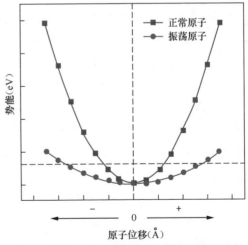

图 2-18　振荡原子和正常原子的势能与原子位移之间的关系[21]

意的是，原子位移参数也与温度有关，温度越高，原子位移参数越大，也就是

说，高温下的原子振荡往往具有更强的非谐振效应。

2.5.2 SnQ 材料的本征低热导特性

如前所述，锡硫族层状宽带隙 SnQ 晶体具有很优异的热电性能。以 SnSe 晶体为例，由于晶体各向异性导致层内方向有较高的载流子迁移率，晶体沿 b 轴方向的功率因子达到了较高水平，这种特殊的层状结构还导致 SnSe 晶体在室温下沿 a 轴和 b 轴方向分别具有约 0.34 W·m^{-1}·K^{-1} 和 0.7 W·m^{-1}·K^{-1} 的超低热导率。结合较高功率因子和极低的热导率，本征 SnSe 晶体的 ZT 值达到了 2.6[5]，创当时纪录。对于 SnS 材料，通过分步制备方法得到的 SnS 晶体也因其本征低热导特性而在层内方向实现了大于 1 的 ZT 值 [18]。进一步地，锡硫族层状宽带隙 SnQ 材料本征低热导特性的来源值得深入探索和挖掘。虽然 SnQ 材料复杂的层状结构会在一定程度上引起较低的热导率，但显然这一理由并不充分，因为层状结构的 Bi$_2$Q$_3$ 和同族类似物——层状材料 SnQ_2 都具有更高的热导率。因此，需要进一步从理论和实验两个方面探究 SnQ 材料本征低热导特性的起源。研究表明，Sn^{2+} 的 5s^2 孤对电子引起的强非谐振效应是导致材料具有极低热导率的根本原因。接下来，本小节分别对 SnQ 材料的本征低热导特性及其来源进行详细分析。

2.5.2.1 SnSe 材料的本征低热导特性及其来源

大多数具有本征低热导特性的材料都具有一些相似的特征，如复杂的晶体结构、包含较重的组成元素等。一般情况下，晶体的晶胞越小，声子越不容易散射，对应材料的热导率也就越高。显然，SnSe 作为一个二元小晶胞化合物具有极低的本征热导率是很"反常"的。但是，这种反常现象中往往包含着新的发现。研究表明，SnSe 的本征低热导特性源自其强烈的非谐振效应导致的强烈的声子 – 声子散射 [5]。如前所述，格林内森常数用于表征材料的非谐振性。格林内森常数越大，非谐振效应越强，由此导致的声子散射越强。传统的 PbTe 热电体系的优异性能源自其独特的物理和化学性质，其中之一便是其具有较大的格林内森常数（约 1.45）[25]。进一步的研究表明，PbTe 中的格林内森常数较大可以归因于，晶格中的 Pb 原子略微偏离了立方结构中的八面体中心，并且偏移量随着温度的升高而增加 [39]。

因此，为探究 SnSe 本征低热导特性的起源，研究人员利用准谐波近似的基本常规第一性原理的 DFT 声子计算来计算声子谱和格林内森常数。图 2-19（a）

表明，沿 Γ-X 布里渊区方向（a 轴）的声学模式要比沿 Γ-Y 布里渊方向（b 轴）和 Γ-Z 布里渊方向（c 轴）的声学模式软得多（具有更低的德拜温度和更小的声子速度）。这些沿 a 轴的软模式表明原子间键合弱，可能存在较强的非谐振效应。为了定量评估沿 3 个轴向的非谐振效应，我们绘制了 SnSe 的格林内森常数的分布谱，如图 2-19（b）所示，SnSe 的格林内森常数具有很强的各向异性，沿着 a、b、c 这 3 个轴向的平均格林内森常数分别为 4.1、2.1 和 2.3[5]。值得注意的是，SnSe 在 Γ 点附近的声学支的格林内森常数高达 7.2。该方向对应 SnSe 晶体的层外方向。因此，SnSe 的层外方向具有最强的非谐振效应以及最低的晶格热导率。作为比较，其他低热导率材料与其对应的格林内森常数分别为 2.05（$AgSbTe_2$）、3.5（$AgSbSe_2$）、1.45（PbTe）[40]，对应室温下测得的晶格热导率分别为 0.68 W·m^{-1}·K^{-1}、0.48 W·m^{-1}·K^{-1} 和 2.4 W·m^{-1}·K^{-1}。SnSe 异常高的格林内森常数侧面反映了它的晶体结构，其中包含非常扭曲的 $SnSe_7$ 多面体（由于 Sn^{2+} 孤对电子的存在）和 b-c 平面中的锯齿状结构。这意味着对于一个柔软的晶格，如果沿 b 轴和 c 轴方向对该晶格施加机械应力，则 Sn—Se 键长不会直接改变，之字形的几何结构会像可伸缩的弹簧一样变形。此外，沿 a 轴方向，Sn-Se 层之间较弱的键合提供了良好的应力缓冲，从而消散了声子的横向输运。因此，异常高的格林内森常数源自 SnSe 中的软化学键，这导致了非常低的晶格热导率[5]。

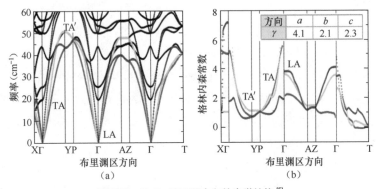

图 2-19　SnSe 沿不同方向的声学结构[5]

（a）频率；（b）格林内森常数

对于 SnSe 材料的高格林内森常数，在原子层面还有另外的理解方式[13]，研究人员认为，其根源在于 SnSe 层状结构中 Sn 原子和 Se 原子之间较宽的键长范围，这是 Sn^{2+} 中 $5s^2$ 孤对电子趋于立体化学表达的结果。这种情况会在 Sn^{2+} 中心的周围形成扩展的配位多面体，其中混合了弱、中和强 Sn-Se 相互作用，这些相互作用原则上可以参与动态的共振键合状态，尤其是在高温下。图 2-20 所示为 SnSe 中共振键合的结构，其可以产生软的、可延展的配位环境和晶体结构，以及强的非谐振效应 [13]。

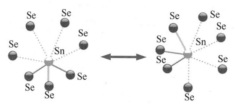

图 2-20　SnSe 中共振键合的结构示意 [13]

对于 SnSe 材料中存在的强非谐振效应，研究人员已经通过 INS 的实验手段进行证实 [41]。图 2-21 所示为不同温度下理论计算和实验测得的沿 Γ—X 和 Γ—Y 方向传播的 TA 和横向光学支（Transverse Optic branch，TO）的声子谱，表明沿着 Γ—X 方向的 TA 模式比沿着 Γ—Y 方向的 TA 模式更加软化，即晶体层外方向的价键强度更弱。这对应于晶体内沿 a 轴方向的晶格热导率比沿 b 轴方向的更低。进一步的测试表明，在较高温度（648 K）下，声子的软化程度变得更加明显，且沿着 Γ—X 方向的声子色散的软化比沿着 Γ—Y 方向的更剧烈，这揭示了材料中强各向异性的声子非谐振性。这一结果与计算得到的沿不同轴向的平均格林内森常数相吻合 [5]。对测试结果进行进一步定性和定量分析表明，SnSe 中强烈的非谐性是由 Se 原子 p 轨道的共振键产生的，这一长距离共振会与振动的 Sn 原子 5s 轨道发生耦合，这削弱了 Sn^{2+} 中 $5s^2$ 孤对电子的配位作用，且局部 Sn 原子配位多面体发生动态变形，这些效应叠加在一起会增加 SnSe 晶格的不稳定性。总之，层状结构和不稳定电子化学键结构导致的晶格不稳定性是 SnSe 材料低热导率的根源。

除此之外，研究人员还通过超声波脉冲反射法结合第一性原理进行计算及分析，测得 SnSe 与传统高性能热电体系 PbR 相比具有更低的平均声速、杨氏模量和剪切模量等弹性性能参数，更高的格林内森常数，更低的德拜温度，以及更短的声子平均自由程，揭示了 SnSe 弱的化学键强度及其导致的声子模式软化和声子传播速度减慢，提供了一种解释 SnSe 材料本征低热导特性的新思路 [40]。

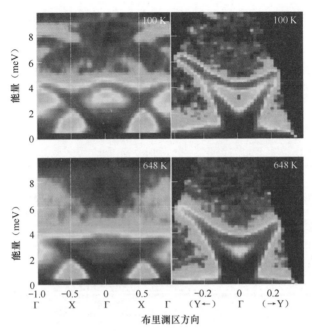

图 2-21　通过 INS 实验测得的不同温度下 SnSe 材料沿 Γ—X 方向和 Γ—Y 方向的声子谱 [41]

弹性性能被广泛用于评估晶格中原子间的键合强度和晶格振动的非谐振效应。通常，较低的杨氏模量、剪切模量和较高的格林内森常数意味着较低的晶格热导率 [16]。热导率 κ 与杨氏模量 E、格林内森常数 γ 和德拜温度 θ_D 的关系式为 [40]：

$$\kappa = \frac{3.0 \times 10^{-5} M_m a \theta_D^3}{T \gamma^2 v^{2/3}} \qquad (2\text{-}4)$$

$$\kappa \propto \frac{\rho^{1/6} E^{1/2}}{(M/m)^3} \qquad (2\text{-}5)$$

其中，ρ 是材料的密度；M_m 是所有组成原子的平均原子质量；a^3 是晶格中一个原子占据的平均体积；v 是原胞中的原子数；M 是化合物分子的总原子质量；m 是分子中的原子数。基于此，平均声速 v_m、杨氏模量 E、泊松比 v_p、剪切模量 G 和格林内森常数 γ 均可通过实验测得的纵向声速 v_l 和剪切声速 v_s 计算得到 [40]：

$$v_m = \left[\frac{1}{3} \left(\frac{1}{v_l^3} + \frac{2}{v_s^3} \right) \right]^{-1/3} \qquad (2\text{-}6)$$

$$E = \frac{\rho v_s^2 (3v_1^2 - 4v_s^2)}{(v_1^2 - v_s^2)} \qquad (2\text{-}7)$$

$$v_p = \frac{1 - 2(v_s / v_1)^2}{2 - 2(v_s / v_1)^2} \qquad (2\text{-}8)$$

$$G = \frac{E}{2(1 + v_p)} \qquad (2\text{-}9)$$

$$\gamma = \frac{3}{2} \left(\frac{1 + v_p}{2 - 3v_p} \right) \qquad (2\text{-}10)$$

使用超声波脉冲反射法直接测量得到的声速，以及计算得到的相关参数如表 2-2 所示[40]。其中，SnSe 的声速沿晶体 b 轴方向测量，而 PbR 为各向同性晶体结构，其声速是在任意轴上测量的。如表 2-2 所示，使用实验测得的声速计算得到的 SnSe 的泊松比要大于 PbR（R = Te、Se、S）体系，这表明 SnSe 在应力作用下会发生更大的变形。此外，SnSe 具有较低的杨氏模量（27.7 GPa）、剪切模量（9.6 GPa）与较低的平均声速（1420 m·s^{-1}），且均远低于 PbR 体系。结合第一性原理计算得到的 SnSe 和 PbR 体系的声子谱如图 2-22（a）所示[40]，SnSe、PbTe、PbSe 和 PbS 的最高声学支截止频率分别为 50 cm^{-1}、87 cm^{-1}、98 cm^{-1} 和 103 cm^{-1}，这表明 SnSe 中的声子软化最剧烈。纵向声速和剪切声速是通过 Γ 点周围的 3 个声子色散的斜率得出的，与实验中的测量值非常吻合。此外，使用第一性原理计算得到的这 4 种化合物的理论弹性性能参数（杨氏模量、剪切模量和泊松比等）也与实验值基本一致[40]。

通常，较大的格林内森常数反映材料具有很强的晶格非谐振性，因此其热导率较低。由纵向声速和剪切声速推导出的 SnSe 的格林内森常数 γ 约为 3.13，远高于 PbTe、PbSe 和 PbS 的 1.65、1.69 和 1.67，如表 2-2 所示。这也与理论计算结果相符，如图 2-22（b）所示[40]。相比之下，室温下 AgSbTe$_2$ 的格林内森常数约为 2.05，而 AgSbSe$_2$ 的格林内森常数约为 3.5，室温下测得的晶格热导率分别约为 0.68 W·m^{-1}·K^{-1} 和 0.48 W·m^{-1}·K^{-1}[40]。研究认为，AgSbTe$_2$ 和 AgSbSe$_2$ 的强非谐振效应来自 Sb 原子的孤对电子。在 SnSe 中，强非谐振效应则可以归因于 Sn 原子 5s^2 轨道的孤对电子与其特殊晶体结构之间的静电排斥，接下来会进一步介绍。

表2-2　实验测量的300 K下SnSe和PbR（R = Te、Se、S）体系的晶格热导率和相关弹性性能参数，括号内为理论计算的对应结果[40]

性能参数	SnSe	PbTe	PbSe	PbS
晶格热导率κ_{lat}（W·m^{-1}·K^{-1}）	0.62	2.30	2.64	2.80
纵向声速v_l（m·s^{-1}）	2730（2878）	2910（2598）	3200（3021）	3450（3290）
剪切声速v_s（m·s^{-1}）	1250（1465）	1610（1636）	1750（1749）	1900（1995）
平均声速v_m（m·s^{-1}）	1420（1641）	1794（1800）	1951（1941）	2118（2205）
杨氏模量E（GPa）	27.7（40.5）	54.1（53.7）	65.2（62.2）	70.2（69.7）
剪切模量G（GPa）	9.6（14.5）	21.1（21.2）	25.3（24.3）	27.4（27.2）
泊松比v_p	0.44（0.37）	0.28（0.26）	0.29（0.28）	0.28（0.28）
格林内森常数γ	3.13（2.83）	1.65（1.49）	1.69（2.66）	1.67（2.46）
声子平均自由程l（nm）	0.84	3.10	2.72	2.44
德拜温度θ_D（K）	142（132）	164（172）	190（220）	213（253）

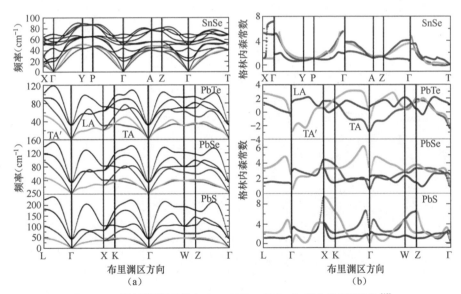

图 2-22　理论计算得到的 SnSe、PbTe、PbSe 和 PbS 的声学结构 [40]

（a）声子谱；（b）格林内森常数，其中红线、绿线和蓝线分别突出显示了两种 TA 模式

（TA、TA'）和一种 LA 模式

除上述弹性性能参数（声速、杨氏模量、剪切模量和格林内森常数）之外，德拜温度 θ_D 也可以在一定程度上反映材料热导率的高低。θ_D 可以由式（2-11）估算得到 [16, 40]：

$$\theta_D = \frac{\hbar}{k_B}\left(\frac{3N}{4\pi V}\right)^{1/3} v_m \qquad (2\text{-}11)$$

其中，$\hbar$ 是普朗克常数；k_B 是玻耳兹曼常数；N 是晶胞中的原子数；V 是晶胞体积；v_m 是平均声速。如图 2-23（a）所示[40]，SnSe 的德拜温度 θ_D 约为 142 K，要小于 PbTe 的 164 K、PbSe 的 190 K 和 PbS 的 213 K。并且，通过式（2-11）计算得到的 4 种化合物的 θ_D 与使用声子谱［见图 2-22（a）］估算得到的理论值（见表 2-2）吻合较好。显然，低的德拜温度清楚地反映了 SnSe 材料中本征超低晶格热导率。为了进一步测试其低德拜温度，研究人员还进行了低温比热的测量，如图 2-23（b）所示。根据比热曲线随温度变化的关系，比热在达到 135 K 附近后接近一个常数，这与弹性测量计算所得出的 SnSe 的德拜温度约为 142 K 相符。

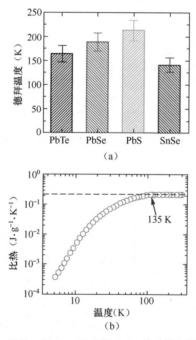

图 2-23 PbTe、PbSe、PbS 和 SnSe 体系的声学特征 [40]

（a）通过声速测试结果计算得到的 PbTe、PbSe、PbS 和 SnSe 的德拜温度；

（b）SnSe 的低温比热随温度变化的曲线

通常，晶格热导率较低的材料具有很短的声子平均自由程 l，可以使用式（2-12）估算 [28, 40]：

$$\kappa_{\text{lat}} = \frac{1}{3} C_{\text{v}} v_{\text{m}} l \tag{2-12}$$

其中，C_{v} 表示定容比热，即恒定体积下的比热，可用 $C_{\text{v}} = C_{\text{p}} \rho$ 代替（C_{p} 是恒定压力下的比热，ρ 是样品密度）。如表 2-2 所示，SnSe 的声子平均自由程 l 约为 0.84 nm，比 PbR 体系的声子平均自由程短得多。SnSe 的声子平均自由程与材料低温 $Pnma$ 相的晶格常数（$a = 11.49$ Å、$b = 4.44$ Å、$c = 4.135$ Å）相当，这表明声子在 SnSe 中的传播主要由 U 散射和点缺陷散射决定。

综上所述，SnSe 的平均声速、杨氏模量和剪切模量等与晶体结构相关的弹性性能参数均低于 PbR 体系。SnSe 的高格林内森常数 γ（约为 3.13）证实了其较强的化学键非谐振效应。与 PbR 体系中的刚性化学键相比，SnSe 具有较弱的化学键和类似弹簧的晶体结构。通常，弱的化学键将导致传热过程中的声子软化和强声子振动。SnSe 的晶体结构中具有明显扭曲的 SnSe$_7$ 多面体和 b-c 平面内呈锯齿状的几何排列，Sn 原子最外层的两个 5p 电子在形成 Sn—Se 键的过程中转移到 Se 原子的 4p 轨道上，这使 Sn 原子的两个 5s 电子成为孤对电子。Sn 的孤对电子与 Sn—Se 键中的键合电荷之间的静电排斥作用会削弱原子振动过程中的恢复力［对应 SnSe 中的声子软化，如图 2-22（a）所示］，从而导致化学键产生强烈的非谐振效应。结果表明，较低的杨氏模量、剪切模量和较高的格林内森常数反映了 SnSe 中的软键合作用，这些可以看作其本征超低晶格热导率的起源。

此外，随温度升高，SnSe 材料会在约 600 K 开始经历一个连续性相变过程，低温下的 $Pnma$ 相在 800 K 左右完全转变为高温下的 $Cmcm$ 相 [1]。除了低温 $Pnma$ 相 SnSe 材料具有强非谐振效应，相关的理论计算研究表明，在 800 K 以上，高温 $Cmcm$ 相同样具有极强的非谐振效应 [42]。图 2-24 给出了 SnSe 低温 $Pnma$ 相和高温 $Cmcm$ 相的声子谱。通过对比可知，与 $Pnma$ 相相比，$Cmcm$ 相的声子谱在高频区有明显的红移过程（向低频方向移动）。并且，值得注意的是，在高温 $Cmcm$ 相中，Γ 点和 Y 点之间存在两个虚频，即图 2-24（b）中的 λ_1 和 λ_2。一般情况下，声子谱中的虚频意味着晶体结构不稳定。但是，考虑到 SnSe 高温相的结构数据由高温 XRD 实验测得，所以虚频在一定程度上表明晶体结构的高温振荡，这两个虚频代表了 $Cmcm$ 相中原子横向位移导致的不稳定性。具体来说，Γ 方向的虚频代表 Sn 原子和 Se 原子沿

着 c 轴方向的相对运动；而 Y 方向的虚频表示两种原子在 a 轴方向的相对运动。综上所述，高温 *Cmcm* 相与低温 *Pnma* 相相比，声子谱会发生软化，具有更强的非谐振效应[42]。

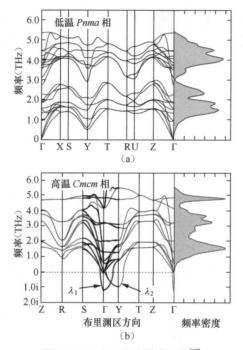

图 2-24　SnSe 不同相的声子谱[42]

（a）低温 *Pnma* 相；（b）高温 *Cmcm* 相，其中高温 *Cmcm* 相的声子谱在 Γ 点和 Y 点处产生虚频，分别标记为 λ_1 和 λ_2

2.5.2.2　SnS 材料的本征低热导特性及其来源

与 SnSe 类似，SnS 材料中的本征低热导特性同样源自其强烈的非谐振效应[18]。图 2-25（a）所示为本征和 Na 掺杂的 SnS 晶体沿层内 b 轴和 c 轴方向的热导率随温度变化的曲线[18]，其中实心符号代表总热导率，空心符号代表晶格热导率。由图可知，沿 b 轴和 c 轴方向的 $Sn_{1-x}Na_xS$（$x = 0$，1％，2％，3％，x 为摩尔分数）晶体的热导率高于对应多晶 SnS 体系的热导率[19]，这是多晶中存在的大量晶界引起的声子散射导致的。随着温度的升高，SnS 晶体的总热导率呈下降趋势，并且在 873 K 时下降到 $0.65 \sim 0.85 \ W \cdot m^{-1} \cdot K^{-1}$ 范围内。Na 掺杂后 SnS 晶体的晶格热导率降低，这是由 Na 掺杂引起的点缺陷散射造成的。从图 2-25（b）所示的对比曲线可以看到，本征和 Na 掺杂的 SnS 晶体层内方向的晶格热导率要远远低于其同族类似物 PbS，表明 SnS 也具有与 SnSe 类似的本征低热导特性。进一步研究表明，本征低热导特性也源自其强烈的非谐效应 [18]。图 2-25（c）所示为使用准谐波近似的第一原理 DFT 声子计算得到的声子谱，表明 SnS 沿高对称方向的最高声学支截止频率为 56 cm^{-1}，低于 PbS、PbSe 和 PbTe 等高性能热电体系 [40]。这些软化的声子模式表明，SnS 材料的德拜温度较低，化学键结合较弱，这导致了材料强烈的非谐振效应。图 2-25（d）所示为沿不同轴向的格林内森常数。对于 SnS，沿 a 轴方向的格林内森常数大于沿 b 轴和 c 轴方向的格林内森常数，这表明 SnS 与 SnSe 类似，沿层外方向的非谐振效应最强，对应的热导率最低。沿 a、b 和 c 这 3 个轴向的平均格林内森常数分别为 4.03、1.92 和 2.06，非常接近

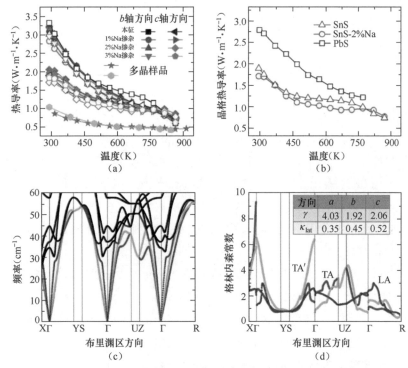

图 2-25　SnS 材料的低热导特性 [18]

（a）本征和 Na 掺杂的 SnS 晶体沿不同轴向的热导率随温度变化的曲线；

（b）本征和 2%Na 掺杂的 SnS 晶体沿层内方向的晶格热导率与 PbS 材料的对比；

（c）SnS 沿不同轴向的声子谱；（d）SnS 沿不同轴向的格林内森常数

SnSe[5]。因此，可以进一步预测 SnS 的低热导率。基于第一性原理计算的德拜温度和声子群速度，计算出的沿 3 个轴向的最小晶格热导率分别为 $\kappa_{lat,\ min}^{a}=0.35\ \mathrm{W\cdot m^{-1}\cdot K^{-1}}$、$\kappa_{lat,\ min}^{b}=0.45\ \mathrm{W\cdot m^{-1}\cdot K^{-1}}$ 和 $\kappa_{lat,\ min}^{c}=0.52\ \mathrm{W\cdot m^{-1}\cdot K^{-1}}$。以上结果表明，与其类似物 SnSe 相似，SnS 材料强烈的非谐振效应导致其具有本征低热导特性，这可以通过对 SnS 材料的声子结构的计算进行验证，但对其强非谐振效应的本质来源还缺乏具体的探讨。

此后，研究人员对 Se 固溶的 SnS 晶体的热输运性能进行了进一步的实验和理论分析[43]。如图 2-26（a）所示，随着固溶 Se 的含量增加，SnS 晶体的热导率（κ_{tot} 和 κ_{lat}）呈现不同程度的下降趋势。具体地，在室温下，κ_{tot} 从 $3.3\ \mathrm{W\cdot m^{-1}\cdot K^{-1}}$ 降低到 $2.5\ \mathrm{W\cdot m^{-1}\cdot K^{-1}}$，$\kappa_{lat}$ 从 $3.0\ \mathrm{W\cdot m^{-1}\cdot K^{-1}}$ 降低到 $1.7\ \mathrm{W\cdot m^{-1}\cdot K^{-1}}$；在 873 K 时，SnS 晶体的热导率达到最小值，当固溶 9 % Se 后，κ_{tot} 从 $0.72\ \mathrm{W\cdot m^{-1}\cdot K^{-1}}$ 降低到 $0.61\ \mathrm{W\cdot m^{-1}\cdot K^{-1}}$，$\kappa_{lat}$ 从 $0.65\ \mathrm{W\cdot m^{-1}\cdot K^{-1}}$ 降低至约 $0.51\ \mathrm{W\cdot m^{-1}\cdot K^{-1}}$。理论的 Callaway 点缺陷模型计算表明，这种热导率的下降趋势主要源自 Se 取代导致的晶格中质量和体积波动使点缺陷声子散射增强。进一步地，通过采用 X 射线吸收精细结构（X-Ray Absorption Fine Structure，XAFS）对 $SnS_{1-x}Se_x$ 体系进行分析，证明了 Se 原子在 SnS 晶体中的取代效应。如图 2-26（b）所示，$SnS_{0.91}Se_{0.09}$ 的 XAFS 结果表明，X 射线吸收近边结构（X-ray Absorption Near Edge Structure，XANES）中包含 3 个主要的特征峰。其中，峰 A 源自原子的 1s 轨道到 4p 轨道的跃迁，峰 B 和峰 C 对应 Se 周围配位原子对光电子的多重散射。Se 取代 S 原子的结构如图 2-26（b）的插图所示。通过采用 Se 原子的取代结构模型进行模拟，重现了固溶 Se 后 SnS 晶体中的 Se 的 K 边 XANES 的 3 个特征峰，表明 Se 成功进入 SnS 晶格并取代 S 原子。

除此之外，研究人员通过 DFT 计算进一步研究了 SnS 和 $SnS_{0.91}Se_{0.09}$ 晶体的声子结构[43]。如图 2-26（c）中的声子谱所示，当引入 Se 后，在整个布里渊区内，光学支声子表现出软化的趋势，且这一趋势要比声学支声子的明显很多。软化的光学支声子可以与声学支声子发生耦合，这种声学 – 光学模式的声子耦合会导致非常低的晶格热导率。进一步地，通过对 SnS 和 $SnS_{0.91}Se_{0.09}$ 晶体的 INS 实验，采用恒定 Q 扫描方式测试了晶体样品沿着 Γ—Z 方向的 TA 和 TO 的声子谱，如图 2-26（d）所示。当引入 Se 后，TO 分支的激发峰向低能量偏移，而 TA 未出现明显变化。

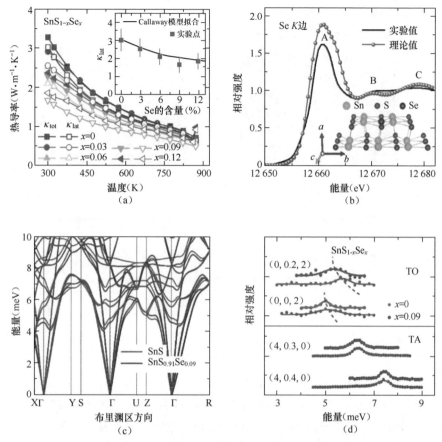

图 2-26　Se 固溶 SnS 晶体的热导率和声子谱结构 [43]

（a）$SnS_{1-x}Se_x$ 晶体的总热导率 κ_{tot} 和晶格热导率 κ_{lat}，插图为室温下晶格热导率以及 Callaway 模型拟合的曲线对比；（b）Se K 边 XANES 的实验结果与理论计算结果的比较，插图表示 Se 取代了 SnS 中 S 原子的结构示意；（c）$SnS_{1-x}Se_x$（$x = 0, 0.09$）材料的声子谱；（d）TO 和 TA 在不同 Q 点的扫描结果

　　而进一步计算表明，测试得到的 Γ—Z 方向的 TA 和 TO 分支的声子谱曲线与通过第一性原理计算拟合得到的声子谱是一致的，如图 2-27（a）和图 2-27（b）所示 [43]。因此，可以认为，$SnS_{1-x}Se_x$ 晶体中软化的光学支声子源自 Se 的取代，而且这种声学 – 光学声子耦合对低的热导率产生了较大的贡献。需要指出的是，尽管 SnS 和 SnSe 在晶体结构、声子谱、非谐振效应等方面具有很大程度的相似性，导致二者具有本征低热导特性。但对于 SnS 材料，强非谐振效应的本质起源仍缺乏更多的实验和理论计算结果的支持，这也是后续

针对 SnS 材料热输运性能进行研究的重点方向。

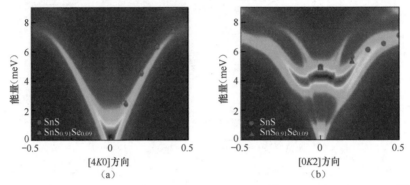

图 2-27　理论计算和实验测得的 $SnS_{1-x}Se_x$（$x = 0, 0.09$）晶体沿 Γ—Z 方向的声子谱 [43]

(a) [4K0] 方向；(b) [0K2] 方向

2.5.3　SnQ 材料热导率的外部影响因素

如前所述，锡硫族层状宽带隙 SnQ 材料具有本征低热导特性，这源自材料强烈的晶格非谐振效应，这也导致了 SnQ 材料具有很优异的热电性能。由固体理论可知，材料的热导率还受缺陷等外来因素的影响。对于这一点，现有对 SnQ 材料体系的研究主要集中在 SnSe 材料。因此，本小节着重讨论影响 SnSe 材料热导率的外部因素。对于 SnSe 晶体，其沿层内 b 轴方向的 ZT 值最高达到了约 2.6[5]。然而，通过进一步的重复实验和深入研究发现，上述 SnSe 晶体的密度低于其理论密度，样品并不是完全致密的，表明具有超低热导率的 SnSe 晶体并不是严格意义上的晶体 [44]。如图 2-28 所示，研究人员进一步给出了不同密度 SnSe 晶体和多晶的总热导率 [44]，这些数据是沿不同的晶体学轴方向以及沿平行或垂直于烧结压力方向（300 K 和 760 K）得到的。其中，空心符号和实心符号分别表示 300 K 和 760 K 的总热导率，沿 a 轴方向的 SnSe 晶体的总热导率用红色圆圈表示，沿 b 轴和 c 轴方向的用蓝色方框表示，沿着平行和垂直于烧结压力方向的多晶 SnSe 的总热导率分别用绿色三角形和紫色倒三角形表示。结果表明，一方面，当晶体达到完全致密的状态时，SnSe 晶体的热导率相对较高，最初人们认为更低的热导率源自 SnSe 晶体中存在的大量的空位和沉淀物等缺陷，这些缺陷会降低晶体样品的密度，并剧烈地散射声子，使得热导率进一步降低。这一点通过后续的微观结构表征等实验手段得到了证实，虽然 SnSe 晶体在合成制备过程中是严格按照 1：1 化学计量比配料的，但所得的晶体实质上是偏离化学计量比的晶体，且晶体中观测到了大量的本征 Sn 空位和 Se 沉淀物等缺陷[45]。

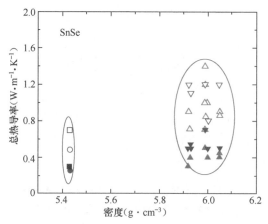

图 2-28　晶体和多晶 SnSe 的总热导率与密度的散点图[44]

另一方面，与晶体 SnSe 相比，多晶 SnSe 中由于存在大量的晶界等缺陷主导的额外声子散射机制，这导致多晶 SnSe 应具备更低的晶格热导率，这与图 2-28 中的实验结果是不符的。进一步的数据统计显示，在有关多晶 SnSe 样品的实验报告中，室温下，约 55% 的多晶样品的热导率比晶体高，约 25% 的热导率相当，约 20% 可获得更低的热导率；800 K 下，约 15% 多晶样品的热导率比晶体高，约 80% 的热导率相当，而约 5% 的多晶样品热导率更低[13]。研究人员认为这些差异主要源自以下两点。

（1）计算表明，SnSe 的声子平均自由程只有 0.84 nm，和 SnSe 的晶格常数的数量级一致，这意味着通过微米工程以及晶界散射很难对 SnSe 的声子产生额外的散射[40]，但是，通过纳米工程仍然有可能进一步降低多晶 SnSe 的晶格热导率，这可以通过多晶 SnSe 的不同的合成和制备烧结工艺来实现，如图 2-29 所示[12]。

（2）由于偏离化学计量比而引起的不同样品缺陷、微裂纹等方面的差异，这一点将在后文中详细讨论。

除此之外，近年来，研究人员还发现，表面氧化会对 SnSe 材料的热导率产生重要影响。因此，对于 SnQ 材料热导率的外部影响因素，本小节以 SnSe 为例，着重讨论化学计量比、晶体中的微裂纹和氧化等外部因素对 SnSe 体系热导率的影响机制。

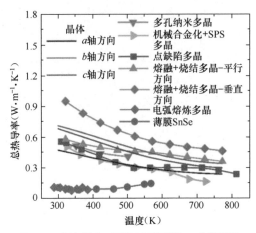

图 2-29　沿各轴向以及通过不同制备工艺得到的
多晶 SnSe 的总热导率随温度变化的曲线 [12]

2.5.3.1　化学计量比对 SnSe 热导率的影响

研究表明，SnSe 材料的热导率对其化学计量比十分敏感。通过采用像差校正原子 TEM 成像技术，人们证实了此前所得高性能 SnSe 晶体偏离化学计量比的特性 [45]。图 2-30（a）～图 2-30（c）所示分别为沿 a 轴、b 轴和 c 轴方向观察到的 P 型 SnSe 晶体的高角度环形暗场扫描透射电子显微镜（High-Angle Annular Dark Field-Scanning Transmission Electron Microscopy，HAADF-STEM）图像，并分别给出了多层仿真、原子模型和相应的电子衍射图。由于原子衬度差，Sn 和 Se 原子柱可以通过其亮度直接区分，如沿 b 轴和 c 轴方向的图像，具有两个原子厚度的 Sn-Se 原子层以交替方式堆叠。但对于 a 轴方向，由于 Sn 和 Se 原子列是重叠的，因此电子显微镜无法区分它们。观察到的原子阵列与所报道的室温晶体的 $Pnma$ 相完全相同，从而证实了 SnSe 晶体的层状正交晶体结构。此外，沿 c 轴方向同时获得的环形亮场扫描透射电子显微镜（Annular Bright Filed-Scanning Transmission Electron Microscope，ABF-STEM）图像不仅证实了 Sn-Se 原子层的交替堆叠，还出乎意料地显示出了大量的间隙原子，如图 2-30（d）所示 [45]。这是由于与具有强原子序数对比度的 HAADF-STEM 相比，ABF-STEM 在识别具有弱散射能力的原子方面更为敏感。这些间隙原子的产生源自晶体的制备过程。纯 SnSe 晶体的生长条件相当宽松，即使降温速度高于 4 K · h^{-1}，也可以获得具有良好晶体形态的 SnSe。因此，Sn^{2+} 和 Se^{2-} 可能无法扩散到均匀状态。在垂直 Bridgman 法合成过程中，由于 Sn

在安瓿中滴落，可以观察到样品中缺少 Sn 原子。

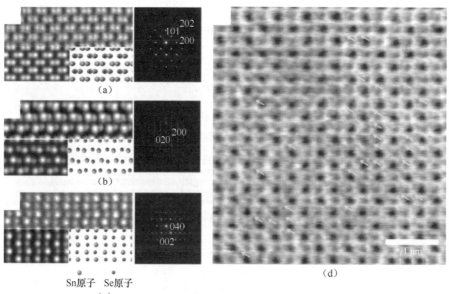

Sn原子　Se原子
(c)

图 2-30　SnSe 晶体晶格中间隙点缺陷的 STEM 图像表征 [38]

(a)～(c) 分别为沿 a 轴、b 轴和 c 轴方向观察到的 P 型 SnSe 晶体的 HAADF-STEM 图像，其中，左下为多层仿真，右下为原子模型，右图为电子衍射图；(d) 沿 c 轴方向观察到的 P 型 SnSe 晶体的 ABF-STEM 图像，其中箭头指出了间隙原子位置

　　正如前面提到的，SnSe 晶体的本征极低晶格热导率在热电领域引起了一些争议 [44]。由于散射机制高度依赖声子平均自由程的尺寸及波长，短波声子被强烈散射，而长波声子更可能被晶体缺陷透射或反射。为了量化非化学计量比对热导率的影响，通过水平梯度冷冻法以 98.9∶100 的 Sn-Se 含量制备了接近 1∶1 化学计量比的 SnSe[45]。如图 2-31（a）所示，其晶格热导率在室温下达到了 $1.8\ \mathrm{W \cdot m^{-1} \cdot K^{-1}}$，在 773 K 时则达到 $0.6\ \mathrm{W \cdot m^{-1} \cdot K^{-1}}$。相反，利用垂直 Bridgman 法得到的晶体样品的 Sn-Se 含量为 83.5∶100，因此其晶格热导率较低，在室温和 773 K 下分别为 $0.7\ \mathrm{W \cdot m^{-1} \cdot K^{-1}}$ 和 $0.3\ \mathrm{W \cdot m^{-1} \cdot K^{-1}}$。插图表明，化学计量比接近 1∶1 的 SnSe 晶体的晶格热导率与基于理想 Sn-Se 晶格、通过第一性原理计算得到的晶格热导率相符。此外，研究人员还合成了化学计量比接近 1∶1 的 SnSe 多晶，并将它们的热导率与满足严格化学计量比的 SnSe 晶体进行了比较，如图 2-31（b）所示。可以看出，SnSe 多晶的晶格热导率在两

个方向上都低于晶体样品，这表明多晶晶界散射对于降低 SnSe 材料的热导率仍然有效，当然，也不能排除多晶样品中存在的纳米级结构缺陷同样对降低热导产生了重要贡献。作为对比，化学计量比接近 1∶1 的 SnSe 晶体沿 c 轴方向的 ABF-STEM 图像显示了纯净的 Sn-Se 晶格，未观测到明显的空位及沉淀物等缺陷，如图 2-31（c）所示。进一步的电子探针元素定量分析结果表明，这批 SnSe 晶体样品几乎达到理想的 1∶1 化学计量比。值得注意的是，这些样品的实验晶格热导率与基于理想的 Sn-Se 晶格的计算结果非常吻合。这些结果表明，非化学计量点缺陷会导致明显的声子散射，并且导致偏离化学计量比样品的晶格热导率要比满足 1∶1 化学计量比的 SnSe 样品低得多。值得注意的是，与其他常见物质的化学计量比偏移不同，SnSe 样品中的 Sn 空位形成能极低，所以极易形成大量的 Sn 空位，研究表明在部分 SnSe 晶体中，Sn 和 Se 的化学计量比能够达到 83.5∶100[46]。特别的是，即使是化学计量比发生如此大的偏差，这些样品仍然保持着 SnSe 的基本晶体结构和性质 [13]。

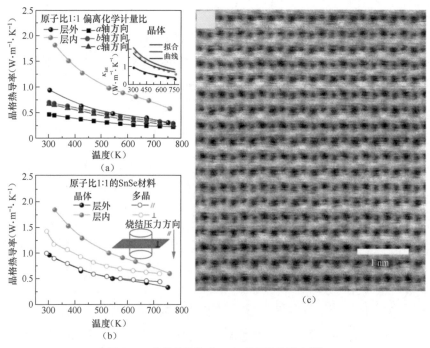

图 2-31　化学计量比对 SnSe 热导率的影响 [45]

（a）化学计量比接近和偏离 1∶1 的 SnSe 晶体的晶格热导率对比；（b）化学计量比接近 1∶1 的 SnSe 多晶和晶体的晶格热导率对比；（c）化学计量比接近 1∶1 的 SnSe 晶体沿 c 轴方向的 ABF-STEM 图像

为了定量估计 SnSe 晶体中的空位和间隙原子的数量和密度，研究人员采用了定量的微观图像分析方法[45]。首先，选择沿 c 轴方向的 HAADF-STEM 图像，并使其具有多个二维高斯分布，如图 2-32（a）和图 2-32（b）所示，因为 Sn 和 Se 原子列在该方向上彼此分离。利用该技术所提取的 Sn 和 Se 原子列的强度，可以得出包含原子列的三维结构强度信息的直方图。对于非常薄的样品，运动散射占主导地位的 HAADF-STEM 强度值与原子列中的原子数成正比。在这种情况下，强度直方图应表示为离散分布函数，每个峰代表一个原子列中的原子数。进而，还需要对直方图进行基于模型的分析，以估计每个峰对应的原子数。图 2-32（c）所示为 Sn 原子列的强度直方图，通过对其进行积分处理，可以识别直方图中高斯分布的数量。在这种情况下，存在 3 个高斯分布，如图 2-32（c）中虚线所示。巧合的是，通过使用线性函数拟合直方图中心并仔细调整每个峰表示的原子数，拟合得到的直线可以穿过原点［见图 2-32（c）中的插图］。使用相同的方法，可以提取 HAADF-STEM 图像中单个 Se 原子的强度贡献以及样品的原子厚度。在获得样品的原子厚度后，可以通过将实验图像与模拟结果进行比较来识别间隙原子的类型。根据上述局部厚度测量结果构建三维原子 SnSe 结构，并分别掺杂 Sn 和 Se 原子作为间隙。通过比较模拟的 HAADF-STEM5 强度和 ABF-STEM 强度，我们发现只有 Se 原子才能产生接近实验图像的 HAADF-STEM 和 ABF-STEM 图像对比度，如图 2-32（d）～图 2-32（g）所示，这一结果也与理论计算结果吻合良好[45]。此外，根据模拟结果还能够估计间隙原子的数量密度，为 $0.5 \sim 2 \text{ nm}^{-3}$。SnSe 晶体中的空位特征也被观察到，如图 2-32（h）所示，其估算得到的空位数密度为 $0.13 \sim 0.68 \text{ nm}^{-3}$。

根据 DFT 的第一性原理计算结果，相对其他类型的缺陷，Sn 空位（V_{Sn}）和 Se 间隙原子（I_{Se}）具有较低的形成能，因此导致了 SnSe 中的 P 型导电特性。Sn 空位和 Se 沉淀物是 SnSe 晶体的主要缺陷，而通过上述的 STEM 图像分析可估算得到两种缺陷的浓度。进而，针对测得的热导率和缺陷浓度，基于点缺陷的 Callaway 模型，评估了各个缺陷对于降低 SnSe 材料热导率的贡献，从而印证了在 SnSe 材料体系中，偏离化学计量比所产生的 Sn 空位和 Se 间隙原子是比取代原子点缺陷更强的声子散射源[45]。

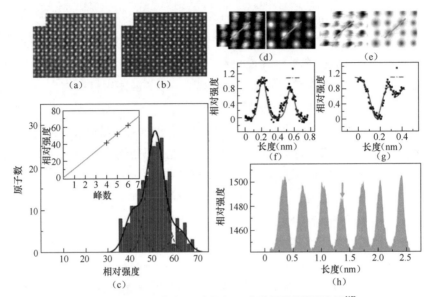

图 2-32 SnSe 晶体中 Sn 空位和 Se 间隙原子的模型分析[45]

（a）从 *c* 轴观察 P 型 SnSe 晶体的实验 HAADF-STEM 图像；（b）使用二维高斯分布进行相应的图像拟合；（c）Sn 原子列的强度直方图；（d）更高分辨率下小区域 P 型 SnSe 晶体样品的 HAADF-STEM 实验图像（左）和模拟图像（右）；（e）图（d）中相同区域得到的 ABF-STEM 实验图像（左）和模拟图像（右）；（f）图（d）中的蓝线表示的图像强度的线轮廓；（g）图（e）中蓝线表示的图像强度的线轮廓；（h）Sn 原子列的强度线扫描，箭头表示可能的 Sn 空位

2.5.3.2 微裂纹对 SnSe 晶体热导率的影响

如前文所述，SnSe 在约 800 K 时会完成从 *Pnma* 相到 *Cmcm* 相的二级相变过程[1]。因此在合成过程中，SnSe 的冷却熔体总会导致安瓿破裂和样品损失。采用双安瓿（管内封管）方法可以在一定程度上解决这个问题。当内管由于相变引起的热膨胀和体积突变而破裂时，外管可以用于防止晶体被空气氧化。但是，在此过程中产生的高内部应力会导致晶体样品沿 *b-c* 平面裂解，特别是当施加在内管上的力足够强以使晶体发生断裂或损坏时。通过这样的制备工艺获得 SnSe 晶体铸锭后，必须小心处理样品以进行抛光和切割，尤其是处理用于测量沿 *b-c* 平面两个方向的热导率（或热扩散系数）的样品，原因在于，测试样品为薄片状样品，样品的薄尺寸方向正是 *b-c* 平面中容易裂解的方向，这可能导致样品在处理或微裂纹形成过程中完全破裂。这种样品破裂也可能是相变和管破裂造成的，并可能在样品中引起可见和不可见的微裂纹和间隙。这些微间隙与热扩散方向平行，因此可能会降低激光闪射法测试过程中的半升温

测试时间，从而导致额外数值增加。支持这一观点的事实是，在300～923 K
重复进行几次测量会导致样品反复经历相变，并且在随后的每个测量周期中都
会产生更高的热扩散系数，这大概是现有微裂纹的扩大所致，这也导致测试结果
与无微裂纹样品的初始测试结果之间的差距不断增大。

　　图 2-33（a）～图 2-33（c）所示为不同放大倍数下 SnSe 晶体中此类微裂纹
的扫描电子显微镜（Scanning Electron Microscope，SEM）图像[13]。而在热导率
的测试过程中，激光能量可以通过这些微裂纹进行非扩散传播［见图 2-33（d）］，
这会导致测得的样品的热扩散系数和热导率高于实际值。这些微裂纹对 SnSe
晶体样品的热扩散系数的影响如图 2-33（e）所示。可以看到，由于相变产生
的微裂纹，在相变点 800 K 以上热扩散系数会发生突变性增大。对于具有额外
微裂纹的样品，其热扩散系数在经历多次相变和微裂纹扩展后，甚至能够高出
原有数值一倍以上。针对这个问题，我们认为：首先，SnSe 晶体热电材料的
工作温度需要控制在相变点温度以下；其次，需要发展和改良晶体的生长和制
备工艺，在获得大尺寸晶体的同时，保证更好的晶体质量，最大限度地消除晶
体制备工艺中降温过程所产生的微裂纹等缺陷。

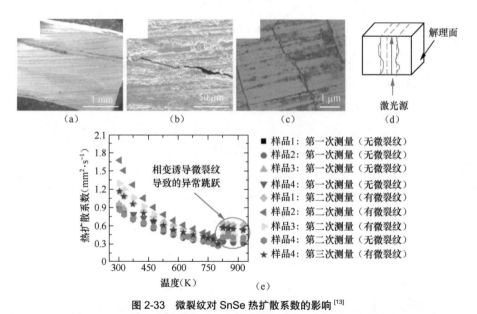

图 2-33　微裂纹对 SnSe 热扩散系数的影响 [13]

（a）～（c）不同放大倍数下，沿晶体 b-c 平面内传播的 SnSe 晶体中微裂纹的 SEM 图像；（d）在
测试过程中，激光穿过样品中的微裂纹的示意；（e）SnSe 晶体样品 b-c 平面内热扩散系数随温度
变化曲线的重复性测试结果

2.5.3.3 氧化对 SnSe 热导率的影响

尽管强非谐振效应可以定性地解释 SnSe 的低热导率，但实际上，如前文所述，沿 b-c 平面内的两个方向测量热导率很复杂。已经发现，由于表面氧化，在空气中制备的多晶样品甚至更难以加工[47]。由于晶体的比表面积非常小，所以晶体样品似乎没有严重的氧化问题。对硒化物而言，长时间暴露于空气中会导致表面氧化。图 2-34 示意性地展示出 SnSe 材料吸附外界氧的过程[47]。

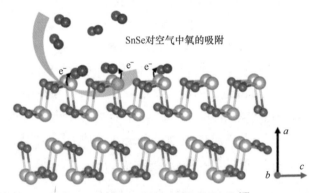

SnSe对空气中氧的吸附

图 2-34　SnSe 材料对氧的吸附示意 [47]

如图 2-35 所示，通过对比在空气中和在手套箱中制备的多晶 SnSe 样品的热扩散系数可以发现，氧化会对样品热扩散系数产生重要影响[13, 45]。多晶 SnSe 样品表面氧化会产生 SnO_2，由于 SnO_2 具有约 98 $W \cdot m^{-1} \cdot K^{-1}$ 的高热导率，氧化的多晶 SnSe 的热导率比非氧化样品要高得多。此外，SnO_2 对湿度敏感，因此，如果将多晶样品放在空气中研磨处理，将导致样品有较高的热导率。研究人员发现，当在惰性气氛手套箱中加工多晶粉末时，SnSe 的热导率将显著降低，于 773 K 处低至约 0.25 $W \cdot m^{-1} \cdot K^{-1}$，这甚至低于 SnSe 晶体层内方向的热导率 0.30 $W \cdot m^{-1} \cdot K^{-1}$（$c$ 轴）和 0.35 $W \cdot m^{-1} \cdot K^{-1}$（$b$ 轴）。如图 2-35 所示，当保护样品免受氧化时，多晶样品的热扩散系数可与晶体样品媲美。当粉末在手套箱中加工时（与在空气中加工相比），多晶 SnSe 的热扩散系数显著降低，并且在 773 K 时接近 0.26 $mm^2 \cdot s^{-1}$，与 SnSe 晶体的 0.25 $mm^2 \cdot s^{-1}$ 几乎一样。有趣的是，将微量的 SnO_2（质量分数为 0.1% ～ 0.6%）添加到 SnSe 粉末中，SnSe 多晶的热扩散系数会显著增大，甚至高于空气中样品的热扩散系数[13]。

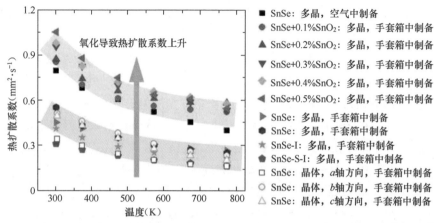

图 2-35　氧化对不同掺杂处理的 SnSe 多晶和不同轴方向的 SnSe 晶体材料热扩散系数的影响 [13]

氧化对 SnSe 材料热导率的影响可能与存在于表面氧化物下面的第二非晶层有关 [48]。为了更加直观地观测 SnSe 的表面氧化，研究人员观察了在空气中放置一段时间后的 SnSe 晶体表面，通过 TEM 发现 SnSe 基体上生成了两层膜：一层约 10 nm 的 SnO₂ 的无定型薄膜，以及一层约 2 nm 的偏离化学计量比的 SnSe 无定型薄膜。随着氧化时间的增加，氧化物层膨胀，而非晶层几乎没有变化。研究表明，这些氧化层会导致热导率显著提升 [47]。

首先，为研究室温下 SnSe 晶体在空气中长时间氧化后其表面结构的演变，图 2-36（a）～图 2-36（c）展示了表面的两层非晶层的厚度随时间推移的变化。对比图 2-36（a）和图 2-36（b）可知，氧化后的表面结构，即两个非晶层 L1 和 L2，在空气中的前 10 天没有明显变化。但是，把样品放置于空气中氧化 120 天后，L1 层的厚度从约 2 nm ［见图 2-36（a）］增加到约 8 nm ［见图 2-36（c）］，而 L2 的厚度只有很小幅度的增加。此外，相对 L2 层，L1 层在 HAADF-STEM 图像中始终具有更强的对比度，这意味着 L1 层具有较高的 Sn 含量，这也与后续的元素能谱分析结果相吻合。

尽管 HAADF-STEM 图像显示了 SnSe 晶体在空气中氧化之后的表面结构的演变，但无法从 HAADF-STEM 图像中准确得知非晶层 L1 和 L2 的具体成分，因此，需要对 HAADF-STEM 图像进行元素分析。图 2-36（d）～图 2-36（h）所示为轻度氧化的 SnSe 晶体样品（氧化时间 <10 天）的表面结构和 X 射线能量色散光谱（Energy Dispersive X-ray Spectroscopy，EDX）分析，而图 2-36（i）～图 2-36（m）所示为长时间氧化（120 天）后晶体样品的表面

结构和 EDX 分析，图中的箭头指示了各层之间的界面位置。很明显，在两种情况下，Sn 和 Se 原子都均匀分布在基体 SnSe 晶体（标记为 c-SnSe）区域中，如图 2-36（e）、图 2-36（f）、图 2-36（j）和图 2-36（k）所示。而进一步的 EDX 定量分析表明，Sn 与 Se 的含量接近预期的 1∶1。相比之下，可以观测到非晶层 L2 中 Sn 元素的信号强度显著降低［见图 2-36（f）和图 2-36（k）］，而 Se 没有出现这种趋势［见图 2-36（e）和图 2-36（j）］，从而定量估算得到平均含量（Sn∶Se）为（0.5 ~ 0.8）∶1.0。由于非晶层 L2 源自 SnSe 晶体，但缺少 Sn［富 Se 原子层，见图 2-36（h）和图 2-36（m）］，因此在图 2-36（d）和图 2-36（i）中将其标记为 a-Sn$_{1-x}$Se。对非晶层 L1 进行相同的分析，Sn∶Se∶O = 1.0∶（0.2 ~ 0.5）∶（2.5 ~ 3.2）。因此，最外面的氧化层 L1 的成分主要为 SnO$_2$，还有少量的 SeO$_2$。

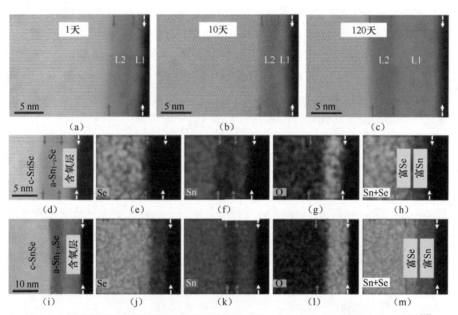

图 2-36　经历不同氧化时间的 SnSe 晶体表面结构的 HAADF-STEM 图像和 EDX 分析[48]
（a）~（c）为分别放置于空气中氧化 1 天、10 天和 120 天后晶体样品的 (001) 表面结构的 HAADF-STEM 图像；（d）~（h）为轻度氧化的 SnSe 晶体样品（氧化时间 < 10 天）的表面结构和 EDX 分析；（i）~（m）为长时间氧化（120 天）后 SnSe 晶体样品的表面结构和 EDX 分析

接下来，针对 L2 这一非氧化物的非晶层结构，研究人员对其起源进行

了分析[48]。对于晶体铸锭和纳米多晶的 SnSe 样品，研究表明，Sn 在表面上优先被氧化为 SnO$_2$，并伴有 SnSe$_2$ 的出现[49]。换句话说，Sn 具有更强的与氧气反应的趋势，从而留下富 Se 原子的化合物。这是由于 298 K 下，SnO$_2$ 的形成焓为 -578 kJ·mol^{-1}，SeO$_2$ 的形成焓（-225 kJ·mol^{-1}）则要低得多（绝对值），而 SnSe 和 SnSe$_2$ 化合物在 298 K 时的形成焓分别为 -92 kJ·mol^{-1} 和 -125 kJ·mol^{-1}。因此，当 SnSe 样品表面暴露于空气或氧气中时，Sn 原子往往会破坏初始的 Sn—Se 键，从而形成能量上更有利的 Sn—O 键。在与氧的反应过程中，Sn 原子从基体 SnSe 晶格中移出，使基体原有表面层的化学成分向富 Se（Sn$_{1-x}$Se）方向移动。因此，可以在自由能的基础上提出非晶层 L2（a-Sn$_{1-x}$Se）的形成机理。图 2-37 所示为二元 Sn-Se 体系的自由能（G）随 Se 含量变化的曲线。简单起见，这里仅研究当 Sn 原子逐渐减少时二元 Sn-Se 体系会发生什么。这里描述的等原子化合物具有狭窄的均一性范围，并且当化学组成偏离 SnSe 时，G 迅速升高。随着 Se 含量的增加，G 将很快升至比 Sn-Se 合金系统中的非晶态的自由能更高的一种很不稳定的非平衡态（见图 2-37 中的虚线）。起初，该不稳定相可能塌陷成非晶态，从而形成平均成分为 a-Sn$_{1-x}$Se 的非晶层，该平均成分与原始 SnSe 不同。如果存在足够的扩散分配（但不足以使诸如 SnSe$_2$ 的晶相成核），则可以先在 a-Sn$_{1-x}$Se 层中通过成分梯度建立亚稳态平衡，然后穿过 a-Sn$_x$Se$_y$/c-SnSe 基体界面的成分将被调整，使其接近由 a-Sn$_x$Se$_y$ 和 c-SnSe 基体曲线上的公共切线的接触点所决定的具体成分，具体如图 2-37 所示[48]。这一过程与在大量的金属合金系统里发现的现象基本一致。

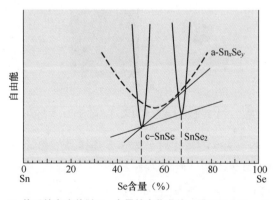

图 2-37　二元 Sn-Se 体系的自由能随 Se 含量的变化曲线，展示了 a-Sn$_{1-x}$Se 层的形成机理[48]

　　研究表明，SnSe 的氧化不仅影响其热导率，还对其整体的热电性能存在一定的影响。如图 2-38 所示，在多晶样品的制备过程中，针对机械合金化得到的多晶粉末，通过在 613 K 的 4% H_2/Ar 气氛下还原样品，成功去除了样品中的表面 SnO_2 和物理吸附的含氧杂质，可在多晶 SnSe 中实现优异的热电性能 [50]。这些经过还原处理的多晶 SnSe 样品的晶格热导率非常低，平行于烧结压力方向的晶格热导率达到了约 0.11 $W \cdot m^{-1} \cdot K^{-1}$，远低于 SnSe 晶体的晶格热导率。此外，经过 H_2/Ar 还原处理的多晶样品的电导率要显著高于未经还原处理的样品，这可能源自还原处理去除了样品中的 SnO_2 等杂质，减弱了晶界处的载流子散射。在平行和垂直于烧结压力方向，电导率的最高值在 773 K 下分别达到了约 93 $S \cdot cm^{-1}$ 和约 107 $S \cdot cm^{-1}$。而由于还原过程降低了空穴载流子浓度，样品的泽贝克系数维持在了很高的水平，进而在 773 K 下沿平行和垂直于烧结压力方向的最高功率因子 PF 分别达到了约 6.85 $\mu W \cdot cm^{-1} \cdot K^{-2}$ 和 8.0 $\mu W \cdot cm^{-1} \cdot K^{-2}$。最终，结合协同优化的热输运和电输运性能，在平行于烧结压力方向和 773 K 下，经过 H_2/Ar 还原处理的 5% PbSe 合金化的多孔掺杂多晶 SnSe 的 ZT 值达到了约 2.5[50]，如图 2-38 所示。

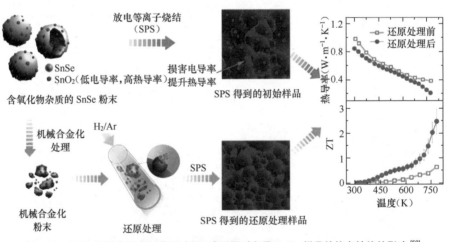

图 2-38　H_2/Ar 还原方法去氧处理过程示意以及对多晶 SnSe 样品的热电性能的影响 [50]

　　综合上述讨论，SnSe 的氧化对晶体和多晶样品的热导率、表面结构状态和成分等均会产生显著影响，而材料偏离化学计量比也在一定程度上与 SnSe 的氧化有关。同时，通过研究烧结前后的多晶 SnSe 的 XRD 图谱可以发现，很多工作中的 SnSe 样品或多或少出现了 SnO_2 的衍射峰 [51-52]。对热电性能的表征表明，氧化过程不仅会影响 SnSe 材料的热输运性能，还会影响其电导率等电输运性能，因此，氧化过程成为优化 SnSe 基热电材料热电性能过程中不可忽略的影响因素。然而，目前来看，氧化过程对 SnSe 材料的影响中的大部分内在机理仍未明确，所以对于 SnSe 氧化机理的研究有待继续。

2.6　本章小结

锡硫族层状宽带隙 SnQ 材料因其独特的物理化学性质、特殊的晶体结构、键合方式以及强烈的非谐振效应，而具有非常优异的本征低热导特性和热电性能。对其本征的热电性能进行研究，揭开其低热导率和高热电性能的本质，对于探索和开发具有本征低热导率的层状宽带隙热电材料至关重要。因为一般情况下，在降低热导率时会不可避免地同时降低电导率，而本征的低热导率可以帮助我们专注于优化材料的电输运性能。正如本章所讨论的，材料的非谐振效应与低热导率密切相关。以往的研究表明，可以通过几种策略来设计和获得较强的非谐振效应。本章列出了 3 种基本策略及其与非谐振效应之间的关系，包括孤对电子、共振键以及笼状晶体结构。值得注意的是，这 3 种策略之间也相互关联，实际上，许多具有本征低热导特性的材料包含其中两个或多个特征。本章对于非谐振效应及其与材料热导率之间的关系展开了详细讨论，这有助于我们更好地理解材料的原子振动状态和化学键合状态等内部因素与材料外在性能（热导特性）之间的联系。

锡硫族层状宽带隙 SnQ 材料具有特殊的层状结构和极低的本征热导率，因此其晶体能够在层内方向实现很高的热电性能，这源自其强烈的晶格非谐振效应。本章总结了针对 SnQ 材料热导特性的大量的实验和理论计算研究，在一定程度上揭示了其强非谐振效应和本征低热导特性的起源。研究结果表明，这种强烈的非谐振效应源自材料特殊的层状结构和不稳定的化学键合状态。此外，SnQ 材料的热导率还会受到化学计量比、内部微裂纹以及氧化状态等外在因素的影响，这进一步揭示了未来针对 SnQ 材料的相关研究中需要重点关注的问题。

总之，锡硫族层状宽带隙 SnQ 材料是当前热电领域极具应用前景的新型二维热电体系，其具有高效热电性能的根本原因是独特物化性质、特殊晶体结构和强非谐振效应引起的本征低热导特性。本章所讨论的材料非谐振效应与本征低热导率的内在联系、SnQ材料热传导过程的内在机制和外部影响因素，对于理解其本征低热导特性至关重要，也为探索和开发更多具有强非谐振效应和本征低热导特性的新型热电材料提供了一定的指导。

2.7 参考文献

[1]   CHANG C, WU M, HE D, et al. 3D charge and 2D phonon transports leading to high out-of-plane ZT in N-type SnSe crystals [J]. Science, 2018, 360(6390): 778-783.

[2]   NGUYEN V Q, KIM J, CHO S. A review of SnSe: Growth and thermoelectric properties [J]. Journal of the Korean Physical Society, 2018, 72(8): 841-857.

[3]   COLIN R, DROWART J. Thermodynamic study of tin selenide and tin telluride using a mass spectrometer [J]. Transactions of the Faraday Society, 1964, 60(1): 673-683.

[4]   CHEN Z G, SHI X, ZHAO L D, et al. High-performance SnSe thermoelectric materials: Progress and future challenge [J]. Progress in Materials Science, 2018, 97: 283-346.

[5]   ZHAO L D, LO S H, ZHANG Y, et al. Ultralow thermal conductivity and high thermoelectric figure of merit in SnSe crystals [J]. Nature, 2014, 508(7496): 373-377.

[6]   AGARWAL A, CHAKI S H, LAKSHMINARAYANA D. Growth and thermal studies of SnSe single crystals [J]. Materials Letters, 2007, 61(30): 5188-5190.

[7]   YANUAR, GUASTAVINO F, LLINARES C, et al. SnS thin films grown by close-spaced vapor transport [J]. Journal of Materials Science Letters, 2000, 19(23): 2135-2137.

[8]   KOTEESWA R N, RAMAKRISHNA R K T. Preparation and characterisation of sprayed tin sulphide films grown at different precursor concentrations [J]. Materials Chemistry and Physics, 2007, 102(1): 13-18.

[9]   SHARMA R C, CHANG Y A. The S-Sn (Sulfur-Tin) system [J]. Bulletin of Alloy Phase Diagrams, 1986, 7(3): 269-273.

[10]   ALBERS W, SCHOL K. The PTX phase diagram of the system Sn-S [J]. Philips

Res Rep, 1961, 16(1): 329-342.

[11]　KARAKHANOVA M, PASHINKIN A, NOVOSELOVA A. On the tin-sulfur fusibility curve [J]. IZV AKAD NAUK SSSR NEORGAN MATERIALY, 1966, 2(6): 991-996.

[12]　CHANG C, TAN G, HE J, et al. The thermoelectric properties of SnSe continue to surprise: Extraordinary electron and phonon transport [J]. Chemistry of Materials, 2018, 30(21): 7355-7367.

[13]　ZHAO L D, CHANG C, TAN G, et al. SnSe: A remarkable new thermoelectric material [J]. Energy & Environmental Science, 2016, 9(10): 3044-3060.

[14]　CHATTOPADHYAY T, PANNETIER J, VON S H. Neutron diffraction study of the structural phase transition in SnS and SnSe [J]. Journal of Physics and Chemistry of Solids, 1986, 47(9): 879-885.

[15]　BROWN S R, KAUZLARICH S M, GASCOIN F, et al. $Yb_{14}MnSb_{11}$: New high efficiency thermoelectric material for power generation [J]. Chemistry of Materials, 2006, 18(7): 1873-1877.

[16]　KUROSAKI K, KOSUGA A, MUTA H, et al. Ag_9TlTe_5: A high-performance thermoelectric bulk material with extremely low thermal conductivity [J]. Applied Physics Letters, 2005, 87(6): 061919.

[17]　MORELLI D, JOVOVIC V, HEREMANS J. Intrinsically minimal thermal conductivity in cubic I-V-VI_2 semiconductors [J]. Physical Review Letters, 2008, 101(3): 035901.

[18]　HE W, WANG D, DONG J F, et al. Remarkable electron and phonon band structures lead to a high thermoelectric performance ZT>1 in earth-abundant and eco-friendly SnS crystals [J]. Journal of Materials Chemistry A, 2018, 6(21): 10048-10056.

[19]　TAN Q, ZHAO L D, LI J F, et al. Thermoelectrics with earth abundant elements: Low thermal conductivity and high thermopower in doped SnS [J]. Journal of Materials Chemistry A, 2014, 2(41): 17302-17306.

[20]　ZHAO Q, QIN B, WANG D, et al. Realizing high thermoelectric performance in polycrystalline SnSe via silver doping and germanium alloying [J]. ACS Applied Energy Materials, 2020, 3(3): 2049-2054.

[21] CHANG C, ZHAO L D. Anharmoncity and low thermal conductivity in thermoelectrics [J]. Materials Today Physics, 2018, 4(1): 50-57.

[22] GUO R, WANG X, KUANG Y, et al. First-principles study of anisotropic thermoelectric transport properties of Ⅳ - Ⅵ semiconductor compounds SnSe and SnS [J]. Physical Review B, 2015, 92(11): 115202.

[23] SLACK G A. Nonmetallic crystals with high thermal conductivity [J]. Journal of Physics and Chemistry of Solids, 1973, 34(2): 321-335.

[24] ZEIER W G, ZEVALKINK A, GIBBS Z M, et al. Thinking like a chemist: Intuition in thermoelectric materials [J]. Angewandte Chemie International Edition, 2016, 55(24): 6826-6841.

[25] NIELSEN M D, OZOLINS V, HEREMANS J P. Lone pair electrons minimize lattice thermal conductivity [J]. Energy & Environmental Science, 2013, 6(2): 570-578.

[26] JANA M K, PAL K, WARANKAR A, et al. Intrinsic rattler-induced low thermal conductivity in zintl type $TlInTe_2$ [J]. Journal of the American Chemical Society, 2017, 139(12): 4350-4353.

[27] JANA M K, PAL K, WAGHMARE U V, et al. The origin of ultralow thermal conductivity in InTe: Lone-pair-induced anharmonic rattling [J]. Angewandte Chemie International Edition, 2016, 55(27): 7792-7796.

[28] SKOUG E J, MORELLI D T. Role of lone-pair electrons in producing minimum thermal conductivity in nitrogen-group chalcogenide compounds [J]. Physical Review Letters, 2011, 107(23): 235901.

[29] LENCER D, SALINGA M, GRABOWSKI B, et al. A map for phase-change materials [J]. Nature Materials, 2008, 7(12): 972-977.

[30] LEE S, ESFARJANI K, LUO T, et al. Resonant bonding leads to low lattice thermal conductivity [J]. Nature Communications, 2014, 5(1): 3525.

[31] WU J, XU J, PRANANTO D, et al. Systematic studies on anharmonicity of rattling phonons in type- Ⅰ clathrates by low-temperature heat capacity measurements [J]. Physical Review B, 2014, 89(21): 214301.

[32] VONESHEN D J, REFSON K, BORISSENKO E, et al. Suppression of thermal conductivity by rattling modes in thermoelectric sodium cobaltate [J]. Nature

Materials, 2013, 12(11): 1028-1032.

[33]　PEI Y, CHANG C, WANG Z, et al. Multiple converged conduction bands in $K_2Bi_8Se_{13}$: A promising thermoelectric material with extremely low thermal conductivity [J]. Journal of the American Chemical Society, 2016, 138(50): 16364-16371.

[34]　LIN H, TAN G, SHEN J N, et al. Concerted rattling in $CsAg_5Te_3$ leading to ultralow thermal conductivity and high thermoelectric performance [J]. Angewandte Chemie International Edition, 2016, 128(38): 11603-11608.

[35]　TAN G, HAO S, ZHAO J, et al. High thermoelectric performance in electron-doped $AgBi_3S_5$ with ultralow thermal conductivity [J]. Journal of the American Chemical Society, 2017, 139(18): 6467-6473.

[36]　ZHAO L D, HE J, BERARDAN D, et al. BiCuSeO oxyselenides: New promising thermoelectric materials [J]. Energy & Environmental Science, 2014, 7(9): 2900-2924.

[37]　LEE W, LI H, WONG A B, et al. Ultralow thermal conductivity in all-inorganic halide perovskites [J]. Proceedings of the National Academy of Sciences, 2017, 114(33): 8693.

[38]　VAQUEIRO P, AL O R A R, LUU S D N, et al. The role of copper in the thermal conductivity of thermoelectric oxychalcogenides: Do lone pairs matter? [J]. Physical Chemistry Chemical Physics, 2015, 17(47): 31735-31740.

[39]　BOŽIN E S, MALLIAKAS C D, SOUVATZIS P, et al. Entropically stabilized local dipole formation in lead chalcogenides [J]. Science, 2010, 330(6011): 1660-1663.

[40]　XIAO Y, CHANG C, PEI Y, et al. Origin of low thermal conductivity in SnSe [J]. Physical Review B, 2016, 94(12): 125203.

[41]　LI C W, HONG J, MAY A F, et al. Orbitally driven giant phonon anharmonicity in SnSe [J]. Nature Physics, 2015, 11(12): 1063-1069.

[42]　SKELTON J M, BURTON L A, PARKER S C, et al. Anharmonicity in the high-temperature *Cmcm* phase of SnSe: Soft modes and three-phonon interactions [J]. Physical Review Letters, 2016, 117(7): 075502.

[43]　HE W, WANG D, WU H, et al. High thermoelectric performance in low-cost

$SnS_{0.91}Se_{0.09}$ crystals [J]. Science, 2019, 365(6460): 1418-1424.

[44] WEI P C, BHATTACHARYA S, HE J, et al. The intrinsic thermal conductivity of SnSe [J]. Nature, 2016, 539(7627): E1-E2.

[45] WU D, WU L, HE D, et al. Direct observation of vast off-stoichiometric defects in single crystalline SnSe [J]. Nano Energy, 2017, 35(1): 321-330.

[46] YANG D, YAO W, YAN Y, et al. Intrinsically low thermal conductivity from a quasi-one-dimensional crystal structure and enhanced electrical conductivity network via Pb doping in $SbCrSe_3$ [J]. NPG Asia Materials, 2017, 9(6): e387.

[47] ZHANG M, WANG D, CHANG C, et al. Oxygen adsorption and its influence on the thermoelectric performance of polycrystalline SnSe [J]. Journal of Materials Chemistry C, 2019, 7(34): 10507-10513.

[48] ZHANG B, PENG K, SHA X, et al. A Second Amorphous Layer Underneath Surface Oxide [J]. Microscopy and Microanalysis, 2017, 23(01): 173-178.

[49] LI Y, HE B, HEREMANS J P, et al. High-temperature oxidation behavior of thermoelectric SnSe [J]. Journal of Alloys and Compounds, 2016, 669: 224-231.

[50] LEE Y K, LUO Z, CHO S P, et al. Surface Oxide removal for polycrystalline SnSe reveals near-single-crystal thermoelectric performance [J]. Joule, 2019, 3(3): 719-731.

[51] CHEN C L, WANG H, CHEN Y Y, et al. Thermoelectric properties of P-type polycrystalline SnSe doped with Ag [J]. Journal of Materials Chemistry A, 2014, 2(29): 11171-11176.

[52] PENG K, WU H, YAN Y, et al. Grain size optimization for high-performance polycrystalline SnSe thermoelectrics [J]. Journal of Materials Chemistry A, 2017, 5(27): 14053-14060.

第 3 章　锡硫族层状宽带隙 Sn*Q* 材料的制备方法

3.1　引言

锡硫族层状宽带隙 Sn*Q* 材料近年来已经被开发为一类性能十分优异的热电材料，其晶体和多晶的热电性能以及内在输运机制引起了热电领域的广泛关注。作为材料科学研究的基础，材料的合成与制备方法同样值得关注。尤其是对于锡硫族层状宽带隙 Sn*Q* 材料，其晶体样品的生长以及多晶样品的制备工艺在很大程度上会影响材料的热电性能。对于晶体，材料本身存在的相变效应会严重影响晶体生长的尺寸和质量；对于多晶，材料的层状特性使样品的致密度难以保证。因此，在现有基础上，发展和创新材料的生长和制备工艺，对于此类材料的进一步发展和实际应用具有重要的意义。

本章从材料制备的原理出发，首先总结 Sn*Q* 多晶的合成方法，在传统熔融、固相反应、机械合金化等物理方法的基础上，归纳近年来被广泛应用的水热法等化学方法；在得到多晶之后，对样品的致密化工艺进行分析与总结，主要包括热压烧结法以及 SPS 法等；其后，本章对 Sn*Q* 晶体的生长技术进行总结，在传统的 Bridgman 法和温度梯度法的基础上，着重分析垂直气相法、水平熔体法和水平液封法等创新技术的原理和进展；此外，本章还分析对比各类合成和制备方法的优缺点，对于今后相关技术的创新和未来发展做出展望。

3.2　Sn*Q* 多晶的制备方法

通过熔融法、定向凝固法等方法可以获得高致密度的 Bi_2Te_3、PbTe 等多晶铸锭样品，但 Sn*Q* 材料由于具有特殊的晶体结构和层状特性，通过传统高温方法得到的多晶铸锭内部存在大量的孔洞等空隙，且其各个分层之间的结合较弱，导致多晶铸锭的致密度较低。因此，Sn*Q* 多晶的制备主要包括材料合成和致密化处理两个过程。其中，材料合成方法可以分为物理方法和化学方法两类，而致密化处理主要有热压烧结法和 SPS 法等技术手段。

对于层状宽带隙 SnQ 材料，第 2 章中已经提及，SnSe 和 SnS 材料的物理、化学性质的区别主要源自 Se 元素和 S 元素的区别。对于 SnSe，可以在材料熔点以上温区对其进行保温，通过熔融反应合成样品；而对于 SnS，由于 S 元素过高的蒸气压，如果采用熔融法直接将两种反应物温度升至该化合物熔点以上，会发生爆炸，导致合成失败，所以成功合成 SnS 单相化合物是制备多晶和晶体 SnS 样品的前提。对此，研究人员开发了低温熔融的方法[1]，先将 S 元素和 Sn 元素以及其他掺杂元素（Li、Na、K、Se 等）按照化学计量比称量后放置于安瓿中，抽真空后密封，再放入马弗炉中缓慢升温（12 h）至 600 ℃后长时间保温（40 h）。由于掺杂样品需要更高的反应活化能，需要继续升温至 950 ℃后保温 10 h 来合成单相材料。此外，作为非平衡合成的经典方法，机械合金化方法可以作为合成 SnQ 多晶粉末的备选方法[2]。除此之外，对于 SnS 块体材料的合成，暂无更多的创新性方法和工艺。因此，本章主要以 SnSe 材料为讨论对象。

3.2.1 材料的合成

3.2.1.1 物理方法

1. 高温熔融法

高温熔融法是传统的块体材料合成方法，其原理是将合成目标产物所需的原料加热到熔融状态并保温，使其充分反应，最终得到目标产物。热电材料多数为半导体材料，杂质对于半导体材料的性质有着重要的影响。因此，为了准确分析热电材料的性能机理，有必要选取高纯度原料。实验研究中采用的原料均为高纯度单质或化合物。以合成 SnSe 材料为例，原料包括 Sn 单质、Se 单质以及相关的掺杂剂和固溶元素单质等，以上原料的纯度均为 99.99 % 以上。选定原料后，依照需要的化学计量比称量原料，并将各种所需原料放入安瓿中进行抽真空和密封处理。最后，将包含反应原料的密封安瓿放置于高温炉中，设置温度程序使其进行反应。对于 SnSe 材料，在约 950 ℃的环境中保温数小时即可得到目标熔融铸锭，可用于后续的研磨成粉和致密化处理。值得注意的是，在一些使用高温熔融法合成材料的工作中，进行致密化处理之前，通常还会对铸锭样品进行退火处理。退火指的是先将材料缓慢加热到一定温度（对于 SnSe，为 500 ~ 600 ℃），并在此温度下保持足够时间（一般 48 h 以上，多则一至两周），然后以适宜速度冷却。退火处理在热电研究中十分普遍，其目的主要有两点：其一是调整晶粒尺寸，优化载流子散射；其二是调整组织缺陷，优化元素的微观分布和热电性能。

用高温熔融法制备热电材料铸锭时，得到的铸锭形貌与升温速度、保温时间以及降温速度均有关系。其中，升温速度不宜过快，否则某些单质原料直接气化会导致管内气压过大引起爆管；保温时间最好在 10 h 以上，确保反应充分；随炉冷却是非常温和的冷却方式，能够得到较为稳定的目标产物铸锭，但水冷或液氮淬火能够使铸锭迅速冷却至室温，进而保持其高温相结构，这一点也与具体的目标产物有关。高温熔融法的缺点是制备出的样品有裂纹，致使材料的热稳定性较差及电输运性能不稳定。如今，这一缺点已经得到较好的解决，通过对熔融产物进行研磨以及快速烧结，可以避免这些问题。

2. 电弧熔炼法

电弧熔炼是利用电能在电极与电极或电极与被熔炼物料之间产生电弧来熔炼金属的电热冶金方法。电弧可以由直流电产生，也可以由交流电产生。当使用交流电时，两电极之间会出现瞬间的零电压。在真空熔炼的情况下，由于两电极之间气体密度很小，容易导致电弧熄灭，所以真空电弧熔炼一般都采用直流电源。电弧熔炼法可以用于合成比高温熔融法更为致密的 SnSe 多晶铸锭，且与高温熔融法相比，电弧熔炼法无须烦琐的升温、保温过程，反应过程迅速，单个安瓿中的混合原料在几十秒甚至几秒的时间内即可完成反应，得到单相的 SnSe 铸锭[3]。

3. 固相反应法

固相反应是一种在固体材料的高温加热过程中普遍发生的物理化学现象，广义地讲，凡是有固相参与的化学反应都可称为固相反应，例如固体的热分解、氧化，以及固体与固体、固体与液体之间的化学反应等都属于固相反应范畴。但狭义地讲，固相反应常指固体与固体间发生化学反应生成新的固体产物的过程。固相反应是通过固体原子或离子的扩散和输运完成的。首先是在反应物组分间的接触点处发生反应，然后逐渐扩散到物相内部进行反应，因此反应过程中反应物必须充分接触且反应需在高温下长时间地进行。因此，将反应物研磨并混合均匀，可增大反应物之间的接触面积，使原子或离子的扩散输运比较容易进行，从而提高反应速度。

在热电领域中，固相反应是指：首先将目标产物的单质原料粉末直接混合，并手动研磨使原料混合充分，接着用手动压片机对其进行预压，预压的条件通常为，在 10 MPa 以上保压约 5 min 即可，这样能够得到预压产物；其后，将预压产物放入安瓿中，进行真空封装处理，使样品室真空度小于 10^{-3} Pa；然后，将安瓿放入马弗炉中，在熔点最低的单质原料的熔点温度以下长时间保温，使其发生固相扩散反应以得到目标产物；最后随炉冷却，即可得到目标产物的大块铸锭。作为一种传统的合成工艺，虽然固相反应法有其固有的缺点，如能耗大、效率低、粉体不够细、易混入杂质等，但由于用该法制备的块体颗粒具有无团聚、填充性好、成本低、产量大、制备工艺简单等优点，迄今仍是常用的方法。固相反应法在实际的热电领域应用中常被用于制备熔点较高且高温相具备较好热力学稳定性的化合物，除铅硫族化合物外，典型实例就是 BiCuSeO。对于 SnSe，先将高纯度的 Sn 细粉和 Se 细粉进行充分研磨混合后预压，再将其放置于安瓿中进行真空密封处理，其后将安瓿放入炉体中升温至 500～800℃保温，充分反应数小时至数日即可。

4. 自蔓延高温合成（燃烧合成）技术

自蔓延高温合成（Self-Propagating High Temperature Synthesis，SHS）又称为燃烧合成技术，是利用反应物之间高的反应热的自加热和自传导作用来合成材料的一种技术，当反应物被引燃，便会自动向尚未反应的区域传播，直至反应完全，该方法是制备无机化合物高温材料的一种新方法。SHS 技术以自蔓延方式实现粉末间的反应，与传统制备工艺相比，具有工序少、流程短和工艺简单等优点，且一经引燃启动后，就不需要再提供任何能量。燃烧波通过样品时所产生的高温可将易挥发杂质排出，使产品纯度提高。同时，燃烧过程中有较大的热梯度和较快的冷凝速度，有可能形成复杂相，易于从原料直接转变为另一种产物，并且可能实现过程的机械化和自动化。另外，还可能实现用一种较便宜的原料生产另一种高附加值的产品，成本低、经济效益好。

在过往的研究中，SHS 技术已经被广泛应用于制备高温耐火材料、金属间化合物和陶瓷材料，其中绝大多数反应的绝热温度都高于 1800 K。近年来，研究表明 SHS 技术同样可以被用于热电化合物的合成，已经能够成功制备包括 Cu_2Se[4]、BiCuSeO[5]、Bi_2Te_3[6] 和方钴矿 [7] 等化合物在内的热电体系。基于上述研究，研究人员提出了新的判断二元材料中燃烧反应是否可持续进行的经验标准 [8]：$T_{ad}/T_{m,L} > 1$，其中 T_{ad} 为反应绝热温度，$T_{m,L}$ 为具有较低熔点的单质原料的熔点温度。该不等式指出，为了使燃烧反应的能量能够实现自蔓延和自传播，绝热温度应远高于单质原料的熔点温度。对于 SnSe 材料，由于 Sn 和 Se 之间反应的绝热温度比 Se 的熔点（494 K）高得多，因此应该可以通过 SHS 技术合成 SnSe。在具体实施过程中，先根据 SnSe 化学计量比称量高纯度的 Sn 粉末和 Se 粉末，然后进行手动研磨混合。将混合的粉末冷压成直径约为 10 mm 的颗粒。在颗粒的底部钻一个小孔，以容纳热电偶，使用该热电偶测量燃烧温度。用于反应的 SHS 装置如图 3-1（a）所示，该装置可以实现 SHS 反应的实时监测和记录，整个燃烧过程使用高速摄像机进行记录。整个反应的时间很短，与传统高温熔融法相比，SHS 反应得到单个铸锭样品以及后续致密化处理的时间总和小于 1 h。为了研究 SHS 反应过程中 SnSe 的热力学和动力学参数，图 3-1（b）展示了合成 SnSe 铸锭的 SHS 反应过程的温度随反应时间变化的曲线。由于在形成 SnSe 的过程中，Sn 和 Se 之间会发生高度放热的反应，因此燃烧温度会先迅速上升到 1156 K（对应 SnSe 的熔点），然后缓慢冷却至室温。图 3-1（c）所示为合成 SnSe 铸锭的 SHS 反应过程中的不同反应阶段。一旦燃烧反应开始发生，燃烧放出的热量就会迅速传播和蔓延，反应区域瞬间融化并坍塌。观测得到的燃烧波传播速度约为 12 mm·s^{-1}，表明这一反应过程具备典型的 SHS 反应的特征。

通过上述高温反应等工艺得到的 SnSe 铸锭，由于会不可避免地出现内部孔洞、表面不均匀颗粒等，一般不能直接用于热电性能的测试，还需要先将其研磨成一定粒径的粉体，再进行加热加压烧结等致密化处理，用于后续的热电性能的测试和输运特性表征。目前常用的粉体制备方法有手磨法以及机械合金化法。

1.手磨法

顾名思义，手磨法是指将所得铸锭块体直接手动捣碎、研磨的实验方法。此法操作简单方便，适用于硬度和韧性都不太高的热电材料，如 PbTe 体系、BiCuSeO 体系等。为保证研磨粉体的晶粒尺寸足够小，通常需结合使用筛网，即对手磨之后的粉体进行过筛处理，反复研磨以达到晶粒尺寸标准。SnSe 和 SnS 多晶铸锭由于具有层状特性，铸锭具有一定的不定取向的片状结构，与 PbTe 等材料体系相比，手磨难度要稍高，耗时也稍长，但作为一种直接、简便的操作方法，手磨法仍是目前被广泛应用的粉体制备方法。

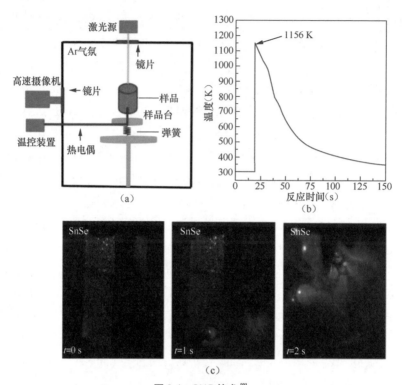

图 3-1 SHS 技术 [8]

（a）SHS 装置示意；（b）合成 SnSe 铸锭的 SHS 反应过程的温度随反应时间变化的曲线；
（c）合成 SnSe 铸锭的 SHS 反应过程中的不同反应阶段

2. 机械合金化法

机械合金化法对称球磨法，是近年来用于材料合成和粉体制备的一种新方法，它是指将已经合成的铸锭样品或目标产物的组元粉末混合后放入高能球磨机中，高能球磨机将高速转动的机械能传递给组元粉末样品，通过回转过程中的反复挤压、破断，使之成为弥散分布的超微细粒子并实现合金化，从而避免了从液相到固相过程中成分偏析的现象。机械合金化法具有效率高、成本低、成分均匀等优点。机械合金化法制备粉体的过程如图 3-2 所示。

机械合金化法一出现，就成为制备超细粉体材料的一种重要途径。传统方法中，新物质的生成、晶型转化或晶格变形都是通过高温（热能）或化学变化来实现的。机械能直接参与或引发化学反应是一种新思路。机械合金化法的基本原理是利用机械能来诱发化学反应或诱导材料组织、结构和性能的变化，以此来制备新材料。作为一种新技术，它具有明显降低反应活化能、细化晶粒和极大

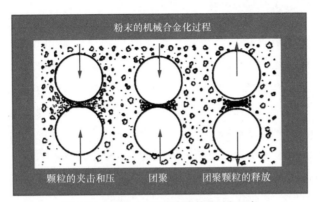

图 3-2　机械合金化法制备粉体的过程示意

提高粉末活性等优点，同时可以改善颗粒分布均匀性、增强体与基体材料之间的界面结合强度，促进固态离子扩散，诱发低温化学反应，从而提高材料的致密度、电、热学等性能，是一种节能、高效的材料制备技术。有关机械合金化法的研究必将推动新材料研究及相关学科的发展。就材料科学而言，机械力化学是一个研究空间较广阔的领域。同时，目前取得的成果已足以表明该技术具有广阔的工业应用前景。

在热电领域中，机械合金化法的优势是：机械合金化起到细化粉末颗粒作用，有助于减小块体材料的晶粒尺寸；机械合金化过程使各原料粉末均匀分布，有效地减少了烧结过程中由于偏析导致块体碎裂的情况；机械合金化过程使粉末颗粒细化、比表面积增大，粉末颗粒发生塑性形变储能，降低了烧结温度，缩短了反应时间。机械合金化法在碲化铋、碲化铅等热电体系的制备中都得到了广泛的应用。而对于 SnSe 体系和 SnS 体系，机械合金化法不仅能够实现多晶铸锭样品的粉体制备，更重要的是，其可以作为一种重要的材料合成方法，将原料 Sn、Se 和 S 单质粉末称量混合之后进行机械合金化反应，得到 SnSe 和 SnS 的多晶超细粉末，可直接用于后续的致密化处理。在具体实施中，一般使用高能行星式球磨机，将原料粉末混合放置于球磨罐中，采用 $425 \sim 450 \ \text{rad} \cdot \text{min}^{-1}$ 的转速，进行数小时或者更久的机械合金化反应，即可得到本征以及掺杂或固溶的 SnSe 和 SnS 多晶粉末 [2, 9]。

3.2.1.2　化学法

根据以往的研究，基于 SnQ 体系的理想热电材料应为多晶，其由具有类晶体各向异性且优化了载流子浓度的晶粒组成。然而，传统的合成技术（如高温熔融反应和机械合金化）难以实现对多晶块体的形貌控制。因此，这些传统的合成途径很难在 SnQ 多晶中实现预期的高效热电性能。在 SnSe 材料中，为了解决这个问题，作为制备 SnSe 多晶最简便的方法之一，研究人员创新性地开发了先进的基于水溶液合成的化学法以实现多晶 SnSe 中的高效热电性能。与传统的高温熔融法和机械合金化法相比，基于水溶液合成的化学法具有独特的优势：方便的微观形貌控制以实现高各向异性[10]、优异的掺杂溶解度来调节载流子浓度[11]、密集的局部晶格缺陷以降低晶格热导率[12]、特殊掺杂行为[13]和独特的空位工程以实现热电参数的协同调控作用[10, 13]等。

基于水溶液合成的化学法是指在高于溶剂沸点的溶液中通过化学反应进行合成的方法，特别适合制备 SnSe 多晶[14]。但遗憾的是，对于 SnS 材料的化学法合成与制备，迄今鲜有报道。因此，本节主要讨论基于水溶液合成的化学法制备 SnSe 多晶的基本反应机理和具体实施步骤。具体来讲，可以将化学法分为水热法、溶剂热法和微波辅助熔剂热法等。

1. 水热法

水热法是无机合成方法的重要分支，迄今已经有 100 多年的历史。水热法是指使用水作为溶剂在密闭压力容器中制备材料的方法，与传统的水溶液方法类似，前驱体可以在其中溶解、反应和结晶。不同之处在于，水热反应发生在高温和高压条件下，该温度通常高于水的沸点，以实现高的蒸气压，进而满足特定的临界条件。因此，还需要对产物进行后处理，包括分离、洗涤和干燥。与其他材料合成制备技术相比，通过水热法制备的样品具有晶体生长状态完整、晶体尺寸可控、分布均匀、团聚弱、效率高、竞争力强、原材料相对便宜、成本效益高等优点，因此容易在较低温度下得到合适的产物和所需的晶型。对于 SnSe，水热法已被证明是一种可得到尺寸和产率可控的 SnSe 微米/纳米多晶的便捷途径，因此被看作制备多晶 SnSe 的有效方法，可以对所得粉末样品直接进行致密化处理、烧结成块以进行性能测量或器件组装。特别地，通过水热法制备 SnSe 多晶避免了在合成过程中引入杂质，从而有助于实现高的烧结活性。此外，在层状晶体结构的驱动下，用水热法生长的 SnSe 更有可能形成层状结构，这在通过水热法制备的其他层状材料中得到了验证[15]。

在典型的水热反应过程中，将水溶液用作特殊密闭反应容器（高压釜）

中的反应介质，通过加热来实现高温（> 100 ℃）、高压（1 ～ 100 MPa）的反应环境。在反应容器中，使通常不溶的前驱体发生溶解、反应并结晶。图 3-3（a）所示为不同压强下水的温度 – 密度关系，从中可以清楚地看到，随着压强和温度的升高，水的离子产物迅速增加。当处于极高的压强和高温（15 ～ 20 GPa 和 1000 ℃）条件时，水的密度为 1.7 ～ 1.9 g·cm⁻³。在这种情况下，水可以完全分解为 OH⁻ 和 H₃O⁺，表现为熔融盐状态。此外，水的黏度随着温度的升高而降低。在 500 ℃ 和 0.1 GPa 的情况下，水的黏度大约仅为正常条件下的 10%。在这种情况下，离子和分子的迁移率远高于正常条件下的迁移率，因此会发生许多化学反应。此外，对于水热反应过程中发生的化学反应，在某些情况下，水也被用作溶剂，其中水的相对介电常数是关键因素之一，如图 3-3（b）所示。随着温度和压强的升高，水的相对介电常数降低，表明温度和压强在水的相对介电常数的影响因素中起主要作用。基于这些基本原理，水热法具有许多优点，因为水热法可以产生熔点温度下不稳定的结晶相，并得到在熔点附近具有高蒸气压的样品。同时，水热法可以保持合成材料的组成设计，具有较高的可操作性和可调节性。此外，水热法具有廉价、环保以及安全等优点，特别适合以高生产率和高效率制备 SnSe 多晶。

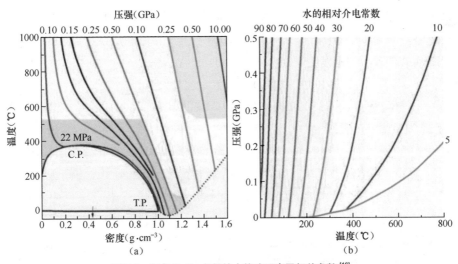

图 3-3　制备 SnSe 多晶的水热法示意及相关参数[16]

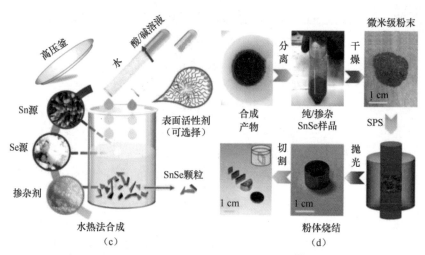

图 3-3　制备 SnSe 多晶的水热法示意及相关参数 [16]（续）

（a）以压强为参数的水的温度 – 密度关系 [17]；（b）水的相对介电常数与温度和压强的关系 [18]；

（c）典型的水热法合成 SnSe 多晶的实施过程示意 [13]；（d）水热法获得 SnSe 多晶的

粉体烧结和切割测试 [13]

图 3-3（c）所示为典型的水热法合成 SnSe 多晶的实施过程，其中溶剂为水，Sn 源为 $SnCl_2$ 和 $SnCl_2 \cdot 2H_2O$，Se 源为 Se 和 SeO_2。如果需要掺杂等策略，则需要掺杂剂来进一步修改目标产物的组成，进而改变其性能。因此，需要高纯度的前驱体，以避免潜在杂质。以 $SnCl_2 \cdot 2H_2O$ 和 Se 为例，在典型的合成过程中，将 $SnCl_2 \cdot 2H_2O$ 溶于水并在室温下搅拌一段时间后令其完全溶解，进而确保以下反应完全发生 [16]：

$$SnCl_2 \cdot 2H_2O \rightarrow Sn^{2+} + 2Cl^- + 2H_2O \tag{3-1}$$

首先，为了溶解 Se，在溶液中使用诸如 NaOH 或 KOH 的碱性溶液以确保 Se 发生如下反应：

$$3Se + 6OH^- \rightarrow 2Se^{2-} + SeO_3^{2-} + 3H_2O \tag{3-2}$$

随后，将溶液密封在衬有聚四氟乙烯的不锈钢高压釜中。将高压釜在烘箱中加热到 100 ℃（水的沸点，以提供足够的蒸气压，确保化学反应发生），保持一定时间，最后自然冷却至室温。有时，还需要使用表面活性剂（如聚乙烯吡咯烷酮）以确保更好地结晶，并且还可以使用催化剂来促进前驱体的溶解或化学反应。在此阶段，会发生如下合成反应：

$$Sn^{2+} + Se^{2-} \rightarrow SnSe \tag{3-3}$$

为了获得高纯度的 SnSe 多晶样品，需要进行后处理，包括分离、洗涤和干燥。一般情况下,可先通过离心收集合成的 SnSe 产物,并用去离子水洗涤数次,然后在低于 70 ℃的烘箱中干燥一段时间(通常为 12 h)。在这一阶段,最重要的是避免目标产物表面氧化,因为氧化会显著提高 SnSe 的热导率,导致 ZT 值降低。因此,通常使用真空炉,其合成温度和时间可控。最后,通过传统的热压或 SPS 进行致密化烧结以获得干燥产物,并进行后续的切割、打磨等,以得到可用于热电性能测试和 / 或热电器件组装的多晶 SnSe 块体材料,如图 3-3(d)所示。

2. 溶剂热法

与水热法相比,基于溶剂热法的化学法使用非水溶剂,并且整个合成过程始终在相对较高的温度下进行[19]。不同的溶剂具有不同的特性,例如沸点、蒸气压和前驱体的溶解度,可以使用不同的溶剂来合成具有独特特征的 SnSe 多晶,包括调整空位浓度以实现更优的电输运性能[13]、进行结晶设计以制造具有高各向异性的大块体样品[10]、突破溶解度极限以增加掺杂电势[12]、诱导局部晶格缺陷以增强声子散射[11]等,这些使基于溶剂热法合成的 SnSe 热电材料在性能方面具有很大的潜力[16]。在溶剂热法中,要使用溶剂的关键物理参数,包括相对分子质量、密度、熔点、沸点、介电常数、偶极矩和溶剂极性参数等[19-20]。其中,溶剂极性参数定义为溶剂和溶质相互作用的总和,包括库仑力、感应力、分散力、氢键和电荷输送力等,是描述溶剂的溶剂化性质的关键因素。

基于溶剂热法合成 SnSe 多晶,其实施过程与水热法类似,如图 3-3(c)所示。以乙二醇($C_2H_6O_2$,用 EG 表示)为例,Sn 源为 $SnCl_2$ 和 $SnCl_2 \cdot 2H_2O$,Se 源为 Se、SeO_2 和 Na_2SeO_3。有时也需要掺杂剂来进一步改善目标产物的性能。以 $SnCl_2$ 和 Na_2SeO_3 为例,首先将 $SnCl_2$ 溶解在 EG 中,并在室温下搅拌一定时间,以确保以下反应过程完全发生[16]:

$$SnCl_2 \rightarrow Sn^{2+} + 2Cl^- \quad (C_2H_6O_2 \text{ 中}) \quad (3\text{-}4)$$

为了产生 Se^{2-},EG 可作为前驱体,在溶液中加入碱性物质(如 NaOH 或 KOH),同时充当 pH 值调节剂和前驱体,从而有利于以下化学反应发生[10]:

$$Na_2SeO_3 \rightarrow 2Na^+ + SeO_3^{2-} \quad (C_2H_6O_2 \text{ 中}) \quad (3\text{-}5)$$

$$SeO_3^{2-} + C_2H_6O_2 \rightarrow Se + C_2H_2O_2 + H_2O + 2OH^- \quad (3\text{-}6)$$

$$3Se + 6OH^- \rightarrow 2Se^{2-} + SeO_3^{2-} + 3H_2O \quad (3\text{-}7)$$

随后,将溶液密封在衬有聚四氟乙烯的不锈钢高压釜中。将高压釜在烘箱中加热至 200 ℃（EG 的沸点以上，以提供足够的蒸气压，确保化学反应发生），保持一定时间，最后自然冷却至室温。有时，可以使用表面活性剂来确保更好地结晶，以及使用催化剂来促进前驱体的溶解或化学反应。在这一阶段，式（3-3）所示的反应发生。与水热法类似，在合成 SnSe 多晶后需要进行一定的后处理。区别在于，合成的 SnSe 产物应通过离心收集，并用去离子水洗涤以除去溶液中残留的所有盐和离子，并用乙醇除去未反应的溶剂和有机副产物[16]。

3. 微波辅助熔剂热法

有时，为了提高 SnSe 多晶中的晶界密度以增强其机械性能（如硬度和抗压强度）并降低其晶格热导率，需要得到尺寸更小的 SnSe 晶粒，而传统的溶剂热法难以实现这一目标。为了满足这一要求，微波辅助熔剂热法可以作为关键的解决方案[16]。与需要常规烘箱加热的传统溶剂热法不同，微波辅助熔剂热法从微波辐射中吸收热量，因此热量更加均匀，加热效率更高。此外，考虑到许多化学反应在微波加热条件下的反应速度和产物选择性方面具有显著差异，因此先要了解微波辐射的原理。

微波的基本原理可以描述为[20]：

$$\lambda_0 = \frac{c}{f} \tag{3-8}$$

其中，λ_0 是微波的波长；c 是微波速度；f 是微波频率，定义为 1 s 内电场或磁场的振荡次数。在频率谱中，微波位于红外波和无线电波之间的区域，其波长为 0.001 ～ 1 m，频率范围为 0.3 ～ 300 GHz。一般来讲，微波是一种典型的低能辐射波，在 2450 MHz 时的量子能仅约为 1.6×10^{-3} eV，很难破坏任何化学键（如氢键的形成能为 5.2 eV），如图 3-4（a）所示。但是，微波能够被介电溶剂（如水）吸收，进而产生热量，这对于微波辅助熔剂热法至关重要。主要的微波能量吸收机制有两种，分别是偶极子旋转和离子传导。偶极子旋转可以看作介电加热过程，当施加电磁场时，分子旋转发生在带有极性偶极矩的溶剂中，极性偶极矩将部分或完全对齐。当此电磁场交变时，分子的方向改变，导致分子旋转并在相邻分子之间碰撞。但是，旋转不能完全跟随对应电磁场的变化，因为它取决于分子的大小和介电常数，所以电磁场能转换为动能和热能。简单地说，这种加热可以描述为分子摩擦。离子传导是指离子在电场中的运动，当电场改变时，具有相同电荷的离子会从电场中迁移，与常规加热相比，它将以不同的方式影响化学反应。

　　基于这些特征，微波辅助熔剂热法特别适用于以高生产效率合成制备具有低维层状特征的 SnSe 纳米多晶，因此也有望用于制造二维柔性热电发电器件。图 3-4（b）所示为利用微波辅助熔剂热法合成得到的 SnSe 多晶的典型示例[21]，其中具有高分辨率（High Resolution，HR）的 TEM 图像展示了通过微波辅助熔剂热法制备的 SnSe 纳米多晶，平均晶粒尺寸约为 5 nm。

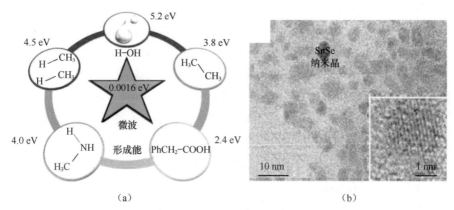

（a）　　　　　　　　　　　　　　　　　（b）

图 3-4　微波辅助熔剂热法合成图解[16]

（a）微波能量和溶剂中的常见形成能[16]；（b）通过微波辅助熔剂热法合成的 SnSe 纳米多晶的
TEM 图像，其中右下角为高分辨率图像[21]。

3.2.2　粉体材料的致密化处理

　　如前文所述，通过物理方法和化学方法合成得到的 SnQ 多晶铸锭和粉体材料，无法直接进行热电性能的测试以及进一步表征，更无法实现热电器件和设备的搭建。因此，需要在合成 SnQ 多晶的基础上，对粉体进行进一步的致密化处理。在热电领域的研究中，常用的致密化处理方法主要有热压烧结法和 SPS 法，以及各类衍生方法。

3.2.2.1　热压烧结法

　　热压（Hot Pressing，HP）烧结法是先将干燥粉末填充入模型内，再从单轴方向边加压边加热，同时完成成型和烧结的一种烧结方法。

　　热压烧结法是用于制造致密多晶的常规技术。在这种技术中，先将粉末装入模具，然后通过焦耳加热，在足够高的温度下加热模具，以诱导烧结[22]。在热压烧结的过程中，加热、加压同时进行，粉末处于热塑性状态，有助于颗粒的接触扩散、流动传质过程的进行，因而成型压力仅为冷压的 1/10；还能降低烧结温度，缩短烧结时间，从而抑制晶粒长大，得到晶粒细小、致密度高，且机械性能、电学性能良好的产品。无须添加烧结助剂或成型助剂，即可生产超高纯度的陶瓷产品。热压烧结法的缺点是过程及设备复杂、生产控制要求高、模具材料要求高、能源消耗大、生产效率较低以及生产成本高等。

常用的热压设备主要由加热炉、加压装置、模具和测温测压装置组成。加热炉以电作为能源，加热元件有 SiC、MoSi 或镍铬丝、白金丝、钼丝等。对加压装置的要求为速度平缓、保压恒定、压力可灵活调节，分为杠杆式和液压式。根据材料性质的要求，压力气氛可以是空气、还原气氛或惰性气氛。模具要求高强度、耐高温、抗氧化且不与热压材料黏结，模具的热膨胀系数应与热压材料一致或接近。根据产品烧结特征的不同，可选用热合金钢、石墨、碳化硅、氧化铝、氧化锆、金属陶瓷等，其中被广泛使用的是石墨模具。测温测压装置则用于监测烧结过程中的实时状态。

热压烧结法在实施过程中同时施加热和机械压力。高压下，可以通过两种方式产生焦耳热，即感应加热和电阻加热。感应加热是指通过高频电磁场进行加热。将交流电应用于感应线圈时，快速交变的电磁场会穿透物体，从而在导体内部产生涡流并产生焦耳热。在铁磁材料中，磁滞会产生热量。感应加热的优点是加热与加压相对独立，甚至在低压下也可能形成粉末或液相。缺点是当模具偏心放置时热分布不均匀且加热速度慢，这也受材料的感应特性和模具的热导率等因素影响。

在电阻加热技术中，加热元件通过辐射和对流过程加热模具。该技术的优点是高温（与模具的电导率无关）以及加热和加压之间相互联系。缺点是加热速度慢，会导致粉末与模具材料之间发生一些不必要的相互作用。图 3-5 所示为一种采用电阻加热技术的微型热压设备。其中，圆柱形加热器用于加热腔室，水冷用于控制温度并提高设备的降温速度。该设备可以在各种真空度（低、中、高）或在惰性气氛的高压下工作。

热压烧结法在热电领域中是操作较为简单的烧结方法，其应用已经较为成熟和广泛。在 $(Bi, Sb)_2Te_3$ 体系中，Poudel 等人通过机械合金化和热压获得了 373 K 下 ZT 值约为 1.4 的高性能 $Bi_{0.4}Sb_{1.6}Te_3$ 块体材料[23]；在 PbTe 体系中，Zhang 等人通过机械合金化和热压制备了 Na 和 Si 共掺的 $Tl_{0.02}Pb_{0.98}Te$，其中

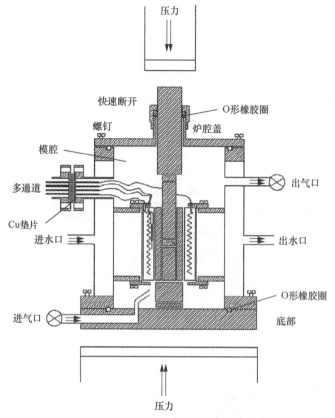

压力

快速断开　　　　　　O形橡胶圈
螺钉　　　　　　　炉腔盖
模腔
多通道　　　　　　　　　出气口
Cu垫片
进水口　　　　　　　　出水口
O形橡胶圈
进气口　　　　　　　　底部

压力

图 3-5　一种典型的微型热压设备结构示意 [22]

Si 可以提高样品的机械强度，可以在 770 K 下得到约 1.7 的高 ZT 值 [24]；在 BiCuSeO 体系中，SUI 等人通过显微结构设计，采用多次热锻压的方法制备了易于载流子输运的择优取向的织构化样品，将 ZT 值提高到 1.4 [25]。而在 Sn*Q* 多晶的研究中，热压烧结法同样应用广泛。对于 Na 掺杂的 SnS，利用高温熔融法和机械合金化法得到 SnS 多晶粉末，并将其在 80 MPa 的压强和 823 K 的温度下热压烧结 20 min，即可得到致密度超过 95% 的 SnS 多晶块体，其 ZT 值在 850 K 下可以达到 0.65 [26]；而对于 Na 掺杂的 SnSe，在 60 MPa 的压强和 643 K 的温度下热压烧结 6 min 即可得到高致密度的多晶块体，其 ZT 值能够达到约 0.8，经过进一步热变形处理，所得 SnSe 多晶块体的 ZT 值在约 800 K 的条件下能够达到 1.2 以上 [27]。

在热压烧结法的基础上，研究人员又开发出了高温高压多轴烧结的方法，即在高温的基础上，将样品放入特定模具中，对其进行六面顶压。这种全新的烧结工艺除被应用于常规的 PbSe 体系外，更重要的是应用于 CoSb$_3$ 方钴矿热电体系。CoSb$_3$ 材料具有特殊的笼状晶体结构，可以通过向笼状孔隙中填入客位原子来增强对声子的散射，填充原子与周围原子的结合比较弱，能够在笼状孔隙中振动，保证在降低材料热导率的同时不会对材料的电导率产生很大的影响。采用高压合成技术可以提高孔隙的填充量，其中在填充的 P 型方钴矿中可以得到超过 1.3 的 ZT 值 [28]。

3.2.2.2　放电等离子烧结法

放电等离子烧结（SPS）法也称为场辅助烧结技术（Field Assisted Sintering Technology，FAST）或脉冲电流烧结（Pulse Electric Current Sintering，PECS）法，是一种新颖的烧结方法，是现有的制备多晶热电块体材料的极佳烧结技术。具体工艺是将金属等粉末装入用石墨等材质制成的模具内，利用上、下脉冲及通电电极将特定烧结电源和压力施加于烧结粉末，经过放电活化、热塑变形和冷却流程，最终制备出高性能材料，它是一种新的粉末冶金烧结技术。SPS 在加压过程中烧结，脉冲电流产生的等离子体及烧结过程中的加压有利于降低粉末的烧结温度。同时，低电压、高电流的特征能使粉末快速烧结致密。此过程允许在较短的烧结时间（0 ～ 10 min）内以非常高的加热速度（1000 ℃·min^{-1}）得到块体材料，可以用于制备晶粒尺寸更细的高致密度块体材料。适合使用 SPS 法制备的材料包括功能材料、金属间化合物、纤维增强陶瓷、金属度量复合材料和纳米晶体等。

SPS 法是利用放电等离子体进行烧结的。等离子体是物质在高温或特定激励下的一种物质状态，是除固态、液态和气态以外，物质的第 4 种状态。等离子体是电离气体，是由大量正负带电粒子和中性粒子组成，并表现出集体行为的一种准中性气体。等离子体是解离的高温导电气体，可提供高反应活性状态。等离子体的温度为 4000 ～ 10 999 ℃，其气态分子和原子处在高度活化状态，而且等离子体内的离子化程度很高，这些性质使得 SPS 法成为一种非常重要的材料制备和加工技术。产生等离子体的方法包括加热、放电和光激励等。放电产生的等离子体包括直流放电等离子体、射频放电等离子体和微波放电等离子体。其中，SPS 法利用的是直流放电等离子体。

SPS 装置主要包括以下 5 个部分：轴向压力装置、上下压头电极、脉冲发生器、SPS 控制器、水冷模腔等。典型的 SPS 设备构造如图 3-6 所示 [29]。

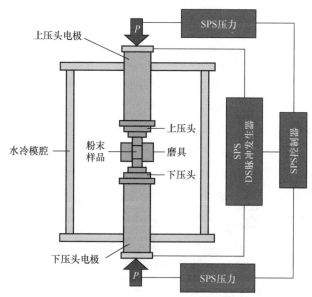

图 3-6 典型的 SPS 设备构造 [29]

原则上，SPS 法是一种压力烧结方法，在电极上施加高脉冲电流，并使用机械压力。用上下两个压头将粉末装入模具中。粉末可以是导电或绝缘的。对于导电粉末，可以使用绝缘模具（或带有绝缘材料的导电模具）。对于绝缘粉末，模具必须导电，以确保电路闭合。出于同样的原因，用作电极的压头应该导电（不锈钢、铜、石墨等）。选择用于制备模具和压头的材料会影响最大机械压强（例如，石墨模具将压强水平限制为 100 MPa）。在 SPS 过程中，当在电极上施加高脉冲电流时，微粒之间的间隙中会产生微观放电，从而产生等离子体并引起烧结。当火花放电出现在颗粒之间的间隙中时，局部温度可能会非常高，最高可达几万摄氏度。如果局部温度足够高，则会发生局部熔化。之后，将熔融液体高速溅射到相邻颗粒的表面上，从而将它们连接。一旦形成连接，放电条件就放松了。此后，微放电停止，局部温度下降非常快，颗粒之间形成部分熔化的微结构。降温速度最高可达 50 K·min^{-1}；通过在气流中进行额外的主动冷却，可以达到约 400 K·min^{-1} 的降温速度。SPS 法的高烧结效率归因于火花等离子体和火花冲击压力，它们可以产生高温溅射现象，消除吸附性气体和杂质，利用焦耳加热和塑性变形效应等。

SPS 法由于具有加热均匀、升温速度快、烧结温度低、烧结时间短、生产效率高、产品组织细小均匀、能保持原材料的自然状态、成品致密度高、可烧结梯度材料及复杂工件等优势，尤其是能够获得具备细小晶粒、低热导率的产物，是目前热电领域应用非常广泛的粉末烧结方法。近年来，在铅硫族化合物体系中获得的一大批 ZT 值超过 2 的材料，大都采用了 SPS 法。SPS 法在 SnQ 材料体系中也得到了广泛应用。在 SnS 多晶中，在 850 K 的温度和 50 MPa 的烧结压强下真空保温约 7 min，即可得到高致密度 SnS 多晶块体，通过一定的优化策略，其 ZT 值超过了 1.0，为现有报道的多晶 SnS 体系的 ZT 最大值[2]；对于该体系，在 773 ～ 873 K、40 ～ 60 MPa 的烧结条件下，保温烧结 5 ～ 10 min 即可得到所需多晶块体。其中，通过溶剂热法以及基于一定优化策略制备的多晶 SnSe 样品，由于具有高度的二维特征，可以得到接近甚至超过 2.0 的 ZT 值[30]。

在 SPS 法的基础上，研究人员通过对设备的逐步改进又不断开发出了等离子体活化烧结（Plasma Activated Sintering，PAS）法、电场激活压力辅助烧结（Field Activated Pressure-Assisted Sintering，FAPAS）法等方法[31-32]，其原理大致相同。这些改进后的方法近几年也开始逐渐投入使用。其中，FAPAS 设备的结构如图 3-7 所示。

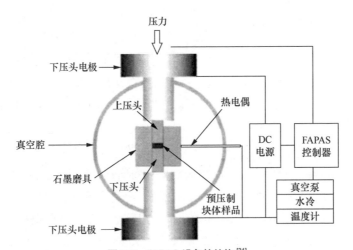

图 3-7　FAPAS 设备的结构[31]

SPS 法与热压烧结法有相似之处，但加热方式完全不同，它是一种利用通 – 断式直流脉冲电流直接通电烧结的加压烧结法。通 – 断式直流脉冲电流的主要作用是产生放电等离子体、放电冲击压力、焦耳热和电场扩散作用。在 SPS 过程中，电极通入直流脉冲电流时瞬间产生的放电等离子体，能够使烧结体内部各个颗粒均匀地产生焦耳热并使颗粒表面活化。SPS 法有效利用粉末内部的自身发热作用进行烧结。SPS 过程可以看作颗粒放电、导电加热和加压综合作用的过程。除加热和加压这两个促进烧结的因素外，在 SPS 法中，颗粒间的有效放电可产生局部高温，使表面局部熔化、表面物质剥落；高温等离子的溅射和放电冲击清除了粉末颗粒表面的杂质（如表面氧化物等）和吸附的气体。电场的作用是加快扩散过程。

SPS 法和热压烧结法均适用于制造高质量的多晶热电材料。根据上述工作原理，这两种方法的主要区别在于如何将热能转移到粉末上。在 SPS 法中，样品和压制工具充当加热元件，并有助于直接加热烧结粉末；在热压烧结法中，压制工具放置在加热室内，热量通过辐射和对流得以传递。通过研究对比发现，在给定的烧结温度下，热压烧结技术需要更多的烧结时间才能与使用 SPS 法制备的样品一样，具有相同的最终密度。

3.3　SnQ 晶体的生长方法

第 3.2 节介绍了 SnQ 体系多晶的合成和制备方法，但对于这一材料体系，现有报道的高性能样品仍集中在晶体。晶体的形成过程可以看作由固体到晶体、由液体到晶体和由气体到晶体的相变过程。晶体的生长技术是随着科技的发展而不断进步的，可分为气相生长、溶液生长、熔体生长和固相生长这四大类[33]。热电材料主要是从熔体中生长晶体得到的。

熔体生长法的原理是将结晶物质加热到其熔点以上熔化后，在一定的温度梯度下进行冷却生长，可利用各种方法来移动固 – 液界面，使熔体慢慢结晶[34]。熔体生长与助熔剂生长的不同之处在于晶体生长过程中起主要作用的不是质量输运而是热量输运，结晶的驱动力是过冷度而不是过饱和度。在对材料进行性能测试时，与通过 SPS 法得到的多晶相比，晶体的误差率更小，也就是说晶体对基础研究的价值更高。在热电领域中，具备高效热电性能的晶体热电材料的典型代表就是 SnQ 晶体。最初，SnQ 晶体的生长方法主要为 Bridgman 法和温度梯度法，在此基础上，研究人员又不断开发出了垂直气相法、水平熔体法和水平液封法等可以得到更大尺寸 SnQ 晶体样品的创新性方法。此外，在研究块体材料制备方法和热电性能的基础上，二维薄膜材料的生长和制备同样重要。研究人员主要发展了以脉冲激光沉积法和分子束外延技术为代表的 SnSe 材料的薄膜生长技术，对基于这类材料的柔性和可穿戴器件的开发具有重要意义。

3.3.1 Bridgman 法

Bridgman 法（又称 Bridgman-Stockbarger 法或定向凝固法）是用于从熔体中生长晶体最古老的方法之一 [35]。Bridgman（1925 年）和 Stockbarger（1936 年）使用的方法略有不同。如图 3-8（a）所示，Bridgman 法是将装有熔融材料的安瓿沿温度梯度的轴放置在立式炉中。原则上，Bridgman 法通过将熔体从立式炉的高温部分转移到低温部分，从而产生熔体的定向凝固。首先，将原料以适当的化学计量比称重并装入安瓿中，将安瓿抽真空、充入惰性气体，然后将其密封。安瓿通常由石英、派热克斯玻璃、氧化铝、石墨或贵金属等制成。其后，在安瓿的上端安装一个钩子，并通过高熔点线将其连接到电动机上。接下来，先将安瓿维持在足够高的温度，使原料之间发生反应以形成化合物，然后将其从立式炉的高温部分（高于材料的熔点）缓慢降至低温部分（低于材料的熔点），以便固化从温度较低的尖端开始。尖端的收缩形状非常尖锐，因此会产生晶体籽晶，并在籽晶的基础上生长晶体。安瓿的下降速度范围为 $1 \ \mathrm{mm \cdot d^{-1}} \sim 1 \ \mathrm{cm \cdot h^{-1}}$，这与目标产物的特性有关。安瓿的降温速度取决于立式炉的温度梯度和安瓿降低的速度。最后，将安瓿移出立式炉（冷却至室温），就得到了晶体锭样品。一般情况下，可以使用两种 Bridgman 炉，即对应于水平 Bridgman 法和垂直 Bridgman 法的水平炉和立式炉。通常，垂直 Bridgman 法生长得到的晶体质量要高于水平 Bridgman 法 [36]。

Bridgman 法生长晶体的主要优点有 [36]：用于生长晶体的安瓿可以抽真空密封，可以避免原料氧化和挥发；对于晶体生长，可根据晶体的特点进行结构设计，更容易实现不同结构晶体的生长；晶体生长过程中的操作简单，易于实现自动化。但其也存在一定的缺点：由于安瓿下降炉的结构问题，不能在晶体生长过程中随时观察晶体生长的情况；生长晶体所选用的安瓿材料会不可避免地对晶体生长造成影响，如晶体内部产生应力和寄生成核等。因此，在 Bridgman 法的基础上，研究人员从炉体构造等角度出发对其进行了改进。

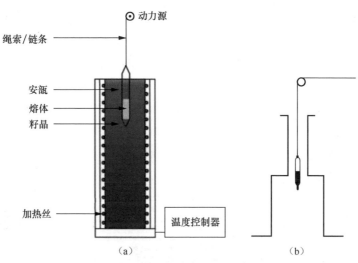

图 3-8　Bridgman 设备结构示意[22]

（a）Bridgman 立式炉；（b）Stockbarger 炉

　　Stockbarger 法是一种改良的 Bridgman 法，它将熔炉分为两个区域，通常用挡板隔开，从而在区域之间产生更陡峭的温度梯度，如图 3-8（b）所示。需要注意的是，这里的温度梯度可以通过改变加热元件的密度或通过采用对流现象来调节（对立式炉来说）。Stockbarger 法具有许多优点[22]：它不需要籽晶即可开始生长，可以生长出尺寸大且质量好的晶体锭，并且可以用于生长包含升华原料的化合物。另外，可以通过调节晶种（安瓿的尖头）的方向来控制晶体的取向。然而，它也有一些缺点：工艺较为复杂，且由于安瓿的波动精确地控制着安瓿的温度和位置，并且一次只能装载一个安瓿，因此难以实现规模化生产。如上所述，要生产良好的热电晶体样品，就必须控制缺陷的类型和缺陷密度。Stockbarger 法可以通过调整装入安瓿中的元素数量、改善温度梯度和减缓安瓿的下降速度等方式来获取质量更好、尺寸更大的晶体。

　　对于 SnSe 晶体的制备和研究，Zhao 等人[37] 最初就是利用 Bridgman 法开展晶体生长的。所用原料为纯度大于 99.99 % 的 Sn 和 Se 粉末或颗粒，以防止最终成品中的杂质污染。在晶体生长过程中，首先将原料称重混合后密封在安瓿中，然后在适当的温度和加热速度下，在立式炉中进行熔融或固相反应。对于熔融路线，可以将目标温度设置为高于 SnSe 的熔点（1134 K）；对于固相反应，应将目标温度设置为恰好在熔点以下，且不应将加热速度设置太高，以确保 Sn 和 Se 充分反应形成 SnSe。当炉温达到目标温度时，需要在此温度下长时间保温（12 h 至数天），以确保完全反应。反应完全后，将立式炉缓慢冷却至室温。将获得的铸锭粉碎成粉末，并准备进行晶体生长。应该注意，在制备 SnSe 时最好避免氧化。先将装有 SnSe 粉末的安瓿放置于 Bridgman 立式炉中加热到 1223 K，再以 2 mm·h^{-1} 的移动速度将样品缓慢冷却至室温，最终即可得到尺寸为 Φ13 mm× 20 mm、具有明亮金属光泽的 SnSe 晶体。利用同样的方法，Zhao 等人又成功生长了空穴（Na）掺杂的 P 型 SnSe 晶体[38]。其后，Peng 等人在 Na/Ag 掺杂的 SnSe 晶体上进行了更深入的研究，亦采用改良的垂直 Bridgman 法生长出了最大尺寸为 Φ13 mm× 15 mm 的 P 型 SnSe 晶体[39]；此外，Wu 等人还利用 Bridgman 法成功生长了 Na 掺杂的 P 型 SnS 晶体[40]。总体而言，Brigdman 法及其改良方法是制备 SnSe 晶体和 SnS 晶体的有效技术，这为后续针对该材料体系开展丰富的性能研究奠定了重要基础。

3.3.2　温度梯度法

同样基于熔体生长的原理，温度梯度法已经被广泛应用于生长二维晶体。该方法通过利用对流现象和加热元件密度差来创建温度梯度。图 3-9（a）所示为温度梯度法所使用的立式炉的结构示意。该方法在不移动安瓿的情况下，仅利用温度梯度进行晶体生长。通过使用交流（Alternating Current，AC）电源或直流电源和温度控制器，可以精确地控制温度。在立式炉内部，电热丝均匀地缠绕或更多地缠绕在氧化铝或石英安瓿的周围，如图 3-9（b）所示。由于石英安瓿的透明性，热量很容易从金属丝传导到安瓿，并产生均匀的横截面温度。将热电偶放在炉中靠近安瓿的位置，以精确读取样品位置处的温度。

在使用温度梯度法进行晶体样品生长的过程中，首先对原材料进行化学计量称重，将元素混合并密封在抽真空的安瓿中，该安瓿底部的尖端非常尖锐。然后，将安瓿密封在另一个排空的更大的安瓿中，以防止内部安瓿由于晶体和石英之间的热膨胀系数不同而破裂，导致样品被空气氧化。如果热膨胀系数差别不大，则可以只使用一个安瓿。接着，将安瓿缓慢加热至高于化合物熔点的温度，在加热过程中，原料相互作用形成化合物。为了完成该反应，将安瓿长时间保持在高温下，之后将安瓿缓慢冷却至化合物熔点以下。固化和结晶首先发生在安瓿的底部，并形成晶体籽晶。随着温度缓慢降低，晶体在籽晶的基础上生长，最终得到大块晶体锭样品。

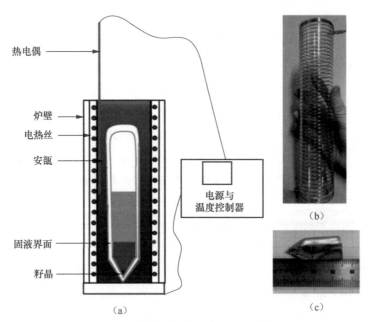

热电偶

炉壁

电热丝

安瓿

电源与
温度控制器

固液界面

籽晶

（b）

（c）

（a）

图 3-9　温度梯度法设备结构及所得晶体样品
（a）温度梯度法立式炉结构示意[22]；（b）立式炉的电热丝；
（c）使用温度梯度法生长的 SnSe 晶体样品[41]

温度梯度法生长晶体的原理与 Bridgman 法类似，但前者具有许多优点：主要通过温度场移动实现晶体生长，安瓿体系固定不动，可有效避免机械振动对熔体结晶的影响；不需要活动部件，一次可以将许多安瓿装载在一起，非常简单易用。利用温度梯度法，Duong 等人成功得到了优质的 Bi 掺杂的 N 型 SnSe 晶体[41]，如图 3-9（c）所示。在生长过程中，他们使用了高纯度（99.999%）的 Sn、Se 和 Bi 粉末。首先，以适当的比例称量粉末（总量约为 20 g），并在安瓿中混合，然后将其抽至真空并进行火焰密封。接下来，将安瓿装入立式炉中，先以 10 ℃·h^{-1} 的速度将温度从室温缓慢升至 930 ℃，在 930 ℃ 保持 10 h，然后以 1 ℃·h^{-1} 的速度从 930 ℃ 缓慢冷却至 700 ℃，最后以 20 ℃·h^{-1} 的速度从 700 ℃ 降至室温，得到所需 SnSe 晶体样品[41]。

在此基础上，Zhao 等人又开发了用于 SnSe 和 SnS 晶体生长的连续垂直温度梯度法[1, 42-45]。该方法采用的立式管式炉及生长装置如图 3-10 所示。与前述类似，将样品的混合物料称重之后放置于尖锥底的小石英安瓿中进行真空密封，其外层套上一个平底的大石英安瓿保护样品。它们的不同点在于连续温区温度梯度的产生方式。这种方法所采用的立式管式炉使用单点加热方式,加热丝的位置即连续温区的最高温度点;在垂直高度上,距离加热丝位置的高度差越大,其温度越低。一般情况下,距加热丝 10 cm 的位置会产生 100 ℃ 的温度梯度。因此,在进行立式管式炉的温度设置时,设定温度要比上述温度设置高出约 100 ℃。对于 SnSe,高温点的温度设置为:先在 20 h 内升温至约 1040 ℃,保温约 20 h,再以 1 ℃·h^{-1} 的速度缓慢降温至 800 ℃ 以下,最后随炉冷却至室温。利用这一改良的温度梯度技术,Zhao 等人生长制备了大块高质量的 Br 掺杂的 N 型 SnSe 晶体[42]以及 Na 掺杂和 Te 固溶[43]/外部缺陷调控[44]的 P 型 SnSe 晶体,并对其热电性能进行了丰富的表征。对于 SnS,由于 S 元素的蒸气压更高,需要先利用高温熔融法或机械合金化法合成 SnS 的多晶粉末,再进行晶体的生长。高温点的温度设置为:先在 10 h 内升温至 600 ℃,保温约 40 h,再在 10 h 内升温至 1040 ℃,保温约 20 h,再以 1 ℃·h^{-1} 的速度缓慢降温至 800 ℃ 以下,最后随炉冷却至室温。利用这一技术手段,他们成功得到了未掺杂的 SnS 晶体[1]、Na 掺杂的 P 型 SnS 晶体[1]和 Na 掺杂及 Se 固溶的 P 型 SnS 晶体[45]。

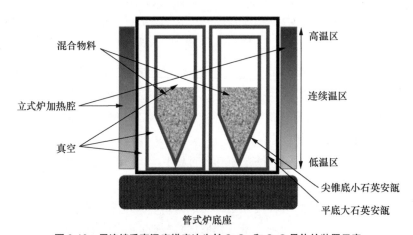

图 3-10 用连续垂直温度梯度法生长 SnSe 和 SnS 晶体的装置示意

虽然基于 Bridgman 法和温度梯度法发展的晶体生长技术能够得到高质量的大块 SnSe 和 SnS 晶体样品,并在材料的热电性能方面取得了不错的进展,但要实现晶体的实际应用,这种尺寸在毫米至厘米级别的晶体样品显然是不够的。这两种方法在生长尺寸更大的晶体方面还不尽如人意。根据相关文献,采用上述两种方法得到的 SnSe 和 SnS 晶体样品都非常容易解理、开裂。虽然可以在晶体生长过程中进一步降低样品安瓿的移动速度和减缓降温阶段的降温速度，或者在晶体生长结束后，降低晶体的降温速度，以此尽量消除热应力对材料完整性的影响，但始终未能解决 SnSe 和 SnS 晶体易解理、开裂的问题。为了简化研究过程，研究人员选择 SnSe 晶体作为研究对象，进一步观察了晶体的解理、开裂现象。通过分别设计不同壁厚的石英安瓿，并利用垂直 Bridgman 法进行晶体生长可以发现，所有壁厚的石英安瓿均不可避免地发生了破碎，如图 3-11 所示。这个现象说明 SnSe 晶体除自身容易沿 (100) 面解理外，与石英安瓿之间还存在严重的互相挤压，这是导致 SnSe 晶体开裂的另一关键因素。通过研究 SnSe 材料在 $300 \sim 850$ K 条件下晶格常数的变化规律可以发现，随着温度的升高，该材料沿 a 轴和 b 轴方向呈现正膨胀效应，而沿 c 轴方向却呈现出负膨胀效应[46]。随着温度不断降低，c 轴晶格常数可增大 3.37%，这是造成 SnSe 晶体与石英安瓿发生剧烈作用的根本原因。为验证 SnSe 晶体的负膨胀效应，研究人员实测了 SnSe 晶体的热膨胀行为[47]，当温度从 850 K 降至室温时，晶体沿 (100) 晶面和 (010) 晶面方向分别缩短了 2.4 % 和 1.7 %，而沿 (001) 晶面方向则伸长了 1.0 %。由此可见，造成 SnSe 晶体解理和开裂的原因是非常复杂的，(100) 晶面之间弱的范德瓦耳斯力、晶体生长过程中的热应力以及晶体本身的负膨胀效应等因素均能诱发 SnSe 晶体的解理和开裂。

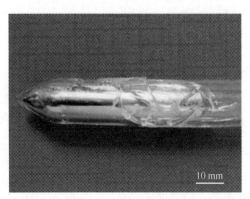

10 mm

图 3-11　利用垂直 Bridgman 法得到的 SnSe 晶体及安瓿破碎现象[48]

为解决 SnSe 晶体的解理和开裂问题，生长出大块晶体以及发展创新技术，对材料体系的相图和热重曲线进行分析研究是重要前提。根据第 2 章中 Sn-Se 体系的相图，体系中存在两种化合物，即 SnSe 和 $SnSe_2$，且二者具有一致熔融特点，因此要制备 SnSe，按照 1：1 化学计量比进行配料是比较简单的。然而，Sn 单质、Se 单质和 SnSe 化合物这 3 种物质迥异的热失重现象为 SnSe 晶体生长工艺设计带来了挑战。图 3-12 所示为这 3 种物质的热重曲线。可以看出，Sn 在 30 ～ 1000 ℃不挥发，但 Se 在温度升高到 320 ℃时开始剧烈挥发，至 520 ℃完全挥发。SnSe 从 630 ℃开始有微弱挥发现象，当温度升高到 780 ℃附近时，热失重现象突然加剧，直至温度持续升高至约 810 ℃，热失重现象才不再继续。基于上述结果，Jin 等人带领研究组开展了一系列研究工作，并开发出了垂直气相法、水平熔体法和水平液封法等创新型晶体生长方法[48]。

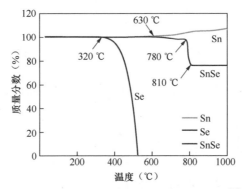

图 3-12　Sn 单质、Se 单质及 SnSe 的热重曲线 [49]

3.3.3　垂直气相法

晶体生长首先要获得高品质原料。鉴于 Se 元素在高温下会剧烈挥发，Jin 等人采用了一种摇摆炉技术进行了 SnSe 多晶合成：先将化学计量比 Sn：Se ＝ 1：1 的单质真空密封于双层石英安瓿内，再装入 950 ℃的摇摆炉中以 30 rad·min^{-1} 速度旋转 20 min，取出之后在室温下急速冷却，最终成功获得了化学计量比准确的 SnSe 多晶，这为后续 SnSe 晶体生长奠定了重要基础。

SnSe 的熔点约为 871 ℃，依据热重曲线，SnSe 在 780 ℃便能挥发，由此判断垂直气相法将是生长 SnSe 晶体的一种可行手段。图 3-13（a）所示为用垂直气相法生长 SnSe 晶体的装置示意[50]。首先将 SnSe 多晶盛装于尺寸为 Φ50 mm×60 mm 的敞口石英杯中，然后用 Φ56 mm、顶端呈 60°且具有一定弹性的热解氮化硼（PBN）安瓿罩住，再将它们一起抽真空并密封于 Φ60 mm 的石英安瓿中。将密封好的石英安瓿放置于垂直晶体生长炉内，晶体炉从下至上分为 3 个温区：高温区、中温区和低温区。SnSe 多晶处于 800 ～ 850 ℃的高温区，可确保其充分挥发，SnSe 气体经过 600 ～ 800 ℃的中温区后在顶端 400 ～ 600 ℃的低温区冷却。气相 SnSe 以 PBN 安瓿内壁为衬底，自发成核长大，直至所有原料消耗完毕。图 3-13（b）所示为获得的"碗状"SnSe 晶体，它由 30 多个晶体颗粒组成，颗粒间的晶界清晰可见，通过手动便能轻易将它们剥离。图 3-13（c）所示为剥离得到的多个 SnSe 晶体颗粒，最大尺寸达到 15 mm×15 mm×10 mm。粉末 XRD 表明 SnSe 晶体在室温下呈现标准的正交 *Pnma* 结构，能量色散光谱（Energy Dispersive Spectroscopy，EDS）成分分析显示 Sn 与 Se 的化学计量比为理想的 1∶1。图 3-13（d）所示为所得 SnSe 晶体解理面的 SEM 形貌，证实了 SnSe 晶体具有层状结构。XRD 测试表明，解理面为 (100)（*h*=2, 4, 6, 8）晶面，如图 3-13（e）所示。

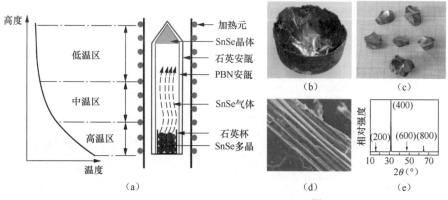

图 3-13　用垂直气相法生长 SnSe 晶体 [50]

（a）生长装置示意；（b）用垂直气相法得到的大块 SnSe 晶体；（c）剥离得到的 SnSe 晶体颗粒；
（d）晶体解理面的 SEM 形貌；（e）晶体解理面的 XRD 图谱

此外，基于垂直气相法，Jin 等人还开发了一种水平气相法，以进行 SnSe 晶体生长的比较研究。与垂直气相法的原理相似，水平炉中亦设计了高、中、低 3 个温区，通过温度差异实现了 SnSe 气相输运。不同的是，水平气相法中全部采用了石英安瓿，结果在冷却过程中发生了石英胀裂，制备的晶体也严重破裂 [51]。此结果一方面再次验证了气相法生长 SnSe 晶体的可靠性，另一方面说明了安瓿材质对获取高完整性 SnSe 晶体的重要性。

3.3.4 水平熔体法

利用垂直气相法可以获得高完整性的 SnSe 晶体，由于自发成核点过多，虽然生长的晶体尺寸不小，但单个晶体颗粒的尺寸往往不尽如人意。考虑到利用垂直 Bridgman 法和温度梯度法可以获得自发成核点较少的 SnSe 晶体，研究人员提出了水平熔体法（水平 Bridgman 法）[52]。与垂直 Bridgman 法和温度梯度法相比，水平熔体法的显著优点在于高温熔体在安瓿中水平铺开，这可极大地缓解 SnSe 晶体与安瓿内壁之间因彼此热膨胀不同产生的机械应力，从而降低晶体和安瓿开裂的概率。图 3-14（a）所示为利用水平熔体法生长 SnSe 晶体的示意，将 SnSe 多晶装入直径为 60 mm 的石英安瓿内并调节压强为 10^{-3} Pa 以下，随后放入水平炉中，为了让大部分熔体在安瓿的肩部附近结晶，炉管向水平方向倾斜了约 30°。水平炉由 5 段独立控制的发热区组成，初始阶段所有温区的温度均控制在 SnSe 熔点之上，保证原料全部熔化，随后从温区 1（Zone1）开始按照一定速度逐段降温，逐步实现 SnSe 熔体的结晶生长。图 3-14（b）和图 3-14（c）所示为两种不同的降温程序，它们的初始温度均为 910 ℃。不同的是，晶体生长阶段各温区的降温速度有差异，分别为 2 ℃·h^{-1} 和 0.67 ℃·h^{-1}。当所有熔体全部结晶之后，水平炉按照 25 ℃·h^{-1} 的速度冷却至室温。图 3-14（d）所示为以 2 ℃·h^{-1} 的降温速度生长得到的 SnSe 晶体（在石英安瓿内），由于降温速度较快，SnSe 熔体结晶较为迅速，此过程中仅有微量的 SnSe 挥发并凝固在石英安瓿的内壁上，大部分熔体以液态形式留在安瓿内，最终转变为晶体，如图 3-14（e）所示。然而，该程序条件下获得的 SnSe 晶体质量较差，如图 3-14（f）所示，得到的 SnSe 晶体质地疏松，容易以片状形式脱落，这主要是因为水平炉结晶阶段降温速度过快，导致熔体出现较大的组分过冷，大量 SnSe 晶体在较宽的温度范围内自发成核生长，伴随着 SnSe 晶体复杂的热应力和膨胀效应，SnSe 晶体出现了严重的破裂现象。相较而言，SnSe 熔体以 0.67 ℃·h^{-1} 的速度降温时，由于结晶时间延长，约有 1/10 质量的 SnSe 挥发，如图 3-14（g）所示，但其余部分结晶为较大尺寸的晶体，如图 3-14（h）所示。经过剥离，可以获得两块尺寸分别为 30 mm × 20 mm × 15 mm 和 35 mm×15 mm×15 mm 的 SnSe 晶体样品，如图 3-14（h）和图 3-14（i）所示[52]。

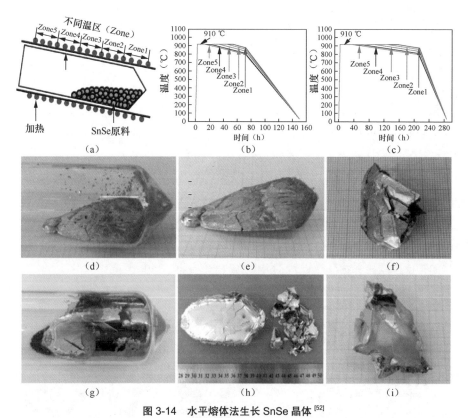

图 3-14 水平熔体法生长 SnSe 晶体[52]

（a）生长示意；（b）不同温区（Zone）的快速降温程序；（c）不同温区的慢速降温程序；
（d）快速降温后取出的石英安瓿及 SnSe 晶体；（e）快速降温所得的 SnSe 晶体；（f）快速降温后
剥离得到的 SnSe 晶体；（g）慢速降温后取出的石英安瓿及 SnSe 晶体；（h）慢速降温所得 SnSe
晶体；（i）慢速降温后剥离得到的 SnSe 晶体

3.3.5 水平液封法

对垂直气相法和水平熔体法的晶体生长结果进行比较分析可以发现，水平熔体法在制备大尺寸的 SnSe 晶体方面优势明显，但不足的是，原料挥发成为水平熔体法难以避免的短板，尤其是对于掺杂类 SnSe 晶体的生长，主体成分的缺失势必会导致实际掺杂物质的含量出现不可预知的变化。因此，需要进一步开发出一种可抑制原料挥发的生长 SnSe 晶体的新型技术。

利用 B_2O_3 作为液封剂覆盖于高温熔体之上，以此抑制组分挥发，是生长半导体晶体非常重要的一种手段，例如工业化的 GaAs 晶体生长常采用 B_2O_3

液封剂限制 As 元素挥发。考虑到 B_2O_3 的熔点为 450 ℃，密度为 2.46 g·cm^{-3}，均低于 SnSe 材料的熔点和密度（6.18 g·cm^{-3}），从理论上可以判断，采用 B_2O_3 对 SnSe 熔体进行覆盖是可行的。通过引入 B_2O_3 液封技术，以水平熔体法为基础，Jin 等人设计了一种水平液封法生长技术。他们首先尝试了非掺杂 SnSe 晶体生长，原理如图 3-15（a）所示 [53]。实施过程采用双层安瓿，鉴于 B_2O_3 在高温下会与石英反应，盛装原料的内层安瓿的材料为 PBN，外层安瓿的材料为石英。在温度场控制方面，参考水平熔体法制备大尺寸 SnSe 晶体的控制程序，最终获得了图 3-15（b）所示的原生态 SnSe 晶体样品。可以观察到，液封层表面出现多个 SnSe 气泡，说明 B_2O_3 对 SnSe 起到了有效的覆盖作用。图 3-15（c）所示为从原生态晶体中切割出的两块 SnSe 晶体锭块，其中的 (100) 解理面非常明显，且其中一块晶体的尺寸可以达到 45 mm×20 mm×10 mm。相关物相分析表明，这块晶体具有标准的 *Pnma* 相结构和准确的化学计量比。

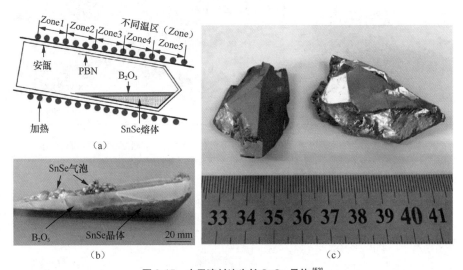

图 3-15　水平液封法生长 SnSe 晶体 [53]
（a）生长示意；（b）被 B_2O_3 覆盖的 SnSe 晶体样品；（c）剥离得到的大块 SnSe 晶体

更进一步地，研究人员利用水平液封法开展了 Ag 掺杂的 P 型 SnSe 晶体的生长研究 [54]，在 B_2O_3 液封剂的帮助下，将 Ag 元素按照初始设计比例成功掺入 SnSe 晶体，有效提高了 SnSe 晶体在相变之前的热电性能。此外，还可以利用该技术进行非化学计量比 $Sn_{0.98}Se$ 晶体的生长制备 [49]。在 SnSe 晶体中引入 Sn 空位缺陷，可以加强晶体缺陷对声子的散射作用，显著降低材料的晶格热导率，进而将 SnSe 晶体的热电性能提高近 20%，ZT 值达到 1.24。由此可见，与垂直气相法和水平熔体法相比，水平液封法在调控 SnSe 晶体的热电性能方面具有明显优势。

通过对比上述多种 SnSe 和 SnS 晶体的生长技术可以发现，传统 Bridgman 法和温度梯度法的优点在于晶体生长周期较短，易获得大尺寸的晶体样品，但这些方法属于垂直生长技术，SnSe 和 SnS 晶体与安瓿面积绝大部分紧密贴合，降温过程中会发生互相挤压而导致晶体易解理和开裂。以 SnSe 晶体为研究对象发展的一系列创新性晶体生长技术中，垂直气相法经历了原料从熔体到气相再到结晶的过程，制备周期一般较长，但由于气相成核点多，通常可以一次实验同时获得多个 SnSe 晶体铸锭，不足的是每个晶体的尺寸往往较小。与 Bridgman 法和温度梯度法相比，水平熔体法在减少熔体与安瓿的接触面积方面优势明显，能够有效抑制晶体生长过程中的热应力和机械应力。水平熔体法在快速冷却生长时，SnSe 的挥发量少，但同时会引起较大的组分过冷，致使晶体的结晶质量差；若减缓熔体降温速度，虽能获得高质量的大尺寸晶体，但过长的时间周期会增加原料挥发量，这对掺杂类的晶体生长非常不利。水平液封法是一种成本较为昂贵的晶体生长技术，但它的优点更为突出。它不仅有利于制备出完整的大尺寸晶体，更重要的是，在 B$_2$O$_3$ 液封剂的作用下，SnSe 晶体组分挥发得到了有效抑制，这对掺杂以及固溶等优化改性类 SnSe 晶体的生长具有十分重要的价值。总体来看，随着人们对 SnSe 晶体热电性能的研究越来越深入，除了传统的 Bridgman 法和温度梯度法，水平液封法也将逐渐成为一种广受欢迎的技术[48]。此外，如何将上述已经在 SnSe 晶体生长中应用的新型技术，应用于高质量和大尺寸 SnS 晶体的生长，会是今后该体系的研究重点。

3.3.6　薄膜 SnSe 的生长方法

除制备多晶和晶体块体材料外，薄膜材料的生长和制备对 SnQ 材料体系的性能研究同样至关重要。以 SnSe 材料为例，本小节对现有的 SnSe 薄膜的生长制备技术进行总结，主要包括脉冲激光沉积法和分子束外延技术[22]。

1. 脉冲激光沉积法

脉冲激光沉积（Pulsed Laser Deposition，PLD）法是物理气相沉积（Physical Vapor Deposition，PVD）法的一种，是用于生产高质量薄膜的重要技术。PLD

法首先使用高功率脉冲激光束从目标射出材料，然后将其沉积在加热的基板上。PLD 法可以在超高真空乃至有气体的情况下工作。目标通常是可以利用热压烧结或 SPS 法制备的多晶块体。PLD 系统与原位表征设备集成在一起，可用于测量反射高能电子衍射（Reflection High Energy Electron Diffraction，RHEED）和低能电子衍射（Low Energy Electron Diffraction，LEED）等。对于 SnSe 材料，已经报道了采用 PLD 技术以富硒靶材在各种衬底上生长制备 SnSe 外延薄膜的研究 [55]。

2. 分子束外延技术

分子束外延（Molecular Beam Epitaxy，MBE）技术用于在超高真空中生长和制备高质量薄膜，是最有效的 PVD 技术之一 [22]。与其他传统的 PVD 法相比，MBE 技术具有许多优点。首先，样品在超高真空中生长（基础的真空度一般为 10^{-8} Pa），这对于生产高纯度的外延薄膜样品非常重要。这种超高真空条件也适合集成 RHEED 或 LEED 等原位表征工具。其次，样品能够以非常低的生长速度（$0.1 \sim 3$ Å·s^{-1}）和较低的生长温度生长。MBE 技术的这些特性和优点可以保证其在原子尺度上精确控制外延层，并在超晶格以及多层中产生非常尖锐的界面。但需要注意的是，MBE 技术也有一些缺点，例如其复杂性和成本等。

图 3-16 所示为在 MgO(100) 衬底上利用 MBE 技术生长制备 SnSe 薄膜的装置示意和 RHEED 图像。这里的 MBE 系统由 3 个主要腔室组成：负荷固定舱、存储腔和生长腔。如图 3-16 所示，该系统使用了倾斜的配置，磁传送杆用于移动样品。通过使用隔膜泵和涡轮分子泵，负荷固定舱中可产生高达 10^{-4} Pa 的真空度。通过进一步使用离子泵，可以将生长腔保持在超高真空（10^{-8} Pa）状态。在生长过程中，液氮在低温面板中流动。实际的衬底温度根据一些典型金属（如 In、Sn、Bi 等）的熔点来校准。原位 RHEED 用于监视样品和基材表面。通过查看 RHEED 图像，可以确定薄膜是否外延及其表面质量。快门被放置在荧光屏的前面，以保护荧光屏免于沉积材料。为了验证生长速度并估算薄膜的厚度，可以使用厚度监测仪，并在基板附近放置石英晶体。

利用上述 MBE 技术手段，可以在各种生长条件（包括改变元素之间的原子数比、衬底、衬底温度和掺杂量等）下，生长制备 SnSe 薄膜或超晶格材料。如图 3-16 所示，在 MgO (100) 衬底上生长的 SnSe 薄膜显示出了条纹状的

RHEED 图像。据报道，MBE 技术还可用于基于 SnSe 薄膜生长的拓扑绝缘体的研究[56]。

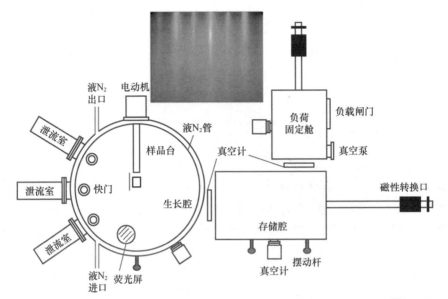

图 3-16　MBE 技术的装置示意以及生长得到的 SnSe 薄膜的 RHEED 图像[22]

3.4　本章小结

　　研究表明，对于 Sn*Q* 材料体系，其晶体和多晶均可实现优秀的热电性能，且无论是晶体还是多晶，其性能都受到材料合成与制备方法的显著影响。多晶的制备主要包括材料合成和致密化处理两个过程。其中，材料的合成方法主要包括物理方法和化学方法两种。物理方法在 Sn*Q* 多晶的研究中实现了十分广泛的应用，然而难以实现对多晶的形貌控制和预期中的优秀热电性能。为解决这一问题，研究人员开发了基于溶液合成的化学方法。在通过物理方法或化学方法合成得到 Sn*Q* 多晶粉末后，需要对其进行进一步的致密化处理，以进行后续的性能测试和器件搭建。常用的致密化处理方法主要有热压烧结法、放电等离子烧结法及各类衍生方法。其中，放电等离子烧结法由于具有加热均匀、升温速度快、烧结温度低、生产效率高、产品组织细小且均匀等优势，是目前在热电领域应用最广泛的粉末烧结方法。

尽管 SnQ 多晶的热电研究取得了诸多进展，但对于这一材料体系，现有报道的高性能样品仍集中在晶体。最初，SnQ 晶体的生长方法主要为 Bridgman 法和温度梯度法。然而，用这两种方法得到的晶体样品都非常容易解理和开裂，这主要源自晶体 (100) 面之间弱的范德瓦耳斯结合力、晶体生长过程中的热应力以及晶体本身的负膨胀效应等因素。基于此，研究人员以 SnSe 为研究对象开展了一系列工作，开发出了垂直气相法、水平熔体法和水平液封法等创新性晶体生长方法。总体来看，随着未来人们对 SnQ 晶体热电性能的研究越来越深入，开发更为先进和能够实现稳定、大批量生产的新型晶体生长技术具有重要意义。

然而，上述创新性晶体生长方法仅仅在 SnSe 晶体中得以成功实践。对 SnS 多晶的研究进展缓慢，传统的优化方法难以实现，基于 SnSe 体系所开发的化学合成方法也未能在 SnS 体系中得以实现，很难有效地保证 SnS 多晶样品的二维特性，进而很难获得更高的热电性能。因此，利用基于溶剂热的化学方法合成 SnS 多晶粉末材料，可能会成为未来 SnS 多晶研究中的关键。此外，在高温过程中，S 元素的蒸发现象更为显著，利用传统的 Bridgman 法和温度梯度法得到的 SnS 晶体严重偏离了目标成分。因此，如何将上述已经在 SnSe 晶体生长中得以实践的新型技术工艺，应用于大尺寸 SnS 晶体的生长和晶体质量改善，会是今后该体系的研究重点之一。

3.5 参考文献

[1] HE W, WANG D, DONG J F, et al. Remarkable electron and phonon band structures lead to a high thermoelectric performance ZT>1 in earth-abundant and eco-friendly SnS crystals [J]. Journal of Materials Chemistry A, 2018, 6(21): 10048-10056.

[2] ASFANDIYAR, CAI B, ZHAO L D, et al. High thermoelectric figure of merit ZT > 1 in SnS polycrystals [J]. Journal of Materiomics, 2020, 6(1): 77-85.

[3] SERRANO-SÁNCHEZ F, GHARSALLAH M, NEMES N M, et al. Record Seebeck coefficient and extremely low thermal conductivity in nanostructured SnSe [J]. Applied Physics Letters, 2015, 106(8): 083902.

[4] SU X, FU F, YAN Y, et al. Self-propagating high-temperature synthesis for

compound thermoelectrics and new criterion for combustion processing [J]. Nature Communications, 2014, 5(1): 4908.

[5]　YANG D, SU X, YAN Y, et al. Manipulating the combustion wave during self-propagating synthesis for high thermoelectric performance of layered Oxychalcogenide $Bi_{1-x}Pb_xCuSeO$ [J]. Chemistry of Materials, 2016, 28(13): 4628-4640.

[6]　ZHENG G, SU X, LIANG T, et al. High thermoelectric performance of mechanically robust N-type $Bi_2Te_{3-x}Se_x$ prepared by combustion synthesis [J]. Journal of Materials Chemistry A, 2015, 3(12): 6603-6613.

[7]　LIANG T, SU X, YAN Y, et al. Ultra-fast synthesis and thermoelectric properties of Te doped skutterudites [J]. Journal of Materials Chemistry A, 2014, 2(42): 17914-17918.

[8]　FU J, SU X, XIE H, et al. Understanding the combustion process for the synthesis of mechanically robust SnSe thermoelectrics [J]. Nano Energy, 2018, 44: 53-62.

[9]　LIU H, ZHANG X, LI S, et al. Synthesis and thermoelectric properties of SnSe by mechanical alloying and spark plasma sintering method [J]. Journal of Electronic Materials, 2017, 46(5): 2629-2633.

[10]　SHI X, CHEN Z G, LIU W, et al. Achieving high figure of merit in P-type polycrystalline $Sn_{0.98}Se$ via self-doping and anisotropy-strengthening [J]. Energy Storage Materials, 2018, 10: 130-138.

[11]　SHI X, ZHENG K, HONG M, et al. Boosting the thermoelectric performance of P-type heavily Cu-doped polycrystalline SnSe via inducing intensive crystal imperfections and defect phonon scattering [J]. Chemical Science, 2018, 9(37): 7376-7389.

[12]　SHI X L, ZHENG K, LIU W D, et al. Realizing high thermoelectric performance in N-type highly distorted Sb-doped SnSe microplates via tuning high electron concentration and inducing intensive crystal defects [J]. Advanced Energy Materials, 2018, 8(21): 1800775.

[13]　SHI X, WU A, FENG T, et al. High thermoelectric performance in P-type polycrystalline Cd-doped SnSe achieved by a combination of cation vacancies and localized lattice engineering [J]. Advanced Energy Materials, 2019, 9(11):

1803242.

[14]   CHEN Z G, SHI X, ZHAO L D, et al. High-performance SnSe thermoelectric materials: Progress and future challenge [J]. Progress in Materials Science, 2018, 97: 283-346.

[15]   HONG M, CHEN Z-G, YANG L, et al. Enhancing the thermoelectric performance of $SnSe_{1-x}Te_x$ nanoplates through band engineering [J]. Journal of Materials Chemistry A, 2017, 5(21): 10713-10721.

[16]   SHI X L, TAO X, ZOU J, et al. High-performance thermoelectric SnSe: Aqueous synthesis, innovations, and challenges [J]. Advanced Science, 2020, 7(7): 1902923.

[17]   FRANCK E. Water and aqueous solutions at high pressures and temperatures [J]. Pure Applied Chemistry, 1970, 4(1): 13-30.

[18]   SEWARD T M. Metal complex formation in aqueous solutions at elevated temperatures and pressures [J]. Physics and Chemistry of the Earth, 1981, 13(1): 113-132.

[19]   BAGHBANZADEH M, CARBONE L, COZZOLI P D, et al. Microwave-assisted synthesis of colloidal inorganic nanocrystals [J]. Angewandte Chemie International Edition, 2011, 50(48): 11312-11359.

[20]   FENG S H, LI G H. Chapter 4 - Hydrothermal and solvothermal syntheses [M]// Xu R, Xu Y. Modern Inorganic Synthetic Chemistry (2nd ed). Amsterdam: Elsevier, 2017: 73-104.

[21]   JIA Z, XIANG J, WEN F, et al. Enhanced photoresponse of SnSe-nanocrystals-decorated WS_2 monolayer phototransistor [J]. ACS Applied Materials & Interfaces, 2016, 8(7): 4781-4788.

[22]   NGUYEN V Q, KIM J, CHO S. A review of SnSe: Growth and thermoelectric properties [J]. Journal of the Korean Physical Society, 2018, 72(8): 841-857.

[23]   POUDEL B, HAO Q, MA Y, et al. High-thermoelectric performance of nanostructured bismuth antimony telluride bulk alloys [J]. Science, 2008, 320(5876): 634-638.

[24]   ZHANG Q, WANG H, ZHANG Q, et al. Effect of silicon and sodium on thermoelectric properties of Thallium-doped lead Telluride-based materials [J].

Nano Letters, 2012, 12(5): 2324-2330.

[25]　SUI J, LI J, HE J, et al. Texturation boosts the thermoelectric performance of BiCuSeO oxyselenides [J]. Energy & Environmental Science, 2013, 6(10): 2916-2920.

[26]　ZHOU B, LI S, LI W, et al. Thermoelectric properties of SnS with Na-doping [J]. ACS Appllied Materials & Interfaces, 2017, 9(39): 34033-34041.

[27]　LIANG S, XU J, NOUDEM J G, et al. Thermoelectric properties of textured polycrystalline $Na_{0.03}Sn_{0.97}Se$ enhanced by hot deformation [J]. Journal of Materials Chemistry A, 2018, 6(46): 23730-23735.

[28]　ZHAO W, LIU Z, SUN Z, et al. Superparamagnetic enhancement of thermoelectric performance [J]. Nature, 2017, 549(7671): 247-251.

[29]　ZHANG Z H, LIU Z F, LU J F, et al. The sintering mechanism in spark plasma sintering – Proof of the occurrence of spark discharge [J]. Scripta Materialia, 2014, 81: 56-59.

[30]　LI S, LOU X, LI X, et al. Realization of high thermoelectric performance in polycrystalline tin selenide through Schottky vacancies and endotaxial nanostructuring [J]. Chemistry of Materials, 2020, 32(22): 9761-9770.

[31]　ORRÙ R, LICHERI R, LOCCI A M, et al. Consolidation/synthesis of materials by electric current activated/assisted sintering [J]. Materials Science and Engineering: R: Reports, 2009, 63(4): 127-287.

[32]　HAYNES T E, ZUHR R A, PENNYCOOK S J, et al. Heteroepitaxy of GaAs on Si and Ge using alternating, low‐energy ion beams [J]. Applied Physics Letters, 1989, 54(15): 1439-1441.

[33]　郑燕青 , 施尔畏 , 李汶军 , 等 . 晶体生长理论研究现状与发展 [J]. 无机材料学报，1999, 14(3): 321-332.

[34]　介万奇 . Bridgman 法晶体生长技术的研究进展 [J]. 人工晶体学报 , 2012, 41(S1): 24-35.

[35]　BRIDGMAN P W. Certain physical properties of single crystals of tungsten, antimony, bismuth, tellurium, cadmium, zinc, and tin [M]. Collected Experimental Papers, Volume Ⅲ . Cambridge: Harvard University Press, 2013: 1851-1932.

[36]　刘伟 . 硒化锡晶体生长及其热电性能的研究 [D]. 济南 : 山东大学 , 2015.

[37]   ZHAO L D, LO S H, Zhang Y, et al. Ultralow thermal conductivity and high thermoelectric figure of merit in SnSe crystals [J]. Nature, 2014, 508(7496): 373-377.

[38]   ZHAO L D, TAN G, HAO S, et al. Ultrahigh power factor and thermoelectric performance in hole-doped single-crystal SnSe [J]. Science, 2016, 351(6269): 141-144.

[39]   PENG K, LU X, ZHAN H, et al. Broad temperature plateau for high ZTs in heavily doped P-type SnSe single crystals [J]. Energy & Environmental Science, 2016, 9(2): 454-460.

[40]   WU H, LU X, WANG G, et al. Sodium-doped tin sulfide single crystal: A nontoxic earth-abundant material with high thermoelectric performance [J]. Advanced Energy Materials, 2018, 8(20): 1800087.

[41]   DUONG A T, NGUYEN V Q, DUVJIR G, et al. Achieving ZT=2.2 with Bi-doped N-type SnSe single crystals [J]. Nature Communications, 2016, 7(1): 13713.

[42]   CHANG C, WU M, HE D, et al. 3D charge and 2D phonon transports leading to high out-of-plane ZT in N-type SnSe crystals [J]. Science, 2018, 360(6390): 778-783.

[43]   QIN B, WANG D, HE W, et al. Realizing high thermoelectric performance in P-type SnSe through crystal structure modification [J]. Journal of the American Chemical Society, 2019, 141(2): 1141-1149.

[44]   QIN B, ZHANG Y, WANG D, et al. Ultrahigh average ZT realized in P-type SnSe crystalline thermoelectrics through producing extrinsic vacancies [J]. Journal of the American Chemical Society, 2020, 142(12): 5901-5909.

[45]   HE W, WANG D, WU H, et al. High thermoelectric performance in low-cost $SnS_{0.91}Se_{0.09}$ crystals [J]. Science, 2019, 365(6460): 1418-1424.

[46]   LI C W, HONG J, MAY A F, et al. Orbitally driven giant phonon anharmonicity in SnSe [J]. Nature Physics, 2015, 11(12): 1063-1069.

[47]   JIN M, TANG Z, ZHANG R, et al. Growth of large size SnSe crystal via directional solidification and evaluation of its properties [J]. Journal of Alloys and Compounds, 2020, 824: 153869.

[48]   白旭东, 胡皓阳, 蒋俊, 等. SnSe 热电半导体晶体生长技术创新进展 [J]. 人工

晶体学报, 2020, 49(11): 2153-2160.

[49] JIN M, SHI X L, FENG T, et al. Super large Sn_{1-x}Se single crystals with excellent thermoelectric performance [J]. ACS Applied Materials & Interfaces, 2019, 11(8): 8051-8059.

[50] JIN M, TANG Z, JIANG J, et al. Growth of SnSe single crystal via vertical vapor deposition method and characterization of its thermoelectric performance [J]. Materials Research Bulletin, 2020, 126: 110819.

[51] JIN M, JIANG J, LI R, et al. Thermoelectric properties of pure SnSe single crystal prepared by a vapor deposition method [J]. Crystal Research and Technology, 2019, 54(6): 1900032.

[52] JIN M, SHAO H, HU H, et al. Growth and characterization of large size undoped P-type SnSe single crystal by horizontal Bridgman method [J]. Journal of Alloys and Compounds, 2017, 712: 857-862.

[53] JIN M, JIANG J, LI R, et al. Growth of large size SnSe single crystal and comparison of its thermoelectric property with polycrystal [J]. Materials Research Bulletin, 2019, 114: 156-160.

[54] JIN M, SHAO H, HU H, et al. Single crystal growth of $Sn_{0.97}Ag_{0.03}$Se by a novel horizontal Bridgman method and its thermoelectric properties [J]. Journal of Crystal Growth, 2017, 460: 112-116.

[55] INOUE T, HIRAMATSU H, HOSONO H, et al. Heteroepitaxial growth of SnSe films by pulsed laser deposition using Se-rich targets [J]. Journal of Applied Physics, 2015, 118(20): 205302.

[56] WANG Z, WANG J, ZANG Y, et al. Molecular beam epitaxy-grown SnSe in the rock-salt structure: An artificial topological crystalline insulator material [J]. Advanced Materials, 2015, 27(28): 4150-4154.

第 4 章　P 型锡硫族层状宽带隙 SnQ 晶体热电性能的优化

4.1　引言

锡硫族层状宽带隙 SnQ 晶体是一种极具发展潜力的热电材料，研究人员在其本征晶体中已经发现了十分优异的热电性能。进一步的理论及实验研究表明，这种优异的热电性能源自强非谐振性导致的本征低热导特性。对于热电材料及器件的实际技术应用来说，提高器件的能源转换效率是关键环节。根据理论公式，热电器件的能源转换效率取决于整个应用温度范围内的 ZT_{ave} 值。然而，对本征锡硫族层状宽带隙 SnQ 晶体来说，虽然其 ZT_{max} 值达到了很高的水平，但这仅能够在很窄的温度范围内实现，并不足以实现器件效率的真正突破。因此，如何在本征晶体研究的基础上，通过设计优化策略，实现材料在宽温区内热电性能的整体提升，是后续此类热电材料研究的重点。

理论计算及预测表明，锡硫族层状宽带隙 SnQ 晶体具有复杂的能带结构，尤其是价带结构，在进行有效空穴掺杂的前提下，有望实现热电性能的大幅度优化。本章从材料的能带理论出发，介绍 SnQ 晶体的多带结构及其特征，并总结通过空穴掺杂、同族元素固溶、缺陷设计等策略优化材料宽温区热电性能的实验研究，分析不同优化策略的本质；基于此，本章对 P 型 SnQ 晶体及器件尝试的相关研究进行总结，对这类材料在未来温差发电以及热电制冷等方面的应用前景进行展望。

4.2　P 型 SnSe 晶体热电性能的优化

4.2.1　空穴掺杂促进多价带参与电输运

尽管 SnSe 的化学计量简单，但正如第一性原理电子结构计算所表明的，SnSe 具有复杂的电子结构 [1]。这种复杂的电子结构是 SnSe 能够取得优异热电性能的关键。使用 DFT 计算 SnSe 低温 Pnma 相的电子能带结构 [1]，如图 4-1（a）所示，第一 VBM 位于 Γ—Z 方向（第一价带），另一个价带位于第一 VBM 的正下方（第二价带）。此外还存在第三价带，其最大值沿 U—X 方向。计算结果表明，在 Γ—Z 方向的前两个价带边缘之间的能量差非常小，约为 0.06 eV。另外，第一价带和第三价带边缘之间的能量差（U—X 方向的最大值到 Γ—Z 方向的最大值）仅为 0.13 eV。当 SnSe 中的载流子浓度足够高时，费米能级甚至能够进入第三价带，从而激发多带效应。根据第 1 章的分析可知，能带简并以及能带收敛都能提升有效质量，其原理在于提升能带的总简并度 N_v。通过费米面的第一性原理计算，可以得出在不同载流子浓度下的 SnSe 的费米面形状，而费米面与第一布里渊区交叉的数量反映了 SnSe 的简并度。图 4-1(a) 从左到右示出了载流子浓度依次为 5×10^{19} cm^{-3}、2×10^{20} cm^{-3} 和 5×10^{20} cm^{-3} 的费米面。当载流子浓度达到 5×10^{20} cm^{-3} 时，SnSe 的价带简并度得到了显著提升，从而证明了多带效应 [2]。

晶体的价带或导带中具有多个极值，有相对较高的泽贝克系数。在寻找优异的热电材料时，这种独特的电子能带结构具有明显的优势。如果通过有效掺杂使费米面进入多个价带，则有助于提高泽贝克系数和功率因子。在多带体系中，泽贝克系数的增大是一种普遍现象，人们更希望找到一种既能表现出这种增大效应，又能表现出极低热导率和高电导率的体系，而这种独特的性能组合正是空穴掺杂的 SnSe 材料所具有的。图 4-1（b）所示为 SnSe 的 Pisarenko 曲线 [1-2]。其中，每一条曲线都对应着一个具体的有效质量数值。黑色的曲线是基于多带模型计算的 Pisarenko 曲线，而其他颜色的曲线是基于单带模型计算的 Pisarenko 曲线。可以看出，当载流子浓度低于 1×10^{19} cm^{-3} 时，多带模型的泽贝克系数基本与单带模型的泽贝克系数一致。就是说，当载流子浓度过低时，即使材料具有多带结构，但由于费米能级没有进入深层能级，整体也不会体现出多带效应。而当载流子浓度进一步升高时，多带和单带的区别才显现出来，此时意味着费米能级成功进入深层能级。这也表示，在相同载流子浓度的情况下，多带材料的泽贝克系数要高于单带材料，因此能够获得更大的功率因子。

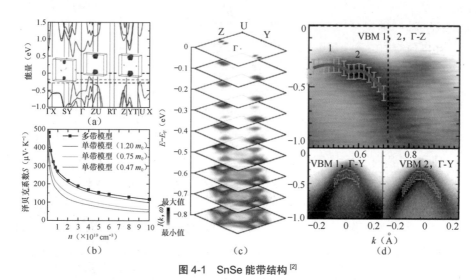

图 4-1 SnSe 能带结构[2]

（a）SnSe 的电子能带结构，以及对应不同载流子浓度的费米面的位置和形状；（b）Pisarenko 曲线；（c）第一布里渊区内能带在不同能量的等能廓费米面，0 点表示费米面的位置；（d）通过 ARPES 实验得到的能带色散谱

ARPES 是近年来逐步发展起来的分析材料能带结构的新技术，它能够直观体现材料的能带结构。ARPES 的实验研究结果证实了 SnSe 独特的多带结构[3-4]。图 4-1（c）所示为第一布里渊区内能带在不同能量的等能廓费米面[4]，其中从上往下的截面分别对应能带的不同能量。当截取能量为 0 时（相对于费米面），其费米面上已经出现了两个斑点，其对应于 Γ—Z 方向的第一价带和第二价带；当能量增大到 0.2 eV 时，在 Γ—Y 方向出现了第三个斑点，对应第三价带。值得注意的是，随着能量的增大，越来越多的斑点出现，该结果与之前的第一性原理计算结果一致，进一步证实了 SnSe 的多带结构。

根据第一性原理计算，不同价带的有效质量可以通过拟合 E-k 曲线获得。由于 SnSe 在各个方向上的有效质量不同，而获得不同方向的分有效质量只需要截取对应方向上的曲线即可。据此可以得到 SnSe 各个价带和方向的有效质量。对于第一价带，各方向的有效质量分别为 $m_{kx}^* = 0.76\,m_0$、$m_{ky}^* = 0.33\,m_0$ 和 $m_{kz}^* = 0.14\,m_0$。m_0 为自由电子的惯性质量。对于第二价带，各方向的有效质量分别为 $m_{kx}^* = 2.49\,m_0$、$m_{ky}^* = 0.18\,m_0$ 和 $m_{kz}^* = 0.19\,m_0$。从中可以看出，x 方向（对应层外方向）的有效质量远大于其他方向，这表明空穴沿层外方向的载流子迁移率极低。电子不受价带的影响，其沿各个方向的载流子迁移率特征会在后文给出更加详尽的分析。这些有效质量的数值都通过 ARPES 实验得到了很好的验证。图 4-1（d）为沿着各个方向的能带色散谱[3]。通过曲线的拟合即可得到不同方向的有效质量。可以看出，Γ—Z 方向的能量散射比 Γ—Y 方向更加平坦，意味着 Γ—Z 方向的有效质量更高。该结果与第一性原理计算结果相符。

利用 SnSe 独特的多带结构，通过在 Sn 位引入 Na 元素进行有效空穴掺杂，研究人员在实验中成功实现了 P 型 SnSe 晶体在宽温区的优异热电性能[1]。通过 1.5% 的 Na 掺杂，材料的空穴载流子浓度达到了约 4×10^{19} cm^{-3}。300 K 下，样品沿 b 轴方向的 ZT 值从约 0.1（未掺杂）提升至约 0.7（Na 掺杂），同时在 773 K 时获得了约 2.0 的 ZT_{max} 值，如图 4-2（a）所示。在 300 ～ 773 KT，空穴掺杂的 SnSe 晶体沿 b 轴方向的热电性能要优于当前大多数先进的 P 型热电材料，如图 4-2（b）所示[1]。基于宽温区内获得的较高 ZT 值，空穴掺杂的 SnSe 晶体实现了当时热电领域的高器件 ZT（ZT_{dev}）值，在 300 ～ 773 K 下的 ZT_{dev} 值达到了约 1.34。如图 4-2（c）所示，空穴掺杂的 SnSe 晶体沿 b 轴方向的 ZT_{dev} 值要比其他典型的中温区高性能热电材料更加优异。对于热电材料及器件应用，整个工作温度范围内的 ZT_{dev} 值十分重要，因为它决定了热电转换效率 η。对于特定材料，热端温度 T_h 和冷端温度 T_c 之间的热电转换效率 η 可以通过式（4-1）进行计算：

$$\eta = \frac{T_h - T_c}{T_h} \left[\frac{\sqrt{1 + ZT_{dev}} - 1}{\sqrt{1 + ZT_{dev}} + (T_c / T_h)} \right] \tag{4-1}$$

由于本征 SnSe 的热导率极低，空穴掺杂并未实现晶体 ZT_{max} 值的提升，但其整个温区内 ZT_{dev} 值的大幅提高使得空穴掺杂的 SnSe 晶体在 $T_c = 300$ K 至 $T_h = 773$ K 的整个工作温度范围内的理论热电转换效率达到了约 16.7%[1]，显著优于其他高性能热电材料，如图 4-2（d）所示。

空穴掺杂的 SnSe 晶体的优异热电性能源自各方面的贡献。通过空穴掺杂调节载流子浓度，SnSe 晶体的电导率从约 12 S·cm^{-1} 增加至约 1500 S·cm^{-1}，如图 4-3（a）所示，电导率曲线的温度依赖性表明样品从类半导体转变为类金属。随着温度升高，空穴掺杂的 SnSe 晶体的电导率（b 轴方向）从 300 K 时的 1486 S·cm^{-1} 降低到 773 K 时的 148·S cm^{-1}。霍尔测试结果表明，样品在 300 K 下的空穴载流子浓度约为 4×10^{19} cm^{-3}。对应地，样品在 300 K 时的泽贝克系数约为 160 μV·K^{-1}，并在 773 K 时增加到约 300 μV·K^{-1}，如图 4-3（b）

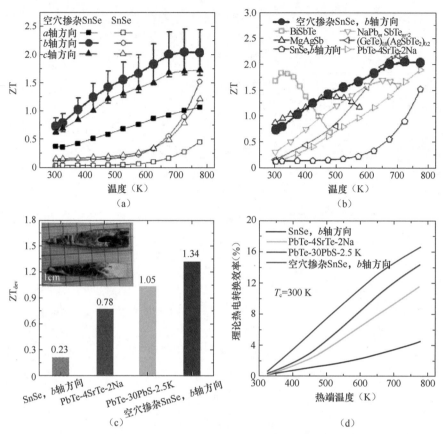

图 4-2　空穴掺杂的 P 型 SnSe 晶体的 ZT 值和理论热电转换效率 [1]

（a）ZT 值；（b）ZT 值对比；（c）ZTdev 值；（d）理论热电转换效率

所示。大幅增大的电导率与较高的泽贝克系数结合，导致在 300 K 时空穴掺杂的 SnSe 晶体沿 b 轴方向的功率因子 PF 达到了约 40 μW·cm⁻¹·K⁻²，如图 4-3（c）所示，此值可与 P 型商用 $Bi_{2-x}Sb_xTe_3$ 材料媲美。空穴掺杂的 SnSe 晶体的功率因子在 773 K 附近仍然保持约 14 μW·cm⁻¹·K⁻²，是未掺杂 SnSe 的两倍 [1, 5]，如图 4-3（c）的插图所示。可见，空穴掺杂的 SnSe 晶体的 ZT 值在 300 ~ 773 K 时实现了巨大提升，其主要贡献是大幅度提高的功率因子。

在热输运方面，空穴掺杂的 SnSe 晶体的总热导率 κ_{tot} 仍保持在较低水平，并且随着温度的升高呈下降趋势，如图 4-3（d）所示。空穴掺杂的 SnSe 晶体沿 b 轴方向的 κ_{tot} 从 300 K 时的 1.65 W·m⁻¹·K⁻¹ 降低到 773 K 时的 0.55 W·m⁻¹·K⁻¹。进一步地，其晶格热导率 κ_{lat} 与未掺杂的 SnSe 晶体在 773 K 附近的高温段保持在同样低的水平（0.2 ～ 0.3 W·m⁻¹·K⁻¹）。因此，空穴掺杂在大幅度优化 SnSe 晶体电输运性能的同时，在很大程度上保持了材料的低热导特性，最终实现了宽温区内热电性能及 ZT 值的大幅度提升。

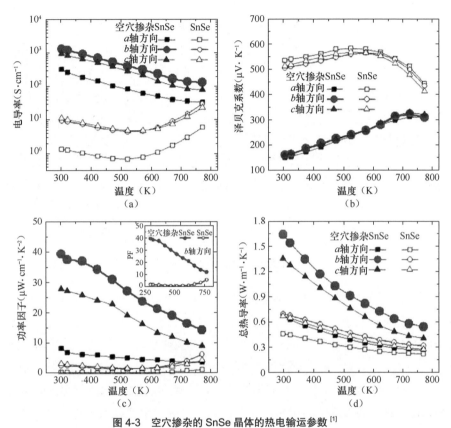

图 4-3　空穴掺杂的 SnSe 晶体的热电输运参数 [1]
（a）电导率；（b）泽贝克系数；（c）功率因子；（d）总热导率

在空穴掺杂的 SnSe 晶体中实现的超高 PF 远高于铅硫族化合物等中温区热电材料，尤其是在 300 ～ 500 K。与这些材料体系相比，SnSe 晶体的电导率与之相当，其超高 PF 源自更大的泽贝克系数。通过对比相近载流子浓度下不同体系的泽贝克系数可以发现，空穴掺杂的 SnSe 晶体的泽贝克系数在 300 K 时达到了约 160 μV·K⁻¹，远高于 PbTe（约 70 μV·K⁻¹）、PbSe（约 60 μV·K⁻¹）、PbS（约 50 μV·K⁻¹）和 SnTe（约 25 μV·K⁻¹）等体系。进一步绘制泽贝克系数与载流子浓度的 Pisarenko 曲线 [见图 4-1（b）]，结果表明，基于 SnSe 材料复杂的多带结构，空穴掺杂有效提升了载流子浓度，促使费米能级下移，激活更多价带协同参与载流子输运，因此实现了 P 型 SnSe 晶体热电性能的显著提升[1]。

类似地，通过将理论计算与实验研究结合，研究人员系统地研究了用两种不同元素（Na 和 Ag）进行空穴掺杂的 SnSe 晶体[6]。理论计算表明，空穴掺杂后，费米能级发生位移，价带边缘变平，载流子"口袋"数量增加。这 3 种效应都会对空穴掺杂的 P 型 SnSe 晶体沿 b 轴方向的载流子输运和热电性能优化产生积极影响。此外，与 Sn 原子相比，Na 原子的质量和尺寸显著不同，会导致更强烈的声子散射，这进一步降低了晶格热导率。这两种元素的空穴掺杂引起的整体效果都是优化了 SnSe 晶体的电输运性能，同时可以在较宽的温度范围内实现优异的热电性能。最终，研究人员在 $Sn_{0.97}Na_{0.03}Se$ 晶体样品中实现了最优热电性能，其 ZT 值在约 800 K 时超过了 2.0，在 300 ~ 800 K 的 ZT_{ave} 值也达到了约 1.17[6]。这些理论和实验研究都进一步验证了空穴掺杂对 P 型 SnSe 晶体的多带输运以及热电性能的提升起到了至关重要的促进作用。

4.2.2　固溶及缺陷优化策略协同调控热电性能

尽管空穴掺杂的 P 型 SnSe 晶体已经实现了宽温区的优异热电性能，但从热电优化策略的角度来说，调控载流子浓度仅仅是第一步。由于 SnSe 材料特殊的复杂能带结构和多带特征，当通过空穴掺杂使得载流子浓度达到一定程度时，费米能级就能够进入更深的位置，进而使多带参与电输运，最终实现热电性能的显著优化。需要进一步思考的是，其他典型的优化策略（如调控能带结构、晶体结构和微观结构等）在 SnSe 晶体的性能优化上是否同样适用。由此出发，研究人员开展了一系列实验研究和理论分析，进一步优化了 P 型 SnSe 晶体的热电性能，也不断加深对于这一材料体系的理解。

4.2.2.1　同族类似物固溶优化 P 型 SnSe 的热电性能

在此前掺杂 Na 元素的基础上，通过引入 Te 元素，在 P 型 SnSe 晶体中固溶少量的 SnTe 会引起 SnSe 晶体结构的改变，尤其是通过改变键角及键长，改善了室温下 SnSe 晶体结构的对称性，提升了载流子迁移率，进而在 P 型晶体中实现了很高的电导率。SnTe 的固溶还引起了 Sn 原子在平衡位置处的偏移，导致声子散射增强，有效地降低了晶格热导率。除此之外，Na 元素的掺杂能够有效提升载流子浓度，并激发 SnSe 的多带效应，使得泽贝克系数也得到较大提升。综合上述多重效应，通过在掺杂 2% Na 的基础上固溶 2% SnTe，研究人员在 300 K 下得到了超高的 PF（约 55 μW $\cdot$ cm^{-1} $\cdot$ K^{-2}）以及 300 ～ 793 K 下约 1.6 的 ZT$_{ave}$ 值，且计算得到的样品理论热电转换效率约为 18%[7]。

在电输运性能方面，如图 4-4（a）所示，晶体的室温电导率随着 SnTe 固溶含量的变化而改变，并在固溶 2% SnTe 时达到最高值（约 2000 S $\cdot$ cm^{-1}）。为了研究 Te 的引入对晶体中缺陷的影响，研究人员对其中所有可能的缺陷形成能进行了理论计算[7]。结果显示，在富 Sn 条件下，Sn、Se 和 Te 允许的最高化学势分别为 0 eV、-0.898 eV 和 -0.946 eV。在富 Se 条件下，它们分别为 -0.822 eV、-0.076 eV 和 -0.124 eV。因此，研究人员考虑了 3 种缺陷模型，即 Sn 空位（V$_{Sn}$）、Se 位置上的取代 Te 原子（Te$_{Se}$）和复合缺陷（V$_{Sn}$ + Te$_{Se}$）。计算得到的形成能 ΔH_f（V$_{Sn}$ + Te$_{Se}$）= -4.858 eV，小于 ΔH_f（V$_{Sn}$）= -4.501 eV 和 ΔH_f（Te$_{Se}$）= -0.262 eV，表明 Te 的引入降低了 Sn 空位的形成能。因此，固溶 SnTe 引起了 P 型 SnSe 晶体的载流子浓度的进一步提升。由于 Te 合金化的贡献，SnTe 固溶 SnSe 晶体的电导率与其他空穴掺杂的 P 型 SnSe 晶体的电导率相当。如图 4-4（b）所示，在固溶 SnTe 后，载流子迁移率仍然高达 260 cm^2 $\cdot$ V^{-1} $\cdot$ s^{-1}，该实验数值高于理论能带模型预测得到的数值。结果表明，SnTe 固溶 SnSe 晶体的高电导率源自载流子浓度的增加和高载流子迁移率的保持。

如图 4-4（c）所示，所有固溶 SnTe 样品的泽贝克系数随着温度的升高有着相同的趋势。当样品 SnSe-2%SnTe 中载流子浓度达到 4.77 × 10^{19} cm^{-3} 时，其泽贝克系数在 300 K 时约为 165 μV $\cdot$ K^{-1}。较高的泽贝克系数归因于有效质量的提升，这可以通过图 4-4（d）中实验值与理论 Pisarenko 曲线的明显偏差来证明，其中 Pisarenko 曲线使用单抛物带模型计算得到，取 m^* = 1.0 m_e。实验数据表明，在固溶 SnTe 之后，有效质量有增加的趋势，这在 2% SnTe 固溶的 SnSe 晶体中极为明显。除室温泽贝克系数增大，SnTe 固溶的 SnSe 甚至比其他报道中的 SnSe 晶体在高温下显示出更大的泽贝克系数。通过载流子浓度随温度的变化可以很好地解释这种差异。对于无 Te 的 SnSe，载流子浓度随着温度的升高而逐渐降低。在固溶 1.5% 和 2.0% 的 SnTe 之后，在 673 K 附近观察到载流子浓度的反转上升，这与泽贝克系数的反常升高一致。载流子浓度和泽贝克系数的上升与高温下更多价带参与载流子运输有关，这是由固溶 SnTe 引起的。载流子浓度上升是多带输运机制的典型信号，在 P 型 PbTe 和 PbSe 系统中较为常见[8]。

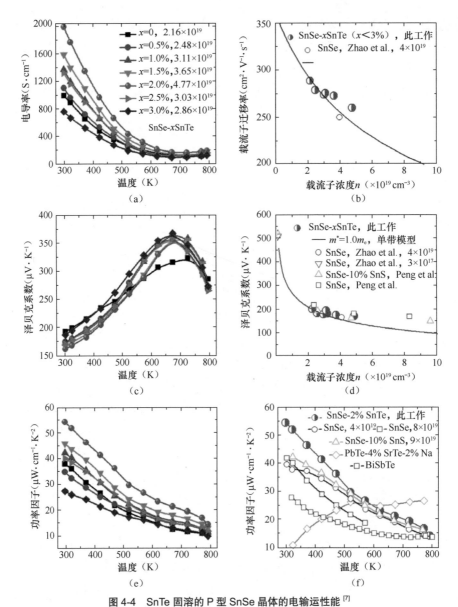

图 4-4　SnTe 固溶的 P 型 SnSe 晶体的电输运性能 [7]

（a）电导率；（b）载流子迁移率 – 载流子浓度关系；（c）泽贝克系数；（d）泽贝克系数 – 载流子浓度关系；（e）功率因子；（f）功率因子对比

　　显著提升的电导率和较高的泽贝克系数最终导致样品具有较高的功率因子 PF，如图 4-4（e）所示。在 2% SnTe 固溶的 SnSe 晶体中，在 300 K 下得到了约 55 μW·cm^{-1}·K^{-2} 的超高 PF，显著高于 P 型 BiSbTe 体系。尽管 PF 随温度升高而急剧下降，但在 793 K 的高温下，PF 仍保持在约 15 W·cm^{-1}·K^{-2}。图 4-4（f）表明，基于 Na 掺杂和 SnTe 固溶优化的 SnSe 晶体的 PF 明显高于其他高性能热电材料体系，尤其是在 300 ～ 500 K。

为了进一步揭示 SnTe 固溶引起超高 PF 的原因，研究人员观察了 SnTe 固溶后 SnSe 晶体结构的改变[7]。图 4-5（a）和图 4-5（b）所示为 SnSe 低对称 *Pnma* 相和高对称 *Cmcm* 相的晶体结构，并标注了其中的关键角度。其中，低对称相具有 4 个长的 Sn—Se 键和 3 个短的 Sn—Se 键，对应的键角如图 4-5（c）所示。当 Te 取代 Se 时，如图 4-5（d）所示，键角 1 随着 Te 的固溶呈下降趋势（从 89.80°到 88.38°）；而当 Te 取代长键位置的 Se 时，键角 2 从 78.71°增加到 80.78°，如图 4-5（e）所示。SnSe 的高对称 *Cmcm* 相中键角 1 和键角 2 的相应角度均等于 86.07°。晶体结构的这种变化趋势表明，Te 取代 Se 显著增加了 SnSe 晶体结构的对称性，这有助于提高载流子迁移率。

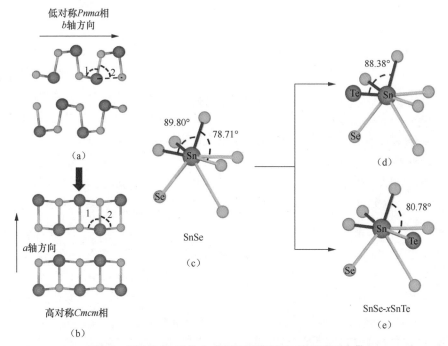

图 4-5　固溶 SnTe 改善 SnSe 的键角和晶体对称性的示意[7]

（a）低对称 *Pnma* 相；（b）高对称 *Cmcm* 相；（c）*Pnma* 相 SnSe 中的键角；（d）Te 取代短键位置中的 Se 引起的键角变化；（e）Te 取代长键位置中的 Se 引起的键角变化

高的载流子迁移率也可归因于能带结构和有效质量的调控。基于优化的晶格常数，分别计算 $Sn_{32}Se_{32}$ 和 $Sn_{32}Se_{31}Te$（大约对应 3%SnTe 的固溶量）的电子能带结构[7]可得，$Sn_{32}Se_{32}$ 的有效质量分别为 $m_{kx} = 0.642\ m_e$、$m_{ky} = 0.358\ m_e$、$m_{kz} = 0.178\ m_e$ 和 $m_b^* = 0.345\ m_e$，几乎都高于 $Sn_{32}Se_{31}Te$ 中的有效质量（$m_{kx} = 0.664\ m_e$、$m_{ky} = 0.315\ m_e$、$m_{kz} = 0.151\ m_e$ 和 $m_b^* = 0.316\ m_e$）。由于载流子迁移率与有效质量成反比，因此，固溶 SnTe 引起 SnSe 的单带有效质量降低，进而导致载流子迁移率的提升。这一变化趋势还可以通过化学键理论来理解。Sn—Te 键的电负性差异（$\chi_{Sn} = 1.96$、$\chi_{Te} = 2.10$、$\Delta\chi = 0.14$）明显低于 Sn—Se 键（$\chi_{Sn} = 1.96$、$\chi_{Se} = 2.55$、$\Delta\chi = 0.59$），因此 SnTe 的固溶可以显著提高键的共价性。导电层中键的共价性增加将导致材料的有效质量降低，这与理论计算结果一致。因此，SnTe 固溶的 SnSe 晶体中的高载流子迁移率主要源自晶体结构对称性的改善和化学键共价性的增加。

对于热输运，如图 4-6（a）所示，随着 Te 含量的增加，室温下 κ_{tot} 呈下降趋势。300 K 下，κ_{tot} 从无 Te 的约 2.4 W·m^{-1}·K^{-1} 降低至固溶 3% SnTe 的约 1.5 W·m^{-1}·K^{-1}。所有样品的 κ_{tot} 随着温度的升高呈现相同的趋势，并且在 793 K 时接近 0.6 W·m^{-1}·K^{-1}。在 κ_{lat} 中也观察到相同的降低趋势，如图 4-6（b）所示。为了进一步了解 SnTe 固溶对降低 κ_{lat} 的影响，研究人员基于理论的 Callaway 模型进行了计算和预测[7]。如图 4-6（b）中的插图所示，Callaway 模型的理论线与实验数据非常吻合，这意味着 SnTe 固溶的 SnSe 中 κ_{lat} 的降低主要来自质量和应变场波动引起的点缺陷散射的增强。为了更好地理解低晶格热导率并揭示由 SnTe 固溶引起的 SnSe 中 Callaway 模型的波动，研究人员还进行了电子局域函数（Electron Localization Function，ELF）的理论计算。ELF 通常用于表征电子定位的程度并定量识别原子间化学键的特征。使用二维的 ELF 图能够很好地可视化电子云和化学键占用程度，如图 4-6（c）和图 4-6（d）所示。在固溶 SnTe 之后，Sn 和 Te 之间的较小的电负性差异改变了原子之间的化学力的平衡，并导致 Sn 原子从其原始位置偏离。图 4-6（d）展示了固溶 SnTe 后键长和 Sn 原子偏移方向的变化。计算表明，当在 SnSe 晶体中固溶约 3% SnTe 时，最近邻 Sn 原子的偏离位移 δ 接近 0.14 Å，约为 Sn 原子半径（1.58 Å）的 10%，其示意结构如图 4-6（e）和图 4-6（f）所示。研究结果表明，SnTe 固溶促进了 Sn 原子的位移，增加了短键键长并减小了长键键长，这改变了原始的力平衡，成为晶格热导率降低的关键因素。

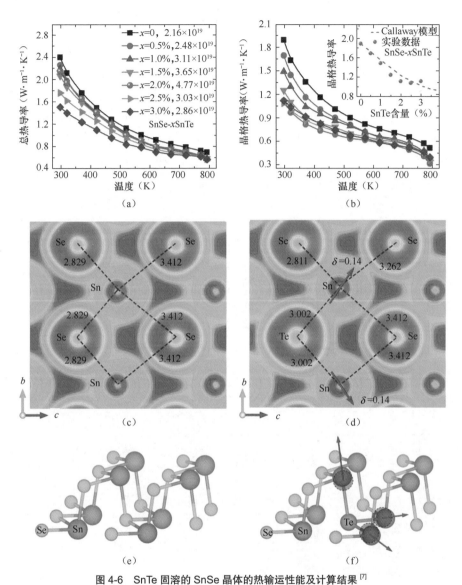

图 4-6　SnTe 固溶的 SnSe 晶体的热输运性能及计算结果 [7]

（a）总热导率；（b）晶格热导率；（c）SnSe 的 ELF 计算结果；（d）SnTe 固溶的 SnSe 的 ELF 计算结果；
（e）无 Te 时 SnSe 的结构；（f）Te 固溶引起 SnSe 结构中的 Sn 原子偏离平衡位置

　　进一步地，研究人员通过微观结构表征等手段，在原子尺度上实际观测了 Te 在 Se 位点上取代所引起的局部键长和键角的变化，以及所产生的局部应变场，这对电输运和热输运性能的提升都有很大贡献 [7]。最终，高的功率因子和低的晶格热导率导致在宽温区内有较高的 ZT 值。如图 4-7（a）所示，300 K 下，ZT 值在 2% SnTe 固溶的 SnSe 晶体中超过了 0.8，而当温度超过 673 K 时，ZT 值超过了 2.0。2%SnTe 固溶的 SnSe 晶体的 ZT 曲线在整个温度范围内高于大多数热电体系，如图 4-7（b）所示。通过计算，样品在 300 ～ 773 K 下的 ZT_{ave} 值达到了 1.58。该值高于相同温度范围内的其他 P 型 SnSe 晶体，如图 4-7（c）所示。如果将温度范围设置在 300 ～ 793 K，则 ZT_{ave} 值可达到 1.6 以上。基于此，对于 $T_c = 300$ K 和 $T_h > 773$ K，理论热电转换效率超过 18%，这一结果要远远优于其他高性能热电体系，如图 4-7（d）所示。

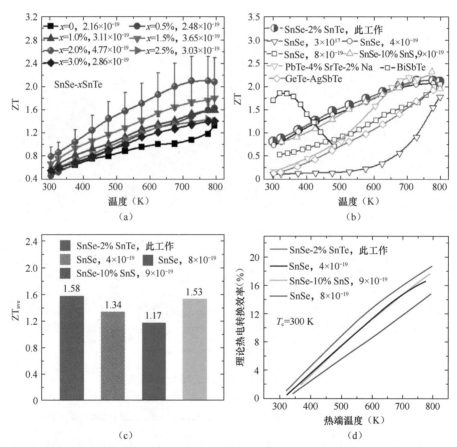

图 4-7 SnTe 固溶的 SnSe 晶体的 ZT 值、ZT_{ave} 值和理论热电转换效率 [7]
（a）ZT 值；（b）ZT 值对比；（c）ZT_{ave}；（d）理论热电转换效率

类似地，研究人员在 SnS 固溶的 P 型 SnSe 晶体中同样实现了热电性能的大幅度优化，其潜在优化机制也通过理论计算得到了验证[9]。第一性原理计算揭示了通过 SnS 固溶而出现 4 个价带极值，以及通过 Na 掺杂使费米能级向更多价带深部移动而显著增大的功率因子。最优样品的功率因子由 300 K 下的约 40 μW · cm^{-1} · K^{-2} 降低至 923 K 下的约 15 μW · cm^{-1} · K^{-2}。此外，由于等电子取代（S/Se）和非等电子取代（Na/Sn）导致的点缺陷散射增强，样品的晶格热导率大幅度降低。最终，对于 Sn$_{0.97}$Na$_{0.03}$Se$_{0.9}$S$_{0.1}$ 晶体样品，在 300 ～ 923 K 下同样得到了约 1.6 的超高 ZT$_{ave}$ 值，在 T_c 和 T_h 分别为 300 K 和 923 K 时，理论上的热电转换效率达到了约 21%[9]。

4.2.2.2　引入缺陷优化 P 型 SnSe 的热电性能

对晶体来说，引入的元素种类越多，它生长的难度越大，所得晶体样品的质量也会随之下降，这不利于材料的器件组装和实际应用。因此，对 SnSe 晶体来说，如何在不引入过多外来元素的前提下保证材料的高热电性能，也是研究的重点之一。通过对本征 SnSe 晶体的研究发现，即使按照 1∶1 的化学计量比严格配比，生长制备得到的 SnSe 晶体仍会偏离化学计量比，并产生大量本征缺陷[10-12]。微结构观测结果显示，SnSe 材料中含有大量的本征缺陷，其中主要是 Sn 空位和 Se 富集沉淀物[10]。进一步的理论和实验研究表明，本征 SnSe 晶体中存在少量的 SnSe$_2$ 微区富集相，且预测表明，SnSe$_2$ 微区会对 SnSe 材料的空穴 P 型掺杂产生重要影响[4]。因此，有必要对这一影响进行深入研究。

实验结果表明，通过简单地引入少量 SnSe$_2$ 并将其作为一种缺陷掺杂剂，在不引入额外元素的前提下，在 SnSe 晶体中实现了非常优异的热电性能[13]，其优化效应如图 4-8 所示。这种优异的性能主要源自通过将载流子浓度进一步提高到约 6.55 × 10^{19} cm^{-3} 来大大提高功率因子。尽管本征 SnSe$_2$ 是 N 型半导体，但通过向 Na 掺杂的 P 型 SnSe 晶体中额外引入 SnSe$_2$，由于化学平衡，促进了更多阳离子空位 V$_{Sn}$ 的形成，这进一步增加了样品的空穴载流子浓度。高的载流子浓度促进费米能级进入更深的位置，并激活更多价带，通过增大载流子有效质量和泽贝克系数，实现了超高的功率因子 [约为 54 μW · cm^{-1} · K^{-2}（300 K）]。此外，随着 SnSe$_2$ 含量的增加，更多的 SnSe$_2$ 可以形成更多的微畴，从而极大地促进界面电荷转移和微观结构诱导的声子散射，正电子湮没寿命实验和像差校正的 STEM 微观结构表征很好地证实了这些效应。最终，在额外引入 2%（摩尔分数，下同）SnSe$_2$ 缺陷的空穴掺杂的 SnSe 晶体中，实现了在 300 ～ 773 K

下 0.9 ～ 2.2 的 ZT 值以及高达 1.7 的 ZT_{ave} 值。这一研究展示了通过引入缺陷掺杂剂来提高热电性能的新方法，这对于 P 型 SnSe 晶体的实际应用意义重大，并且此策略可能在其他热电系统中同样可以应用。

图 4-8　额外引入缺陷 $SnSe_2$ 对于 SnSe 晶体的多重效应示意[13]

　　为了确定额外的 $SnSe_2$ 对 SnSe 晶体中各种本征缺陷的影响，研究人员通过正电子湮没寿命（Positron Annihilation Lifetime，PAL）技术详细地研究了不同样品的阳离子空位特征[13]。PAL 以一种独特的实验方法来研究固体材料中的空位型缺陷[14-15]。如图 4-9（a）所示，随着额外引入的 $SnSe_2$ 含量的增加，可以检测到相对较长的平均寿命，表明额外引入的 $SnSe_2$ 在 SnSe 晶体中诱导了更多的阳离子空位（Sn 空位）。由于高温熔融过程中的化学平衡，这一点是非常合理的。通过解谱 PAL 各分支参数也可以证实这一趋势。由于所有样品中的 Na 掺杂水平相同（1.5% Na），随着额外引入的 $SnSe_2$ 含量的提升，解谱得到的 Sn 空位分支的相对强度展现出了增强的趋势，这进一步表明，通过引入额外 $SnSe_2$ 可以获得更多的 Sn 空位（簇），从而获得更高的空穴载流子浓度。

　　除提高空穴载流子浓度外，Sn 空位也会影响 SnSe 晶体中的正电子分布。图 4-9（b）所示为本征 SnSe 和含 V_{Sn} 的 SnSe 沿 (010) 晶面的正电子密度分布的理论计算结果[13]。通常，阳离子空位由带负电荷的簇及其周围带正电荷的空穴组成，如图 4-9（b）所示。当正电子以 Sn 空位的形式在体系中存在时，它们会先被带负电荷的中心捕获，再被周围的电子湮灭，如图 4-9（c）中的 V_{Sn} 中心。

　　更多的 V_{Sn} 显著优化了 P 型 SnSe 晶体的电输运性能。300 K 下，载流子浓度可以从约 4×10^{19} cm^{-3} 增加至约 6.55×10^{19} cm^{-3}，这导致样品的最大电导率在引入 2% $SnSe_2$ 时达到约 1600 S·cm^{-1}。激活更多的空穴载流子可以实现

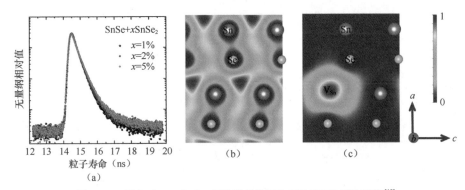

图 4-9　P 型 SnSe + xSnSe₂ 晶体样品的 PAL 实验表征和理论计算[13]

（a）PAL 谱；（b）本征 SnSe 的正电子密度分布；（c）包含 Sn 空位的 SnSe 的正电子密度分布

更高的电导率，泽贝克系数在 $300 \sim 773$ K 保持了相对较高的水平。在 300 K 下，即使载流子浓度大大提高，泽贝克系数仍高达 $180\ \mu\text{V} \cdot \text{K}^{-1}$。泽贝克系数的这种增大主要源自有效质量 m^* 的提升。计算得到的 Pisarenko 曲线表明，通过引入 SnSe₂，随着载流子浓度的增加，m^* 高达 $1.8m_0$，表明费米能级在价带中被推得更深，导致更多的价带被激活并参与电输运。空穴载流子浓度的提升同时优化了电导率和泽贝克系数，在引入 2% SnSe₂ 的样品中获得了最大的功率因子 PF，300 K 下高达约 $54\ \mu\text{W} \cdot \text{cm}^{-1} \cdot \text{K}^{-2}$。尽管 PF 随着温度升高急剧下降，但 773 K 下，其仍然达到约 $16\ \mu\text{W} \cdot \text{cm}^{-1} \cdot \text{K}^{-2}$。

晶体中引入的更多缺陷增强了声子散射，进一步抑制了热输运。由于 SnSe₂ 引入了更多 Sn 空位和 SnSe₂ 微畴，样品的晶格热导率 κ_{lat} 随 SnSe₂ 含量的增加而大大降低。在引入 5% SnSe₂ 时，κ_{lat} 最低约为 $0.33\ \text{W} \cdot \text{m}^{-1} \cdot \text{K}^{-1}$（773 K）。结果表明，额外引入 SnSe₂ 对同时提高功率因子和降低热导率有很大贡献，这最终决定了全温区内热电性能被显著优化。如图 4-10（a）所示，在引入 2% SnSe₂ 的最优样品中，室温下的 ZT 值约为 0.9，在温度升至 600 K 以上时，ZT 值已经超过 2.0。基于单带模型，研究人员对不同温度（300 K、600 K 和 773 K）下的 ZT 值与载流子浓度的关系进行了理论计算和预测。如图 4-10（b）所示，实验 ZT 值位于理论预测曲线附近。计算结果还表明，在单带模型中，固定有效质量 $m^* = 1.8\ m_0$ 时，随着载流子浓度的进一步提高，预计能够实现 300 K 下高于 1.0、773 K 下高达 2.4 的最优 ZT 值。需要说明的是，尽管在这项研究中，实际的载流子浓度水平已经足以促使 P 型 SnSe 产生多带输运效应，但单带模型仍可以作为评估最优载流子浓度以提高 ZT 值的近似方法。基于 ZT 曲线，图 4-10（c）给出的 ZT_{ave} 值计算结果表明，与不引入 $SnSe_2$ 的晶体相比，在引入 2% $SnSe_2$ 的缺陷后，P 型 SnSe 晶体实现了全温区 ZT_{ave} 值均大于 1.7。与已有的 P 型 SnSe 晶体［见图 1-10（d）］相比，这些结果阐明了额外缺陷 $SnSe_2$ 在提高 P 型 SnSe 晶体热电性能方面的优异效果[13]。

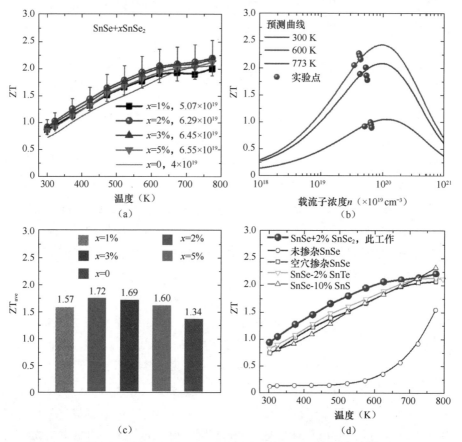

图 4-10　P 型 SnSe + $xSnSe_2$ 晶体样品的 ZT 值及其对比预测[13]

（a）ZT 值；（b）ZT 值随载流子浓度变化的实验值和理论预测曲线；（c）ZT_{ave} 值；（d）ZT 值对比

由于额外缺陷 $SnSe_2$ 对 P 型 SnSe 晶体热电性能的促进作用主要源自其对晶体微观结构的改善，因此，有必要对样品进行纳米尺度以及原子尺度的微观观测，以对其效应进行验证。在纳米尺度上，当沿着 a 轴 /[100] 方向观察时，SnSe + 2% $SnSe_2$ 晶体显示出高密度的应变网络，如图 4-11（a）～图 4-11（d）

所示。这种应变网络的对比度在 TEM 和 ABF-STEM 成像模式中很明显，如图 4-11（a）和图 4-11（b1）所示，而在 HAADF-STEM 成像模式中几乎不可见，如图 4-11（b2）所示，这反映了样品中均匀的元素成分分布。图 4-11（c）所示为具有代表性的两种类型的应变诱导的纳米结构，表现为由于位错而产生的应变场的线和唇缘。如图 4-11（d）所示，在 *b* 轴、*c* 轴方向无法观察到这种应变网络，这反映了应变网络的形成与沿层外的弱键合有关。

沿 *b* 轴、*c* 轴方向观察，也有多个尺度的纳米结构，如图 4-11（e）所示。第一种为亚微米片状沉淀物，在 ABF-STEM 和 HAADF-STEM 图像中都可以清楚地观察到，如图 4-11（f1）和图 4-11（f2）所示；第二种类型的 $SnSe_2$ 沉淀物呈梯形，如图 4-11（g）中的 ABF-STEM 所示。片状 $SnSe_2$ 区域对应的 EDS 元素分布如图 4-11（h1）～图 4-11（h3）所示，这反映了它们是第二相 $SnSe_2$（空间群：*P-3m*1）。梯形的 $SnSe_2$ 沉淀物对应的 STEM-EDS 线扫描分析结果如图 4-11（i1）和图 4-11（i2）所示，反映了梯形沉淀物也是 $SnSe_2$ 相。图 4-11（j）和图 4-11（k）所示分别为沿 *b* 轴、*c* 轴方向的原子分辨 HAADF-STEM 图像，着重显示了片状 $SnSe_2$ 沉淀物和 SnSe 基体之间的界面。结果表明，片状 $SnSe_2$ 沉淀物与 SnSe 基体为相干界面。第三种结构是纳米薄片，与前两种类型相比，对比度相对较弱，但密度更高，如图 4-11（l）所示。图 4-11（m1）和图 4-11（m2）所示为选定的一个纳米薄片和 SnSe 基体之间界面的原子分辨 HAADF-STEM 图像和反衬 ABF-STEM 图像，显示出界面是完全相干的。这意味着，纳米薄片的结构可能是第二相 $SnSe_2$ 和基体 SnSe 之间的中间状态，它可能是具有有序 Sn 空位的 SnSe。进一步的放大对比如图 4-11（n）和图 4-11（o）所示，展示了单个 Sn 空位在晶格中的状态。

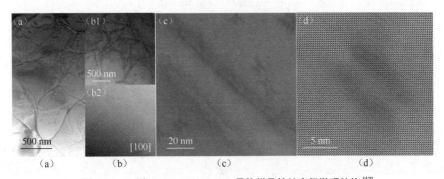

图 4-11　P 型 SnSe + 2% $SnSe_2$ 晶体样品的纳米级微观结构[13]

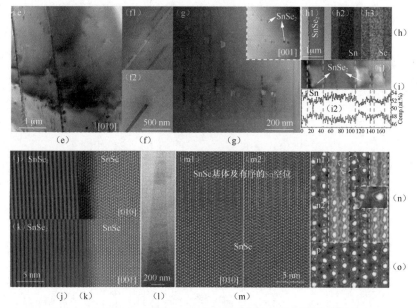

图 4-11 P 型 SnSe + 2% SnSe₂ 晶体样品的纳米级微观结构[13]（续）

（a）[100] 方向的 TEM 图像；（b）[100] 方向的 ABF-STEM 图像与 HAADF-STEM 图像；（c）[100] 方向的高分辨 ABF-STEM 图像；（d）[100] 方向的原子分辨 ABF-STEM 图像；（e）[010] 方向的 TEM 图像；（f）[010] 方向的 ABF-STEM 图像与 HAADF-STEM 图像；（g）亚微米片状 SnSe₂ 沉淀物的 ABF-STEM 图像；（h）亚微米片状 SnSe₂ 沉淀物的 HAADF-STEM 图像和 EDS；（i）亚微米梯形 SnSe₂ 沉淀物的 ABF-STEM 图像和 STEM-EDS 线扫描分析结果；（j）[010] 方向上，片状 SnSe₂ 沉淀物和 SnSe 基体之间界面的原子分辨 HAADF-STEM 图像；（k）[001] 方向上，片状 SnSe₂ 沉淀物和 SnSe 基体之间界面的原子分辨 HAADF-STEM 图像；（l）具有微弱对比度的纳米片的 ABF-STEM 图像；（m）图（l）中的纳米薄片与 SnSe 基体之间界面的原子分辨 HAADF-STEM 和 ABF-STEM 图像；（n）具有有序 Sn 空位的 SnSe 的 HAADF-STEM 图像和 ABF-STEM 图像，放大的插图显示正常 Sn 位点和具有空位的 Sn 位点；（o）用于比较的 SnSe 基体的 HAADF-STEM 图像

除具有清晰有序 Sn 空位的纳米薄片外，STEM 图像中还有类似的纳米结构（纳米条），在 ABF 模式下对比度清晰，但在 HAADF 模式下对比度较弱，如图 4-12（a）和图 4-12（b）所示。特定纳米带的原子分辨 ABF-STEM 图像显示，纳米带的整体结构与 SnSe 相似，但具有一定的应变对比度。为了揭示这种应变对比的形成，研究人员对相邻 Sn 原子和 Se 原子的强度比进行了定量分析。图 4-12（c）和图 4-12（d）所示为选定区域的原子强度比图，纳米带区域符合相对 Sn 缺陷特征，说明这是另一种类型的 Sn 空位。除具有相对 Sn 缺陷特征的纳米滑移外，还有由于 Sn 空位而形成的原子级团簇。同时获

得的 ABF-STEM 和 HAADF-STEM 图像显示了几个原子级团簇，如图 4-12（e）所示。特别是来自 HAADF-STEM 图像的原子级团簇的较弱对比度强烈地表明了 Sn 空位的存在。为了进一步证实这一点，研究人员对 Sn 原子进行了定量强度分析，如图 4-12（f）所示，图中清晰地显示了 Sn 空位团簇，这与在 HAADF 模式下观察到的结果一致。除了上述各种 Sn 空位团簇，其他部分的 Sn 空位是无序存在的。图 4-12（g）所示为没有团簇的选定区域的原子分辨 HAADF-STEM 图像，研究人员在此基础上对相邻 Sn 和 Se 原子的强度比进行了定量分析，如图 4-12（h1）和图 4-12（h2）所示，图中可以清晰地显示无序的 Sn 空位。

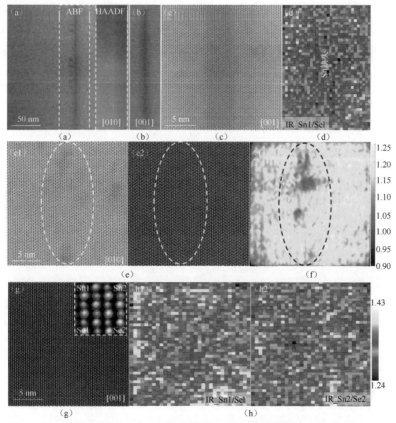

图 4-12　P 型 SnSe + 2% SnSe$_2$ 晶体样品的原子级微观结构 [13]

（a）[010] 方向的 ABF-STEM 及相应的 HAADF-STEM 图像；（b）[001] 方向的 ABF-STEM 图像；
（c）选定纳米带的原子分辨 ABF-STEM 图像；（d）Sn1 与 Se1 的原子强度比图；（e）同时获得的
ABF-STEM 和 HAADF-STEM 图像；（f）Sn 位点的强度图；（g）原子分辨的 HAADF-STEM 图像，
标有放大的插入原子；（h）图（g）的 Sn1 与 Se1、Sn2 与 Se2 的原子强度对比

　　总结 SnSe + 2% SnSe$_2$ 样品的微观结构特征，各种尺度的结构缺陷包括：沿轴的应变网络、亚微米片状和梯形 SnSe$_2$ 沉淀物、具有有序 Sn 空位的原子级薄片、具有 Sn 空位的纳米滑移和原子级团簇，以及无序的 Sn 空位，它们都会加强对处于各自波长范围的声子的散射作用。同时，这些纳米级/原子级结构特征与基体之间的相干界面可以避免载流子输运的恶化，而以不同形式存在的高密度的 Sn 空位可以在增强电输运性能方面发挥重要作用[13]。

4.2.3　动量空间和能量空间的能带对齐效应协同优化热电性能

　　基于上述对 P 型 SnSe 晶体热电材料的晶体对称性调控和额外缺陷调控的研究，研究人员总结发现，这两种策略的本质均是通过改善载流子迁移率 μ 和有效质量 m^* 之间的耦合关系，进而优化材料的电输运性能，只是前者侧重提升载流子迁移率，而后者侧重提升有效质量。为进一步评估对 P 型 SnSe 晶体热电材料电输运性能的优化程度，研究人员引入了加权迁移率（Weighted Mobility）μ_W 的概念，通过公式推导，预测了 P 型 SnSe 晶体在热电性能方面的巨大潜力。同时也指出，利用复杂的多带结构参与电输运，有望进一步优化其热电性能[16]。

　　这一预测最终在实验中得到了验证。在 Sn 位固溶 Pb 元素，促进了在动量空间和能量空间的多带对齐效应，最终实现了 P 型 SnSe 晶体热电性能的进一步提升[17]。基于以往研究中给出的 SnSe 材料的价带结构，VBM 1 和 VBM 2 的"布丁模型"能带模式引起了研究人员的重点关注。将高温同步辐射 X 射线衍射（Synchrotron Radiation X-Ray Diffraction，SR-XRD）结果与电子能带结构计算结合，可以观察到，随着温度升高，"布丁模型"能带的合并过程，这一过程可以称为两个价带（VBM 1 和 VBM 2）在动量空间的对齐。通过分别利用双能带模型（合并前）和单能带模型（合并后）进行理论计算，可以发现，这一能带合并过程能够引起载流子迁移率的大幅度增加，如图 4-13（a）所示[17]。研究表明，这种多个能带的合并过程一般源自晶体对称性的增强，此外，这个过程还能够有效防止额外的谷间散射对载流子输运的影响，这些效应都有益于实现高的载流子迁移率。

　　随着温度进一步升高，合并之后的"布丁模型"能带（命名为 VBM 1+2）还会经历与 VBM 3 的能带收敛过程。这种多个能带在能量空间的对齐在热电优化中十分普遍，通过增加 N_v 数，可以有效促进有效质量和泽贝克系数的增大，如图 4-13（a）所示。最终，温度升高导致了多个能带在动量空间和能量空间的对齐效应，引起了 μ 和 m^* 之间的协同优化，而且固溶 Pb 元素进一步增强了这个过程。结合 VBM 4 的额外贡献，研究人员最终在 P 型 $Sn_{0.91}Pb_{0.09}Se$ 晶体中获得了约为 75 $\mu W \cdot cm^{-1} \cdot K^{-2}$（300 K）的超高 PF。由于固溶取代导致晶格热导率降低，他们在最优样品中获得了超过 1.2 的 ZT 值（300 K），如图 4-13（b）所示，在 Na 掺杂的 P 型 $Sn_{0.91}Pb_{0.09}Se$ 晶体中实现了高达 2.3 的 ZT_{max} 值（723 K）和 1.9 的 ZT_{ave} 值（300 ～ 773 K）[17]。

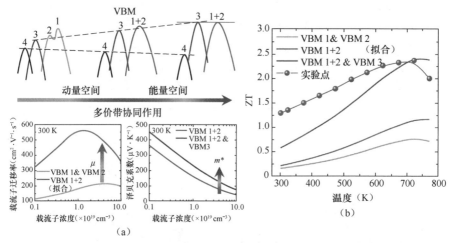

图 4-13　动量空间和能量空间的能带对齐效应促进 P 型 SnSe 晶体热电性能的优化 [17]

（a）更多价带协同优化载流子迁移率 μ 和有效质量 m^*；（b）ZT 值的实验曲线和多带拟合结果

　　基于此，研究人员利用各种表征手段研究了 Pb 固溶对 SnSe 材料的相结构、晶体对称性和相变行为的影响 [17]。本征 SnSe 在 600 ～ 800 K 会经历连续性相变过程，空间群在约 800 K 时从 *Pnma* 完全转变为 *Cmcm*[18]，而 Pb 合金化进一步促进了这种连续性相变过程 [19]。此外，根据精修得到的原子位置，确定了 9% Pb 固溶前后的 SnSe 的精确晶体结构，并通过测量相应的键角来确定晶体的对称性变化，结果表明，Pb 固溶会引起低温区 *Pnma* 相晶体结构对称性的显著提高 [17]。因此，通过 Pb 固溶导致了 SnSe 的连续性相变提前和晶体对称性提高，进而促进了多能带在动量空间和能量空间的对齐效应，最终实现了 P 型 SnSe 晶体的超高热电性能。

　　电输运性能的测试结果表明，Pb 固溶实现了对 P 型 SnSe 晶体的电导率和泽贝克系数的同时优化，如图 4-14（a）～ 图 4-14（b）所示 [17]。具体而言，由于载流子浓度随 Pb 固溶而略有下降，在 300 K 时，电导率为 1000 ～ 1800 S·cm^{-1}，泽贝克系数为 180 ～ 220 μV·K^{-1}。由于载流子浓度的变化较小，基本固定在 3×10^{19} ～ 5×10^{19} cm^{-3}，因此，Sn$_{0.91}$Pb$_{0.09}$Se 样品电导率的显著增大主要源自几乎翻倍的载流子迁移率（从约 150 cm^2·V^{-1}·s^{-1} 升至 280 cm^2·V^{-1}·s^{-1}），这可以进一步归因于动量空间的能带对齐。增大的泽贝克系数则可以归因于多价带和 Pb 固溶促进能量空间的能带对齐从而显著提高了有效质量 m^*。在 9% Pb 固溶后，研究人员在 300 K 下实现了约 75 μW·cm^{-1}·K^{-2} 的超高 PF，如图 4-14（c）所示。尽管 PF 随温度升高而大幅下降，但其在 773 K 时仍高达约 20 μW·cm^{-1}·K^{-2}。在整个测试温度范围内，P 型 Sn$_{0.91}$Pb$_{0.09}$Se 晶体样品的 PF 曲线优于大多数的高性能热电材料，如图 4-14（d）所示，这表明了其作为高效热电发电材料的巨大潜力[17]。

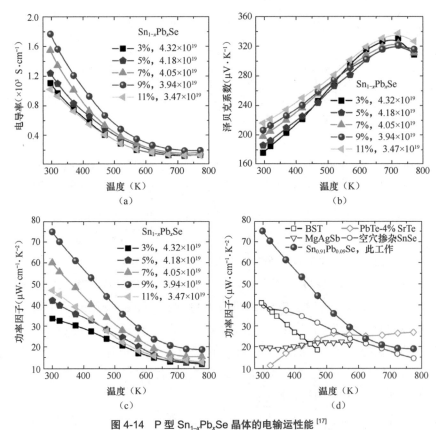

图 4-14　P 型 Sn$_{1-x}$Pb$_x$Se 晶体的电输运性能[17]

（a）电导率；（b）泽贝克系数；（c）功率因子；（d）功率因子对比

样品中的超高 PF 源自 Pb 固溶导致的 SnSe 中的动量和能量空间的能带对齐效应，这可以通过理论模拟进行验证。基于 SR-XRD 实验和精修得到的原子占位数据，研究人员对材料的电子能带结构进行了 DFT 计算，并在此基础上进行了各种能带模型的模拟计算 [17]。首先，P 型 SnSe 在 300 K 下表现出多个价带的复杂能带特征，如图 4-15（a）所示。随着温度的升高，SnSe 的前 4 个价带的位置及形状变化如图 4-15（b）所示。可以看到，沿 Γ—Z 方向的 VBM 1 和 VBM 2 的"布丁模型"能带特征，二者能量差约为 0.06 eV，如图 4-15（c）所示。此外，沿 Γ—Y 方向的 VBM 3 和沿 U—X 方向的 VBM 4 也分别与 VBM 1 具有相对较小的能量差异（约为 0.15 eV）。这些小的能量差异很容易使多个价带参与电输运。

随着温度的升高，可以发现这些 VBM 之间存在着多重相互作用。首先，"布丁模型"能带 VBM 1 和 VBM 2 在约 573 K（定义为特征温度 T_m）处合并为一个能带（VBM 1+2）。同时，VBM 3 随温度升高不断上移，并经历与 VBM 1 和 VBM 2 相似的收敛 – 发散过程，并在约 723 K（定义为特征温度 T_a）处与 VBM 1+2 完全对齐。相比之下，VBM 4 略有下降并与前 3 个 VBM 不断发散。此外，温度变化不仅影响能级位置［见图 4-15（c）］，还会影响每个价带的形状，并导致了单带有效质量 m_b^* 不断变化［见图 4-15（d）］。观察各个价带的 m_b^* 随温度的变化过程可以发现，其数值会在约 573 K 附近发生反转 / 突变，这可能源自约 600 K 时开始的连续性相变。

Pb 元素的固溶可以促进 4 个价带的动态演变过程。由于多价带相互作用在 P 型 SnSe 中原本就存在，Pb 固溶通过降低特征温度（对于 $Sn_{0.91}Pb_{0.09}Se$，T_m 约为 423 K，T_a 约为 623 K）、使连续性相变更早发生（约 573 K）来促进这种相互作用。此外，Pb 固溶还提升了每个价带的 m_b^*，这有助于增大态密度有效质量 m_d^* 和泽贝克系数。通过计算 300 K 下具有不同费米能级的费米面［见图 4-15（e）］，进一步说明了 SnSe 沿不同布里渊区方向的复杂价带结构。

在计算得到的电子能带结构的基础上，使用多种能带模型对电输运参数进行了进一步的模拟。图 4-15（f）所示为 300 K 下的 Pisarenko 曲线，$Sn_{1-x}Pb_xSe$ 样品的实验曲线都高于双带模型的拟合曲线。对于 Pb 固溶的样品，实验测得的泽贝克系数与三带模型甚至四带模型的曲线匹配，这证明了体系中有更多价带参与了电输运。进一步地，可以通过载流子迁移率的模拟对多能带输运进行验证，如图 4-15（g）所示。此外，载流子迁移率的能带模拟结

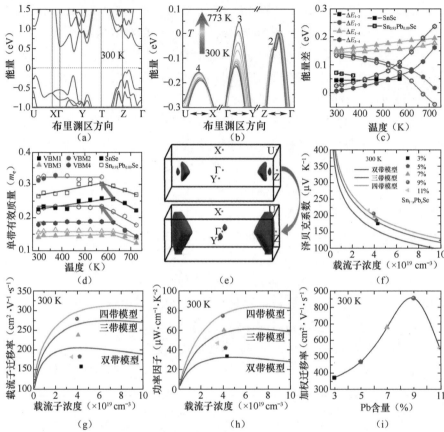

图 4-15 P 型 SnSe 和 Sn$_{0.91}$Pb$_{0.09}$Se 的电子能带结构以及电输运参数的拟合 [17]

（a）300 K 下 SnSe 的能带结构；（b）4 个价带随温度升高的演变过程；（c）不同价带间的能量差；（d）不同价带的单带有效质量；（e）布里渊区和费米面；（f）泽贝克系数拟合；（g）载流子迁移率拟合；（h）功率因子拟合；（i）加权迁移率和有效质量的协同提升

果显示出从双带模型到四带模型的增加趋势，这主要是由于 VBM 重带相对其他 VBM 轻带的贡献更大，同时计算过程考虑了声学和光学声子散射的多重贡献 [17]。基于泽贝克系数和载流子迁移率的模型拟合，可以得到不同模型下的 PF 曲线，如图 4-15（h）所示。四带模型的拟合曲线与最优 PF 吻合良好。PF 的提升反映了材料电输运性能的优化，这可以使用加权迁移率 μ_{W} 进一步估计。μ_{W} 由 μ 与 $(m^{*})^{3/2}$ 的乘积给出，该乘积决定了材料电性能的优化程度 [20]。计算结果表明，300 K 下，随着 Pb 固溶含量的增加，在 Sn$_{0.91}$Pb$_{0.09}$Se 样品中取得的最大 μ_{W} 值约为 850 cm^2·V^{-1}·s^{-1}，如图 4-15（i）所示。

　　为研究样品中 PF 随温度升高而急剧下降的内在原因，研究人员对样品进行了高温霍尔测试[17]。如图 4-16（a）所示，所有 $Sn_{1-x}Pb_xSe$ 样品的霍尔载流子浓度 n_H 在 473 K 之前保持稳定，然后急剧下降，最后在 673 K 以上的温度区间略有增加。研究人员推测，473 K 之后的急剧下降可能是"布丁模型"能带合并的结果，而 673 K 以上的增加过程可能是连续性相变和高温下载流子热激发共同作用的结果。基于实验测量的电导率和泽贝克系数，可以计算得到整个温区内的 μ_W 曲线，如图 4-16（b）所示，同时可以根据 μ_W/μ_H 对材料的有效质量 m^* 进行实验反推和预估。对于固溶 3%Pb 的样品，随着温度的升高，μ_W/μ_H 整体变化不大，仅在 600 K 以上时略有降低。而对于固溶 9% Pb 的样品，室温附近获得了显著提高的 μ_W/μ_H，这源自 Pb 固溶导致单带有效质量 m_b^* 的显著提升。随着温度的升高，μ_W/μ_H 的下降过程开始得更早，并且下降得更加剧烈。在高温范围内，固溶 9% Pb 的样品显示出低 μ_W/μ_H，这表明在 Pb 固溶含量高的样品中，随着温度升高，VBM 4 的发散过程更加显著，参与电输运的价带数降低得更加显著，这最终导致 PF 随着温度升高而急剧下降。具体来说，在最优 $Sn_{0.91}Pb_{0.09}Se$ 样品中，PF 值从 300 K 时的 75 $\mu W \cdot cm^{-1} \cdot K^{-2}$ 降低至 773 K 时的 20 $\mu W \cdot cm^{-1} \cdot K^{-2}$。

　　除优化的电输运性能外，材料的热输运参数（κ_{tot} 和 κ_{lat}）也表现出不同程度的下降，如图 4-16（c）所示。随着 Pb 固溶含量的增加，κ_{tot} 整体呈现降低的趋势，300 K 下，在 $x = 11\%$ 的样品中获得的最小值约为 1.4 $W \cdot m^{-1} \cdot K^{-1}$。每个样品的 κ_{tot} 随温度升高而显著降低，并在 723 K 附近达到约 0.6 $W \cdot m^{-1} \cdot K^{-1}$。而在更高温度（$T > 723$ K）下，由于相变完成，总热导率上升。进一步地，κ_{lat} 也随着 Pb 固溶量的增加而逐渐降低，300 K 下，由 1.22 $W \cdot m^{-1} \cdot K^{-1}$（$x = 3\%$）降低至约 0.87 $\cdot m^{-1} \cdot K^{-1}$（$x = 11\%$），所有样品在 700 K 附近呈现最低晶格热导率（接近 0.4 $W \cdot m^{-1} \cdot K^{-1}$）。Pb 固溶后 κ_{lat} 的降低是外来原子取代而导致点缺陷散射增强。结合 μ_W 和 κ_{lat}，可以计算得到材料的品质因子 B[21]，如图 4-16（d）所示。B 在整个温度范围内的显著变化揭示了 Pb 固溶对于提升 P 型 SnSe 晶体热输运和电输运性能的协同优化作用[17]。

　　Pb 固溶促进了多能带协同作用，最终导致了样品中具有超高 ZT 值，如图 4-17（a）所示。300 K 下，最优样品 $Sn_{0.91}Pb_{0.09}Se$ 获得了超过 1.2 的 ZT 值，同样与四带模型曲线拟合较好，如图 4-17（b）所示。样品的 ZT 值随温度升高而不断增加，即使能带模型模拟结果显示，高温下有效贡献的价带

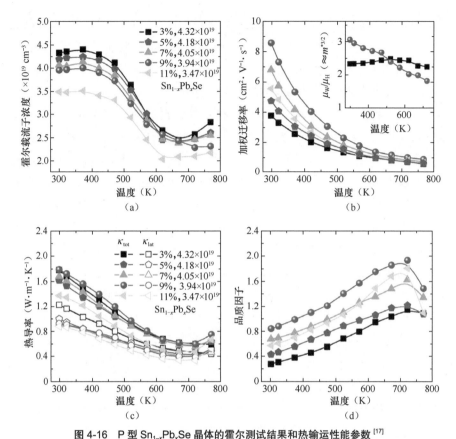

图 4-16 P 型 Sn$_{1-x}$Pb$_x$Se 晶体的霍尔测试结果和热输运性能参数[17]

（a）霍尔载流子浓度；（b）加权迁移率及 μ_W/μ_H；（c）总热导率 κ_{tot} 及晶格热导率 κ_{lat}；

（d）品质因子

数会减少，仍可以在 723 K 下获得约 2.3 的 ZT$_{max}$ 值。在宽温区内的较高 ZT 值决定了 300 ～ 773 K 的 ZT$_{ave}$ 值高达 1.90，为当时热电领域中的最高值[17]。超高的 ZT$_{ave}$ 值决定了高 η，在 473 K 的温差下通过计算得到的 η 超过了 20%，该理论值同样优于大多数高性能热电体系。在实际的器件研究中，研究人员将所得 P 型 Sn$_{0.91}$Pb$_{0.09}$Se 晶体作为 P 型臂，并将 N 型商用 Bi$_2$Te$_{3-x}$Se$_x$ 作为 N 型臂，首次搭建了基于晶体热电材料的包含 31 对 PN 结的集成热电器件，在 209 K 的温差下，实现了约 4.4% 的热电转换效率和约 1.0 W 的最大输出功率，如图 4-17（c）所示[17]。此外，基于 P 型 Sn$_{0.91}$Pb$_{0.09}$Se 晶体的单臂器件测试实现了更高的热电转换效率（约为 5.8%）。这些结果可与现有的商用热电器件（基于 P 型 Bi$_{2-x}$Sb$_x$Te$_3$ 和 N 型 Bi$_2$Te$_{3-x}$Se$_x$）媲美，且在相同的冷热端温差下，基于 P 型 $Sn_{0.91}Pb_{0.09}Se$ 晶体［见图 4-17（d）中的"此工作"］的集成热电器件的发电性能甚至优于碲化铋（BST）、方钴矿（Skutterudite，SKD）、PbTe、Cu_2Se/SKD、GeTe/SKD、半霍伊斯勒合金（HH）和分段式 BST-HH 等器件，如图 4-17（d）所示。需要指出的是，这是在并未完全优化热电器件的阻挡层接触材料和接触电阻时得到的结果，因此，在未来的研究中，如果能够实现更好的器件设计效果，基于 P 型 SnSe 晶体的热电器件的优异性能是值得期待的。

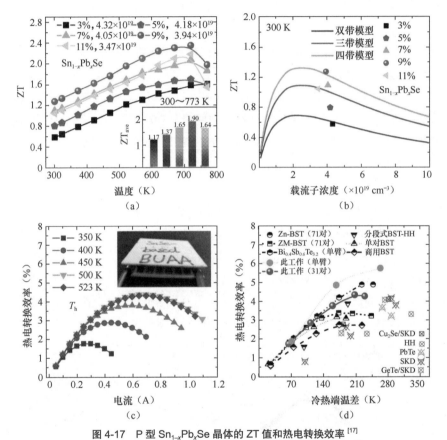

图 4-17　P 型 $Sn_{1-x}Pb_xSe$ 晶体的 ZT 值和热电转换效率[17]

（a）ZT 值及 ZT_{ave} 值；（b）ZT 值的多能带模型拟合；（c）测试得到的不同温差下的热电转换效率；
（d）相似温差下不同材料体系及其器件的热电转换效率对比

需要指出的是，热电材料及其应用技术不仅能够用于温差发电，还能够用于电子制冷[22]。且与传统制冷方式相比，基于热电材料的电子制冷具有控温精度高和响应速度快等独特优点[23]。在以往对于热电制冷材料的相关理论和实验研究中，研究人员通常认为半金属材料或者能带间隙 E_g 在 6 $k_B T$ 至 10 $k_B T$（其中 k_B 为玻耳兹曼常数，T 为开尔文温度）范围内的窄带隙的半导体材料为理想的制冷材料，典型的材料如 Bi_2Te_3、$CsBi_4Te_6$ 和近年来新兴的 Mg_3Sb_2 等体系 [24]。然而，对 Pb 固溶的 P 型 SnSe 晶体来说，其室温附近的最优 ZT 值已经超过了 1.2，这一性能使其完全具备作为热电制冷材料的能力。基于此，研究人员测量了 P 型 $Sn_{1-x}Pb_xSe$ 晶体的低温（50 ～ 300 K）热电性能 [17]。与其他典型的低温区热电制冷材料相比，Pb 固溶的 SnSe 晶体展现出优异的 PF，尤其是在 200 ～ 350 K，如图 4-18（a）所示，其中包含 N 型的商用 $Bi_2Te_{2.7}Se_{0.3}$（BTS）材料的性能曲线，作为参考。将 PF 与低温热导率结合，能够得到 50 ～ 300 K 的 ZT 值，如图 4-18（b）所示，最优 ZT 值与 P 型的商用 $Bi_{1-x}Sb_xTe_3$ 相当，且在 300 K 附近优势明显。一般情况下，可以通过测量热电器件在热端温度固定的情况下能够实现的最大制冷温差 ΔT_{max} 来评估热电材料及其器件的制冷性能 [24]。如图 4-18（c）所示，基于 P 型 $Sn_{0.91}Pb_{0.09}Se$ 晶体的单臂热电器件在通入 2.0 A 的电流时，能够产生约 17.6 K 的最大制冷温差 ΔT_{max}，这一结果与基于 P 型的商用 BST 相当，且远远优于 SnTe 材料。而基于 P 型的 $Sn_{0.91}Pb_{0.09}Se$ 晶体的 31 对集成热电器件的测试结果表明，在热端温度为室温时，其可以实现约 45.7 K 的 ΔT_{max}，如图 4-18（d）所示，大约达到了现有商用器件（ΔT_{max} 约为 64.6 K）的 70%。尽管如此，研究结果仍表明，宽带隙的 SnSe 晶体是一种具备很大潜力的热电制冷材料，且基于 SnSe 材料的热电器件与基于 Bi_2Te_3 材料的现有商用器件相比，具有成本低、质量更小以及地壳储量更丰富等优势，这些对于热电器件的实际应用同样至关重要。

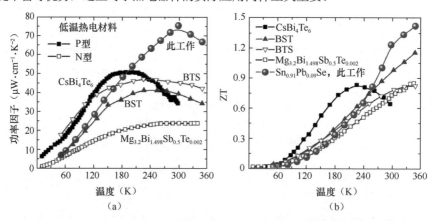

图 4-18　P 型 $Sn_{1-x}Pb_xSe$ 晶体的低温（50 ～ 300 K）热电参数和制冷性能 [17]

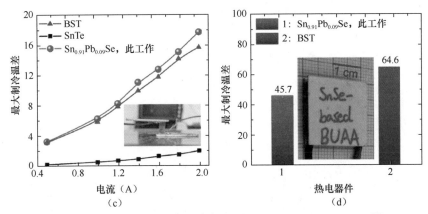

图 4-18　P 型 $Sn_{1-x}Pb_xSe$ 晶体的低温（50 ～ 300 K）热电参数和制冷性能[17]（续）

（a）PF 对比；（b）ZT 值对比；（c）单臂热电器件的最大制冷温差；

（d）31 对集成热电器件的最大制冷温差

4.3　P 型 SnS 晶体热电性能的优化

研究表明，与 SnSe 类似，SnS 作为一种具有本征低热导特性的潜在热电材料，也引起了研究人员的广泛关注。其中，S 元素的储量更加丰富，环境友好且价格低廉，在性能得到优化的前提下，其实用性可能更强。通过不断的努力，研究人员解决了 S 元素升温过程蒸气压过大的问题，利用分步法，成功生长制备了质量优异的 SnS 晶体[25]。前文提到，本征 SnS 晶体由于其极低的热导率而具有优异的热电性能，其在 873 K 下沿晶体 b 轴方向可以实现约 1.0 的 ZT_{max} 值。相关的理论计算结果表明，SnS 中同样存在复杂的电子能带结构[26]。因此，与 SnSe 类似，P 型 SnS 晶体热电性能实现进一步优化的前提是通过有效掺杂提升其载流子浓度，促进多价带输运。

4.3.1　空穴掺杂促进多价带参与电输运

为了验证 SnS 材料的多价带输运特性，研究人员基于第一性原理 DFT 计算获得其电子能带结构，如图 4-19 所示[25]。计算结果表明，VBM 1 位于 Γ-Z 方向，VBM 2 位于 U—Z 方向，能量差 $\Delta E_{12} = 0.056$ eV。沿 Γ—Z 方向和 Γ—Y 方向的 VBM 3 和 VBM 4 与 VBM 1 的能量差分别为 $\Delta E_{13} = 0.065$ eV 和 $\Delta E_{14} = 0.118$ eV。有趣的是，VBM 1 和 VBM 4 之间的能量差（$\Delta E_{14} = 0.118$ eV）甚至小于 SnSe

中 VBM 1 和 VBM 3 之间的能量差（约 0.13 eV）。SnS 具有复杂的价带结构，当载流子浓度达到约 4×10^{20} cm^{-3} 时，费米能级可以进入 VBM 4，如图 4-19（a）所示。SnS 中复杂的能带结构可通过不同载流子浓度下（9×10^{17} cm^{-3}、5×10^{19} cm^{-3}、9×10^{19} cm^{-3} 和 4×10^{20} cm^{-3}）费米能级形成的费米面来表征，其中 3 种载流子浓度对应的费米面如图 4-19（b）～图 4-19（d）所示。因此，随着能谷数的增加，材料的泽贝克系数会显著增大。

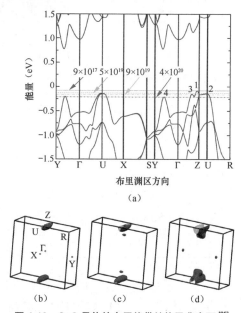

图 4-19　SnS 晶体的电子能带结构及费米面 [25]

（a）SnS 晶体的电子能带结构（*Pnma* 相）以及在不同载流子浓度下的费米能级位置；
（b）5×10^{19} cm^{-3} 载流子浓度对应的费米面；（c）9×10^{19} cm^{-3} 载流子浓度对应的费米面；
（d）4×10^{20} cm^{-3} 载流子浓度对应的费米面

上述理论计算得到的 SnS 电子能带结构表明，SnS 具有非常复杂的价带结构。ARPES 是一种利用光电效应来观测固体材料内部电子结构的测试手段，可以获取平面方向的电子的能量色散关系，从而给出电子能带结构信息。通过实验手段，对空穴掺杂的 P 型 SnS 晶体样品的解理面进行 ARPES 测试，观察其电子能带结构以验证 SnS 的复杂价带结构[25]。在 150 K 时，不同的束缚能（结合能）下 SnS 的 ARPES 恒定能量谱如图 4-20（a）～图 4-20（f）所示。晶体解理面对应布里渊区的 Y—Γ—Z 方向，可以看到，其实验测试结果与计算的能带结果是一致的。重要的是，从 SnS 的 ARPES 图谱中可以清楚地看到，价带位置所形成的几个 VBM 非常接近 SnS 的费米能级，当载流子浓度增大时可实现多价带输运效应以增大泽贝克系数，从而在该材料中获得高的功率因子。在 SnS 中，3 个 VBM 位置分别标记为 VBM 1、VBM 1′ 和 VBM 2。与 SnSe 相比，空穴掺杂的 SnS 中的 3 个 VBM 在 k 空间的位置呈现也略有不同。VBM 1 和 VBM 1′ 在 E-k 图中非常接近，几乎无法区分 [见图 4-20（g）]，但是可以通过靠近它们的 ARPES 能量分布曲线（Energy Dispersion Curve，EDC）的详细峰值拟合得到它们的精确 k 位置和结合能 [见图 4-20（h）的插图]。在图 4-20（g）中，几乎看不到 VBM 2 的顶部，但是二阶导数显示了其 E-k 位置 [见图 4-20（h）]。如图 4-20（g）～图 4-20（h）所示，在 Y—Γ—Z 平面中提取 VBM 的动量和结合能 [(ky, kz, E)，单位分别为 Å^{-1} 和 eV] 为：VBM 1 → (0,0.64,-0.148)，VBM 1′ → (0,0.725,-0.164)（Z 点），VBM 2 → (0.48,0,-0.341)。这些值在 VBM 1 和 VBM 1′ 之间产生的能量差为 $\Delta E_{11'}$= 0.016 eV，在 VBM 1 和 VBM 2 之间产生的能量差为 ΔE_{12} = 0.193 eV，这与空穴掺杂的 SnSe 中的能量差处于相同的数量级。所以，上述理论计算和实验结果可以证实，SnS 具有多价带的电子能带结构，且价带之间的能量差相近，有利于多价带的输运，从而使其具有优异的电输运性能。

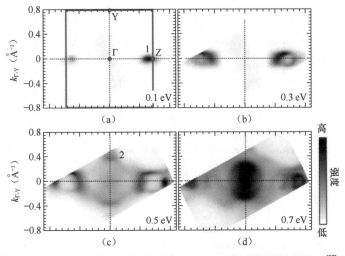

图 4-20 在 150 K 时，P 型 SnS 晶体的 ARPES 图谱和能带色散关系[25]

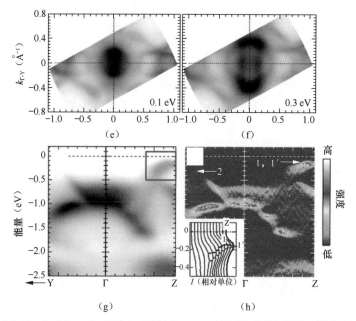

图 4-20　在 150 K 时，P 型 SnS 晶体的 ARPES 图谱和能带色散关系[25]（续）

（a）～（f）不同束缚能下的 ARPES 恒定能量谱；（g）沿 Y—Γ—Z 方向的 ARPES 能带色散关系；（h）图（g）的二阶导数，左下角插图为图（g）红框部分在 VBM 1 和 VBM 1′ 附近的能量分布曲线

在实验中，研究人员对 SnS 晶体进行了 Li、Na 等元素的空穴掺杂以促进其多价带输运行为[25]。首先，通过 Li 掺杂，SnS 晶体的载流子浓度得到提升，达到约 3.8×10^{18} cm^{-3} 的水平，表明 Li 在 SnS 基体中的掺杂效率有限，已经达到该元素的固溶度极限。一般而言，性能优异的热电材料的载流子浓度优化区间为 $10^{19} \sim 10^{20}$ cm^{-3}。所以，Li 掺杂对提升基体的载流子浓度帮助有限。热电性能测试结果表明，通过 Li 掺杂后，晶体样品的层内方向室温电导率可达到 60 ～ 160 S·cm^{-1}［见图 4-21（a）］。与本征 SnS 晶体相比，其电导率提升了近 10 倍。在 300 ～ 750 K 范围内，电导率随温度的增加而显著降低，符合载流子受晶格声子散射主导的规律，导致载流子迁移率随温度升高而降低。室温下，Li 掺杂后的 SnS 晶体样品的泽贝克系数在 328 ～ 368 μV·K^{-1} 范围内，在 873 K 时，样品的泽贝克系数降至约 400 μV·K^{-1}［见图 4-21（b）］。在整个温区内，SnS 晶体样品都维持着较高的泽贝克系数。所以，与本征 SnS 相比，Li 掺杂使其在整个温区内的电输运性能得到明显的提升。室温下，在 1% Li 掺杂的 SnS 晶体中，沿 b 轴方向获得最大的 PF 约为 22 μW·cm^{-1}·K^{-2}

［见图 4-21（c）］。

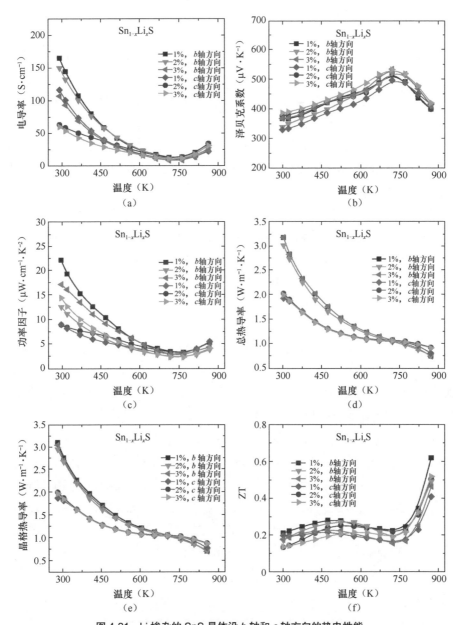

图 4-21　Li 掺杂的 SnS 晶体沿 b 轴和 c 轴方向的热电性能

（a）电导率；（b）泽贝克系数；（c）功率因子；（d）总热导率；（e）晶格热导率；（f）ZT 值

　　热输运方面，室温下，晶体沿 b 轴方向的热导率高于 c 轴方向，随着温度的升高，b 轴方向的热导率下降速度高于 c 轴方向，在约 750 K 时出现交汇。因此，在高温段，b 轴方向的热导率反而低于 c 轴方向［见图 4-21（d）］。这说明，在高温段（750 K 以后），SnS 晶体中 b 轴和 c 轴两个方向的晶体结构发生了变化，表明晶体结构发生转变是一个可持续性相变过程。室温下，晶体沿 b 轴方向的晶格热导率 κ_{lat} 约为 3.0 W·m^{-1}·K^{-1}，而沿 c 轴方向的晶格热导率 κ_{lat} 约为 2.0 W·m^{-1}·K^{-1}［见图 4-21（e）］。最终，结合电输运性能和热导率，Li 掺杂的 SnS 晶体沿层内两个方向的 ZT 值在整个温区内并未表现出明显的差异。室温下，所有样品的 ZT 值均为 0.1～0.2，且在 750 K 之前一直维持在 0.1～0.3 范围内［见图 4-21（f）］。在 873 K 时，1% Li 掺杂的晶体样品沿 b 轴方向取得的 ZT$_{max}$ 值约为 0.6。在整个温区内，其 ZT$_{ave}$ 值高于未掺杂样品。

　　由于掺杂元素 Li 在 SnS 晶体中的固溶度有限，载流子浓度只能达到约 3.8×10^{18} cm^{-3}。因此，研究人员又尝试了 Na 元素掺杂[25-26]，如图 4-22 所示。经过 Na 掺杂后，SnS 晶体的电导率得到大幅度提升，室温下最高可达约 692 S·cm^{-1}，是未掺杂样品（约 2 S·cm^{-1}）的近 350 倍［见图 4-22（a）］。在 750 K 时，泽贝克系数出现了向下的拐点，这可能与晶格结构发生变化有关［见图 4-22（b）］。在室温下，与未掺杂的 SnS 晶体相比，Na 掺杂的 SnS 晶体具有较低的泽贝克系数（200～250 μV·K^{-1}），这源自其增大的载流子浓度。然而，SnS 的泽贝克系数仍高于相同载流子浓度水平下具有立方岩盐结构的 IV - VI 族化合物。另外，通过对晶体的载流子浓度进行测试，如图 4-22（c）所示，经 Na 元素有效掺杂后，样品在室温下的载流子浓度提升了两个数量级，达到了 10^{19} cm^{-3} 水平，最终导致电导率显著提升。在 600 K 后，可以看到，未掺杂 SnS 晶体的本征热激发作用使载流子浓度显著提升，从而导致电导率快速增大。但是，对 Na 掺杂的 SnS 晶体而言，其在整个温区内的载流子浓度几乎不发生变化，表现出掺杂半导体的性质。通过对其进行霍尔迁移率测试，发现在整个温区内，霍尔迁移率随温度的升高而下降，且符合 $\mu \sim T^{-3/2}$ 规律，表明 SnS 晶体中声子散射占主导［见图 4-22（d）］。但是，在 750 K 时，霍尔迁移率出现了一个明显向上的拐点，这与其晶体结构发生变化有关。在 750 K 后，SnS 晶体中发生可持续性相变，在该温度区间可能同时存在 *Pnma* 相和 *Cmcm* 相。所以，高对称性的 *Cmcm* 相的出现导致了霍尔迁移率的提升。

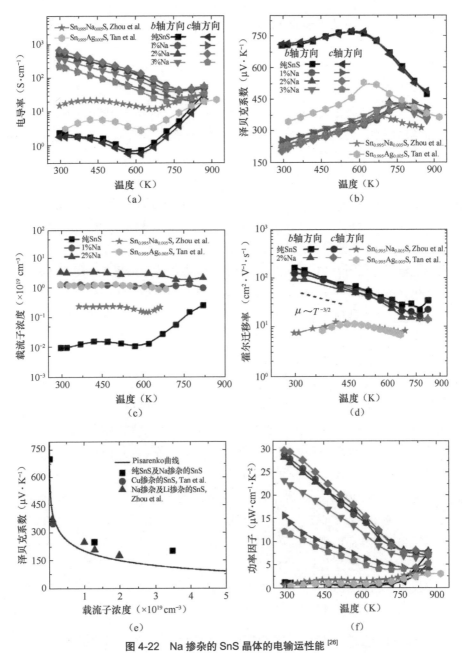

图 4-22　Na 掺杂的 SnS 晶体的电输运性能 [26]

（a）电导率；（b）泽贝克系数；（c）载流子浓度；（d）霍尔迁移率；

（e）Pisarenko 曲线；（f）功率因子

为了更好地分析泽贝克系数的增大效应，研究人员基于单抛物带模型绘制了 SnS 的有效质量为 $0.64\,m_0$ 时的 Pisarenko 曲线，Li 掺杂的样品的泽贝克系数也被放入其中进行比较，如图 4-22（e）所示。可以看出，Li 掺杂样品和 Na 掺杂样品的泽贝克系数均在 Pisarenko 曲线以上，而且随着载流子浓度的增大，这种偏差将会变大。这一变化趋势表明了随着载流子浓度增大而增强的多价带输运特性。结合提升的电导率和增大的泽贝克系数，在整个温区内，Na 掺杂 SnS 晶体的 PF 远高于未掺杂样品，如图 4-22（f）所示。室温下，2% Na 掺杂的 SnS 晶体中实现了最高的 PF(约为 30 μW·cm^{-1}·K^{-2})。由以上结果可见，Na 掺杂 SnS 晶体表现出增大了的泽贝克系数和优异的电输运性能。

同样，Na 掺杂 SnS 晶体的层内两个方向表现出各向异性的热导率。室温下，b 轴方向的总热导率约为 c 轴方向的 1.5 倍，高温下两个方向的热导率逐渐趋于相同［见图 4-23（a）］。可以看到，室温下掺杂前后晶体的晶格热导率的变化并不明显。主要原因是，Na 的掺杂量相对较少，声子散射主要由晶格振动引起，声子散射占主导，点缺陷散射造成的影响不是十分显著。此外，与基于声子谱计算而获得的理论晶格热导率相比，b 轴和 c 轴方向在高温段的晶格热导率逐渐趋近理论极限[26]。

通过 Na 掺杂实现载流子浓度提高，可在提升电导率的同时，由于激活多价带的输运而显著增大泽贝克系数，从而实现优异的电输运性质。再结合其低热导率，Na 掺杂的 SnS 晶体在整个温区内实现了热电性能的优化提升，ZT 值如图 4-23（b）所示。同时，与 Na 掺杂的 SnS 多晶样品在两个方向的热电性能进行比较可以看出，晶体的高载流子迁移率使得其在整个温区具有大的 ZT 值。整体上，Na 掺杂的晶体样品沿 b 轴方向的 ZT 值优于 c 轴方向。这一点可以通过整个温区的 ZT_{ave} 值得到体现［见图 4-23（c）］。基于所得 ZT_{ave} 值，可以得到所有样品的理论热电转换效率 η，如图 4-23（d）所示。2% Na 掺杂样品的 c 轴方向拥有最大的 ZT_{ave} 值（约为 0.57），在 873 K 下该方向的理论热电转换效率达到约 10%，而且 b 轴方向的也达到了约 9%。与之对比，未掺杂的本征 SnS 的理论热电转换效率却不到 1%，这说明利用 SnS 材料复杂的价带结构，通过空穴掺杂可以有效地提高载流子浓度、促进多价带参与电输运，从而实现其在宽温区热电性能的大幅度提升。

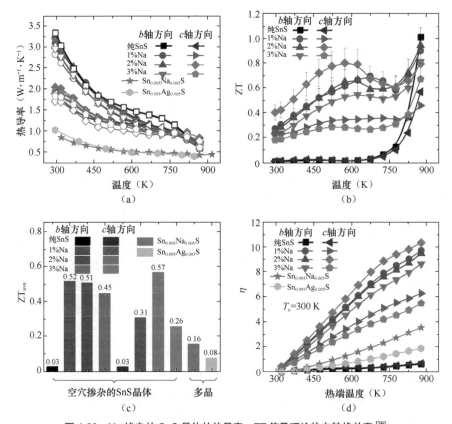

图 4-23　Na 掺杂的 SnS 晶体的热导率、ZT 值及理论热电转换效率 [26]

（a）总热导率（实心）及晶格热导率（空心）；（b）ZT 值；（c）ZT$_{ave}$ 值；（d）理论热电转换效率

4.3.2　多价带交互策略协同优化热电性能

基于 SnS 材料的多价带输运行为，载流子浓度的增加会导致其泽贝克系数增大，从而得到室温下较大的功率因子。所以，要想进一步提升材料的电输运性能，需要合理地利用 SnS 材料的多价带输运特性。因此，在前期优化的 Na 掺杂的 SnS 晶体基础上进一步固溶 SnSe，可实现 P 型 SnS 晶体热电性能的大幅度提升 [27]。更深入的研究表明，热电性能的提升源自 SnS 的 3 个不同价带的温度依赖性演化和相互作用。通过用 Se 取代 S，可以促进 3 个独立价带的相互作用，从而成功优化 m^* 和 μ。在 300 K 时，PF 得到进一步提升。此外，INS 测量表明，Se 固溶后光学支声子发生"软化"，并进一步与声学支声子相互作用，这导致材料具有更低的热导率。Se 固溶后协同优化了热输运和电输运性能，使 SnS 晶体在整个温区实现了热电性能的进一步提升[27]。

首先，为了清楚和全面地获取晶体沿各个轴向的原子排列和 Se 原子的取代信息，研究人员通过像差校正的 STEM 测试，观察到了 $SnS_{1-x}Se_x$ 晶体中原子尺度的 Se 原子对 S 位置的取代[27]。因为 STEM 中高分辨 HAADF 能产生衬度像，可以通过质量厚度（原子数）或原子序数进行解释。研究人员分别获得了沿 [100] 方向、[010] 方向和 [001] 方向的原子分辨 HAADF-STEM 图像［见图 4-24（a）～图 4-24（c）］，同时获得了对应的结构模型和电子衍射图像。与 SnSe 一样，SnS 的晶体结构沿着 a 轴方向呈现哑铃状的原子排列，所以沿着该轴方向观察 Se 的取代非常困难。为了更好地观察 Se 原子在 S 位置的取代，可以将目标转向 b 轴或 c 轴方向。沿着该方向，Sn 和 S 的原子序数衬度像可以很好地被区分，即原子序数更大的 Se 原子对 S 原子的取代会更明显。如图 4-24（d）所示，S 原子位置处具有更强对比度的区域表示 Se 原子的取代。此外，Se 原子和 S 原子可以通过线轮廓扫描很好地区分。与 S 原子相比，Se 原子取代具有更高的峰强［见图 4-24（e）］。

需要说明的是，利用像差校正的 STEM 成像技术可以很好地观察到 Se 原子，原因是 Se 的浓度较高，可以在较轻的 S 原子（$Z=16$，Z 为原子序数）基体上通过 STEM 的 Z 对比成像（强度与 Z^2 成比例）观察到较重的 Se 原子（$Z=34$）。与 Se 相比，利用像差校正的 STEM 成像技术难以检测到 Na 原子。因为 Na 的浓度很低，仅约为 2%。在较重的 Sn（$Z=50$）基体上，通过 STEM 的 Z 衬度像难以观察到较轻的 Na 原子（$Z=11$）。STEM 图像是在三维样品上的二维投影，一个原子列可能包含几十个基体原子中的掺杂剂。原子列强度大致可以看作原子在一列中的积分。因此，有可能看到较重的 Se 原子在几十个较轻的 S 原子中的分布，而不可能看到较轻的 Na 在几十个较重的 Sn 原子中的分布。

电输运性能方面，Se 固溶后，SnS 晶体的电输运性能得到了显著提升，如图 4-25 所示。可以看到，在 SnS 晶体中固溶 9% Se 后，室温下电导率从 692 S·cm^{-1} 增加到 1279 S·cm^{-1}，而载流子浓度维持在相同的数量级，从 3.4×10^{19} cm^{-3} 略微降至 2.6×10^{19} cm^{-3}，这表明电导率的增大主要源自载流子迁移率的提升［见图 4-25（a）］。同时，将 Se 固溶后的 SnS 样品与之前报道的 SnSe 样品的电输运性能进行比较。在载流子浓度达到 10^{19} cm^{-3} 量级时，室温下所有测试样品都拥有较大的泽贝克系数。未固溶的 SnS 样品的泽

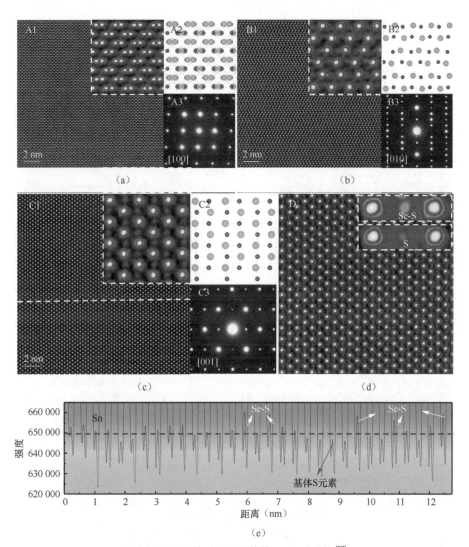

图 4-24　Se 固溶后 SnS 晶体的原子尺度结构 [27]

（a）～（c）分别沿 [100] 方向、[010] 方向和 [001] 方向的原子分辨 HAADF-STEM 图像，插图中显示了放大的图像以及各自的结构模型和电子衍射图像；（d）沿 [001] 方向的原子分辨 HAADF-STEM 图像，放大的图像显示了 Se 取代的 S 和 SnS 基体之间的强度差异；（e）图（c）中虚线的强度分布，与 SnS 基体相比，Se 取代 S 的位置强度值更高

贝克系数约为 211 μV·K^{-1}，并且 9% Se 固溶的样品也保持了大的泽贝克系数（约为 203 μV·K^{-1}）[见图 4-25（b）]。此外，SnS$_{1-x}$Se$_x$ 晶体样品的泽贝克系数比通过激活更多价带手段得到的 SnSe 晶体高。由于增大的电导率和大的泽贝克

系数，$SnS_{0.91}Se_{0.09}$ 晶体的室温 PF 较大（约为 53 $\mu W \cdot cm^{-1} \cdot K^{-2}$）[见图 4-25（c）]。与其他 IV - VI 族热电化合物材料相比，在 300 ～ 500 K，$SnS_{0.91}Se_{0.09}$ 晶体样品的 PF 优势明显 [见图 4-25（d）]。

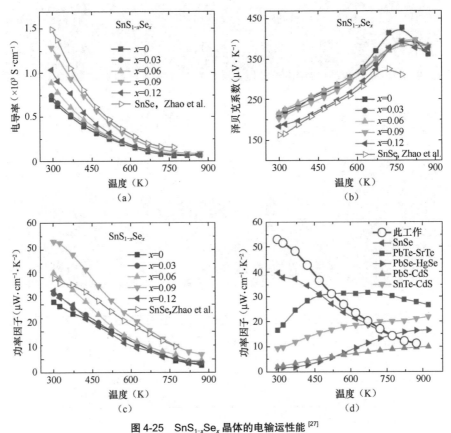

图 4-25　$SnS_{1-x}Se_x$ 晶体的电输运性能 [27]

（a）电导率；（b）泽贝克系数；（c）功率因子；（d）功率因子对比

可以看到，在整个温区内，Se 固溶后的 SnS 晶体拥有非常优异的电输运性能，这与其复杂的电子能带结构是密切相关的。对 Na 和 Se 同时取代基体后对态密度贡献的理论计算研究表明，Na 元素对能带结构的影响限于调控费米能级的位置，而不会改变 SnS 的电子能带结构，也不会改变 Se 固溶后 SnS 中电子价带的演变。相反，Se 的固溶显著改变了 SnS 基体的态密度以及电子能带结构 [27]。

通过对 $SnS_{0.91}Se_{0.09}$ 晶体样品进行同步辐射测试及数据精修，可以获得样

品中详细的原子占位信息。基于此，可以利用理论计算得到不同温度下对应的
价带结构。结果表明，室温下 SnS 的价带结构非常复杂，显示出多价带输运
的特征。根据各价带的能级的相对位置，由上至下可以标注出第一价带、第二
价带和第三价带这 3 个价带。随着温度的升高，这 3 个价带是波动的，即价带
的相对能量位置会发生变化。为了清楚地表征出这一温度变化关系，研究人员
选取几个有代表性的温度点，对这 3 个价带进行了详细的研究［见图 4-26（a）］。
可以看到，这 3 个价带离得很近，均位于 -0.20 ~ 0.07 eV 能量范围内。VBM 1
位于布里渊区的 Γ—Z 方向，VBM 2 位于 U 点，VBM 3 则位于 Γ—Y 方向，如图
4-26（a）所示。图 4-26（b）所示为这 3 个价带随温度的动态演变过程以及它
们之间的能量差。在 323 K 时，VBM 1 和 VBM 2 之间的能量差约为 0.07 eV，
随着温度的升高，这个差值达到约 0.13 eV。与之相反，在 323 K 时，VBM 1
与 VBM 3 之间的能量差约为 0.13 eV，当温度升高时，这两个价带相互靠近，
并在 873 K 时实现价带对齐简并。当固溶 Se 后，VBM 2 和 VBM 3 的简并温
度从约 650 K 降低到了约 600 K，并且 VBM 1 和 VBM 3 的能带对齐出现在更
低的温度。随着温度升高，VBM 1 和 VBM 3 上升，VBM 2 下降，而且 VBM 3
的上升速度比 VBM 1 要快。也就是说，随着温度的上升，VBM 1 和 VBM 2
分离，VBM 1 和 VBM 3 相互靠近并最终实现能带对齐。另外，VBM 2 和 VBM
3 逐渐靠近并在约 650 K 时实现能带简并对齐，然后相互分离。在高温区，载
流子浓度的提高可能源自 VBM 2 和 VBM 3 的能带对齐，这导致了载流子重
新分配[27-29]。其后，轻价带 VBM 3 上升和重价带 VBM 2 下降导致的能带分
离，可能促进了载流子迁移率的提升。固溶 Se 后，这个现象出现在了更低的
温度。

调控电子能带结构能够优化热电材料的无量纲品质因子，与 $\mu(m^*)^{3/2}$ 成
正比，其中 μ 和 m^* 分别是载流子迁移率和有效质量。基于计算得到的变温
电子能带结构，分别计算了 SnS 中固溶 Se 前后的 3 个价带随温度变化的单
带有效质量，如图 4-26（c）所示。随着温度的升高，能带尖锐化使有效质量
降低，且有效质量在 Se 固溶后进一步降低，导致了载流子迁移率的提升。因
此，Se 引入后促进了 SnS 晶体中 3 个价带的相互作用，优化了载流子迁移率
和有效质量。换言之，由于能带退简并和能带尖锐化使有效质量 m^* 降低，从
而实现了载流子迁移率的提升。同时，因为这 3 个价带在很小的能量范围内
（约 0.16 eV）协同波动，所以具有多价带的输运效应，这有利于维持大的泽贝

克系数。在 SnS 晶体中，0.16 eV 的能量差与 PbTe 中第一轻价带和第二重价带的约 0.15 eV 的能量差相近，且在 PbTe 中随着温度的升高，这一重价带的贡献越来越大[30]。所以，在 SnS 晶体中这一重价带对增大泽贝克系数起到了至关重要的作用。

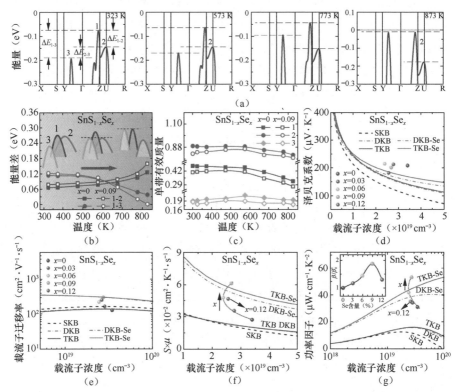

图 4-26　随温度变化的 P 型 SnS 和 SnS$_{0.91}$Se$_{0.09}$ 晶体的价带结构演变以及电输运性能分析[27]

（a）随温度变化的价带结构；（b）SnS 的 3 个价带随温度的动态演变示意以及能量差曲线；（c）SnS$_{1-x}$Se$_x$ 中 3 个价带的单带有效质量随温度的变化；（d）泽贝克系数的能带拟合；（e）载流子迁移率的能带拟合；（f）泽贝克系数和载流子迁移率乘积的能带拟合；（g）功率因子的能带拟合

基于理论计算的能带结构，研究人员进一步研究了 m^* 和 μ 的变化关系以阐明 SnS$_{1-x}$Se$_x$ 晶体中高的电输运性能。SnS 的价带具有很强的非抛物线性，因此，可以采用 Kane 能带模型来描述价带结构。在输运过程中，载流子受到各种不同散射机制的影响。基本的电子-声子散射包括形变势散射和光学声子的极性散射。因此，需要同时考虑声子散射和极性散射，以评估其输运性质。泽贝克系数和载流子迁移率计算采用了非抛物线 Kane 多带模型，包括单带（Single Kane Band，SKB）模型、双带（Double Kane Band，DKB）模型和三带（Triple Kane Band，TKB）模型。通过 DFT 计算得到了态密度有效质量、电导率有效质量、能谷间的能量差、形变势和纵向声速。对于 SnS，考虑了声学声子散射和极性散射，与实验结果吻合较好。对于固溶 Se 后的 SnS，考虑声学声子散射和合金散射的影响，可以很好地拟合载流子迁移率。具体的模型及计算拟合过程可以参考相关文献 [27, 31]。

　　DFT 计算表明，VBM 1 的态密度有效质量（m_d^*）从 SnS 中的 0.74 m_e 降低到 SnS$_{0.91}$Se$_{0.09}$ 中的 0.66 m_e。用基于 SKB 模型、DKB 模型和 TKB 模型计算的 Pisarenko 曲线评估实验泽贝克系数，如图 4-26（d）所示。可以清楚地看到，SnS$_{1-x}$Se$_x$ 晶体（x = 0, 0.03, 0.06, 0.09, 0.12）的实验曲线高于以 SKB 模型计算的 Pisarenko 曲线，这表明了多能带贡献。当 3 个价带都考虑时，TKB 模型可以很好地说明，泽贝克系数的增大源自 SnS$_{1-x}$Se$_x$ 体系中 3 个或更多价带参与了电输运。Se 固溶后，霍尔迁移率显著增大，这是引入 Se 后 3 个价带的有效质量下降所导致的。可以采用不同的 Kane 能带模型来计算拟合载流子迁移率与载流子浓度的关系。如图 4-26（e）所示，TKB 模型拟合与固溶 Se 前后 SnS 的实验数据符合得较好，表明了很好的三价带输运特性。泽贝克系数与载流子迁移率的乘积可以反映 SnS$_{1-x}$Se$_x$ 晶体中有效质量（m^*）与载流子迁移率（μ）之间的相互协调关系，该值在 Se 固溶含量为 9% 时达到最大值，这与 TKB 模型一致［见图 4-26（f）］。同样，用不同的模型对功率因子进行模拟，阐明了 3 个价带之间相互作用的贡献，如图 4-26（g）所示。所以，在 SnS$_{1-x}$Se$_x$ 晶体中，TKB 模型拟合数据明显优于 SKB 模型和 DKB 模型。Se 固溶含量为 9% 时，TKB 模型准确地预测了高功率因子，与测得的实验数据一致。此外，Se 固溶后，m^* 和 μ 这两个相互矛盾的参数得到优化，当 Se 固溶含量为 9% 时，品质因子达到峰值［见图 4-26（g）中的插图］。所以，三价带输运对 SnS$_{1-x}$Se$_x$ 体系中电输运性能的提高起到了非常重要的作用 [27]。

　　在实验中，可以通过 ARPES 观察 SnS 晶体的电子能带结构，并画出三维布里渊区内 3 个价带沿着不同方向的能带结构以及相对能量的位置 [27]。同样，布里渊区是以图 4-27（a）作为参考绘制的。图 4-27（b）非常清楚地给出了 SnS 晶体沿 3 个不同方向的 ARPES 能带结构。沿着布里渊区的 Γ—Z 方向，VBM 1 位于费米能级的位置（E_1=0，定义 VBM 1 位于费米能级位置）。

VBM 3 位于 Γ—Z 方向，其相对能量位置为 $E_3 = -0.3$ eV。二阶能量分布曲线拟合给出 VBM 2 位于布里渊区 X—U 方向 $k = 0.69$ Å^{-1} 位置，其相对能量位置为 $E_2 = 0.05$ eV［见图 4-27（c）］。因此，在 20 K 时，VBM 1 和 VBM 2 之间的能量差约为 0.05 eV，VBM 1 和 VBM 3 之间的能量差约为 0.3 eV。此外，还可以观察到不同温度下 Y—Γ—Z 平面内的电子能带结构。当温度为 5 K 时，VBM 1（Γ—Z 方向）和 VBM 3（Γ—Y 方向）的能量差为 0.5 eV，然而当温度为 80 K 时，能量差减小到 0.3 eV［见图 4-27（d）～图 4-27（e）］。当温度固定在 80 K 时，VBM 1 和 VBM 3 之间的能量差从 SnS 晶体中的 0.3 eV 减小到 $SnS_{0.91}Se_{0.09}$ 晶体的 0.15 eV［见图 4-27（d）～图 4-27（e）］。这种能量差随着温度升高而减小的趋势以及固溶 Se 所引起的 VBM 1 和 VBM 3 相互靠近的现象，与 DFT 的计算结果是一致的[27]。

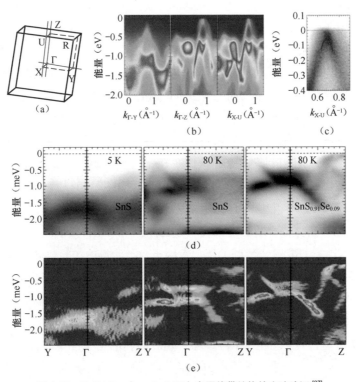

图 4-27　$SnS_{1-x}Se_x$（$x = 0, 0.09$）电子能带结构的实验验证[27]

（a）SnS 的布里渊区；（b）SnS 沿不同方向的 ARPES 能带结构；（c）沿 X—U 方向的电子能带结构；（d）$SnS_{1-x}Se_x$（$x = 0, 0.09$）在不同温度下平面内的电子能带结构；（e）图（d）的二阶能量分布

在热输运性能方面，随着 Se 的固溶量增加，热导率呈现下降趋势，具体参见第 2 章[32]。结合非常高的功率因子和低的热导率，研究人员最终在 Se 固溶的 P 型 SnS 晶体中实现了很高的 ZT_{max} 值，在 873 K 时，其值从 SnS 晶体中的约 1.0 增加到 $SnS_{0.91}Se_{0.09}$ 中的约 1.6［见图 4-28（a）］。在很宽的温度范围内（300 ～ 873 K），$SnS_{0.91}Se_{0.09}$ 晶体样品维持了很高的 ZT 值，从而导致了很高的 ZT_{ave} 值（约为 1.25），该值是 Na 掺杂优化的 SnS 晶体（ZT_{ave} 值约为 0.64）的近两倍，如图 4-28（b）所示，1.25 的 ZT_{ave} 值可以与目前性能优异的 PbTe 和 SnSe 材料媲美[1, 33]。此外，与 Te 元素和 Se 元素相比，S 元素的地壳储量极其丰富[34]。因此，与Ⅳ - Ⅵ族的高性能热电材料相比，SnS 在无毒性和储量丰度方面表现出明显的优势。对 $SnS_{0.91}Se_{0.09}$ 而言，在热端温度为 873 K 时，其理论热电转换效率可以达到约18%，超过了大部分的Ⅳ - Ⅵ族热电材料，如图 4-28（c）所示。基于此，研究人员对所得高性能 P 型 SnS 晶体进行了单臂器件的效率测量，在接触材料（Au 和 Cu）能正常工作的最高允许温度下，样品在约 560 K 的热端温度下获得了约 3.0% 的热电转换效率和约 15 mW 的输出功率[27]，如图 4-28（d）所示。虽然该实验中的热电转换效率已经与相同温度范围内的半霍伊斯勒合金相当[35]，但其仍远低于理论模拟值。这主要源自 S 元素与接触材料之间发生了强烈的化学反应，因此在后续的研究中有必要开发更稳定可靠的阻挡层。通过继续优化接触材料，可以预期在低成本和高性能的 SnS 晶体热电器件中获得更高的热电转换效率。

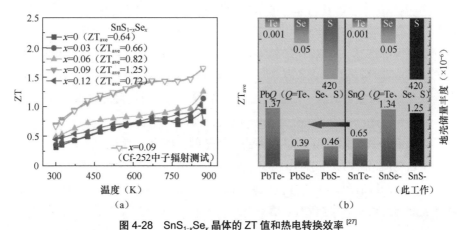

图 4-28　$SnS_{1-x}Se_x$ 晶体的 ZT 值和热电转换效率[27]

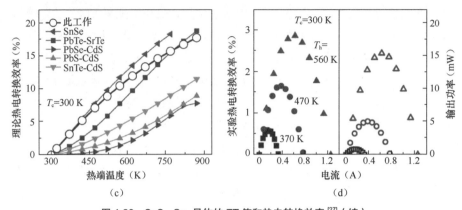

图 4-28 SnS$_{1-x}$Se$_x$ 晶体的 ZT 值和热电转换效率[27]（续）
（a）ZT 值；（b）平均 ZT 值和地壳储量丰度；（c）理论热电转换效率；
（d）实验热电转换效率和输出功率

此外，值得注意的是，经过 432 h 的 Cf-252 中子辐射测试，SnS$_{0.91}$Se$_{0.09}$ 晶体样品在热电性能方面表现出非常好的稳定性。SnS 晶体所表现出的抗辐射稳定性使得其在应用于深空探测的同位素热电发电装置时显得十分重要。

4.4　本章小结

本征锡硫族层状宽带隙 SnQ 晶体因其极低的热导率，已经具有非常高的 ZT 值。然而，这种优异性能只出现在高温区，而实际应用中要求材料在很宽的温度范围内都具备良好的性能。因此，优化材料在宽温区的热电性能是进一步推动锡硫族层状宽带隙 SnQ 晶体走向实际应用的关键。理论研究表明，虽然原子组成简单，但 SnQ 晶体具有十分复杂的电子能带结构，如能通过一定手段促进多价带参与载流子输运，实现电输运性能的大幅度提升，结合材料的本征低热导特性，有望实现在宽温区优化材料的热电性能。

在空穴掺杂优化 P 型 SnQ 晶体热电性能的基础上，研究人员又致力于探究传统热电优化策略，如能带结构、晶体结构和微观结构的协同调控等在这一体系中是否同样适用。在具体的实验尝试中，本质思路是优化材料的载流子迁移率 μ 和有效质量 m^* 这一对矛盾参数。对于 P 型 SnSe，采用固溶及缺陷优化策略，能够大幅度优化材料在整个温区的热电性能。基于高性能 P 型 SnSe 晶体样品，研究人员进行了基于 P 型 SnSe 晶体的热电器件搭建，并同时表征了所得器件的温差发电和制冷性能。结果表明，基于高性能 SnSe 晶体的热电器件能够实现与商用器件媲美的温差发电性能，并初步实现了一定的制冷性能，验证了宽带隙 SnSe 晶体在热电制冷方面的巨大潜力。对于 P 型 SnS，研究人员通过理论计算发现了材料中三个价带随温度演变的规律，有效地协调了 μ 和 m^* 之间的矛盾，也在整个温区实现了热电性能的进一步提升。在此基础上，研究人员还对基于 P 型 SnS 晶体的单臂热电器件的转换效率开展了相关探索和尝试。

　　对于 P 型 SnQ 晶体热电材料，未来的研究重心应当从材料性能优化转移到器件设计上，致力于实现基于晶体的热电器件性能与材料性能匹配。显然，要实现这个目标，需要解决的问题还有很多。从优化材料热电性能到优化器件，热电领域的研究人员还有很长的路要走。

4.5　参考文献

[1]　ZHAO L D, TAN G, HAO S, et al. Ultrahigh power factor and thermoelectric performance in hole-doped single-crystal SnSe [J]. Science, 2016, 351(6269): 141-144.

[2]　CHANG C, TAN G, HE J, et al. The thermoelectric properties of SnSe continue to surprise: Extraordinary electron and phonon transport [J]. Chemistry of Materials, 2018, 30(21): 7355-7367.

[3]　LU Q, WU M, WU D, et al. Unexpected large hole effective masses in SnSe revealed by angle-resolved photoemission spectroscopy [J]. Physical Review Letters, 2017, 119(11): 116401.

[4]　WANG Z, FAN C, SHEN Z, et al. Defects controlled hole doping and multivalley transport in SnSe single crystals [J]. Nature Communications, 2018, 9(1): 47.

[5]　ZHAO L D, LO S H, ZHANG Y, et al. Ultralow thermal conductivity and high thermoelectric figure of merit in SnSe crystals [J]. Nature, 2014, 508(7496): 373-377.

[6]　PENG K, LU X, ZHAN H, et al. Broad temperature plateau for high ZTs in heavily doped P-type SnSe single crystals [J]. Energy & Environmental Science, 2016, 9(2): 454-460.

[7]   QIN B, WANG D, HE W, et al. Realizing high thermoelectric performance in P-type SnSe through crystal structure modification [J]. Journal of the American Chemical Society, 2019, 141(2): 1141-1149.

[8]   ZHAO L D, DRAVID V P, KANATZIDIS M G. The panoscopic approach to high performance thermoelectrics [J]. Energy & Environmental Science, 2014, 7(1): 251-268.

[9]   PENG K, ZHANG B, WU H, et al. Ultra-high average figure of merit in synergistic band engineered $Sn_xNa_{1-x}Se_{0.9}S_{0.1}$ single crystals [J]. Materials Today, 2018, 21(5): 501-507.

[10]   WU D, WU L, HE D, et al. Direct observation of vast off-stoichiometric defects in single crystalline SnSe [J]. Nano Energy, 2017, 35: 321-330.

[11]   WEI P C, BHATTACHARYA S, HE J, et al. The intrinsic thermal conductivity of SnSe [J]. Nature, 2016, 539(7627): E1-E2.

[12]   ZHOU Y, LI W, WU M, et al. Influence of defects on the thermoelectricity in SnSe: A comprehensive theoretical study [J]. Physical Review B, 2018, 97(24): 245202.

[13]   QIN B, ZHANG Y, WANG D, et al. Ultrahigh average ZT realized in P-type SnSe crystalline thermoelectrics through producing extrinsic vacancies [J]. Journal of the American Chemical Society, 2020, 142(12): 5901-5909.

[14]   TUOMISTO F, MAKKONEN I. Defect identification in semiconductors with positron annihilation: Experiment and theory [J]. Reviews of Modern Physics, 2013, 85(4): 1583-1631.

[15]   LI Z, XIAO C, FAN S, et al. Dual Vacancies: An effective strategy realizing synergistic optimization of thermoelectric property in BiCuSeO [J]. Journal of the American Chemical Society, 2015, 137(20): 6587-6593.

[16]   QIN B, HE W, ZHAO L D. Estimation of the potential performance in P-type SnSe crystals through evaluating weighted mobility and effective mass [J]. Journal of Materiomics, 2020, 6(4): 671-676.

[17]   QIN B, WANG D, LIU X, et al. Power generation and thermoelectric cooling enabled by momentum and energy multiband alignments [J]. Science, 2021, 373(6554): 556-561.

[18] CHANG C, WU M, HE D, et al. 3D charge and 2D phonon transports leading to high out-of-plane ZT in N-type SnSe crystals [J]. Science, 2018, 360(6390): 778-783.

[19] CHENG C, DONGYANG W, DONGSHENG H, et al. Realizing high-ranged out-of-plane ZTs in N-type SnSe crystals through promoting continuous phase transition [J]. Advanced Energy Materials, 2019, 9(28): 1901334.

[20] SNYDER G J, SNYDER A H, WOOD M, et al. Weighted mobility [J]. Advanced Materials, 2020, 32(25): 2001537.

[21] TAN G, ZHAO L D, KANATZIDIS M G. Rationally designing high-performance bulk thermoelectric materials [J]. Chemical Reviews, 2016, 116(19): 12123-12149.

[22] DISALVO F J. Thermoelectric cooling and power generation [J]. Science, 1999, 285(5428): 703-706.

[23] BELL L E. Cooling, heating, generating power, and recovering waste heat with thermoelectric systems [J]. Science, 2008, 321(5895): 1457-1461.

[24] MAO J, CHEN G, REN Z. Thermoelectric cooling materials [J]. Nature Materials, 2020, 20(4): 454-461.

[25] HE W, WANG D, DONG J F, et al. Remarkable electron and phonon band structures lead to a high thermoelectric performance ZT>1 in earth-abundant and eco-friendly SnS crystals [J]. Journal of Materials Chemistry A, 2018, 6(21): 10048-10056.

[26] WU H, LU X, WANG G, et al. Sodium-doped tin sulfide single crystal: A nontoxic earth-abundant material with high thermoelectric performance [J]. Advanced Energy Materials, 2018, 8(20): 1800087.

[27] HE W, WANG D, WU H, et al. High thermoelectric performance in low-cost SnS$_{0.91}$Se$_{0.09}$ crystals [J]. Science, 2019, 365(6460): 1418-1424.

[28] KUTORASINSKI K, WIENDLOCHA B, KAPRZYK S, et al. Electronic structure and thermoelectric properties of N- and P-type SnSe from first-principles calculations [J]. Physical Review B, 2015, 91(20): 205201.

[29] YANG J, ZHANG G, YANG G, et al. Outstanding thermoelectric performances for both P- and N-type SnSe from first-principles study [J]. Journal of Alloys and

Compounds, 2015, 644: 615-620.

[30] PEI Y, SHI X, LALONDE A, et al. Convergence of electronic bands for high performance bulk thermoelectrics [J]. Nature, 2011, 473(7345): 66-69.

[31] RAVICH I I. Semiconducting lead chalcogenides [M]. Germany: Springer Science & Business Media, 2013: 263-322.

[32] DELAIRE O, MA J, MARTY K, et al. Giant anharmonic phonon scattering in PbTe [J]. Nature Materials, 2011, 10(8): 614-619.

[33] BISWAS K, HE J, BLUM I D, et al. High-performance bulk thermoelectrics with all-scale hierarchical architectures [J]. Nature, 2012, 489(7416): 414-418.

[34] ZHAO L D, HE J, WU C I, et al. Thermoelectrics with Earth Abundant Elements: High Performance P-type PbS nanostructured with SrS and CaS [J]. Journal of the American Chemical Society, 2012, 134(18): 7902-7912.

[35] FU C, BAI S, LIU Y, et al. Realizing high figure of merit in heavy-band P-type half-heusler thermoelectric materials [J]. Nature Communications, 2015, 6(1): 8144.

第 5 章　N 型锡硫族层状宽带隙 SnQ 晶体热电性能的优化

5.1　引言

由于存在强非谐振效应，SnQ 晶体具有极低的热导率，其价带呈现复杂多带结构，而高载流子浓度能够使费米能级进入多个价带中，从而实现空穴的多带输运，显著提升整个温区内的功率因子，优异的电输运性能和热输运性能使得 P 型 SnQ 晶体的研究不断取得显著突破[1-3]。但是，对一个高性能热电器件来说，其高效的能源转换效率基于高性能的 P 型和 N 型热电材料组成的 PN 结[4-5]。所以，研究高性能 N 型 SnQ 晶体至关重要。但是，对 N 型 SnQ 晶体的研究并不是简单照搬 P 型 SnQ 的研究方法。虽然相同的晶体结构使 N 型 SnQ 晶体继承了 P 型 SnSe 晶体的本征低热导特性，但是二者的能带结构有着显著的差异，这导致二者在电输运性质方面具有显著差异。

本章以 SnSe 为主要研究对象，利用实验和理论计算研究其独特的三维电输运、持续性相变，以及能带的简并和退简并过程。进一步地，通过掺杂固溶，研究以上 3 种特征对于热电性能的微观影响，对各个体系的热电性能进行详尽的分析。最后，收集整理针对 N 型 SnS 晶体的相关研究，对 SnS 与 SnSe 呈现的不同性能进行初步的分析。

5.2　Br 掺杂的 N 型 SnSe 晶体的热电性能研究

通过用温度梯度法成功制备 N 型 SnSe 晶体，以及研究其各个方向的热电性能，研究人员发现了 N 型 SnSe 晶体中存在不同于 P 型 SnSe 晶体的独特的三维电输运性能及二维热输运性能，这种特性使得 N 型 SnSe 晶体在层外方向具有更加优异的热电性能。通过第一性原理相关计算分析以及扫描隧道显微镜（Scanning Tunneling Microscope，STM）观测，三维电输运这种特性得到了证实。并且，通过原位同步辐射分析以及原位 TEM 观察，研究人员发现 N

型 SnSe 晶体存在显著的持续性相变过程，这一方面改变了 SnSe 的价带结构，使得 SnSe 会在温度升高过程中发生能带简并和退简并过程。另一方面，使得 SnSe 晶体在高温下具有更高的晶体对称性，从而使载流子迁移率在特定的高温段出现了一个显著的提升过程。综合这两个方面的分析，N 型 SnSe 晶体在整个测试温度区间（300 ~ 773 K）都能够保持很高的功率因子。最后，结合层外方向的最低热导率，N 型 SnSe 晶体在层外方向、773 K 下得到了极高的 ZT 值。

5.2.1 Br 掺杂的 SnSe 晶体最优热电性能方向

对 SnSe 晶体的研究是一项极具挑战性的工作，难点在于 SnSe 晶体的制备。与其他领域的晶体研究不同，热电材料的性能测试需要直径为厘米级的晶体。因此，选用合适的晶体生长方式以及参数设定以生长 SnSe 晶体尤为关键。生长晶体的方法有 Bridgman 法、气相沉积法、温度梯度法等。利用这 3 种方法均可生长出大直径的 SnSe 晶体。然而，根据相关文献以及前期的探索可以发现，前两种方法在生长 N 型 SnSe 晶体时都存在一定的不足。对于 Bridgman 法，其原理是利用精细传动装置将晶体逐渐放入立式炉中，依次缓慢通过加热区、梯度区和冷却区，实现熔融和晶体生长过程。该方法对运动组件的稳定性要求很高，并且对实验环境的稳定性（减震性）有着一定的要求，容易受到外部环境的影响。气相沉积法则是利用材料的挥发与沉积使 SnSe 在冷端凝结成晶体颗粒，但是当原料中含有熔点相差过大的两种组分时，在冷端获得的晶体的实际组分将与名义组分产生很大的差异。通过前期的探索发现，温度梯度法在一定程度上克服了以上两种方法的缺点，可使 SnSe 晶体的生长成功率大大提高。

采用温度梯度法生长的 SnSe 晶体示意如图 5-1（a）所示。从图中可以看出，按照温度梯度法生长的 SnSe 晶体的尺寸可以达到 Φ1 cm×3 cm，能够满足各个方向的热电性能测试需求。通常情况下，晶体（特别是掺杂后的晶体）在生长过程中会不可避免地存在成分偏析的现象。因此，研究人员在 SnSe 晶体的各个方向和位置进行了能谱分析测试以验证晶体的成分分布。测试结果如图 5-1（b）、图 5-1（c）和图 5-2 所示。可以看出，沿着晶体生长方向，距离生长段越远，掺杂元素 Br 的含量越高。不过在整个轴向范围内其含量波动仅为 0.25%，并且在测试样品的长度尺寸范围（< 1 cm）内，其含量波动可以忽略不计。而在垂直于晶体生长的方向，掺杂元素 Br 的含量在误差范围内基本没有波动。

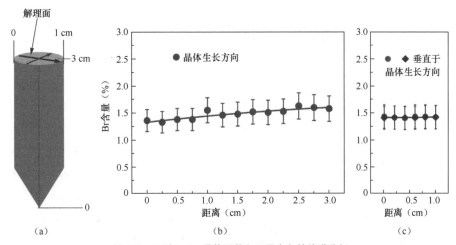

图 5-1　N 型 SnSe 晶体形状和不同方向的能谱分析

（a）采用温度梯度法生长的 N 型 SnSe 晶体示意；（b）沿着晶体生长方向进行的 SEM 能谱分析；
（c）垂直于晶体生长方向的 SEM 能谱分析

图 5-2 所示为大面积（200 μm×200 μm）SEM 能谱分析。通过分析 Sn、Se 和 Br 元素的分布，SnSe 晶体在微观尺度不存在成分偏析现象。以上晶体的成分分析表明，高质量的 SnSe 晶体被成功制备，排除了成分偏析对 N 型 SnSe 性能测试的干扰。

图 5-2　大面积 SEM 能谱分析

（a）表面形貌；（b）Br 能谱分析；（c）Sn 能谱分析；（d）Se 能谱分析

　　研究表明，N 型多晶 SnSe 沿平行于压力方向的热电性能高于垂直压力方向的热电性能，内在原因有待进一步解释。为了进一步确定使用温度梯度法制备的 SnSe 晶体具有最优热电性能，分别制备了载流子浓度相同的 N 型和 P 型 SnSe 晶体，并且分别沿着层外方向以及层内方向测试了热电性能（电导率、泽贝克系数、功率因子、载流子迁移率和载流子浓度、总热导率，以及 ZT 值），如图 5-3 所示。

　　从图 5-3（a）中可以看出，对于 P 型 SnSe 晶体，其层内方向的电导率远大于其层外方向的电导率，这和之前报道的研究结果一致。不过，由于 $1.2 \times 10^{19}\,\mathrm{cm^{-3}}$ 不是 P 型 SnSe 晶体的最优载流子浓度，其电导率以及其他热电性能低于文献报道值[6]。至于泽贝克系数，P 型 SnSe 在两个方向的数值基本一致，如图 5-3（b）所示。值得注意的是，在成分均匀的晶体中，利用第一性原理计算得到的各个方向的泽贝克系数的大小是存在差异的，但是实际测试的样品的泽贝克系数基本是各向同性的。这是因为利用第一性原理计算的泽贝克系数是基于一维方向的，而实际仪器测试的泽贝克系数是三维材料在一维上的取向，所以二者存在区别。可以看出，在 700 K 以上泽贝克系数开始降低。最终，两个方向上的功率因子的对比如图 5-3（c）所示。P 型 SnSe 晶体沿着层内方向的功率因子在整个温度范围内都远大于层外方向的功率因子。由于 SnSe 的层状结构，其层外方向存在层间声子散射效应，会导致更强的非谐振效应（更大的格林内森常数），所以其层外方向的总热导率低于其层内方向的总热导率[7-10]，如图 5-3（e）所示。最终从图 5-3（f）可以看出，P 型 SnSe 的 ZT 值在整个测试温度范围内都是层内方向的优于层外方向的。

　　研究 N 型 SnSe 晶体层外方向以及层内方向的热电性能可以发现 N 型 SnSe 晶体的一些关键热电参数与 P 型 SnSe 晶体的存在着巨大的差异。从图 5-3（a）可以看出，N 型 SnSe 层内方向的电导率在室温下同样大于其层外方向的，但是两个方向的差距远小于 P 型 SnSe 晶体在两个方向的差距。并且，随着温度的升高，二者的差异进一步缩小。两个方向的泽贝克系数在各个温度下基本保持一致，其原因也是在各向异性材料中其泽贝克系数仍然保持各向同性。最终得到两个方向上的功率因子，如图 5-3（b）所示。从图 5-3（c）可以看出，在低温段，N 型 SnSe 层内方向的功率因子仍然高于层外方向的。但是随着温度的升高，这种差异逐渐缩小。直至 700 K 附近，层外方向的功率因子甚至超过了层内方向的，这是第一次在各向异性材料中发现这种现象。至于总热导率，N 型 SnSe 各方向的热导率随温度变化的趋势基本与 P 型各方向的一

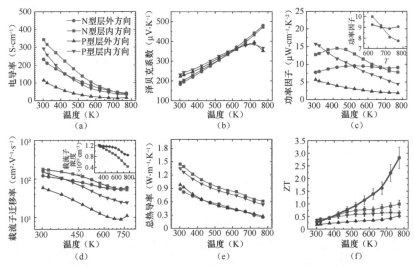

图 5-3　相同室温载流子浓度的 N 型和 P 型 SnSe 晶体沿着层内方向和层外方向的热电性能
（a）电导率；（b）泽贝克系数；（c）功率因子；（d）载流子迁移率和载流子浓度；
（e）总热导率；（f）ZT 值

致。最后，由于两个方向具有相当接近的功率因子，层外方向具有极低的热导率，因此 N 型 SnSe 晶体沿着层外方向的热电性能远高于层内方向的。最终确定了通过温度梯度法制备的 P 型和 N 型 SnSe 晶体的最优热电性能方向：P 型——层内方向；N 型——层外方向。

表 5-1 所示为使用温度梯度法制备的不同载流子浓度的 N 型 SnSe 晶体的密度。可以看出，它们的密度略低于 SnSe 的理论密度 6.18 $g \cdot cm^{-3}$。这种差异可以归因于制备工艺的差异，由于多个样品的密度基本相同，基本排除了孔隙裂纹等对于 SnSe 晶体热电性能的影响。

表5-1　不同载流子浓度的N型SnSe晶体的密度

样品-载流子浓度（cm^{-3}）	密度（$g \cdot cm^{-3}$）
N型-1.21×10^{19}	5.89
N型-9.90×10^{18}	5.92
N型-9.85×10^{18}	5.89
N型-9.71×10^{18}	5.87
N型-8.30×10^{18}	5.92
N型-8.05×10^{18}	5.90
N型-1.21×10^{18}	5.92

5.2.2 Br 掺杂的 SnSe 晶体热电性能分析

在确定 N 型 SnSe 晶体的最优热电方向——层外方向之后，研究人员制备了掺杂不同 Br 浓度的 N 型 SnSe 晶体，并对它们的热电性能进行了测试，如图 5-4 所示。由于 Br 为易挥发元素，所以即使是 Br 浓度相同的 SnSe 晶体，其实际 Br 含量也会存在差异。因此，为了更加本质地认识 N 型 SnSe 晶体的热电性能，需要用载流子浓度来表征各个 N 型 SnSe 晶体样品。

从图 5-4 可以看出，通过 Br 掺杂，N 型 SnSe 晶体的载流子浓度最高能够达到 $1.21 \times 10^{19} \, \text{cm}^{-3}$，仍然没有进入最优载流子浓度区间，因此，如果能找到提升载流子浓度的方法，其热电性就能得到进一步的提升。N 型 SnSe 的电导率显示出典型的金属 / 重掺杂半导体特性：随着温度的升高，电导率逐渐降低。通过 Br 掺杂得到的 N 型 SnSe 晶体的最高电导率只有 $220 \, \text{S} \cdot \text{cm}^{-1}$，数值远低于 P 型 SnSe 的最高电导率，这也是因为获得的 N 型 SnSe 晶体的载流子浓度远低于 P 型 SnSe 晶体的最优载流子浓度。对于泽贝克系数，其在室温下约为 $-200 \, \mu\text{V} \cdot \text{K}^{-1}$，其绝对值随着载流子浓度的升高而降低。泽贝克系数随着温度的升高而升高，最终在 773 K 下达到 $-450 \, \mu\text{V} \cdot \text{K}^{-1}$。在电导率以及泽贝克系数的共同作用下，N 型 SnSe 晶体具有独特的高功率因子区间，如图 5-4（c）所示。可以看出，在整个温度范围内，N 型 SnSe 晶体的功率因子都保持着很高的数值（与其他 N 型 SnSe 材料相比），并且在 $300 \sim 500 \, \text{K}$ 以及 $700 \sim 800 \, \text{K}$ 有两个明显的上升过程，具体的机理在后文进行详细解释。

至于热导率，由于 SnSe 具有强的非谐振效应，其热导率与其他二元热电材料相比更低，而且层外方向具有极强的层间声子散射，使得 SnSe 在层外方向具有最低的热导率，如图 5-4（d）、图 5-4（e）所示。可以看出，室温下 N 型 SnSe 晶体层外方向的晶格热导率大概为 $0.9 \, \text{W} \cdot \text{m}^{-1} \cdot \text{K}^{-1}$，且随着温度的升高，晶格热导率会逐渐降低，在 773 K 附近达到最小值 $0.2 \, \text{W} \cdot \text{m}^{-1} \cdot \text{K}^{-1}$，接近了晶体的非晶极限。值得注意的是，在 500 K 附近，N 型 SnSe 晶体的总热导率和晶格热导率均有一个明显的拐点，而 P 型 SnSe 晶体中并没有这种现象。这种现象可以归因于 N 型 SnSe 晶体中更加明显的持续性相变过程，会在第 5.2.4 小节进行详尽解释。SnSe 在 800 K 附近有个相变，其晶体结构会从 *Pnma* 相转变为高温 *Cmcm* 相，由于这个相变过程，SnSe 的热导率在 800 K 附近存在一个明显的上升过程，而该上升过程会导致 N 型 SnSe 晶体的热电性能显著降低，如图 5-4（f）所示。最终，由于 N 型 SnSe 晶体在整个温度范围内具有高功率因子以及极低的热导率，其 ZT 值在整个温度范围内都远高于其他 N 型 SnSe 热电材料。在 773 K 下，其 ZT 值达到了 2.8 ± 0.5。

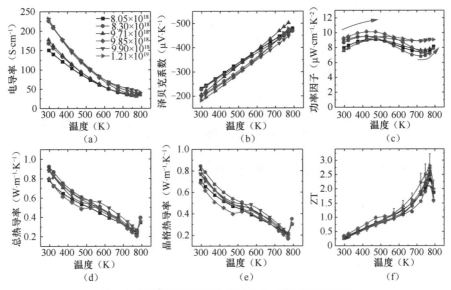

图 5-4　不同载流子浓度的 N 型 SnSe 晶体的热电性能
（a）电导率；（b）泽贝克系数；（c）功率因子；（d）总热导率；（e）晶格热导率（f）ZT 值

图 5-5（a）所示为 N 型 SnSe 晶体在不同温度下的比热，以及与其他文献中 SnSe 比热的对比。由于 SnSe 在 600 ～ 800 K 存在一个持续性的相变过程，该相变过程伴随着相变潜热，如果使用差示扫描量热仪测试比热，其在 800 K 附近会出现一个异常凸起的峰，进而会影响 SnSe 的比热测试[11-12]。图 5-5（b）所示为 N 型 SnSe 晶体的热扩散系数随温度的变化关系，可以看出和热导率一样，热扩散系数在 500 K 附近也存在一个因持续性相变产生的拐点。

由于 SnSe 具有复杂的非抛物线形的能带结构，直接使用 SnSe 的原始能带结构进行计算比较复杂。由于洛伦兹常数只是用来表征电子热导率和晶格热导率的，并不影响最终 ZT 值的计算，所以可以采用双抛物线简化模型对 SnSe 晶体的洛伦兹常数进行近似处理。其表达式为[13]：

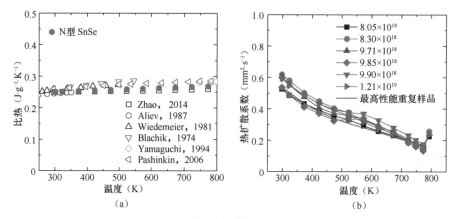

图 5-5　N 型 SnSe 晶体的热输运性能

（a）N 型 SnSe 晶体的比热与其他文献中 SnSe 的比热的对比；

（b）N 型 SnSe 晶体的热扩散系数随温度的变化关系

$$L = \frac{L_1\sigma_1 + L_2\sigma_2}{\sigma_1 + \sigma_2} = \frac{L_1 n_1 \mu_1 + L_2 n_2 \mu_2}{n_1 \mu_1 + n_2 \mu_2} \tag{5-1}$$

其中，σ、μ 和 n 分别表示电导率、载流子迁移率和载流子浓度；L_i 表示源自第 i 个能带的洛伦兹常数，其可以表示为：

$$L = \left(\frac{k_B}{e}\right)^2 \left\{ \frac{\int_0^\infty \left(-\frac{\partial f}{\partial z}\right)\tau(z)z^2 \frac{\left(z+\beta z^2\right)^{3/2}}{1+2\beta z}dz}{\int_0^\infty \left(-\frac{\partial f}{\partial z}\right)\tau(z)\frac{\left(z+\beta z^2\right)^{3/2}}{1+2\beta z}dz} + \right.$$

$$\left. \left[\frac{\int_0^\infty \left(-\frac{\partial f}{\partial z}\right)\tau(z)z \frac{\left(z+\beta z^2\right)^{3/2}}{1+2\beta z}dz}{\int_0^\infty \left(-\frac{\partial f}{\partial z}\right)\tau(z)\frac{\left(z+\beta z^2\right)^{3/2}}{1+2\beta z}dz} \right]^2 \right\} \tag{5-2}$$

$$\beta = k_B T / E_g \tag{5-3}$$

其中，f 为费米函数，τ 为弛豫时间，z 为逸度系数。

从图 5-6 可以看出，对于 N 型 SnSe 晶体，其洛伦兹常数波动范围如图中阴影区域所示，为 $1.41 \times 10^{-8} \sim 1.61 \times 10^{-8}\,W \cdot \Omega \cdot K^{-1}$。

为了验证 N 型 SnSe 晶体的热稳定性，需要测试具有最高载流子浓度的 SnSe 晶体在热循环中的热电性能，其变化规律如图 5-7 所示。可以看出，

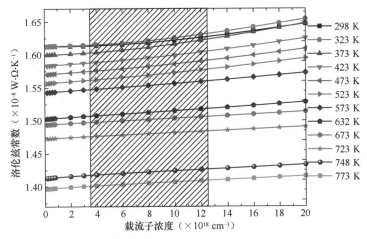

图 5-6　洛伦兹常数随温度和载流子浓度变化的关系

N 型 SnSe 晶体在整个热循环过程中保持着极高的热稳定性。但值得注意的是，由于 SnSe 晶体在 800 K 附近的相变过程中伴随着剧烈的体积变化，其在跨越相变点的过程中易发生层间断裂现象，因此 SnSe 晶体的热循环测试应避开相变点温度，在 800 K 以下进行。

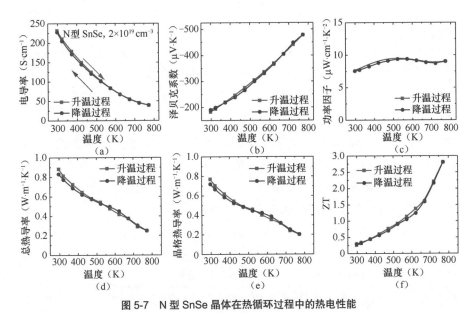

图 5-7　N 型 SnSe 晶体在热循环过程中的热电性能

（a）电导率；（b）泽贝克系数；（c）功率因子；（d）总热导率；（e）晶格热导率（f）ZT 值

5.2.3 三维电输运性能分析

N 型 SnSe 晶体层外方向高热电性能可以归因于其独特的三维电输运性能。为了进一步分析 SnSe 晶体的三维电输运性能，首先对 N 型 SnSe 晶体和 P 型 SnSe 晶体沿着层外方向的热电性能进行进一步的比较，如图 5-8 所示。

为了消除载流子浓度引起的热电性能差异，制备具有相同载流子浓度（$1.21 \times 10^{19} \, cm^{-3}$）的 N 型和 P 型 SnSe 晶体并比较热电性能。从图 5-8（a）可以看出，在具有相同室温载流子浓度的情况下，N 型 SnSe 晶体的电导率为 P 型 SnSe 晶体的两倍。产生这种巨大差异的原因在于 N 型 SnSe 晶体中电子具有更小的有效质量。通常情况下，有效质量越小，其载流子迁移率越高，电导率越高。随着温度升高，二者的电导率均逐渐降低，这是因为高温情况下，电声散射（电子 – 声子散射）增强，载流子迁移率进一步降低，且满足 $\mu \sim T^{-3/2}$ 的变化规律。至于泽贝克系数，由于 N 型和 P 型 SnSe 晶体内载流子的类型不同，二者的泽贝克系数为一负一正，因此此处比较的是二者的绝对值。在室温下，N 型 SnSe 晶体的泽贝克系数低于 P 型 SnSe 晶体，如图 5-8（b）所示。因为泽贝克系数与有效质量成正比，所以具有更大有效质量的 P 型 SnSe 晶体的泽贝克系数也就更高。二者的泽贝克系数均随着温度的升高而增大，值得注意的是，P 型 SnSe 晶体的泽贝克系数在 700 K 之后存在一个下降过程，该过程与 SnSe 的高温价带结构变化有关。而 N 型 SnSe 晶体则不存在这种现象，这使得 N 型 SnSe 晶体的泽贝克系数在高温段超过了 P 型 SnSe 晶体。最终，由于 N 型 SnSe 晶体优异的电导率和泽贝克系数，其在 300 ~ 800 K 的功率因子均高于 P 型 SnSe 晶体，如图 5-8（c）所示。值得注意的是，P 型 SnSe 晶体的功率因子是随着温度的升高而显著降低的，从室温下的 $6 \, \mu W \cdot cm^{-1} \cdot K^{-2}$ 降低到 773 K 下的 $2 \, \mu W \cdot cm^{-1} \cdot K^{-2}$。而 N 型 SnSe 晶体的功率因子在 300 ~ 500 K 和 700 ~ 800 K 区间内经历了两次上升过程，使其在整个温度范围内都保持很高的功率因子。

图 5-8（d）所示为 N 型和 P 型 SnSe 晶体的载流子浓度随温度变化的示意。可以看出，随着温度的升高，二者的载流子浓度均逐渐降低，这说明了随着温度的升高，N 型和 P 型 SnSe 中的费米能级均往带隙中心移动。但是二者的降低趋势不同。与 P 型 SnSe 晶体相比，N 型 SnSe 晶体的载流子浓度降低程度更大，这是因为二者的能带结构不同。与导带中的类抛物带结构相比，价带的"布丁模型"多带结构使得费米能级随温度变化时对载流子浓度的影响不明显。

图 5-8（e）所示为 N 型和 P 型 SnSe 晶体的载流子迁移率随温度变化的规律。可以看出，在 700 K 之前，N 型 SnSe 的载流子迁移率随着温度的升高而降低，且满足数值正比于 $T^{-3/2}$ 的趋势，这是由 SnSe 中的电声散射引起的。但是，在 700 K 之后，载流子迁移率出现了一个明显的上翘过程，这个过程直接对应着 N 型 SnSe 晶体的功率因子在 700 K 以上的上翘过程。此处的载流子迁移率增大。上述规律源自 SnSe 特有的持续性相变，这将在第 5.2.4 小节进行详细解释。

当电导率不高时，晶体中的热导率主要来自声子输运的贡献。从这点来看，N 型和 P 型 SnSe 晶体在热导率方面并没有明显的差异。例如，当温度升高到 773 K 时，二者的热导率均非常接近 SnSe 晶体的非晶态晶格热导率极限，即 $0.2\ \mathrm{W \cdot m^{-1} \cdot K^{-1}}$，如图 5-8（f）所示。

最低晶格热导率是通过式（5-4）获得的[14-15]：

$$\kappa_{\mathrm{lat}}^{\min} = \left(\frac{\pi}{6}\right)^{\frac{1}{3}} k_{\mathrm{B}} n^{\frac{2}{3}} \sum_i v_i \left(\frac{T}{\Theta_i}\right)^2 \int_0^{\frac{\Theta_i}{T}} \frac{x^3 \mathrm{e}^x}{(\mathrm{e}^x - 1)^2} \mathrm{d}x \tag{5-4}$$

其中，n 为单位体积内的原子数；v_i 为声速；Θ_i 为德拜温度。

$$\Theta_i = v_i (\hbar / k_{\mathrm{B}})(6\pi^2 n)^{1/3} \tag{5-5}$$

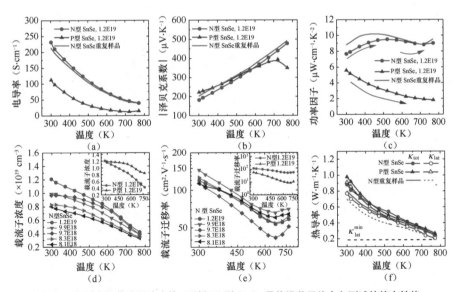

图 5-8　相同室温载流子浓度的 N 型和 P 型 SnSe 晶体沿着层外方向测试的热电性能
（a）电导率；（b）泽贝克系数的绝对值；（c）功率因子；（d）载流子浓度；
（e）载流子迁移率；（f）晶格热导率和总热导率以及最低晶格热导率

最终，N 型和 P 型 SnSe 晶体沿层外方向的 ZT 值如图 5-9（a）所示。可以看出，在整个温度范围内，N 型 SnSe 晶体的 ZT 值优于 P 型 SnSe 晶体，在773 K 时，其 ZT_{max} 值达到 2.8 ± 0.5。N 型 SnSe 晶体这种超高的热电性能归因于其三维电输运性能和二维热输运性能。图 5-9（b）所示为 N 型 SnSe 晶体中的三维电输运和二维热输运示意。

在晶体中，材料的电输运依靠的是载流子：在 N 型半导体中，主要依靠电子；在 P 型半导体中，主要依靠空穴。二者依靠的传播介质也有所不同。对于电子，其主要在导带中输运；而空穴主要通过价带输运。因此，N 型 SnSe 晶体的三维电输运性能在于特殊的导带结构为其提供了层间输运的电子通道。而 P 型 SnSe 晶体中的空穴无法利用这种通道，因此只能体现出二维电输运性能[16]。

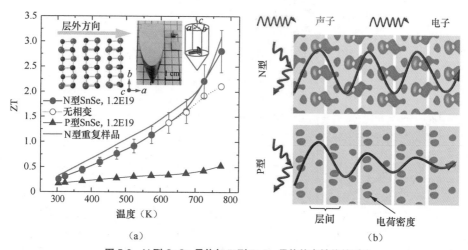

图 5-9　N 型 SnSe 晶体与 P 型 SnSe 晶体热电性能的对比

（a）相同室温载流子浓度的 N 型和 P 型 SnSe 晶体沿层外方向的 ZT 值对比；
（b）N 型 SnSe 晶体中的三维电输运和二维热输运示意

另外，材料的热输运依靠的是声子，声子的特性主要取决于材料本身的晶体结构，与载流子的种类无关。也就是说，对 N 型和 P 型 SnSe 晶体来说，二者具有的层间输运特性是一样的。由于之前提及的 SnSe 晶体具有层间声子散射效应，声子在二者的层间输运均受到阻碍，也就体现出二维热输运性能。

为了进一步研究 N 型 SnSe 晶体中的三维电输运性能，接下来需要研究两种类型的 SnSe 晶体的态密度分布。图 5-10（a）所示为 SnSe 晶体层外方向和层内方向的晶体结构示意。图 5-10（b）所示为 SnSe 晶体导带和价带附近的总态密度和分态密度。态密度分布可以看作晶体能带结构按照能级进行的投影。其中左侧对应价带态密度，中间对应能带带隙，右侧对应导带态密度。从图 5-10（b）中可以看出，无论是价带还是导带，SnSe 晶体的态密度都具有明显的各向异性，只是二者之间的取向存在差异。图 5-10（b）中将总态密度分解为各个分态密度。其中，x、y、z 代表第一布里渊区的方向。具体来说，x 对应实空间的 a 轴，也就是层外方向；y 和 z 分别对应实空间的两个层内方向。s、p 则代表各个原子的 s 和 p 电子轨道。一般情况下，p 轨道相对 s 轨道具有更强的各向异性。

在了解这些基本概念之后，即可对 SnSe 的价带和导带的态密度分布进行分析。在导带中，Sn(p_x) 对导带的总态密度贡献最大，也就是说，在导带中，电子态密度更倾向沿着层外方向（x 方向）分布，如图 5-10（c）所示。在层内方向，其态密度并没有体现出很强的各向异性，所以其层内态密度分布更加均匀。而针对价带，其体现了与导带完全不同的态密度取向。由图 5-10（b）可知，Se（p_z）对价带的总态密度贡献最大，也就是说，在价带中，电子态密度更倾向沿着层内方向（z 方向）分布，如图 5-10（d）所示。这使得层间态密度分布极少。

根据电子轨道输运理论，在固体中，电子和空穴的输运主要依靠电子轨道，也就是上述的态密度分布。由此可见，N 型 SnSe 晶体中的态密度倾向沿着层间分布，在层与层之间形成一条仅供电子输运的通道。而 P 型 SnSe 晶体中的态密度绝大多数都分布在层内，使得层间的空穴输运受阻。这就解释了为何 N 型 SnSe 晶体的载流子迁移率远高于 P 型 SnSe 晶体。

以上结果基于第一性原理计算得到。为了进一步验证轨道各向异性分布对载流子输运速度的影响，可以利用 STM 以及扫描隧道光谱（Scanning Tunneling Spectroscopy，STS）分析对 N 型和 P 型 SnSe 晶体的层内方向态密度分布进行观测。事实上，选择层外方向进行观测可以获得更加直观的效果。不过，当测试结果与第一性原理计算的结果一致时，足以证明以上分析的正确性。

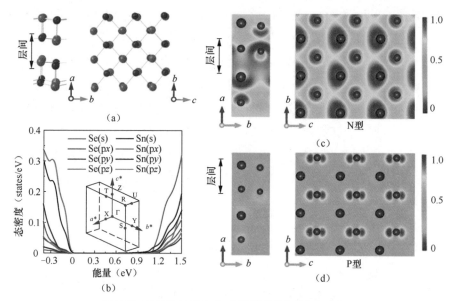

图 5-10　N 型和 P 型 SnSe 晶体的晶体结构和态密度

（a）SnSe 晶体层外方向和层内方向的晶体结构示意；（b）SnSe 晶体的总态密度和分态密度；

（c）N 型 SnSe 晶体在层内方向和层外方向的态密度分布；

（d）P 型 SnSe 晶体在层内方向和层外方向的态密度分布

图 5-11（a）所示为未掺杂、N 型和 P 型 SnSe 晶体层内方向的分态密度分布。横坐标的样品偏差表示的是各个样品的费米能级的位置。从图中可以看出，未掺杂的 SnSe 晶体的费米能级位于带隙之中；P 型 SnSe 晶体的费米能级位于价带底附近；N 型 SnSe 晶体的费米能级位于导带底附近。纵坐标的 dI/dV 即 x 方向（层外方向）的态密度大小。因此，可以看出导带中 x 方向的态密度分量远大于价带中 x 方向的态密度分量，该结果与图 5-10(b) 所示的结果一致。当利用 STM 和 STS 将层内态密度分布直观化时，P 型 SnSe 的层内态密度分布显示出更强的衬度，也就意味着更强的各向异性，如图 5-11（b）～图 5-11（e）所示。综上所述，N 型 SnSe 的高载流子迁移率源自 N 型 SnSe 晶体层外方向的态密度轨道的贡献。

为了进一步探究高温对于 N 型 SnSe 的三维电输运性能的影响，需要计算不同温度下的层外态密度分布。如图 5-12、图 5-13 所示，虽然 P 型和 N 型 SnSe 晶体的绝对分布强度会随着温度的升高而有所减小，但是，其相对分布强度并没有发生变化，也就是说，在整个温度范围内，N 型 SnSe 晶体都保持着层间的电子输运通道和三维电输运性能。

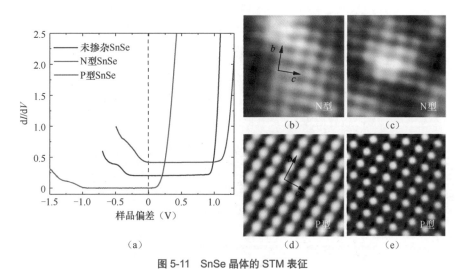

图 5-11　SnSe 晶体的 STM 表征

（a）分态密度；（b）、（c）N 型 SnSe 晶体的 STM 和 STS 图像；

（d）、（e）P 型 SnSe 晶体的 STM 和 STS 图像

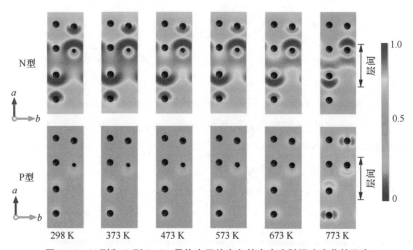

图 5-12　N 型和 P 型 SnSe 晶体在层外方向的态密度随温度变化的示意

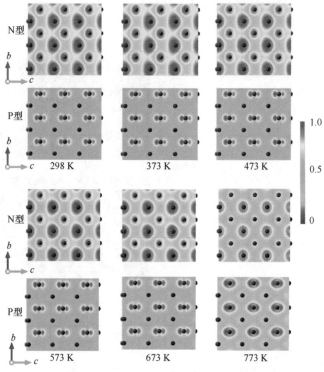

图 5-13　N 型和 P 型 SnSe 晶体在层内方向的态密度随温度变化的示意

5.2.4　SnSe 晶体持续性相变过程

　　N 型 SnSe 晶体的高温高热电性能部分源自 600 K 时载流子迁移率的提升。由文献可知 [17-21]，SnSe 在 800 K 处发生 *Pnma-Cmcm* 相变之前，存在一个温度跨度为 200 K 的持续性相变过程。而载流子迁移率刚好在 600 K 有一个上升的过程，二者的一致不一定是巧合。因此，可以将持续性相变视为影响 SnSe 晶体高温载流子迁移率上升的原因。为了探究载流子迁移率提升对高温热电性能的贡献，这里对载流子迁移率进行了相关的假设拟合。由图 5-8 可知，N 型 SnSe 晶体的载流子迁移率在 600 K 以下满足电声散射关系，载流子迁移率随温度下降的趋势满足 $\mu \sim T^{-3/2}$。因此，在假设没有载流子迁移率提升的前提下，其在 600 K 以上仍然满足 $\mu \sim T^{-3/2}$ 的变化趋势，最终得到了高温下没有提升的载流子迁移率的曲线，如图 5-14（a）所示。接着，通过载流子迁移率、载流子浓度和电导率的关系式，可以反推无相变的样品的电导率，如图 5-14（b）

所示。显然，其相对有相变的 N 型 SnSe 的电导率更低。接着，计算没有发生持续性相变的样品的高温功率因子，其在 600 K 以上的上翘消失，转而变为随着温度的升高而降低，如图 5-14（c）所示。最终，在假设没有发生持续性相变的 N 型 SnSe 晶体中，其在 773 K 的高温 ZT 值从 2.8 降低到了 2.0，如图 5-14（d）所示。由此可见，持续性相变对于 N 型 SnSe 晶体热电性能有很大的影响。

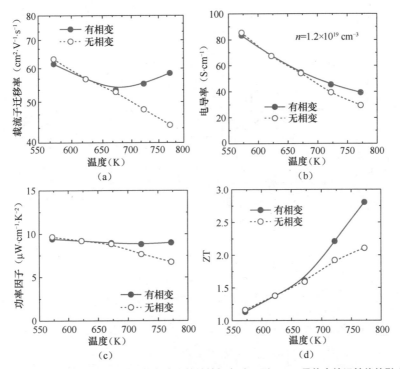

图 5-14　假设没有发生持续性相变与发生持续性相变对 N 型 SnSe 晶体电输运性能的影响
（a）载流子迁移率；（b）电导率；（c）功率因子；（d）ZT 值

持续性相变对载流子迁移率的提升作用主要与其对晶体结构的改变有关。通常来说，对称性越高的晶体结构，其晶格对载流子的散射作用就越弱，载流子迁移率也就越高。因此，有必要对 SnSe 的高温相结构演变进行细致的研究。

原位同步辐射是研究高温材料相结构的有效手段之一。同步辐射的波长只有 0.6887 Å，与传统的铜靶 XRD 相比，其能够得到更加精细的 XRD 图谱。并且，原位同步辐射能在变温情况下对同一个样品进行持续测试，从而得到不同温度下的同步辐射光谱。如图 5-15 所示，随着温度的升高，N 型和 P 型 SnSe 的各个同步辐射峰的位置和强度都发生了显著的变化，特别是在

600～800 K。值得注意的是，满足 $h+k=2n+1$（h、k 代表晶面密勒指数，n 是整数）的峰随着温度的升高，其强度逐渐变弱，直至 800 K 附近消失，从而实现 SnSe 从 *Pnma* 相到 *Cmcm* 相的转变。通常情况下，峰的消失意味着更高的晶体对称性。峰的削弱即意味着一种相从低对称性过渡到高对称性。可是，通过同步辐射光谱，无法对 SnSe 的相变过程进行定量分析，也无法区分 N 型 SnSe 晶体与 P 型 SnSe 晶体在相变过程中的变化。因此，有必要对得到的同步辐射光谱进行结构精修。

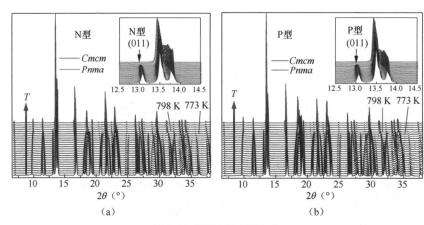

图 5-15　高温同步辐射光谱

（a）N 型 SnSe 晶体；（b）P 型 SnSe 晶体

通过精修同步辐射光谱，可以得到 SnSe 晶格常数随温度的变化趋势，如图 5-16 所示。从图中可以看出，随着温度的升高，b 轴、c 轴方向的晶格常数之间的差异逐渐缩小，直至相同后又再次分开。而 b 轴、c 轴方向的晶格常数比值从小于 1 到大于 1 的转变过程直接对应 SnSe 晶体 800 K 附近的相变过程。由此可知，N 型和 P 型掺杂对于 SnSe 的直接相变过程并没有影响。另外，值得注意的一点是，P 型 SnSe 晶体的 a 轴方向的晶格常数略大于 N 型 SnSe 晶体。该点对以下分析 SnSe 的层外对称性有一定的影响。

通过精修同步辐射光谱，还能够得到 Sn 和 Se 的原子占位，如表 5-2 和表 5-3 所示。原子占位表示晶体结构中原子的精确位置，即各原子的位置与距离。并且，更加精确的原子占位可以得到更加精确的能带结构。为了表征持续性相变对于高温 *Pnma* 相的影响，分别定义了层间和层内的 Se 原子距离——D 和 d，如图 5-17（a）所示。由于低温 *Pnma* 相的低对称性，D 与 d 并不相等，但是

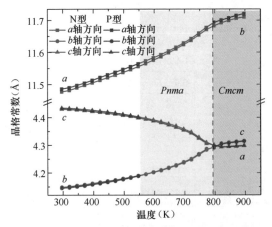

图 5-16　N 型和 P 型 SnSe 晶体的晶格常数随温度的变化规律

随着晶体对称性的提升，其理论比值 d/D 将逐渐趋近 1。为了比较温度对于 SnSe *Pnma* 相对称性的影响，图 5-17（b）表征了 d/D 随温度变化的规律。

根据原子占位，D 和 d 可以表示为：

$$D = \left| 2x_{Se} - 1 \right| \tag{5-6}$$

$$d = \left| \frac{1}{2} - 2x_{Se} \right| \tag{5-7}$$

其中，x_{Se} 为 Se 原子在 a 轴方向的原子占位分量。所以，d/D 可以表示为：

$$d/D = \left| \frac{4x_{Se} - 1}{4x_{Se} - 2} \right| \tag{5-8}$$

最终结果如图 5-17（b）所示。可以看出，在低温端 N 型 SnSe 晶体的 d/D 值更大，说明 N 型 SnSe 在层外方向相对 P 型 SnSe 晶体具有更高的晶体对称性。并且，值得注意的是，随着温度的升高，N 型 SnSe 晶体的 d/D 比 P 型 SnSe 晶体的 d/D 有着更显著的提升，这表示 N 型 SnSe 晶体在 600 K 以上发生了更加显著的持续性相变过程。

表5-2　N型SnSe晶体中Sn原子和Se原子在空间中的原子占位

T（K）	x_{Sn}	y_{Sn}	z_{Sn}	x_{Se}	y_{Se}	z_{Se}	相
298	0.118 509	0.25	0.104 288	0.355 68	0.25	0.019 041	
323	0.118 543	0.25	0.103 92	0.355 63	0.25	0.019 107	
373	0.118 645	0.25	0.102 779	0.355 469	0.25	0.020 167	*Pnma*
423	0.119 075	0.25	0.100 553	0.355 354	0.25	0.020 554	

$T(K)$	x_{Sn}	y_{Sn}	z_{Sn}	x_{Se}	y_{Se}	z_{Se}	相
473	0.119 401	0.25	0.098 295	0.355 549	0.25	0.020 301	
523	0.119 677	0.25	0.095 665	0.355 646	0.25	0.019 857	
573	0.119 993	0.25	0.092 642	0.355 837	0.25	0.020 17	
623	0.120 425	0.25	0.086 59	0.355 901	0.25	0.019 136	
673	0.120 321	0.25	0.077 644	0.355 668	0.25	0.016 875	*Pnma*
723	0.121 431	0.25	0.065 823	0.356 313	0.25	0.014 863	
748	0.122 273	0.25	0.058 941	0.357 482	0.25	0.015 138	
773	0.123 201	0.25	0.039 46	0.358 557	0.25	0.006 68	
793	0	0.126 771	0.25	0	0.366 867	0.25	
823	0	0.122 415	0.25	0	0.364 137	0.25	*Cmcm*
873	0	0.123 833	0.25	0	0.362 609	0.25	

表5-3　P型SnSe晶体中Sn原子和Se原子在空间中的原子占位

$T(K)$	x_{Sn}	y_{Sn}	z_{Sn}	x_{Se}	y_{Se}	z_{Se}	相
298	0.118 699	0.25	0.099 808	0.356 508	0.25	0.017 499	
323	0.118 597	0.25	0.098 816	0.355 774	0.25	0.016 349	
373	0.118 785	0.25	0.097 202	0.355 365	0.25	0.016 023	
423	0.119 293	0.25	0.094 076	0.355 04	0.25	0.015 777	
473	0.119 527	0.25	0.091 516	0.354 942	0.25	0.015 308	
523	0.119 911	0.25	0.088 357	0.355 65	0.25	0.015 29	*Pnma*
573	0.120 251	0.25	0.086 114	0.356 003	0.25	0.016 979	
623	0.120 728	0.25	0.081 261	0.356 518	0.25	0.017 306	
673	0.122	0.25	0.072 786	0.357 164	0.25	0.017 472	
723	0.123 003	0.25	0.062 736	0.358 058	0.25	0.016 421	
748	0.124 954	0.25	0.055 684	0.362 559	0.25	0.011 905	
773	0.126 582	0.25	0.036 361	0.363 605	0.25	0.006 298	
793	0	0.127 878	0.25	0	0.367 007	0.25	
823	0	0.125 556	0.25	0	0.361 875	0.25	*Cmcm*
873	0	0.125 911	0.25	0	0.362 113	0.25	

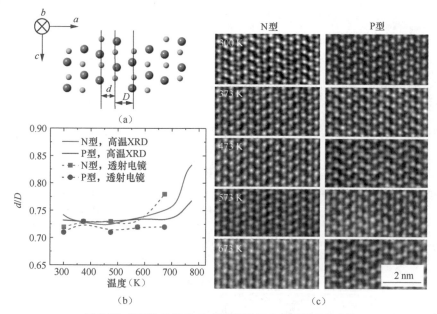

图 5-17　N 型和 P 型 SnSe 晶体原位 TEM 图像及相关参数

（a）Se 原子沿着 a 轴方向的层内间距 d 和层间间距 D 示意；（b）不同温度下 d 与 D 的比值；

（c）N 型和 P 型 SnSe 晶体在不同温度下的原位 TEM

为了进一步确定 N 型 SnSe 晶体和 P 型 SnSe 晶体在持续性相变以及对称性变化方面的差异，分别对 N 型和 P 型 SnSe 晶体进行原位 TEM 分析。图 5-17(c) 所示为从 b 轴方向照射的 N 型（左）和 P 型（右）SnSe 晶体的透射图像。从图中可以看出，SnSe 沿着 a 轴方向呈现出明显的层状结构，并且可以清晰地看到每一个 Sn 原子和 Se 原子的位置。因此，可以通过统计每个 Se 原子的位置精确地得出不同温度下的 d/D。

经过统计发现，N 型和 P 型 SnSe 晶体的 d/D 变化规律与同步辐射光谱的结果一致，这再次印证了 N 型 SnSe 晶体在 600 K 以上发生了更加显著的持续性相变过程，证实了 N 型 SnSe 晶体在层外方向与 P 型 SnSe 晶体相比具有更高的晶体对称性。

图 5-18 所示为通过高分辨 TEM 统计 d/D 的具体步骤。首先，通过 PeakFinder 软件获取每个 Se 原子的精确位置，如图 5-18（a）所示，并且统计每个原子的位置 (x, y)。其中，x 为 Se 原子在 a 轴方向的坐标位置，y 为 Se 原子在 b 轴方向的坐标位置。然后，按照 a 轴的方向统计 x 的分布，画出折线图，得出 D、d，最终通过统计得出不同温度下的 d/D，如图 5-18（b）、图 5-18（c）所示。

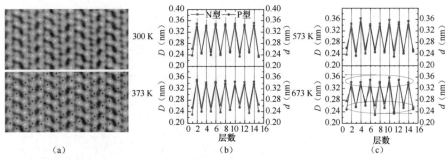

图 5-18　高分辨 TEM 统计 d/D

（a）通过 PeakFinder 软件确定的 Se 的位置；（b）Se 原子在 300 K 和 373 K 下沿 *a* 轴方向的坐标
位置折线统计图；（c）Se 原子在 573 K 和 673 K 下沿 *a* 轴方向的位置折线统计图

5.2.5　SnSe 晶体中能带的简并和退简并过程

为了进一步解释 N 型 SnSe 晶体中高温段载流子迁移率增大效应以及高温段泽贝克系数增大现象，通过第一性原理根据不同温度下的 SnSe 的晶体结构进行了精确的能带表征，以及相应的单带和多带模型计算，最终发现了 SnSe 晶体导带中存在能带的简并和退简并过程[22-23]。

载流子有效质量是能带模型计算中的关键参数。通过 Pisarenko 曲线可以初步判断能带类型和对应的有效质量。图 5-19 所示为 N 型 SnSe 晶体在室温下的 Pisarenko 曲线。可以看出，实验测试的泽贝克系数 – 载流子浓度的数据点均位于有效质量为 0.47 m_e 的 Pisarenko 曲线上。这初步证明，室温下 N 型 SnSe 晶体的导带呈现明显的单带结构，并且其电子有效质量为 0.47 m_e。该有效质量被应用在单带和多带模型的计算之中。

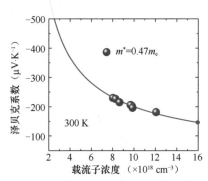

**图 5-19　室温下 N 型 SnSe 晶体的
Pisarenko 曲线**

图 5-20 所示为 N 型 SnSe 晶体在不同温度下的导带结构，可以看到第一导带位于 Γ—Y 方向，而第二导带的能量略微高于第一导带，在低于 748 K 的情况下，其位于 Γ 点，而高于 748 K 的时候，由于发生了显著的持续性相变过程，第二导带的位置逐渐偏移到了 Γ—Z 方向。

对于 P 型 SnSe 晶体，其价带结构也随着温度的升高发生了显著的变化，如图 5-21 所示。从图中可以看出，在室温下，P 型 SnSe 晶体的第一价带位于 Γ-Z 方向，与文献计算结果一致[24-34]；P 型 SnSe 晶体的价带呈现出明显的多带效应，在稍微偏离第一价带的位置出现一个能量略低的第二价带，其仍然位于 Γ—Z 方向。但是，值得注意的是，当温度高于 673 K 时，第二价带消失了。这种变化可以解释 P 型 SnSe 晶体的泽贝克系数在高温段发生下降的现象。由于高温段第二价带的消失，P 型 SnSe 晶体价带的多带效应被削弱，从而在高温段出现一个泽贝克系数的下降过程[30, 33, 35]。作为对比，由于 P 型 SnSe 晶体的第二导带在高温段并没有消失，所以其高温泽贝克系数随着温度的升高一直保持上升趋势。

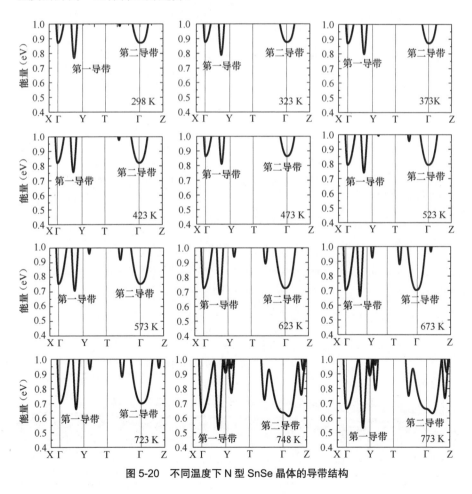

图 5-20　不同温度下 N 型 SnSe 晶体的导带结构

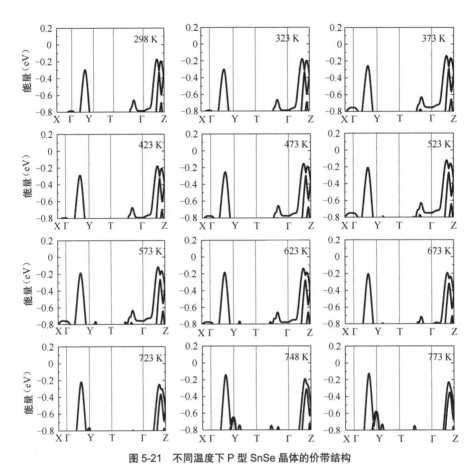

图 5-21　不同温度下 P 型 SnSe 晶体的价带结构

通过第一性原理计算得出 P 型和 N 型 SnSe 晶体在不同温度下的分有效质量（m_x、m_y、m_z）、能带有效质量（m_d）、电导率有效质量（m_l）以及简并度，如表 5-4 所示。第二导带在 c 轴方向具有更大的有效质量，这直接导致第二导带的有效质量远大于第一导带，特别是低于 723 K 的时候。

表5-4　不同温度下SnSe晶体的第一价带、第二价带、第一导带及第二导带的有效质量和简并度的变化

T(K)	P型 SnSe									
	第一价带					第二价带				
	m_x	m_y	m_z	m_d/m_l	N_v	m_x	m_y	m_z	m_d/m_l	N_v
298	0.40	0.31	0.14	0.26/0.23	2	1.00	0.13	0.14	0.26/0.19	1
323	0.40	0.31	0.15	0.26/0.24	2	0.14	0.13	0.14	0.14/0.14	1

续表

T(K)	P型 SnSe									
	第一价带					第二价带				
	m_x	m_y	m_z	m_d/m_l	N_v	m_x	m_y	m_z	m_d/m_l	N_v
373	0.41	0.15	0.14	0.21/0.18	2	0.99	0.12	0.14	0.26/0.18	1
423	0.42	0.28	0.14	0.25/0.23	2	0.20	0.13	0.15	0.16/0.16	1
473	0.46	0.27	0.14	0.26/0.23	2	0.95	0.12	0.47	0.38/0.26	1
523	0.44	0.26	0.14	0.25/0.23	2	0.94	0.11	0.15	0.25/0.18	1
573	0.47	0.24	0.14	0.25/0.22	2	0.92	0.11	0.15	0.25/0.18	1
623	0.49	0.22	0.14	0.25/0.22	2	0.29	0.10	0.15	0.26/0.15	1
673	0.54	0.21	0.14	0.25/0.22	2	0.29	0.09	0.14	0.15/0.14	1
723	0.61	0.18	0.14	0.25/0.21	2	0.30	0.08	0.13	0.15/0.13	2
748	0.69	0.17	0.14	0.25/0.21	2	0.30	0.08	0.12	0.14/0.12	2
773	0.85	0.16	0.13	0.26/0.20	2	0.31	0.07	0.12	0.14/0.12	2

T(K)	N型SnSe									
	第一导带					第二导带				
	m_x	m_y	m_z	m_d/m_l	N_v	m_x	m_y	m_z	m_d/m_l	N_v
298	1.08	0.11	0.14	0.25/0.17	2	0.07	0.88	14.05	0.97/0.20	2
323	0.82	0.10	0.14	0.23/0.16	2	0.07	0.86	8.77	0.81/0.19	2
373	0.72	0.10	0.14	0.22/0.16	2	0.07	0.84	4.42	0.64/0.19	2
423	0.63	0.10	0.14	0.22/0.16	2	0.77	0.84	4.42	0.64/0.19	2
473	0.59	0.10	0.14	0.20/0.16	2	0.07	0.83	3.47	0.61/0.19	2
523	0.58	0.10	0.13	0.20/0.15	2	0.07	0.83	3.87	0.55/0.19	2
573	0.58	0.09	0.13	0.19/0.15	2	0.07	0.85	4.15	0.63/0.19	2
623	0.67	0.09	0.13	0.20/0.15	2	0.07	0.83	4.43	0.64/0.19	2
673	0.62	0.08	0.12	0.18/0.13	2	0.07	0.85	6.09	0.71/0.19	2
723	0.59	0.08	0.12	0.18/0.13	2	0.07	0.87	5.93	0.71/0.91	2
748	2.62	0.07	0.12	0.28/0.13	2	0.07	0.91	1.19	0.41/0.18	2
773	2.65	0.06	0.11	0.26/0.11	2	0.07	0.93	1.08	0.41/0.18	2

　　由于 SnSe 能带的非抛物线性，需要使用 Kane 模型来进行单带和多带 SnSe 的第一性原理计算。电输运性能（泽贝克系数和载流子迁移率）根据半

经典玻耳兹曼输运方程来计算。根据 SnSe 导带的输运特性，电子在输运过程中不仅受到电声散射的影响，更有谷间散射、电子散射等的影响。由于电声散射为主要的散射机制，这里通过模型简化，保证计算过程中只有电声散射被考虑在内。而电声散射又包括声学支散射和光学支散射，在这里，为了保证计算的精度，需要将二者都考虑在内。

在双带模型中，总载流子迁移率被表示为：

$$\mu = \frac{n_1\mu_1 + n_2\mu_2}{n_{\text{total}}} \tag{5-9}$$

泽贝克系数可以表示为：

$$S_{\text{total}} = \frac{n_1\mu_1 S_1 + n_2\mu_2 S_2}{n_1\mu_1 + n_2\mu_2} \tag{5-10}$$

其中，μ、S 和 n 分别表示载流子迁移率、泽贝克系数和载流子浓度。下标 1 和 2 分别表示第一导带和第二导带。

总的载流子浓度表示为：

$$n_{\text{total}} = n_1 + n_2 \tag{5-11}$$

式（5-9）～式（5-11）被用在双带模型中，最终，可得到载流子迁移率和泽贝克系数的表达式：

$$\mu = \frac{e}{m_I^*} \frac{\int_0^\infty \left(-\frac{\partial f}{\partial \varepsilon}\right) \tau_{\text{total}}(\varepsilon)\left(\varepsilon + \beta\varepsilon^2\right)^{3/2}\left(1 + 2\beta\varepsilon\right)^{-1} \mathrm{d}\varepsilon}{\int_0^\infty \left(-\frac{\partial f}{\partial \varepsilon}\right)\left(\varepsilon + \beta\varepsilon^2\right)^{3/2} \mathrm{d}\varepsilon} \tag{5-12}$$

$$S = \frac{k_B}{e}\left(\frac{\int_0^\infty \left(-\frac{\partial f}{\partial \varepsilon}\right) \tau_{\text{total}}(\varepsilon)\varepsilon^{5/2}\left(1 + 2\varepsilon\beta\right)^{-1} \mathrm{d}\varepsilon}{\int_0^\infty \left(-\frac{\partial f}{\partial \varepsilon}\right) \tau_{\text{total}}(\varepsilon)\varepsilon^{3/2}\left(1 + \varepsilon\alpha\right)^{3/2}\left(1 + 2\varepsilon\beta\right)^{-1} \mathrm{d}\varepsilon} - \eta\right) \tag{5-13}$$

其中，k_B 是玻耳兹曼常数，m_I 是电导率有效质量，$\beta = k_B T/E_g$，E_g 为带隙，ε 为介电常数，η 为简约费米能级。

载流子总的弛豫时间为：

$$\tau_{\text{total}}^{-1} = \tau_{\text{ac}}^{-1} + \tau_{\text{op}}^{-1} \tag{5-14}$$

其中，τ_{ac} 为声学支弛豫时间；t_{op} 为光学支弛豫时间。

具体来说，声学支弛豫时间表示为：

$$\tau_{\text{ac}} = \frac{\pi\hbar^4 C_1 N_v}{2^{1/2} m_d^{*3/2}(k_B T)^{3/2} E_d^2}\left(\varepsilon + \varepsilon^2\beta\right)^{-1/2}\left(1 + 2\varepsilon\beta\right)^{-1}\left[1 - \frac{8\beta\left(\varepsilon + \varepsilon^2\beta\right)}{3(1 + \varepsilon\beta)}\right]^{-1} \tag{5-15}$$

其中，m_d^* 为总态密度有效质量，N_v 为简并度，C_1 为平均纵波杨氏模量，E_d 为形变势。光学支弛豫时间表示为：

$$\tau_{op}\left(\varepsilon\right) = \frac{4\pi\hbar^2\varepsilon^{1/2}N_v^{1/3}}{2^{1/2}\left(k_BT\right)^{1/2}e^2m_d^{*1/2}\left(\varepsilon_\infty^{-1}-\varepsilon_s^{-1}\right)}\left(1+2\varepsilon\beta\right)^{-1}\left(1+\varepsilon\beta\right)^{1/2}\times$$

$$\left\{\left[1-\delta\ln\left(1+\frac{1}{\delta}\right)\right]-\frac{2\beta\varepsilon\left(1+\varepsilon\beta\right)}{\left(1+2\varepsilon\beta\right)^2}\left[1-2\delta+2\delta^2\ln\left(1+\frac{1}{\delta}\right)\right]\right\}^{-1} \qquad (5\text{-}16)$$

其中，ε_∞、ε_s 分别表示高频和静态介电常数。δ 被定义为：

$$\delta\left(\varepsilon\right) = \frac{e^2m_d^{*1/2}N_v^{2/3}}{2^{1/2}\varepsilon\left(k_BT\right)^{1/2}\pi\hbar\varepsilon_\infty}\left(1+\varepsilon\beta\right)^{-1}{}^0F_1^{1/2} \qquad (5\text{-}17)$$

其中，${}^0F_1^{1/2}$ 为 1/2 阶费米积分。

最终，载流子浓度可以表示为：

$$n = \frac{\left(2m_d^*k_BT\right)^{3/2}}{3\pi^2\hbar^3}\int_0^\infty\left(-\frac{\partial f}{\partial\varepsilon}\right)\varepsilon^{3/2}\left(1+\varepsilon\beta\right)^{3/2}\mathrm{d}\varepsilon \qquad (5\text{-}18)$$

在单带泽贝克系数的计算过程中，只有第一导带被考虑。由于计算所得的有效质量略低于实验所得，作为修正，态密度有效质量按照 1∶18 的比例进行放大。而在双带载流子迁移率的计算过程中，第一导带和第二导带均被考虑。根据文献值，声速被设定为 3500 m·s⁻¹。在高于 723 K 的情况下，由于第二导带的位置发生偏移，并在原先位置产生新的导带，为了避免使用更加复杂的三带模型，适当放大了高温下第二导带的有效质量，使其包含第三导带对载流子迁移率的影响。

通过以上的理论计算，可以得到各个温度下 N 型 SnSe 晶体的能带结构，并通过单带和双带模型分别计算出理论泽贝克系数和载流子迁移率，如图 5-22 所示。

从图 5-22（a）可以看出，SnSe 存在两个能量接近的导带。第一导带位于 $\varGamma$—Y 方向，第二导带位于 $\varGamma$ 点。二者在室温下的能量差为 0.1 eV。因此在室温下，第二导带不参与电子的输运，体现出典型的单带效应，随着温度的升高，二者的能量差逐渐减小，发生能带简并效应，在 600 ～ 700 K 达到最小值 0.02 eV。由于极小的能量差，第二导带和第一导带一起参与电子输运，此时 SnSe 的导带体现出明显的多带效应。而随着温度的进一步提升，二者的能量差逐渐变大，最终在 800 K 附近，两个导带的能量差拉大为 0.1 eV，该过程为能带的退简并过程。图 5-22（b）可以对以上能带变化过程进行说明。

简并和退简并过程对于 N 型 SnSe 晶体的电输运性能分别有着不同的影响。在能带简并过程中，由于两个能带的能量差减小，第二导带参与载流子输运，使得导带整体简并度提高，有效质量增大。由 Pisarenko 曲线可知，泽贝克系数与有效质量成正比。因此，在能带简并过程中，N 型 SnSe 晶体的泽贝克系数相对单带来说显著增大。而在能带的退简并过程中，由于第二导带逐渐退出电子输运，有效质量减小，N 型 SnSe 晶体的泽贝克系数与单带模型的差异逐渐缩小。但是从另一个角度来说，有效质量的减小会导致载流子迁移率增大。因此，能带退简并过程对应着 N 型 SnSe 晶体的载流子迁移率的提升。一般情况下，相对高温段泽贝克系数的提升，载流子迁移率的提升对电输运性能的提升更为显著。

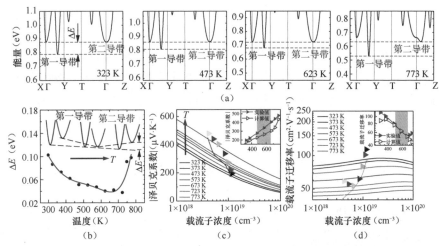

图 5-22　N 型 SnSe 晶体在不同温度下的能带结构、泽贝克系数和载流子迁移率

（a）不同温度下 SnSe 的导带结构变化；（b）SnSe 中第一导带和第二导带的能量差随温度变化的示意以及变化曲线；（c）实验得到的泽贝克系数绝对值与通过单带模型计算得到的泽贝克系数的比较；（d）实验得到的载流子迁移率与通过双带模型计算得到的载流子迁移率的比较

为了定量分析简并和退简并过程对于泽贝克系数和载流子迁移率的影响，这里将泽贝克系数跟单带模型计算的结果进行对比，如图 5-22（c）所示。将载流子迁移率跟双带模型计算的结果进行对比，如图 5-22（d）所示。从图 5-22（c）可以看出，在室温下，泽贝克系数（绝对值）的实验值和单带模型的计算值比较接近。然而，随着温度的升高，实验值逐渐偏离计算值，随

着温度的升高，二者的差异越来越大，这说明 N 型 SnSe 晶体中发生了导带的简并，而在 700 K 以上，二者的差异开始缩小，说明导带发生了能带退简并过程，有效质量降低。从图 5-22（d）可以看出，在室温下，载流子迁移率的实验值远高于双带模型的计算值，间接证明第二导带并没有参与载流子的输运过程，但是随着温度的升高，二者的差异逐渐变小，说明由于能带的简并过程，第二导带开始参与载流子的输运，在 700 K 以上，由于第二导带的退简并过程，载流子迁移率的实验值与双带模型的计算值发生偏差，该过程证明了高温段载流子迁移率的提升源自能带的退简并过程。

5.3　Pb 固溶的 N 型 SnSe 晶体的热电性能研究

通过温度梯度法以及 Br 掺杂，研究人员成功制备了 N 型 SnSe 晶体，然后发现了其在 773 K 下 ZT 值能够达到约 2.8。并且，这种优异的热电性能是在 SnSe 晶体的层外方向获得的。经研究发现，N 型 SnSe 晶体中存在着独特的三维电输运和二维热输运性能，使得其沿层外方向的电输运性能优于层内方向。并且，N 型 SnSe 晶体在 600 ～ 800 K 存在一个持续性相变过程，该过程能够显著提升 N 型 SnSe 晶体在层外的对称性，从而使得其在高温段的载流子迁移率得到显著提升。同时，持续性相变过程显著地改变了 SnSe 的晶体结构，使得其在整个温度区间分别发生能带简并和退简并过程，从而使得 N 型 SnSe 晶体的泽贝克系数得到增大。再结合层外方向极低的热导率，最终 N 型 SnSe 晶体在层外方向获得了极高的热电性能。

然而，N 型 SnSe 晶体仍然存在需要解决的问题。值得注意的是，热电器件的能量转换效率是由热电材料的 ZT_{ave} 值来决定的。在这一点上，相对 P 型 SnSe 晶体的 1.3，N 型 SnSe 晶体的 ZT_{ave} 值只有 0.9。因此，有必要研究提升 N 型 SnSe 晶体 ZT_{ave} 值的方法。

之前的研究表明，重掺杂能够显著提升 SnSe 在整个温度区间内的热电性能，进而提升 ZT 值。同样，Br 掺杂的 N 型 SnSe 晶体的载流子浓度并没有进入最优载流子浓度的范围。因此，提升载流子浓度有进一步提升其热电性能的可能。掺杂剂的掺杂效率与其在基体中的形成能有关，形成能越低，其相对掺杂效率也就越高[36]。而 Br 在 PbSe 中的掺杂效率远高于 SnSe 中的，并且二者能够在比较大的浓度范围内实现固溶（12% Pb）。因此，本节在 Br 掺杂的 N

型 SnSe 晶体基础上通过 Pb 固溶，尝试优化其在整个温度区间内的热电性能。

研究发现，Pb 固溶的 SnSe 晶体仍然保持着 SnSe 的晶体结构（层状结构），并且体现出三维电输运和二维热输运性能。除此之外，它还体现出两种不同于 Br 掺杂的 SnSe 晶体的特性。首先，Pb 固溶改变了 SnSe 的相变以及持续性相变过程，使得之前只有 200 K 的持续性相变温区扩展为 400 K。其次，Pb 固溶使 SnSe 的晶体结构发生了细微变化，通过第一性原理计算，发现 Pb 固溶的 SnSe 晶体的能带简并过程在室温下开始发生，也就是说，Pb 固溶成功地实现 SnSe 晶体在室温下从单带输运到双带输运的转变，从而使整个温度区间内的泽贝克系数得到增大。结合载流子浓度增大带来的电导率的增大，Pb 固溶的 SnSe 晶体在整个温度范围内的功率因子都得到显著提升。

至于热导率，由于 Pb 和 Sn 两种元素的原子半径和质量都存在很大差异，因此固溶 Pb 给 SnSe 晶格带来很大的质量和体积波动，因此，Pb 固溶在提升电输运性能的同时也进一步降低了 SnSe 的热导率 [37-38]。最终，Pb 固溶的 N 型 SnSe 晶体在整个温度范围内的热电性能都得到了提升，其在 300 ～ 723 K（Pb 固溶的 SnSe 的相变点）的 ZT_{ave} 值从之前的 0.9 显著提升到 1.3。

5.3.1 Pb 固溶的 SnSe 晶体的持续性相变过程

图 5-23 所示为 SnSe 和 PbSe 的局部固溶相图 [38]。从图中可以看出，SnSe 与 PbSe 为部分固溶。PbSe 在 SnSe 中的室温固溶度为 12 %。虽然随着温度的升高，其在 SnSe 中的固溶度有所上升，但是考虑到材料制备的升降温过程和使用温度区间，其固溶度极限仍然要保持在 12 % 以内。在实际样品制备过程中发现，当 PbSe 的固溶度超过室温极限，通过温度梯度法制备的 Pb 固溶的 SnSe 晶体在降温过程中会发生样品碎裂的现象。这是因为降温过程中 Pb 含量超过了 SnSe 的固溶极限，从而析出 PbSe 第二相。由于 SnSe 为层状结构，层间结合力较弱，样品极易被析出的第二相破坏。

纯 SnSe 的高温相变点（Pnma-Cmcm）为 793 K，随着 Pb 固溶度的提升，相变点逐渐往低温移动。由于 N 型 SnSe 的低温相（Pnma）的热电性能优于高温相（Cmcm）的热电性能，因此本节主要研究低温相。值得注意的是，之前的研究发现在 SnSe 的高温相变点以下，存在着一个温度跨度很广的持续性相变过程，该过程对于 N 型 SnSe 晶体的热电性能有着显著的影响。根据持续性相变的激发温度可以将 SnSe 的低温相分为两种：低对称性的 γ 相和高对称性

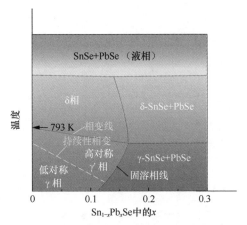

图 5-23　SnSe 和 PbSe 的局部固溶相图

的 γ' 相。从相图中可以看出，随着 Pb 固溶度的增大，其高对称性的 γ' 相在整个低温相的比例逐渐增大，这说明 Pb 的固溶能够提升 SnSe 的晶体对称性。

为了分析 Pb 固溶对 SnSe 晶体对称性的影响，图 5-24 展示了 SnSe、PbSe、Pb 固溶的 SnSe 的晶体结构。值得注意的是，由于 SnSe 和 PbSe 的晶体结构存在明显的差异，如果按照相同晶轴方向对比二者的晶体结构，无法体现出它们在相互固溶中的关系。因此，为了体现 Pb 在 SnSe 中的固溶情况，将其晶体结构沿着 a 轴方向旋转 45°。从图 5-24（a）、图 5-24（b）可以看出，PbSe 的晶体对称性远高于 SnSe。在 SnSe 中固溶 Pb 之后，所得到的晶体结构仍然与 SnSe 相同，但是其对称性相对未固溶的 SnSe 得到一定提升。

为了表征 SnSe 晶体对称性的变化，这里标定了 α 和 β 两个角度。通过 SnSe 和 PbSe 的结构对比可以看出，SnSe 的晶体结构可以看作 PbSe 的立方结构发生一定畸变得到的。具体来说，是将双原子层沿着平行于层的方向进行横向偏移。这种偏移使得 Sn 和 Se 不再处于同一水平位置。Sn 原子与 Se 原子的偏移程度可以通过二者与解理面的夹角 α 和 β 的大小来表示，角度越大，偏移越大，意味着晶格对称性越低[39]。图 5-24 所示的晶体结构为 SnSe 以及 Pb 固溶后的晶体结构示意。二者都是基于同步辐射所得到的原子占位得到的，因此可以得到夹角 α 和 β 的变化并且对其结构进行定性表征。对比图 5-24（a）和图 5-24（c）可知，Pb 固溶的 SnSe 的对称性相对纯 SnSe 得到一定的提升。对比图 5-24（c）和图 5-24（d）可知，Pb 固溶的 SnSe 的 γ' 相的对称性高于低温 γ 相。

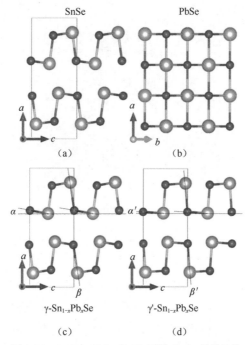

图 5-24 SnSe、PbSe 和 Pb 固溶 SnSe 晶体结构

（a）SnSe 的低温晶体结构；（b）PbSe 的低温晶体结构；

（c）Pb 固溶 SnSe 的低温晶体结构；（d）Pb 固溶 SnSe 的高温晶体结构

　　室温和高温原位同步辐射测试可以定量研究 Pb 固溶对于 SnSe 晶体结构的影响。图 5-25（a）所示为不同 Pb 固溶度的 SnSe 晶体的室温 XRD。在整个 Pb 固溶度范围内，其晶体结构都与 SnSe 的晶体结构一致。随着 Pb 固溶度的增加，高角度峰向低角度偏移。这是因为 Pb 的离子半径大于 Sn 的离子半径，Pb 固溶后晶体原胞体积增大。其晶格常数随 Pb 固溶度的变化如图 5-25（a）所示，可以看出，随着 Pb 含量的增大，a 轴和 b 轴方向的晶格常数增大，而 c 轴方向的晶格常数则略微变小。值得注意的是，层内方向的 b 轴和 c 轴之间的差异逐渐变小，说明随着 Pb 含量的增加，SnSe 的晶体对称性得到提升。图 5-25（b）所示为 Pb 固溶的 SnSe 晶体（$Sn_{0.88}Pb_{0.12}Se_{0.97}Br_{0.03}$）的原位同步辐射光谱。可以看出，随着温度的升高，Pb 固溶 SnSe 样品的各个同步辐射峰的位置和强度发生了显著的变化，不过发生显著变化的温度区间变宽。值得注意的是，满足 $h+k=2n+1$ 的峰随着温度的升高，其强度逐渐变弱，直至 750 K 附近消失，从而实现 SnSe 从 *Pnma* 相到 *Cmcm* 相的转变，而之前未固溶的 SnSe 的相变温度为 800 K，因此固溶 Pb 显著地降低了 SnSe 的相变温度。通常情况下，峰的消失意味着更高的晶体对称性，峰的减弱意味着一种相从低对称性到高对称性过渡。

通过精修同步辐射光谱，可以得到 Pb 固溶的 SnSe 晶体的晶格常数随温度的变化趋势，如图 5-25（c）所示。从图中可以看出，随着温度的升高，b 轴、c 轴方向晶格常数之间的差异逐渐缩小，直至相同后又再次分开。而 b 轴与 c 轴方向晶格常数之比从小于 1 到大于 1 的转变过程直接对应 $Sn_{0.88}Pb_{0.12}Se_{0.97}Br_{0.03}$ 晶体在 750 K 附近的相变过程。由此可知，Pb 固溶显著地降低了 SnSe 的相变温度。图 5-25（c）中 3 个晶体结构示意分别表示低对称性的 γ 相、高对称性的 γ′ 相和高温 δ 相。从 γ 相 Sn 原子和 Se 原子的相对间距可以看出，双原子层沿着平行于层的方向进行横向偏移。随着晶体对称性的提升，两种原子的相对间距逐渐缩小，直至在 δ 相中完全重合。

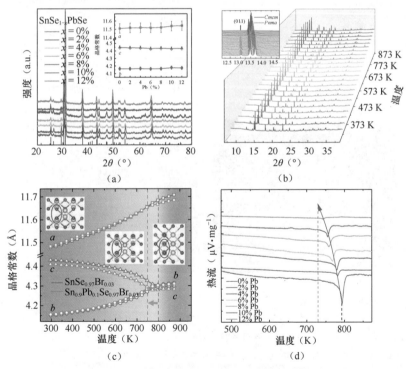

图 5-25　Pb 固溶的 SnSe 晶体的持续性相变

（a）不同 Pb 固溶度的 SnSe 晶体的室温 XRD；（b）Pb 固溶的 SnSe 晶体的原位同步辐射光谱；

（c）未固溶 SnSe 晶体和 Pb 固溶的 SnSe 晶体的晶格常数随温度的变化；

（d）Pb 固溶的 SnSe 晶体的 DTA 曲线

接着运用 DTA 对 Pb 固溶的 SnSe 晶体的高温相变过程进行了研究，结果如图 5-25（d）所示。可以看出，未固溶的 SnSe 的高温相变点在 800 K 附近，并且在相变点附近存在着剧烈的放热现象。随着 Pb 固溶度的提升，其相变点逐渐向低温移动。在 $Sn_{0.88}Pb_{0.12}Se_{0.97}Br_{0.03}$ 中，其相变点温度为 742 K。值得注意的是，随着 Pb 固溶度的增加，其在高温相变点附近的放热现象逐渐减弱。

图 5-26（a）中的左图所示为 Pb 固溶的 SnSe 晶体的实物，其呈现出明显的层状结构，说明在 10% 的固溶度范围内，Pb 固溶的 SnSe 晶体仍然保持着 SnSe 的晶体结构。由于层间较弱的结合力，晶体易沿着 (100) 面发生解理。图 5-26（a）中的右图所示为 Pb 固溶的 SnSe 晶体的热电性能测试方向。

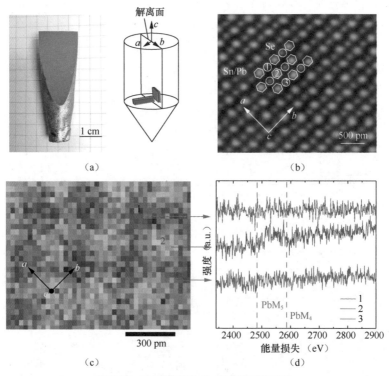

图 5-26　Pb 固溶的 SnSe 晶体和晶体结构

（a）Pb 固溶的 SnSe 晶体实物以及热电性能测试方向；（b）沿着 c 轴方向观测的 Pb 固溶的 SnSe 晶体微观结构；（c）、（d）Pb 固溶的 SnSe 晶体的能量损失谱

为了研究分析 Pb 在 SnSe 晶体中的分布和取代情况，需要利用 TEM 沿着 c 轴方向对 Pb 固溶的 SnSe 晶体微观结构进行分析。如图 5-26（b）所示，Pb

固溶的 SnSe 晶体呈现出明显的双原子层状结构。其中，大原子为 Sn 原子或者 Pb 原子，小原子为 Se 原子。为了进一步验证 Pb 原子取代 Sn 原子的具体位置，分别在小原子（位置 1）、大原子（位置 2）以及原子间隙（位置 3）的位置进行能量损失谱分析，如图 5-26（c）和图 5-26（d）所示。从图 5-26（d）可以看出，只在位置 2 检测出 Pb 原子的能量损失信号 M5 和 M4。因此可以证明，Pb 原子取代了 SnSe 中 Sn 原子的位置。

为了进一步确定 Pb 固溶的 SnSe 晶体和 Br 掺杂的 SnSe 晶体在持续性相变以及对称性变化上的差异，对 Pb 固溶的 SnSe 晶体进行了原位 TEM 分析。图 5-27（a）所示为沿 *b* 轴方向照射的 TEM 图像。从图中可以看出，SnSe 沿着 *a* 轴方向呈现出明显的层状结构，并且可以清晰地看到每一个 Sn/Pb 原子和 Se 原子的位置（红色为 Sn/Pb 原子，白色为 Se 原子）。随着温度的升高，双原子层的层内间距和层间间距发生了明显的变化。与第 4 章的高分辨 TEM 表征相同，通过 PeakFinder 软件，可以统计每个 Se 原子的相对位置，从而得出不同温度下的 *d/D*，如图 5-27（b）、图 5-27（c）所示。

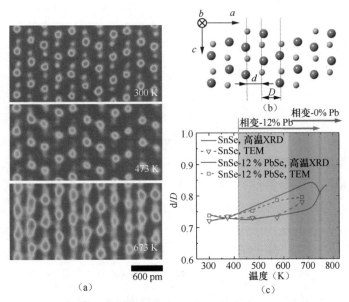

图 5-27　Pb 固溶的 SnSe 晶体的原位 TEM、晶体结构、*d/D* 随温度的变化
（a）Pb 固溶的 SnSe 晶体的原位 TEM 图像；（b）Pb 固溶的 SnSe 晶体的结构示意；
（c）*d/D* 随温度的变化

经过统计发现，Pb 固溶的 SnSe 的 d/D 随温度变化的规律与未固溶样品不同。首先是曲线开始升高的温度点从之前未固溶 Pb 的 600 K 降低到了373 K 附近。另外，d/D 增大的幅度也远大于未固溶样品。通过球差电镜获得的 d/D 的变化规律与基于同步辐射得到的结果一致，印证了 Pb 固溶改变了SnSe 的相变以及持续性相变过程，使得之前只有 200 K 的持续性相变温区扩展到 400 K，并且相变的位移变化程度也比未固溶的 SnSe 更加显著。

5.3.2 Pb 固溶的 N 型 SnSe 晶体的电输运性能

为了探究 Pb 固溶对 SnSe 晶体的热电性能的影响，这里测试了不同 Pb 固溶度的 SnSe 晶体（$Sn_{1-x}Pb_xSe_{0.97}Br_{0.03}$）的电导率、泽贝克系数、功率因子、室温载流子浓度和载流子迁移率、变温载流子迁移率以及 Pisarenko 曲线等。

如图 5-28（a）所示，与 N 型 SnSe 晶体的电导率一样，Pb 固溶的 SnSe 晶体的电导率体现出典型的金属 / 重掺杂半导体特性——随着温度的升高逐渐下降。不过，其整体的电导率随着 Pb 固溶度的变化体现出其独特性。在 Pb的含量低于 6% 的情况下，其电导率相对未固溶 Pb 的样品几乎都有所下降，这是因为，当 Pb 的含量较低时，其在 SnSe 中更多地表现为掺杂效应。而由于 $PbBr_2$ 相对 $SnBr_2$ 具有更低的形成能 [40]，Pb 离子会优先与 Br 离子结合，从而使得载流子迁移率降低。载流子浓度的变化证实了这个现象，如图 5-28（b）所示。值得注意的是，在 0 ～ 4% 范围内，Pb 固溶的 SnSe 晶体的载流子迁移率出现了一个峰值，这可以归因于载流子浓度的降低引起电子散射的减弱。当Pb 的固溶度超过 4% 之后，Pb 固溶的 SnSe 晶体的电导率开始显著提升。从载流子浓度的变化规律来看，电导率的提升源自显著提升的载流子浓度。这种提升同样可以从形成能的角度来解释。当 Pb 的固溶度增加后，其固溶效果逐渐明显。相对 Br 离子在 SnSe 中的形成能，其在 PbSe 中的形成能更低 [36]。也就是说，Br 在 PbSe 中的掺杂效率高于其在 SnSe 中的掺杂效率，因此，在固溶 Pb 之后，SnSe 晶体的载流子浓度得到显著提升，从 $SnSe_{0.97}Br_{0.03}$ 中的1.2×10^{19} cm^{-3} 提升到了 $Sn_{0.88}Pb_{0.12}Se_{0.97}Br_{0.03}$ 中的 1.8×10^{19} cm^{-3}。相应地，其载流子迁移率随着 Pb 固溶度的增加逐渐降低。图 5-28（c）展示了不同温度下的 Pb 固溶的 SnSe 晶体的载流子迁移率随温度的变化。与第 5.2 节研究的 Br掺杂的 SnSe 晶体的高温载流子迁移率变化趋势相同，其载流子迁移率随温度变化的趋势满足 $\mu \propto T^{-3/2}$，并且在高温段出现了载流子迁移率上升的现象。不同之处在于，与 Br 掺杂的 SnSe 晶体相比，使载流子迁移率上升的激发温度不断向低温移动。这种激发温度的降低源自 Pb 固溶引起了持续性相变过程变强。

　　至于泽贝克系数，由于在室温下，Br 掺杂的 SnSe 晶体的两个导带具有较大的能量差，其室温泽贝克系数随载流子浓度的变化满足 Pisarenko 曲线，即在室温下为单带输运，如图 5-28（d）所示。在固溶 Pb 后发现，随着载流子浓度的提升，Pb 固溶的 SnSe 晶体的泽贝克系数逐渐偏离 Pisarenko 曲线，这表明其在室温下已不再表现为单带输运，产生这种现象的原因为随着载流子浓度的提升，费米能级成功进入第二导带，使得第二导带在室温下即可参与电子的输运。并且随着温度的提升，Pb 固溶的 SnSe 晶体的泽贝克系数与未固溶的 SnSe 晶体相比显著增大，如图 5-28（e）所示。最终，Pb 固溶的 SnSe 晶体的功率因子在整个温度区间内都得到了增大，特别是在中温段（$500 \sim 600 \, \mathrm{K}$），功率因子达到 $12 \, \mu\mathrm{W} \cdot \mathrm{cm}^{-1} \cdot \mathrm{K}^{-2}$，如图 5-28（f）所示。

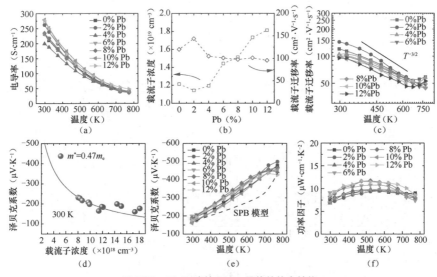

图 5-28　Pb 固溶的 SnSe 晶体的热电性能

（a）电导率；（b）载流子浓度和载流子迁移率；（c）载流子迁移率；
（d）Pisarenko 曲线；（e）泽贝克系数；（f）功率因子

5.3.3　Pb 固溶的 N 型 SnSe 晶体的能带简并过程

　　精修同步辐射光谱获得的不同温度下的原子占位信息可以解释 Pb 固溶导

致泽贝克系数增大的原因。根据第一性原理计算，获得了不同温度下的 Pb 固溶的 SnSe 晶体的能带。

如图 5-29 所示，与 Br 掺杂的 SnSe 晶体相同的是，Pb 固溶的 SnSe 晶体同样存在两个能量差相近的导带。其中，第一导带位于 Y—Γ 方向上；第二导带位于 Γ 点上，并且在高温段略微偏移。由于其相变点温度降低，其在 773 K 已变为 Cmcm 相（由于 N 型 SnSe 的 Pnma 相的热电性能优于 Cmcm 相，在这里不对 Cmcm 相做具体的分析）。与 Br 掺杂的 SnSe 晶体相同，两个导带的能量差随着温度的升高逐渐改变。图 5-30 所示为 Pb 固溶的 SnSe 晶体的第一导带和第二导带能量差随温度的变化。可以看出，两个导带的能量在室温下就很接近，能量差约为 0.05 eV，远低于 Br 掺杂的 SnSe 晶体导带的能量差（0.11 eV）。正因为如此，Pb 固溶的 SnSe 晶体在室温下就体现出多带输运特性，这就解释了图 5-28（d）中，泽贝克系数偏离 Pisarenko 曲线的现象。随着温度的提升，两个导带的能量差进一步减小，其在 400 K 时能量差基本趋近 0，如图 5-29（b）所示。此时，SnSe 的多带输运效应最强，从图 5-28（e）可以看出，即使是相对有多带贡献的 Br 掺杂的 SnSe 晶体，Pb 固溶的 SnSe 晶体的泽贝克系数同样有所提升。值得注意的是，这种提升是在载流子浓度升高的基础上实现的。而在 450 K 之后，导带的能量差开始逐渐拉大，其在 723 K 的能量差为 0.09 eV，大于室温下的能量差。作为对比，Br 掺杂的 SnSe

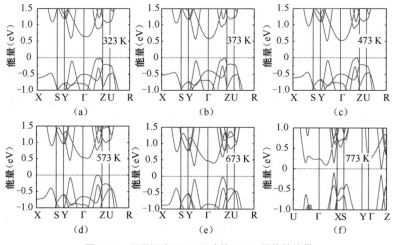

图 5-29　不同温度下 Pb 固溶的 SnSe 晶体的能带

在 300 ～ 723 K 的温度区间内的能量差始终保持降低的趋势。因此，Pb 固溶的 SnSe 晶体的泽贝克系数在 700 K 附近出现明显的能带退简并现象，而 Br 掺杂的 SnSe 晶体泽贝克系数始终保持增长。

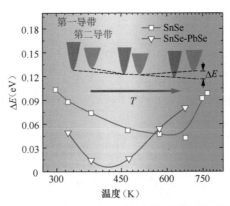

图 5-30　Pb 固溶的 SnSe 晶体的第一导带和第二导带能量差随温度的变化

5.3.4　Pb 固溶的 N 型 SnSe 晶体的热输运性能及 ZT 值

图 5-31（a）、图 5-31（b）所示为不同 Pb 固溶的 SnSe 晶体的总热导率和晶格热导率随温度的变化。可以看出，随着 Pb 固溶度的升高，室温总热导率逐渐降低，从约 0.9 W·m^{-1}·K^{-1} 降低到约 0.7 W·m^{-1}·K^{-1}。这是由于 Pb 的原子质量和原子半径均大于 Sn 原子，因此 Pb 固溶引起的质量和体积波动将对声子产生很强的散射，从而使得 Pb 固溶的 SnSe 晶体的热导率降低。随着温度的升高，热导率进一步降低。值得注意的是，随着 Pb 含量的增加，SnSe 晶体在 723 K 逐渐出现一个上翘的过程。这是 SnSe 的高温相变点向低温端移动导致的。之前的研究表明，在从 *Pnma* 相向 *Cmcm* 相转变的过程中 SnSe 热导率会发生显著提升。

最终，由于 Pb 固溶的 SnSe 晶体在整个温度区间具有增大的功率因子和降低的热导率，其 ZT 值相对未固溶的 SnSe 晶体得到进一步的提升。在 723 K，ZT$_{max}$ 值从 2.1 提升到了 2.4。Pb 固溶 SnSe 晶体在 300 ～ 723 K 的热电性能提升则更加明显。作为对比，这里列出了目前得到的各种 N 型 SnSe 的 ZT$_{ave}$ 值，如图 5-31（d）所示。

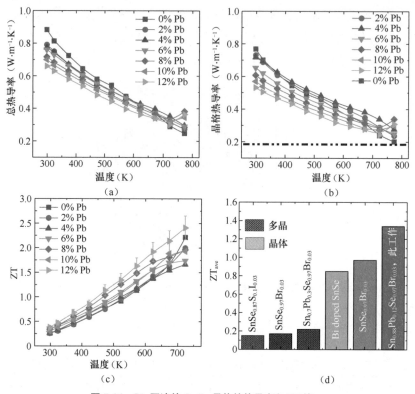

图 5-31　Pb 固溶的 SnSe 晶体的热导率和 ZT 值

（a）Pb 固溶的 SnSe 晶体的总热导率；（b）Pb 固溶的 SnSe 晶体的晶格热导率；
（c）Pb 固溶的 SnSe 晶体的 ZT 值；（d）不同 N 型 SnSe 的 ZT_{ave} 值的比较

5.4　S 固溶的 N 型 SnSe 的热电性能研究

第 5.3 节研究了 Pb 固溶对于 SnSe 晶体热电性能的影响。研究发现，通过 Pb 固溶改变 SnSe 的持续性相变过程，SnSe 在整个温度范围内的电输运性能得到了增强；结合固溶效应引起的低热导率，Pb 固溶的 SnSe 在整个温度范围内获得了高热电性能，其在 300 ～ 723 K 的 ZT_{ave} 值从之前的 0.9 提升到 1.3。

然而，Pb 固溶会使 SnSe 晶体的相变点向低温区移动。通过相图筛选发现，SnS 的相变点温度高于 SnSe，并且其可以与 SnSe 以任意含量完全固溶。

因此，向 SnSe 中固溶 SnS 能够有效提升 SnSe 的相变点温度，从而将 SnSe 的 ZT_{max} 的温度提升到更高的温度区间。并且由于引入合金化声子散射，通过固溶 SnS，能够降低 SnSe 的热导率。本节通过对 S 固溶的多晶及晶体 SnSe 的研究，总结 SnS 对 SnSe 高温相变以及相应的热电性能的影响。

5.4.1　S 固溶的 SnSe 的高温相变

SnS 和 SnSe 具有相同的晶体结构。二者在低温均为 *Pnma* 相，高温均为 *Cmcm* 相，并且二者能够完全固溶，如图 5-32 所示 [41-43]。SnS 的相变点温度更高，为 873 K，SnSe 的相变点温度为 800 K。当向 SnSe 中固溶一定量的 S 时，随着 SnS 浓度的升高，SnSe 的相变点温度也逐渐升高。

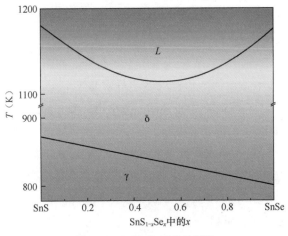

图 5-32　SnSe 和 SnS 的相图

图 5-33（a）所示为不同 S 固溶度的 SnSe 的室温 XRD 图谱，从中可以看出，所有 XRD 图谱均与 SnSe 的标准图谱一致。说明 S 完全固溶进入 SnSe，没有第二相产生。值得注意的是，随着 S 含量的增加，XRD 图谱中的高角度峰逐渐向高角度偏移。这意味着随着 S 含量的增加，其晶胞体积逐渐缩小。图 5-33（b）所示为不同 S 固溶度的 SnSe 的室温紫外光谱。可以看出，随着 S 含量的增加，SnSe 的带隙逐渐增大。这是因为与 SnSe 相比，SnS 具有更宽的带隙。带隙的持续变化证明 S 在 20% 固溶度范围内可在 SnSe 中完全固溶。

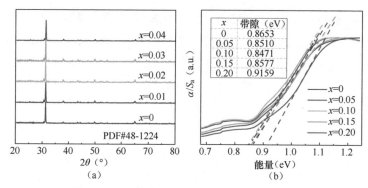

图 5-33 S 固溶的 SnSe 的 XRD 图谱和紫外光谱

（a）不同 S 固溶度的 SnSe 的室温 XRD 图谱；（b）不同 S 固溶度的 SnSe 的室温紫外光谱

注：α 为吸收系数，S_a 为扩散系数。

5.4.2 S 固溶的 N 型 SnSe 的电输运性能分析

　　首先，研究 S 固溶的多晶 SnSe 的电传输性能，如图 5-34（a）～图 5-34（c）所示。可以看出，S 固溶的多晶 SnSe 的电导率偏低，特别是室温电导率。这种极低的电导率源自多晶 SnSe 中极强的晶界散射。当 S 的固溶度低于 10 % 时，其电导率与 N 型 SnSe 的电导率接近。当 S 的固溶度为 15 % 时，电导率则发生显著的降低。在 500～600 K，所有 S 固溶的多晶 SnSe 的电导率有明显的提升。这是因为随着温度的提升，载流子获得更高的能量，逐渐突破晶界势垒，从而使载流子迁移率得到一定的提升。最终，S 固溶的多晶 SnSe 的高温电导率达到 $10^1 \, \mathrm{S \cdot cm^{-1}}$ 的数量级。而对于泽贝克系数，所有 S 固溶的多晶 SnSe 的泽贝克系数均随着温度的升高而增大。泽贝克系数因为低的电导率而得到显著的提升。最终，S 固溶的多晶 SnSe 的功率因子如图 5-34（c）所示。与只有 Br 掺杂的多晶 SnSe 相比，S 固溶的多晶 SnSe 的功率因子没有增大。

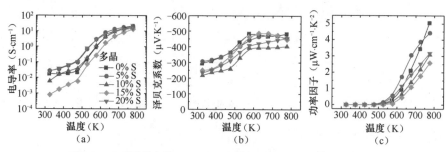

图 5-34 S 固溶的多晶 SnSe、S 固溶的晶体层外方向的电输运性能

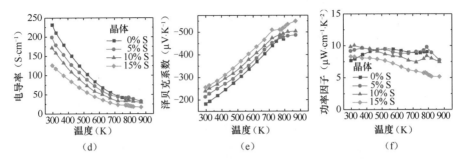

图 5-34　S 固溶的多晶 SnSe、S 固溶的晶体层外方向的电输运性能（续）

（a）S 固溶的多晶 SnSe 的电导率；（b）S 固溶的多晶 SnSe 的泽贝克系数；（c）S 固溶的多晶
SnSe 的功率因子；（d）S 固溶的 SnSe 晶体层外方向的电导率；（e）S 固溶的 SnSe 晶体层外方向
的泽贝克系数；（f）S 固溶的 SnSe 晶体层外方向的功率因子

接着，研究 S 固溶的 SnSe 晶体层外方向的电输运性能，如图 5-34（d）～
图 5-34（f）所示。随着 S 含量的增加，S 固溶的 SnSe 晶体的电导率逐渐降低。
这个现象归因于载流子浓度的降低，如表 5-5 所示。不过，所有样品的电导率
随着温度的升高而降低，体现出典型的重掺杂半导体特性。值得注意的是，电
导率在相变点附近并没有发生突变，这与其他热电材料的电导率在点附近的
变化不同 [44]。同样，泽贝克系数在相变点附近也没有明显的突变现象。由于
S 固溶的 SnSe 晶体具有低电导率，S 固溶的 SnSe 晶体的泽贝克系数在整个温
度范围内均大于 Br 掺杂的 SnSe 晶体。然而，由于电导率的降低，S 固溶的
SnSe 晶体的功率因子与 Br 掺杂的 SnSe 晶体相比并没有增大。

表5-5　不同S固溶度下的SnSe-SnS晶体的载流子浓度

S的固溶度	载流子浓度n（cm^{-3}）
0	1.2×10^{19}
5%	1.0×10^{19}
15%	8.3×10^{18}
20%	5.8×10^{18}

5.4.3　S 固溶的 N 型 SnSe 的热输运性能分析及 ZT 值

图 5-35 所示为 S 固溶的多晶 SnSe 和 S 固溶的 SnSe 晶体的总热导率和晶
格热导率。可以看出，S 的固溶度小于 15% 时，其低温热导率基本不变，而

在高温段，S 固溶的多晶 SnSe 的热导率随着 S 含量的增加而增大。与 S 固溶的多晶 SnSe 相似，S 固溶的 SnSe 晶体的室温热导率没有发生太大的变化，其高温段的热导率随着 S 含量的增加而增大。随着 S 含量的增加，其最低热导率的温度点逐渐向高温移动。S 固溶的 SnSe 的热导率没有发生显著变化，这是两个影响因素综合作用的结果。一方面，S 离子与 Se 离子存在质量和体积差异，S 固溶能够引起 SnSe 晶格的质量和体积波动，增强声子散射。另一方面，S 为轻元素，更易引起声子振动，降低声子散射。二者的综合作用导致固溶 S 后 SnSe 的热导率没有发生显著的改变。

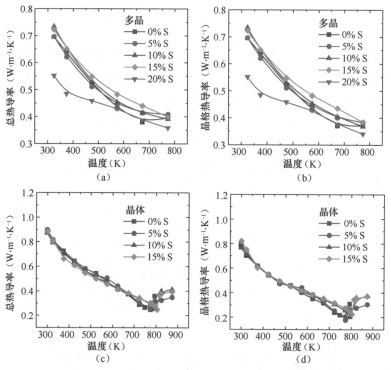

图 5-35　S 固溶的多晶 SnSe 和 S 固溶的 SnSe 晶体的总热导率和晶格热导率
（a）S 固溶的多晶 SnSe 的总热导率；（b）S 固溶的多晶 SnSe 的晶格热导率；
（c）S 固溶的 SnSe 晶体的总热导率；（d）S 固溶的 SnSe 晶体的晶格热导率

图 5-36 所示为 S 固溶的多晶和晶体 SnSe 的 ZT 值。对多晶来说，由于电导率的降低，其 ZT 值没有增大；对晶体来说，随着 S 含量的增加，ZT_{max} 值的温度点逐渐向高温段移动。

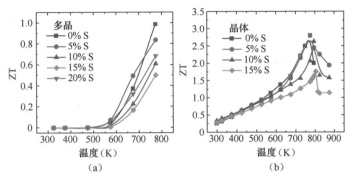

图 5-36　S 固溶的多晶和晶体 SnSe 的 ZT 值

（a）多晶；（b）晶体

5.5　Bi 掺杂的 SnSe 晶体的热电性能研究

5.5.1　Bi 掺杂的 SnSe 晶体的热电性能

除卤族元素 Br 之外，能调节 SnSe 中载流子浓度的掺杂元素还有同为卤族元素的 Cl 和 I，以及氮族元素 As、Sb、Bi 等。由于 Cl 和 I 的作用机理跟 Br 的基本相同，差别体现在载流子的调控能力上，这部分内容将在后文的 SnSe 多晶部分进行详细的阐述，本节着重分析氮族元素 Bi 掺杂的 SnSe 晶体的热电性能以及相应的热电输运机制。

韩国蔚山大学课题组利用温度梯度法制备了高质量的 Bi 掺杂的 SnSe 晶体[45]，与其他 SnSe 晶体相同，Bi 掺杂的 SnSe 晶体容易发生 bc 面解理，如图 5-37 所示。通过 XRD 图谱可以看出，其在 bc 面的衍射峰取向明显，(h00)（h=2,4,6,8）峰对应的正是层外 c 轴方向。虽然 Bi 能与 Se 形成多种化合物，但在该晶体样品中没有发现其他杂峰的存在。

图 5-38 所示为 Bi 掺杂样品的载流子浓度随温度变化的关系。其载流子浓度与卤族元素掺杂的 SnSe 晶体存在显著的不同。室温下，未掺杂的 SnSe 晶体的载流子浓度仅为 $10^{16}\,cm^{-3}$，远远低于其他文献报道的未掺杂的 SnSe 的载流子浓度。未掺杂的 SnSe 的载流子浓度主要是由其本征 Sn 空位提供的，由此可以推断，该样品的本征 Sn 空位极少，这或许是造成 Bi 掺杂的 SnSe 晶体热电性能优异的因素之一。在进行 Bi 掺杂之后，SnSe 的主要载流子类型发

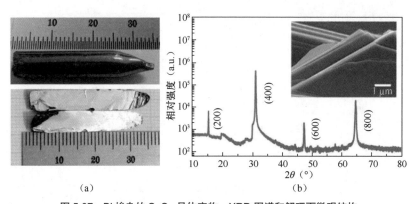

（a）　　　　　　　　　　　　　　　　　　（b）

图 5-37　Bi 掺杂的 SnSe 晶体实物、XRD 图谱和解理面微观结构

（a）利用温度梯度法制备的 Bi 掺杂的 SnSe 晶体实物；（b）XRD 图谱以及解理面微观结构

生转变，即从空位转变为电子。同时，绝对载流子浓度与未掺杂的 SnSe 相比得到小幅提升，Bi 掺杂的载流子浓度依旧低于 $10^{17}\,cm^{-3}$。但是，随着温度的升高，所有样品的载流子浓度得到显著的提升，样品的载流子浓度从室温的不足 $10^{17}\,cm^{-3}$ 提升到了 773 K 的 $10^{19}\,cm^{-3}$ 量级，提升幅度高达 100 倍。

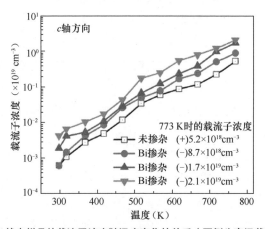

图 5-38　Bi 掺杂样品的载流子浓度随温度变化的关系（图例为高温载流子浓度）

对卤族元素掺杂的 SnSe 晶体而言，在高温条件下，半导体的费米能级逐渐向带隙中心移动，导致其载流子浓度随着温度升高而逐渐降低。Bi 掺杂的 SnSe 晶体的载流子浓度随温度的变化表明 Bi 的杂质能级对 SnSe 的导带结构改变程度远高于 Br。这是因为，根据原子轨道理论，对于简单二元半导体，阳离子在导带中的占比大于阴离子；而价带中阴离子的贡献大于阳离子。通过第一性原理分析可以得出，氮族元素 As、Sb、Bi 会在 SnSe 的导带底引入共振态[46]。如图 5-39（a）所示，掺杂 Bi 之后，SnSe 在导带底附近的态密度显著增大。并且 Bi 原子的 s 轨道对态密度增量部分有着主要贡献，如图 5-39（b）和图 5-39（c）所示。从杂质能级的角度来看，共振态为深层杂质能级。深层杂质能级的特点是：室温下杂质的转换能级较大，无法提供自由载流子，但其在高温下由于更高的激活能而逐渐释放自由电子，从而提升载流子浓度。而 Bi 掺杂的 SnSe 符合这种显著的载流子热激活效应，从而让载流子浓度从室温的 $10^{17}\,\mathrm{cm}^{-3}$ 提升到 $10^{19}\,\mathrm{cm}^{-3}$。

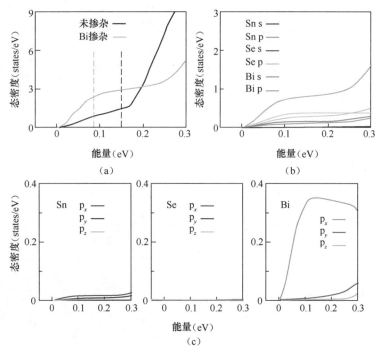

图 5-39　Bi 掺杂的 SnSe 晶体的态密度

（a）未掺杂以及 Bi 掺杂的 SnSe 晶体导带底附近的态密度分布；（b）Bi 掺杂的 SnSe 晶体导带底附近的态密度分布中各个原子轨道的贡献；（c）Bi 掺杂的 SnSe 晶体的态密度分布中各原子轨道各方向投影贡献

　　由于 Bi 掺杂的 SnSe 晶体独特的载流子热激活效应，其泽贝克系数也显示出与重掺杂半导体截然不同的性质。如图 5-40 所示，Bi 掺杂的 SnSe 晶体的室温泽贝克系数（绝对值）均高于 $500\,\mu\mathrm{V\cdot K}^{-1}$。随着温度的升高，载流子浓度逐渐增大，相应地，泽贝克系数（绝对值）逐渐降低，在 773 K 时实际值约为 $-350 \mu V \cdot K^{-1}$。同样，由于高温载流子浓度的提升，电导率随着温度的升高而升高。在增大的电导率以及降低的泽贝克系数（绝对值）的共同作用下，Bi 掺杂 SnSe 的功率因子呈现先增大后减小的趋势，在 $500 \sim 600$ K 达到最大值，约为 $11.1 \mu W \cdot cm^{-1} \cdot K^{-2}$。值得关注的是，Bi 掺杂的 SnSe 晶体的层内方向的热导率与 Br 掺杂的 SnSe 晶体相比显著降低。这主要是 Bi 原子的高原子质量以及与 Sn 之间较大的原子尺寸差异带来的晶格质量波动和应力波动导致的。这两种波动能够引起晶格软化，降低声子传播速度，从而实现晶格热导率的降低。

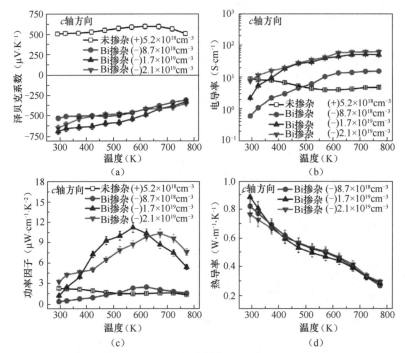

图 5-40　不同载流子浓度的 Bi 掺杂的 SnSe 晶体在 c 轴方向上的电输运、热输运性能

（a）泽贝克系数；（b）电导率；（c）功率因子；（d）热导率

图 5-41 所示为 Bi 掺杂的 SnSe 晶体沿 3 个晶轴方向的热电性能差异。可以看出，其层内 b 轴、c 轴方向上的热电性能相似，层外 a 轴方向则体现出与 b 轴、c 轴方向不同的性质。电导率方面，b 轴、c 轴方向的电导率高于 a 轴方向，由于 3 个方向上的载流子浓度相同，因此电导率的差异源自载流子迁移率，即层内载流子迁移率高于层外载流子迁移率。值得注意的是，在高温区

域，没有发现"三维电荷"输运现象，这点与 Br 掺杂的 SnSe 有着显著的不同。这种差异的原因是 Bi 掺杂的 SnSe 的载流子浓度低，无法达到可以发生电子层间隧穿的最低载流子浓度要求。不过，第一性原理分析证明，Bi 掺杂的 SnSe 在满足载流子浓度要求之后仍然存在"三维电荷"输运现象[46]。泽贝克系数方面，b 轴、c 轴两个方向上的泽贝克系数基本相同，但是 a 轴方向上的泽贝克系数（绝对值）高于 b 轴、c 轴方向。理论上，泽贝克系数不随方向的改变而改变，推测随方向变化的泽贝克系数与 Bi 引入的共振态有一定关系，需要进一步的理论分析进行验证。功率因子方面，由于层内优异的电导率，其层内方向的功率因子在整个测试温度范围内均高于层外方向。而热导率方面，Bi 掺杂的 SnSe 遵循"二维声子"效应。由于层外的层间声子散射效应，其 a 轴方向的热导率显著低于层内方向，并且低于未掺杂的 SnSe。Bi 原子带来的声子散射效应不容忽视。

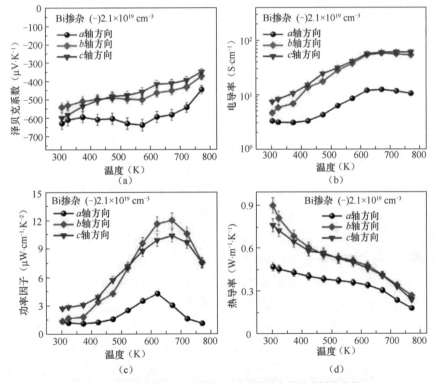

图 5-41　Bi 掺杂的 SnSe 晶体沿 3 个晶轴方向的热电性能差异
（a）泽贝克系数；（b）电导率；（c）功率因子；（d）热导率

最终，3 个晶轴方向的 ZT 值如图 5-42（a）所示。图 5-42（b）所示为不同载流子浓度的 Bi 掺杂的 SnSe 晶体沿 c 轴方向的 ZT 值。该值在 723 K 达到最大值 2.0，体现出优异的热电性能。但是，Bi 掺杂的 SnSe 晶体在低温段的热电性能与 Br 掺杂的晶体还存在着差距，其主要原因在于低温条件下的低载流子浓度。不过，这也表示 Bi 掺杂的 SnSe 晶体的热电性能还有进一步提升的空间。

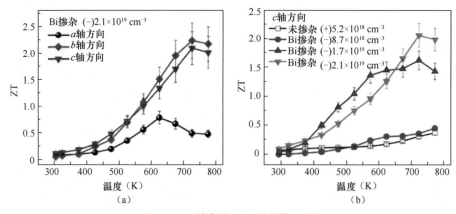

图 5-42　Bi 掺杂的 SnSe 晶体的 ZT 值
（a）Bi 掺杂的 SnSe 晶体沿 3 个晶轴方向的 ZT 值；
（b）不同载流子浓度的 Bi 掺杂的 SnSe 晶体沿 c 轴方向的 ZT 值

5.5.2　Bi 掺杂的 SnSe 晶体微观点缺陷的 STM 表征

Bi 具有多个价态，常见的为 +3 和 −3 价，通过 STM 表征可以确定 Bi 在 SnSe 中的原子占位。图 5-43 所示为低温（73 K）真空环境下未掺杂的 SnSe 以及 Bi 掺杂的 SnSe 晶体的 b-c 解理面形貌。从图 5-43（a）和图 5-43（b）可以看到，Sn 空位大量分布于未掺杂的 SnSe 中。图中高亮部分为 Sn 原子占位，黑色为 Sn 缺失的空位。这也直接证明 Sn 空位为 SnSe 的本征缺陷。但是，对于 Bi 掺杂 SnSe 的 b-c 解理面，在多个观察区域内均没有发现 Sn 空位。这说明在 Bi 掺杂的 SnSe 晶体内，Sn 空位的生长被抑制。

图 5-44 所示为 Bi 掺杂的 SnSe 晶体的高分辨 STM 图像。可以看出，b-c 解理面有大量"半月牙形"的黑色缺陷，而这种缺陷不存在于未掺杂的 SnSe 晶体中。可以推测，该缺陷是 Bi 掺杂导致的。为了确定该缺陷是否为 Bi 原子取代，通过构建 Bi 取代超晶格和第一性原理计算拟合出包含 Bi 掺杂的

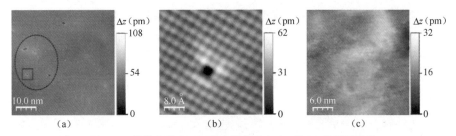

图 5-43　未掺杂的 SnSe 和 Bi 掺杂的 SnSe 的 b-c 解理面形貌

（a）利用 STM 观察的未掺杂的 SnSe 的 b-c 解理面形貌，标注部分的黑点为 Sn 空位缺陷；（b）高分辨 STM 下的未掺杂的 SnSe 的 Sn 空位缺陷；（c）STM 观察的 Bi 掺杂的 SnSe 的 b-c 解理面形貌

SnSe 的 STM 模拟图像，如图 5-44（c）所示。在 Bi 掺杂之后，拟合图像同样出现了"半月牙形"缺陷。所以可以得出结论，该缺陷为 Bi 原子取代 Sn 原子和填补 Sn 空位后的产物。

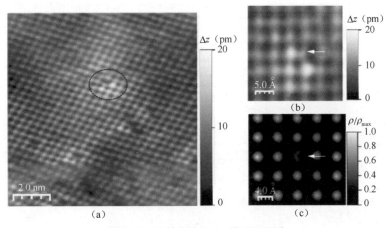

图 5-44　Bi 掺杂的 SnSe 的 STM 图像

（a）高分辨 STM 下的 Bi 掺杂 SnSe 的 b-c 解理面形貌，标注部分的黑点为 Bi 缺陷；
（b）STM 下观察的 SnSe 中 Bi 缺陷形貌；（c）通过模型拟合的 SnSe 中 Bi 缺陷形貌

即使在低载流子浓度下，Bi 掺杂的 SnSe 晶体仍表现出优异的热电性能，因此可以推测，如果将其载流子浓度调节到 $10^{19} \sim 10^{20}\mathrm{cm}^{-3}$ 的最优载流子浓度区间，有可能使其热电性能进一步提升。虽然实验中暂时没有制备出高载流子浓度的 Bi 掺杂的样品，但是人们利用第一性原理分析从理论上研究了其实现的可能性[46]。图 5-45 所示为 Bi 掺杂的 SnSe 在不同温度下电输运性能与载流子浓度的关系。其中，实线代表未掺杂的 SnSe，虚线代表 Bi 掺杂的 SnSe。可以看出，在 300 K 以及载流子浓度大于 $10^{18}\ \text{cm}^{-3}$ 的条件下，Bi 掺杂的 SnSe 晶体表现为显著的"三维电子"输运特性，a 轴方向的功率因子显著高于层内的两个方向，并且这个趋势在高温时更加明显。这说明高载流子浓度下，Bi 掺杂的 SnSe 晶体的热电性能值得期待。

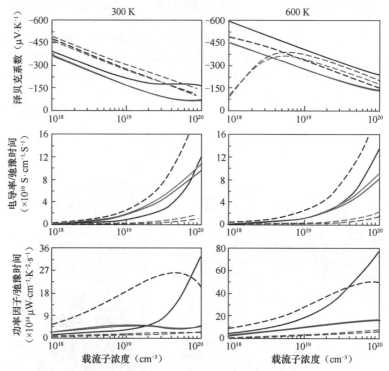

图 5-45　Bi 掺杂的 SnSe 晶体在不同温度下电输运性能与载流子浓度的关系

5.6　N 型 SnS 晶体的研究探索

SnSe 晶体的结构以及优异的热电性能引发了热电领域对于宽带隙热电晶体的研究兴趣。SnS 具有与 SnSe 相同的晶体结构，并且之前的工作表明，P 型 SnS 与 SnSe 一样，能够取得优异的热电性能[47]。但是，N 型 SnS 晶体的研究工作仍然处于刚刚起步的阶段。为了让读者对 N 型 SnS 研究现状有初步的了解，本节选取几项具有代表性的工作来展示现阶段 N 型 SnS 晶体的研究现状。

5.6.1　本征 S 空位 SnS$_{1-x}$ 晶体

利用温度梯度法，Yin 等人制备了高质量的具有本征 S 空位的 SnS$_{1-x}$ 晶体，如图 5-46 所示[48]。由于晶体沿着解理面具有极强的取向性，其 (*h*00) 面的衍射峰显著强于其他面。

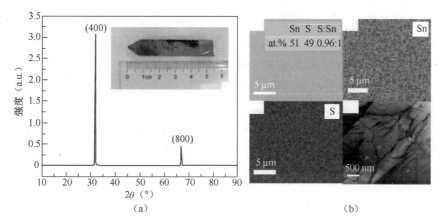

图 5-46　SnS$_{1-x}$ 晶体的 XRD 和解理面微观结构

（a）SnS$_{1-x}$ 晶体沿着解理面的 XRD 图谱以及相应的实物照片；

（b）SnS$_{1-x}$ 晶体的 EDS 以及 SnS$_{1-x}$ 晶体解理面的 TEM 图像

通过分析 EDS 发现，Sn 与 S 分布均匀，并且 Sn 与 S 的原子数比值约为 1∶0.96。由于没有观察到 Sn 富集的情况，因此可以推测，合成过程中 S 元素的挥发导致 S 原子比例偏低。通过高分辨 TEM 观察到 SnS$_{1-x}$ 晶体解理面表面存在大量的线状条纹，这表明 SnS$_{1-x}$ 晶体中存在着大量的位错结构，其位错密度大概为 14 μm^{-2}。这种大量位错的产生则可能源自晶体生长过程中炉体的温度波动以及 SnS 具有更强的负膨胀效应。

S 空位产生的原因是：在 Sn 富余的条件下，S 空位的形成能与 Sn 空位的形成能相差不大（小于 Sn 空位与 Se 空位形成能的差值）[49]，因此 S 空位才有可能作为电子供体缺陷存在。室温下，SnS$_{1-x}$ 晶体的载流子浓度为 1.7×10^{18} cm^{-3}。测量的载流子迁移率为 92 cm$^2 \cdot$ V$^{-1} \cdot$ s^{-1}，远高于 N 型 SnS 多晶（8.3 cm$^2 \cdot$ V$^{-1} \cdot$ s^{-1}）。载流子迁移率产生巨大差异的原因是晶体具有更少的缺陷并且避免了晶界对于载流子的散射。

图 5-47（a）所示为 SnS$_{1-x}$ 晶体的层内电导率随温度变化的曲线。可以看出，

其室温电导率为 2500 S·cm⁻¹，低于 P 型掺杂的 SnS 晶体。这么低的电导率主要是低载流子浓度导致的。值得注意的是，虽然从载流子浓度来看，SnS$_{1-x}$ 晶体应该表现出非简并半导体电输运性能，但是其电导率随着温度的升高而降低，表现出显著的金属导体特性。产生这种趋势的原因是电声散射随着温度的升高而逐渐增强，从而降低了载流子迁移率。与逐渐降低的电导率相对应的是其泽贝克系数。从图 5-47（b）可以看出，随着温度的升高，其泽贝克系数绝对值从室温下的 380 μV·K⁻¹ 逐渐提升到 560 μV·K⁻¹，显著高于其他Ⅳ-Ⅵ族热电材料，同时也高于 N 型 SnSe。这是因为半导体热电材料的最大泽贝克系数与其带隙呈正相关关系，带隙越大，其泽贝克系数的最大值上限也就越大 [50]。

SnS$_{1-x}$ 晶体的电输运性能受限于其低载流子浓度而没能取得较高的 ZT 值，但是其为其他元素掺杂提供了优异的基体，为避免 Sn 空位对 N 型 SnSe 晶体的不利影响提供了很好的解决方案。

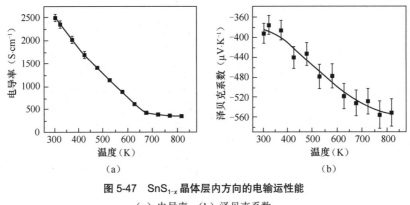

图 5-47　SnS$_{1-x}$ 晶体层内方向的电输运性能
（a）电导率；（b）泽贝克系数

5.6.2　Br 掺杂的 SnS 晶体

电子科技大学的 He 等人利用温度梯度法制备了高质量的 Br 掺杂的 SnS 晶体，如图 5-48 所示 [51]。通过紫外分光光度计测量，他们制备的 Br 掺杂的 SnS 晶体的光学带隙为 1.15 eV，与未掺杂的 SnS 晶体基本相同。EDS 分析显示，掺杂元素 Br 均匀分布在 SnS 晶体中，如图 5-49 所示。

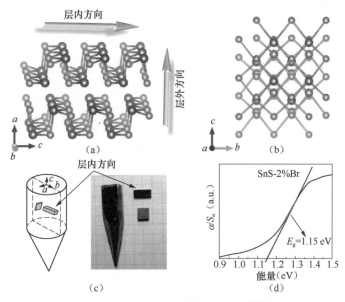

图 5-48　SnS 晶体的晶体结构、实物和禁带示意

（a）b 轴方向的 SnS 晶体结构；（b）a 轴方向的 SnS 晶体结构；（c）利用温度梯度法制备的 Br 掺
杂的 SnS 晶体；（d）利用紫外分光光度计测量的 Br 掺杂的 SnS 晶体的光学带隙

图 5-49　Br 掺杂的 SnSe 晶体的 EDS 图像

（a）微观形貌；（b）Br 元素；（c）Sn 元素；（d）S 元素

图 5-50 所示为 Br 掺杂的 SnS 晶体沿层内方向和层外方向的电输运性能，以及与 SnS 多晶的数据的对比。从图 5-50（a）可以看出，Br 掺杂的 SnS 晶体的电导率远高于多晶的。同时，SnS 晶体层内电导率远高于层外电导率。这是因为多晶中存在大量的晶界，其对载流子产生晶界散射效应。而晶体中避免了晶界的不利因素。同时，电导率随温度的变化趋势也值得注意。对多晶而言，电导率随温度的升高而升高，原因是随着温度的升高，载流子的热激活能升高，晶界的势垒变低，晶界散射效应减弱。对晶体而言，电导率随温度的升高而降低。这种变化趋势与第 5.6.1 小节介绍的 S 空位 SnS 晶体的变温电导率趋势一致，原因也相同。如图 5-50（b）所示，Br 掺杂的 SnS 晶体的室温载流子浓度为 4.46×10^{17} cm^{-3}，甚至低于本征 S 空位 SnS$_{1-x}$ 晶体。显然，低载流子浓度不利于热电性能的提升，但是对载流子迁移率有着正面贡献。可以看出，由于低载流子浓度带来的弱晶界散射效应，其室温载流子迁移率高达 1268 cm$^2 \cdot$ V$^{-1} \cdot$ s^{-1}，为目前报道的 SnS 中的最高载流子迁移率。即使是在高温情况下，其载流子迁移率在 823 K 下仍然有约 30 cm$^2 \cdot$ V$^{-1} \cdot$ s^{-1}，其载流子浓度则在整个温度范围内基本保持不变。

低载流子浓度带来的另一个正面效应则是极高的泽贝克系数。从图 5-50（c）可以看出，Br 掺杂的 SnS 晶体的泽贝克系数在整个测试温度范围内都保持约 −600 μV $\cdot$ K^{-1}。SnS 多晶的室温泽贝克系数（绝对值）甚至超过 1000 μV $\cdot$ K^{-1}。晶体与多晶之间泽贝克系数的差异主要源自晶界的势垒效应。SnS 多晶的泽贝克系数（绝对值）随温度升高而降低的趋势也正是高温晶界势垒逐渐降低而导致的。利用简单单带模型计算泽贝克系数和载流子迁移率随载流子浓度变化的关系可以发现，在低载流子浓度下，SnS 的第二导带并没有为电输运做出贡献，如图 5-50（d）所示。整个体系可以近似看作简单单带模型。这一点是与 Br 掺杂的 SnSe 晶体的主要区别。

由于极高的载流子迁移率和泽贝克系数，SnS 晶体在层内方向取得了高功率因子，在室温下，该数值达到 28 μW $\cdot$ cm$^{-1} \cdot$ K^{-2}，达到了目前 N 型 SnS 晶体能达到的最高数值，如图 5-51（a）所示。而 SnS 晶体层外方向和多晶由于没有载流子迁移率优势，其功率因子远小于层内方向。另外，层外方向的功率因子随着温度升高而显著降低，这与载流子迁移率变化趋势相同，证明了载流子迁移率是低载流子浓度下影响 SnS 功率因子的关键因素。图 5-51（b）所示为加权载流子迁移率随温度变化的曲线，它是由泽贝克系数和电导率的数值

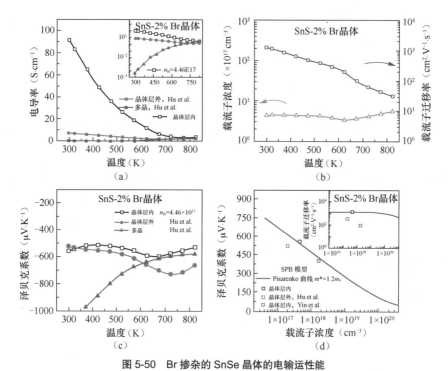

图 5-50　Br 掺杂的 SnSe 晶体的电输运性能

（a）电导率；（b）变温载流子浓度和载流子迁移率；（c）泽贝克系数；
（d）计算得到的泽贝克系数与载流子浓度的关系

计算得到的[52]，衡量了载流子迁移率和有效质量的综合影响。从定性分析的角度，加权载流子迁移率与电导率以及载流子迁移率的变化趋势一致，这间接说明泽贝克系数以及其对应的有效质量随温度的变化对于加权载流子迁移率的影响不是很显著。图 5-51（c）所示为通过第一性原理计算的 SnS 能带结构。可以看出，不同于价带的复杂结构，SnS 的导带可以近似看作多个简单抛物带的叠加，同时各个导带之间的能级差也大于价带之间的能级差。这种导带结构很好地解释了加权载流子迁移率与泽贝克系数（有效质量）之间较弱的联系。当载流子浓度较低时，其费米能级位于导带底位置以下，此时图 5-51（c）中的 CBM 2 和 CBM 3（Conduction Band Minimum，导带最小值）不参与载流子的输运，因此，SnS 晶体体现为简单单带性质，这与图 5-50（d）所示的Pisarenko 曲线符合。但是，能带结构并不能解释晶体中的方向性问题，因此需要对其态密度的各方向投影进行分析。

图 5-51（d）所示为禁带附近的不同方向的态密度投影。可以看出，Sn-p 和 S-p 轨道对导带的贡献基本相同，但是在导带底附近，态密度的贡献主要来自 S-p 轨道。并且，各个轨道在不同倒易方向的分量体现出了电荷密度在各个方向上的分布。在导带底附近，S-p_y 对态密度的贡献最多，随着能量的升高，S-p_x 的贡献逐渐增大。因此可以得出，当载流子浓度低时，费米能级更接近导带底，此时层内方向的电荷密度分布更有利于层内输运。随着载流子浓度的逐渐提升，费米能级进入导带，此时层外方向的态密度分布逐渐增大，层外方向电输运性能会得到显著的提升。这从理论上证明了低载流子浓度有利于层内电荷输运。

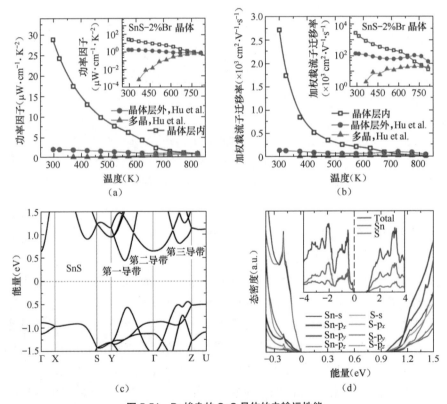

图 5-51 Br 掺杂的 SnS 晶体的电输运性能

（a）功率因子；（b）加权载流子迁移率；（c）能带结构；（d）禁带附近的不同方向的态密度投影

与 SnSe 相同，SnS 的低热导率源自其强的非谐振效应，而非谐振效应是与晶体结构和价键连接紧密相关的。通过进行超声脉冲回波测量测试，可以从弹性系数的角度对泊松比（ν_{p}）、德拜温度（θ_{D}）、格林内森常数（γ）等与热导率相关的系数进行计算分析。表 5-6 所示为 SnS 与其他Ⅳ - Ⅵ族热电材料的弹性系数对比（各参数含义见表 2-2）。可以看出，SnS 的格林内森常数显著大于其他Ⅳ - Ⅵ族热电材料，与 SnSe 的数值相同。

表5-6　SnS与其他Ⅳ-Ⅵ族热电材料的弹性系数对比

参数	SnS	SnSe	SnTe	PbTe	PbSe	PbS
$\nu_{\text{l}}(\text{m}\cdot\text{s}^{-1})$	3715	2730	3250	2910	3200	3450
$\nu_{\text{s}}(\text{m}\cdot\text{s}^{-1})$	1701	1250	1750	1610	1750	1900
$\nu_{\text{a}}(\text{m}\cdot\text{s}^{-1})$	1917	1409	1954	1794	1951	2118
E (GPa)	39.6	26.4	51.2	54.1	65.2	70.4
G (GPa)	14.5	9.7	19.7	21.1	25.3	27.4
ν_{p}	0.37	0.37	0.30	0.28	0.29	0.28
γ	2.28	2.28	1.75	1.65	1.69	1.67
θ_{D}	198	141	184	165	190	212

图 5-52（a）、图 5-52（b）所示为 Br 掺杂的 SnS 晶体的总热导率和晶格热导率随温度变化的曲线。可以看出，层外方向的热导率显著低于层内方向，这是由于层外方向的化学键为弱共价键，对声子的散射效应更强。而 SnS 多晶的低热导率有部分原因是多晶的晶界散射。最终，Br 掺杂的 SnS 晶体的 ZT 值和理论热电转换效率如图 5-52（c）、图 5-52（d）所示。

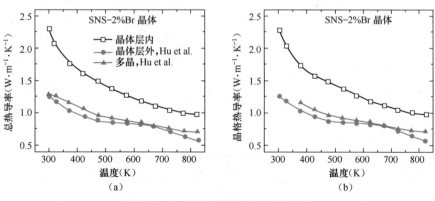

图 5-52　Br 掺杂的 SnS 晶体的热电性能

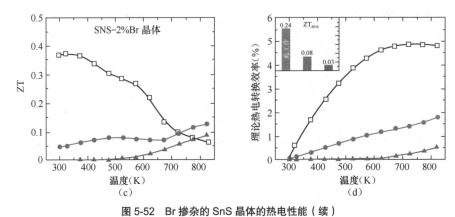

图 5-52　Br 掺杂的 SnS 晶体的热电性能（续）

（a）总热导率；（b）晶格热导率；（c）ZT 值；（d）理论热电转换效率

5.6.3　其他 N 型掺杂的 SnS 晶体

除 Br 和 Bi 这两种研究较多的掺杂元素外，理论上其他异价元素都能够调节 SnS 的载流子浓度。但是相关的实验研究成果较少，主要的制约因素是制备高质量、大尺寸晶体比较难。本小节介绍一些对其他异价元素掺杂的 N 型 SnS 晶体的探索。

首先是 In 和 Sb 掺杂的 SnS 晶体。Chaki 等人利用气相沉积法制备了不同浓度的 In 和 Sb 掺杂的 SnS 晶体。表 5-7 所示为气相沉积法生长 SnS 晶体的相关参数。由于气相沉积法无法精准地控制单一晶核生长，多晶核生长导致晶体的尺寸小于使用 Bridgman 法或者温度梯度法制备的，其尺寸如图 5-53 所示。值得注意的是，通过元素成分分析可以看出气相沉积法制备的 SnS 晶体的实际含量与名义含量（均指摩尔分数）相近，如表 5-8 所示，这是其相对于传统 Bridgman 法和温度梯度法的优点。对后者来说，由于在晶体生长过程中存在固液界面，成分偏析现象的存在不可避免，这导致不同区域的成分存在一定的差别。但是，气相沉积法的成分是通过气相直接转化为固相，在特定条件下能够使生长的晶体的成分更加均匀。表 5-9 所示为 S1 ～ S5 样品中相应元素的离子半径和原子半径。

表 5-10 所示为 S1 ～ S5 样品在室温下的电输运性能。可以看出，虽然成分分析表示 In 和 Sb 均掺杂到 SnS 中，但是霍尔测试结果表明所有晶体均为 P 型 SnS，而且其载流子浓度极低，均为 $10^{16}\,\mathrm{cm}^{-3}$ 数量级。另一个异常的参数是

载流子迁移率。通常，低载流子浓度会导致高的载流子迁移率，但是在通过气相沉积法制备的 SnS 晶体中，其载流子迁移率比 Br 和 Bi 掺杂的 SnS 晶体低很多，是与 SnS 多晶的载流子迁移率相似。关于气相沉积法制备 SnS 晶体的方法有待进一步的探索研究。

表5-7　气相沉积法生长SnS晶体的相关参数

样品	熔融区温度（K）	生长区温度（K）	升温速度（K·h⁻¹）	生长时间（h）	安瓿尺寸
S1	1133	1053	30	144	
S2	1003	923	30	144	
S3	1003	923	30	144	$\Phi20$ mm×220 mm
S4	1003	1073	30	168	
S5	1003	1073	30	168	

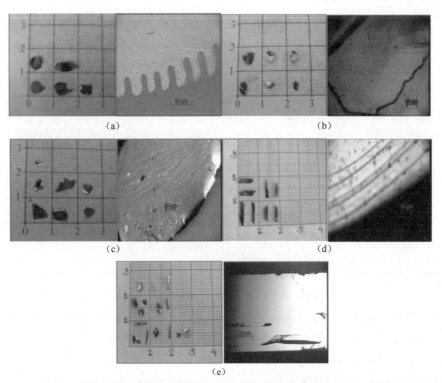

（a）

（b）

（c）

（d）

（e）

图 5-53　利用气相沉积法制备的 In 和 Sb 掺杂的 SnS 晶体

（a）S1：SnSe；（b）S2：5%In 掺杂的 SnSe；（c）S3：15%In 掺杂的 SnSe；

（d）S4：5%Sb 掺杂的 SnSe；（e）S5：15%Sb 掺杂的 SnSe

表5-8　S1~S5样品的成分

样品	名义含量（摩尔分数）				实际含量（摩尔分数）			
	Sn	S	In	Sb	Sn	S	In	Sb
S1	50	50	—	—	48.92	51.08	—	—
S2	45	50	5	—	44.08	51.65	4.27	—
S3	35	50	15	—	34.05	51.69	14.26	—
S4	45	50	—	5	44.15	51.50	—	4.35
S5	35	50	—	15	34.13	51.67	—	14.20

表5-9　S1~S5样品中相应元素的原子半径和离子半径（括号里的数字代表化学价）

参数	Sn	S	In	Sb
原子半径（Å）	140.5	100.0	155.0	140.0
离子半径（Å）	93（+2）	170（−2）	94（+3）	90（+3）

表5-10　S1～S5样品在室温下的电输运性能

参数	S1	S2	S3	S4	S5
室温电阻率（$\Omega \cdot cm$）	3171	419	471	672	2652
霍尔系数（$cm^3 \cdot C^{-1}$）	1277.32	468.84	485.70	422.96	545.04
载流子类型	P	P	P	P	P
载流子迁移率（$cm^2 \cdot V^{-1} \cdot s^{-1}$）	0.40	1.12	1.03	0.63	0.20
载流子浓度（$\times 10^{16}\ cm^{-3}$）	0.489	1.33	1.28	1.48	1.15
带隙（eV）	1.18	1.09	1.00	1.38	1.15

　　另一种 N 型 SnS 晶体是通过辅助熔剂热法制备的 Cl 掺杂的 SnS 晶体[53]。辅助熔剂热法又称熔盐法，是借助助熔剂从熔体中人工制取晶体的一种方法。物料在低于其熔点时，即被安瓿中的助熔剂熔化。结晶过程在常压下可以进行是这种方法的主要优点。因为这种方法的生长温度较高，故一般称为高温溶液生长法。它是指先将晶体的原成分在高温下溶解于低熔点助熔剂溶液内，形成均匀的饱和溶液，然后通过缓慢降温或其他办法，形成过饱和溶液，使晶体析

出。与之前提到的晶体生长方法相比，辅助熔剂热法的应用不是很广泛。但是，辅助熔剂热法有其独特的优点。与其他晶体生长方法相比，这种方法的适用性很强，几乎对于所有的材料，都能够找到一些适当的助熔剂，从中将其晶体生长出来。辅助熔剂热法的生长温度低，许多难熔的化合物、在熔点极易挥发或由于变价而分解释放出气体的材料以及非同成分熔融化合物，通常不可能直接从其熔体中生长出完整的晶体，而辅助熔剂热法却显示出独特的能力。用这种方法生长出的晶体可以比熔体生长的晶体热应力更小、更均匀完整。此外，助熔剂生长设备简单，安瓿及晶体炉发热体、测温和控温都容易解决。这是一种很方便的生长技术，这种方法的缺点是晶体生长的速度较慢、生长周期长、晶体一般较小。

图 5-54 所示为利用辅助熔剂热法制备的 Cl 掺杂的 SnS 晶体。可以看出，其形状为宽约 3mm 的薄片，尺寸明显小于利用 Bridgman 法和温度梯度法制备的晶体。粉末和晶体的 XRD 图谱与标准 SnS 的 XRD 图谱一致。通过计算发现，Cl 掺杂的 SnS 晶体的晶格常数与未掺杂的 SnS 的晶格常数基本相同，如表 5-11 所示。这是因为 EDS 分析中 Cl 元素的含量为 2% 以下。

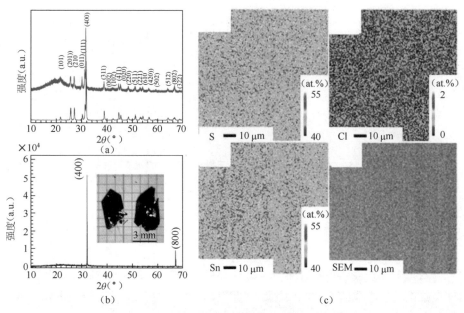

图 5-54　利用辅助熔剂热法制备的 Cl 掺杂的 SnS 晶体

（a）研磨后 Cl 掺杂的 SnS 晶体的粉末 XRD 图谱；（b）Cl 掺杂的 SnS 晶体的 XRD 图谱以及实物；
（c）Cl 掺杂的 SnS 晶体的 SEM 和 EDS 图像

表5-11　Cl掺杂的SnS晶体与未掺杂的SnS的晶格常数对比

晶格常数	Cl掺杂的SnS	未掺杂的SnS
a（nm）	1.1179	1.1180
b（nm）	0.397 13	0.398 20
c（nm）	0.431 43	0.432 90

受晶体尺寸的限制，研究人员只获得了 Cl 掺杂的 SnS 晶体的变温载流子浓度和载流子迁移率，如图 5-55 所示。可以看出，载流子浓度方面，Cl 的掺杂效果与 Br 掺杂效果相似，载流子浓度的数量级为 10^{17} cm^{-3}，并且基本不随温度发生显著的变化。但是载流子迁移率方面，Cl 掺杂的 SnS 晶体的层内载流子迁移率明显低于 Br 掺杂的 SnS 晶体。这是 Cl 掺杂的 SnS 晶体中存在的大量缺陷导致的。从图 5-54 中的样品和 EDS 图像可以看出，SnS 晶体表面并不平整，有明显的褶皱状缺陷，这些缺陷影响生长晶体的质量，降低了载流子迁移率。

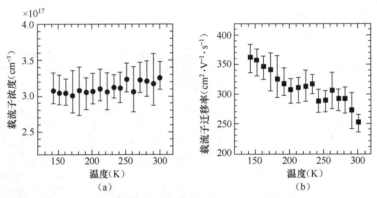

图 5-55　Cl 掺杂的 SnS 晶体的变温载流子浓度和载流子迁移率

（a）变温载流子浓度；（b）载流子迁移率

5.7　本章小结

对一个高性能热电器件来说，其高热电转换效率是基于高性能的 P 型和 N 型热电材料组成的 PN 结。因此，研究高性能 N 型 SnQ 材料至关重要。本章以 SnSe 为主要研究对象，利用实验和理论手段研究了其独特的三维电输运、持续性相变以及能带简并和退简并过程等物理特性。

　　首先，N 型 SnSe 晶体中存在不同于 P 型 SnSe 晶体的独特三维电输运性能，这种特性源自 N 型 SnSe 晶体沿着层间方向极强的电荷密度分布，在层外方向形成了便于电子输运的通道。进一步讲，N 型 SnSe 晶体存在着显著的持续性相变过程，这个过程一方面改变了 SnSe 的价带结构，会使 SnSe 在温度升高过程中发生能带简并和退简并过程。另一方面，由于这种持续性相变过程，SnSe 晶体在高温区具有更高的晶体对称性，使得载流子迁移率在特定的高温区出现了一个显著的提升过程，这些特征帮助 N 型 SnSe 晶体在整个温度区间内都保持着很高的功率因子。同时，由于层外方向的层间声子散射，SnSe 晶体在层间方向具有最低热导率。结合优异的电输运和层间最低热导率，可在 N 型 SnSe 晶体的层外方向以及 773 K 下获得高达 2.8 的 ZT_{max} 值。

　　针对 N 型 SnSe 晶体较低的 ZT_{ave} 值，通过 Pb 固溶可以改变 SnSe 的持续性相变过程，使得持续性相变的温区从 200 K 扩展到 400 K，实现室温下 SnSe 从单带输运到双带输运的转变，从而使得整个温度区间内的泽贝克系数得到显著增大。结合载流子浓度提升带来的电导率增大，Pb 固溶的 SnSe 在整个温度范围内的功率因子都得到显著提升。由于 Pb 和 Sn 这两种元素的原子半径和质量都存在很大差异，固溶 Pb 给 SnSe 晶格带来很大的质量和体积波动。Pb 固溶在提升电输运性能的同时也进一步降低了 SnSe 的热导率，最终在 300 ～ 723 K 获得 1.3 的 ZT_{ave} 值。针对 N 型 SnSe 的 *Pnma* 相热电性能优于 *Cmcm* 相的现象，研究发现固溶 S 能够改变 SnSe 的相变点温度，将其最优热电性能推向高温区，且 S 的固溶度越大，相变点移动越明显。

　　Bi 掺杂的 N 型 SnSe 晶体同样能够获得优异的热电性能，但其电输运性能（特别是各向异性）体现出与卤族元素掺杂的 SnSe 晶体明显的不同。第一性原理分析表明，Bi 能够引入共振态，从而为 SnSe 的晶体结构带来显著的影响，这可能是其具有特殊电输运性能的原因。同时，研究人员利用 STM 技术直接观察到了 SnSe 晶体中的缺陷类型。Bi 掺杂能够消除 Sn 的本征 P 型空位缺陷，优化 N 型载流子输运。

　　最后，由于目前 N 型 SnS 晶体的研究工作仍然处于刚刚起步的阶段，为了让读者对 N 型 SnS 研究现状有初步的了解，本章选取了几个具有代表性的工作来展示现阶段对 N 型 SnS 晶体的探索，包括通过温度梯度法制备的本征 S 空位 SnS_{1-x} 晶体、Br 掺杂的 SnS 晶体，以及利用气相沉积法和辅助熔剂热法制备的其他元素掺杂的 SnS 晶体，并对它们的电输运性能进行了初步的分析和总结。

5.8　参考文献

[1]　ZHAO L D, TAN G, HAO S, et al. Ultrahigh power factor and thermoelectric performance in hole-doped single-crystal SnSe [J]. Science, 2016, 351(6269): 141-144.

[2]　QIN B C, WANG D Y, LIU X X, et al. Momentum and energy multiband alignment enable power generation and thermoelectric cooling [J]. Science, 2021, 373(6554): 556-561.

[3]　ZHAO L D, LO S H, ZHANG Y, et al. Ultralow thermal conductivity and high thermoelectric figure of merit in SnSe crystals [J]. Nature, 2014, 508: 373-377.

[4]　SNYDER G J, TOBERER E S. Complex thermoelectric materials [J]. Nature Materials, 2008, 7: 105-114.

[5]　MAO J, CHEN G, REN Z. Thermoelectric cooling materials [J]. Nature Materials, 2020, 20: 454-461.

[6]　ZHAO L D, TAN G, HAO S, et al. Ultrahigh power factor and thermoelectric performance in hole-doped single-crystal SnSe [J]. Science, 2016, 351(6269): 141-144.

[7]　MARTELLI V, ABUD F, JIMÉNEZ J L, et al. Thermal diffusivity and its lower bound in orthorhombic SnSe [J]. Physical Review B, 2021, 104(3): 035208.

[8]　LI C W, HONG J, MAY A F, et al. Orbitally driven giant phonon anharmonicity in SnSe [J]. Nature Physics, 2015, 11: 1063-1069.

[9]　POPURI S R, POLLET M, DECOURT R, et al. Evidence for hard and soft substructures in thermoelectric SnSe [J]. Applied Physics Letters, 2017, 110(25): 253903.

[10]　CARRETE J, MINGO N, CURTAROLO S. Low thermal conductivity and triaxial phononic anisotropy of SnSe [J]. Applied Physics Letters, 2014, 105(10): 101907.

[11]　AGNE M T, VOORHEES P W, SNYDER G J. Phase transformation contributions to heat capacity and impact on thermal diffusivity, thermal conductivity, and thermoelectric performance [J]. Advanced Materials, 2019, 31(35): e1902980.

[12]　ZHOU C, LEE Y K, YU Y, et al. Polycrystalline SnSe with a thermoelectric figure of merit greater than the single crystal [J]. Nature Materials, 2021, 20: 1378-1384.

[13] ZHOU M, GIBBS Z M, WANG H, et al. Optimization of thermoelectric efficiency in SnTe: The case for the light band [J]. Physical Chemistry Chemical Physics, 2014, 16(38): 20741-20748.

[14] ZHANG Q, CHERE E K, SUN J, et al. Studies on Thermoelectric properties of N-type polycrystalline SnSe$_{1-x}$S$_x$ by iodine doping [J]. Advanced Energy Materials. 2015, 5(12): 1500360.

[15] TAN G, ZHAO L D, SHI F, et al. High thermoelectric performance of P-type SnTe via a synergistic band engineering and nanostructuring approach [J]. Journal of the American Chemical Society, 2014, 136(19): 7006-7017.

[16] PENG K, LU X, ZHAN H, et al. Broad temperature plateau for high ZTs in heavily doped P-type SnSe single crystals [J]. Energy and Environmental Science, 2016, 9(2): 454-460.

[17] SCHNERING H G, WIEDEMEIER H. The high temperature structure of ß-SnS and ß-SnSe and the B16-to-B33 type λ-transition path [J]. Z Kristallogr, 1981, 156(1): 143-150.

[18] CHATTOPADHYAY T, PANNETIER J, SCHNERING H G. Neutron diffraction study of the structural phase transition in SnS and SnSe [J]. Journal of Physics and Chemistry of Solids, 1986, 47(9): 879-885.

[19] SERRANO S F, NEMES N M, DURA O J, et al. Structural phase transition in polycrystalline SnSe: A neutron diffraction study in correlation with thermoelectric properties [J]. Journal of Applied Crystallography, 2016, 49(6): 2138-2144.

[20] SIST M, ZHANG J, IVERSEN B B. Crystal structure and phase transition of thermoelectric SnSe [J]. Acta Crystallographica Section B-Structural Science Crystal Engineering and Materials, 2016, 72(3): 310-316.

[21] DARGUSCH M, SHI X L, TRAN X Q, et al. In-Situ observation of the continuous phase transition in determining the high thermoelectric performance of polycrystalline Sn$_{0.98}$Se [J]. Journal of Physical Chemistry Letters, 2019, 10(21): 6512-6517.

[22] LIU W, TAN X, YIN K, et al. Convergence of conduction bands as a means of enhancing thermoelectric performance of N-type Mg$_2$Si$_{1-x}$Sn$_x$ solid solutions [J]. Physical Review Letters, 2012, 108(16): 166601.

[23] PEI Y, SHI X, LALONDE A, et al. Convergence of electronic bands for high performance bulk thermoelectrics [J]. Nature, 2011, 473: 66-69.

[24] YANG J, ZHANG G, YANG G, et al. Outstanding thermoelectric performances for both P- and N-type SnSe from first-principles study [J]. Journal of Alloys and Compounds, 2015, 644: 615-620.

[25] SHI G, KIOUPAKIS E. Quasiparticle band structures and thermoelectric transport properties of P-type SnSe [J]. Journal of Applied Physics, 2015, 117(6): 065103.

[26] HAMAD B. Electronic and thermoelectric properties of $SnSe_{1-x}S_x$ ($x=0$, 0.25, 0.5, 0.75, and 1) alloys: First-Principles calculations [J]. Journal of Electronic Materials, 2018, 47(7): 4047-4055.

[27] XU B, ZHANG J, YU G Q, et al. Comparative study of electronic structure and thermoelectric properties of SnSe for *Pnma* and *Cmcm* phase [J]. Journal of Electronic Materials, 2016, 45(10): 5232-5237.

[28] ZHANG Y, HAO S, ZHAO L D, et al. Pressure induced thermoelectric enhancement in SnSe crystals [J]. Journal of Materials Chemistry A, 2016, 4(31): 12073-12079.

[29] GONZALEZ-ROMERO R L, ANTONELLI A, MELENDEZ J J. Insights into the thermoelectric properties of SnSe from *ab* initio calculations [J]. Physical Chemistry Chemical Physics, 2017, 19(20): 12804-12815.

[30] DEWANDRE A, HELLMAN O, BHATTACHARYA S, et al. Two-step phase transition in SnSe and the origins of its high power factor from first principles [J]. Physical Review Letters, 2016, 117(27): 276601.

[31] TANG Y, CHENG F, LI D C, et al. Contrastive thermoelectric properties of strained SnSe crystals from the first-principles calculations [J]. Physica B-Condensed Matter, 2018, 539: 8-13.

[32] GUO R, WANG X, KUANG Y, et al. First-principles study of anisotropic thermoelectric transport properties of Ⅳ - Ⅵ semiconductor compounds SnSe and SnS [J]. Physical Review B, 2015, 92(11): 115202.

[33] KUTORASINSKI K, WIENDLOCHA B, KAPRZYK S, et al. Electronic structure and thermoelectric properties of N- and P-type SnSe from first-principles calculations [J]. Physical Review B, 2015, 91(20): 205201.

[34]　MORI H, USUI H, OCHI M, et al. Temperature- and doping-dependent roles of valleys in the thermoelectric performance of SnSe: A first-principles study [J]. Physical Review B, 2017, 96(8): 085113.

[35]　TAYARI V, SENKOVSKIY B V, RYBKOVSKIY D, et al. Quasi-two-dimensional thermoelectricity in SnSe [J]. Physical Review B, 2018, 97(04): 045424.

[36]　ZHOU Y, LI W, WU M, et al. Influence of defects on the thermoelectricity in SnSe: A comprehensive theoretical study [J]. Physical Review B, 2018, 97(24): 245202.

[37]　WEI T R, TAN G J, WU C F, et al. Thermoelectric transport properties of polycrystalline SnSe alloyed with PbSe [J]. Applied Physics Letters, 2017, 110(5): 053901.

[38]　LEE Y K, AHN K, CHA J, et al. Enhancing P-type thermoelectric performances of polycrystalline SnSe via tuning phase transition temperature [J]. Journal of the American Chemical Society, 2017, 139(31): 10887-10896.

[39]　QIN B, WANG D, HE W, et al. Realizing High Thermoelectric Performance in P-type SnSe through crystal structure modification [J]. Journal of the American Chemical Society, 2019, 141(2): 1141-1149.

[40]　LI D, TAN X, XU J, et al. Enhanced thermoelectric performance in N-type polycrystalline SnSe by $PbBr_2$ doping [J]. RSC Advances, 2017, 7(29): 17906-17912.

[41]　LY T T, DUVJIR G, MIN T, et al. Atomistic study of the alloying behavior of crystalline $SnSe_{1-x}S_x$ [J]. Physical Chemistry Chemical Physics, 2017, 19(32): 21648-21654.

[42]　PENG K, ZHANG B, WU H, et al. Ultra-high average figure of merit in synergistic band engineered $Sn_xNa_{1-x}Se_{0.9}S_{0.1}$ single crystals [M]. Materials Today. 2018, 21(5): 501-507.

[43]　ASFANDIYAR, LI Z, SUN F H, et al. Enhanced thermoelectric properties of P-type $SnS_{0.2}Se_{0.8}$ solid solution doped with Ag [J]. Journal of Alloys and Compounds, 2018, 745(15): 172-178.

[44]　LIU H, SHI X, XU F, et al. Copper ion liquid-like thermoelectrics [J]. Nature Materials, 2012, 11(5): 422-425.

[45] DUONG A T, NGUYEN V Q, DUVJIR G, et al. Achieving ZT=2.2 with Bi-doped N-type SnSe single crystals [J]. Nature Communications, 2016, 7(13): 13713.

[46] YU H, SHAIKH A R, XIONG F, et al. Enhanced out-of-plane electrical transport in N-type SnSe thermoelectrics induced by resonant states and charge delocalization [J]. ACS Applied Materials & Interfaces, 2018, 10(12): 9889-9893.

[48] He W,Wang D, Wu H, et al. High thermoelectric performance in low-cost $SnS_{0.91}Se_{0.09}$ crystals [J]. Science, 2019, 365(6460): 1418-1424.

[48] YIN Y, CAI J, WANG H, et al. Single-crystal growth of N-type $SnS_{0.95}$ by the temperature-gradient technique [J]. Vacuum, 2020, 182(10): 109789.

[49] MALONE B D, GALI A, KAXIRAS E. First principles study of point defects in SnS [J]. Physical Chemistry Chemical Physics, 2014, 16(47): 26176-26183.

[50] GOLDSMID H J, SHARP J W. Estimation of the thermal band gap of a semiconductor from Seebeck measurements [J]. Journal of Electronic Materials, 1999, 28(7): 869-872.

[51] HU X, HE W, WANG D, et al. Thermoelectric transport properties of N-type tin sulfide [J]. Scripta Materialia, 2019, 170: 99-105.

[52] SNYDER G J, SNYDER A H, Wood M, et al. Weighted Mobility [J]. Advanced Materials, 2020, 32(20): 2001537.

[53] IGUCHI Y, INOUE K, SUGIYAMA T, et al. Single-crystal growth of Cl-doped N-type SnS using $SnCl_2$ self-flux [J]. Inorganic Chemistry, 2018, 57(12): 6769-6772.

第 6 章　锡硫族层状宽带隙 SnQ 多晶热电性能的优化

6.1　引言

本书第 4 章和第 5 章全面地介绍了 P 型和 N 型 SnQ 晶体独特的高电输运性能和低热输运性能，获得了热电性能优异的晶体。下一步的研究重点应集中在晶体热电模组工艺的探索与研究上。但由于晶体制备工艺的高耗时和高复杂性，以及 SnQ 晶体本身比较弱的原子层间结合力引起的低机械强度，晶体热电模组的研究"道阻且长"。而在这个摸索期内，SnQ 多晶凭借其成熟的合成工艺以及优异的机械强度，吸引了众多的关注，人们利用各种各样的合成方法获得了不亚于晶体性能的 SnQ 多晶。本章着重从熔融法、机械合金化法以及纳米合成法这三大类极具代表性的方法出发，结合相应的理论和实验结果，对 SnQ 多晶的热电性能进行详细的介绍。由于 SnS 与 SnSe 的晶体结构相同，二者的热电性能有很多相似之处。简洁起见，本章主要以分析 SnSe 为主，在涉及二者的差异时会有更加详细的讨论。

6.2　熔融法与机械合金化法

6.2.1　SnSe 和 SnS 的二元以及三元相图

熔融法是将原料加热到熔融状态后冷却，从而获得目标成分的制备方法。它是目前应用非常成功且广泛的热电材料合成方法。实验操作流程很简单，只需要将原料按照化学计量比进行配比。例如，为了获得 SnSe，只需先将 Sn 单质与 Se 单质按照化学计量 1∶1 的比例配料，再将原料放入耐高温的安瓿中（为避免高温氧化，需在抽真空后将安瓿烧结封口）。接着，将装有原料的安瓿放入高温炉体中将 SnSe 加热至熔点以上，高温下 Sn 单质和 Se 单质熔化并充分反应，形成熔融态 SnSe。最后，通过降温冷却即可获得单相 SnSe 多晶。

除了材料合成这个基本功能，熔融法也因为能够调节热电材料的热电输运性能而被广泛关注。通过引入异价元素对晶体进行原子取代，能够有效地调节载流子浓度。如图 6-1 所示，基体 A、B 分别体现为 +2 价和 −2 价。当原料配比阶段用 +3 价元素取代 +2 价元素时，其会在基体中形成一个额外的电子，表现为电子供体，从而提升电子载流子浓度。相反，如果用一个 +1 价元素取代 +2 价元素时，其会额外禁锢一个电子，表现为电子受体，从而提升空穴载流子浓度。通过这种方式，熔融法实现了热电材料的基本电输运性能——电导率的调节。

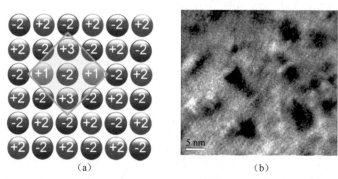

（a）　　　　　　　　　　　　　（b）

图 6-1　元素掺杂示意

（a）原子尺度的掺杂示意，图中 +2 价原子被 +1 价、+3 价原子取代，
能分别实现空穴掺杂或电子掺杂；（b）原子取代导致的透射电镜衬度变化

另外，利用固溶体的高温相图、临界相线可以在基体中形成均匀分布的纳米第二相，这些纳米第二相能够显著增强声子散射、降低晶格热导率，从而实现热电材料的热输运性能的调节，如图 6-2 所示。通常来说，通过熔融法获得纳米第二相的方式有两种。一种是利用二元体系的温度变化的固液相线，通过调控成分比例和熔融再降温过程获得纳米第二相。具体来说，二元体系的固溶度一般随着温度的升高而逐渐升高，如图 6-2（a）所示。如果 B 的含量介于室温固溶极限与高温固溶极限之间，那么在逐渐降温的过程中，B 在 A 中的固溶度会逐渐降低，过饱和固溶体会在原位析出纳米第二相，从而得到热力学平衡条件。图 6-2（b）所示为典型的利用该机制生成的纳米结构。其中的纳米点的黑色是析出相成分的原子尺寸和质量与基体的不同，从而导致 STM 的衬度改变造成的。另一种纳米第二相则是利用完全固溶体的调幅分解得到的。调幅分解是指过饱和固溶体在一定温度下通过溶质原子的上坡扩散形成结

构相同而成分呈周期性波动的两种固溶体的过程，如图 6-2（c）所示。调幅分解过程中，富区中溶质原子将进一步富化，贫区中溶质原子则逐渐贫化，两个区域之间没有明显的分界线，成分是连续过渡的。在分解过程中，溶质原子由低浓度区向高浓度区扩散。典型的纳米结构如图 6-2（d）所示。

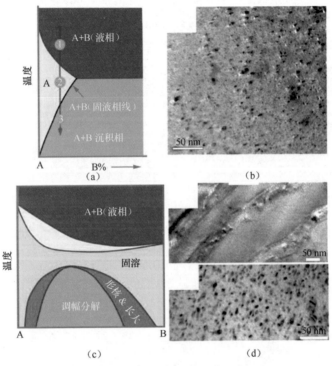

图 6-2　两种典型的纳米第二相的形成机理

（a）利用熔融再降温在基体中生成纳米第二相；（b）过饱和固溶体中生成的纳米结构；
（c）利用调幅分解生成纳米第二相；（d）调幅分解产生的纳米结构

对于 Sn*Q*，由于 Sn 与 Se、S 能够形成不止一种二元化合物，因此为了获得单相的 Sn*Q*，需要对其高温相图进行分析。图 6-3 所示为 Sn 与 *Q* 的高温二元相图[1]。可以看出，Sn 与 Se 能够形成两种二元化合物，分别为 SnSe 和 $SnSe_2$。SnSe 和 $SnSe_2$ 均为层状材料，但二者的晶体结构存在明显的不同，如图 6-4 所示。在 Sn-SnSe 区域内，存在着 L（液态）=(Sn)+SnSe 共晶反应，而在 $SnSe_2$-Se 区域内，其共晶反应则为 L（液态）=$SnSe_2$+(Se)。SnSe 的熔点约为 1134 K，在熔点之下，存在一个固态相变点，约为 793 K。该相变点将 SnSe 分为 α-SnSe 和 β-SnSe 两种结构。α-SnSe 空间群为低对称性 *Pnma*，β-SnSe 空间群为高对称性 *Cmcm*。材料相变通常伴随着体积变化，一般情况下体积随着温度的升高而膨胀。但是由于 SnSe 独特的各向异性晶体结构，通过理论计算以及实验测量发现，SnSe 在 3 个晶体学方向的热膨胀系数存在差异，*a* 轴方向的热膨胀系数略小于 *b* 轴方向，同时 *c* 轴方向的热膨胀系数为负。这种独特的热膨胀机制导致 SnSe 在降温过程中发生体积膨胀的异常现象，并且在相变点附近非常明显 [2-4]。其他相成分的晶体结构信息如表 6-1 所示。

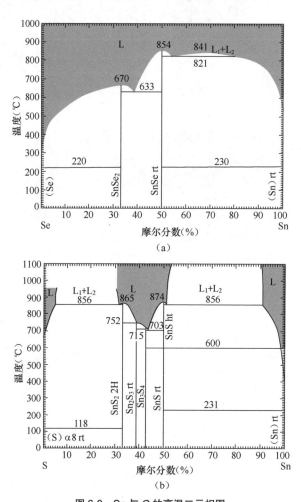

图 6-3　Sn 与 *Q* 的高温二元相图

（a）Sn 与 Se 的高温二元相图；（b）Sn 与 S 的高温二元相图

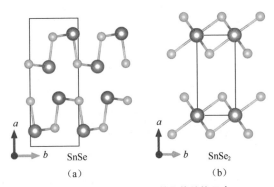

图 6-4　SnSe 与 SnSe₂ 的晶体结构示意

（a）SnSe 的晶体结构；（b）SnSe₂ 的晶体结构

表6-1　SnSe相图中各相成分的晶体结构信息

相	Se含量（%）	Pearson符号	空间群	Strukturbericht名称	典型结构
β-Sn	0	$tI4$	$I4_1/amd$	A5	β-Sn
α-Sn	0	$cF8$	$Fd\text{-}3m$	A4	C（金刚石）
β-SnSe	50	$oC8$	$Cmcm$	B_f	CrB
α-SnSe	50	$oP8$	$Pnma$	B16	GeS
SnSe₂	66.7	$hP3$	$P\text{-}3m1$	C6	CdI₂
Se	100	$hP3$	$P3_121$	A8	γ-Se

SnS 的高温二元相图与 SnSe 有所差别，如图 6-3（b）所示。其中，存在 4 种二元化合物，分别为 SnS、Sn₂S₃、SnS₂ 以及非稳态的 Sn₃S₄。与 SnSe 相似，SnS 在 873 K 存在一个固态相变点。由于 SnSe 与 SnS 能够形成完全固溶体，因此可以通过制备不同比例的 SnSe$_{1-x}$S$_x$ 固溶体来人为地调节相变温度。

根据以上信息，为了获得单相 SnQ，Sn 与 Se、S 的配比不能偏离 1∶1 太多，否则会产生第二相或者合成其他物质。同时，为了使原料在熔融态充分反应，其反应温度一般都在 1273 K 附近。值得注意的是，由于固态相变点的存在，SnQ 的熔融合成过程需要避免由于相变处发生体积膨胀而导致的容器破裂损坏以及样品被氧化。因此，如果采用安瓿真空熔融合成的方法，有必要对装有原料的安瓿进行二次真空封装。

在根据二元相图获得单相之后，下一步就是考虑通过引入掺杂元素调节热电输运性能。掺杂在热电材料中的基础作用是调节载流子浓度。对 SnSe 而言，由于 Sn 本征空位的存在，未掺杂的 SnSe 体现为 P 型输运特性。如果不考虑本征 Sn 空位，未掺杂的 SnSe 的空穴载流子浓度仅为 $10^{16} \sim 10^{18} \, \mathrm{cm^{-3}}$，小于热电半导体材料最优载流子浓度区间 $10^{19} \sim 10^{20} \, \mathrm{cm^{-3}}$ [5-6]。为了调节载流子浓度，需要引入本征空位或者异价元素以提供额外电子或者空穴。从相图的角度来说，SnQ 的掺杂过程将使整个系统从二元体系变为三元（伪二元）体系。但是之前很少对掺杂机制进行深入的研究分析，只是简单地描述为异价掺杂元素取代基体相应原子占位的过程，如图 6-1 所示。因此，在研究各种掺杂元素对 SnQ 体系的具体影响之前，有必要对微量掺杂的三元相图进行初步的分析，深化对"简单"掺杂背后复杂机制的了解。该部分分析不限于 SnQ，对于其他常见的热电材料也有着广泛的适用性。

在理想条件下，默认利用熔融法进行的掺杂为完全掺杂，并且实际成分与名义成分完全相同，掺杂元素完全进入基体材料的晶格之中取代相应基体原子的位置，掺杂效率为 100%。例如，一个 Na 必定取代一个 Sn 从而提供一个额外空穴，或者一个 Br 必定取代一个 Se 从而提供一个额外电子。但实际情况会复杂很多。首先，基体内部的本征缺陷，例如空穴间隙原子以及反位原子，这些通常都会降低掺杂效率。这是因为外部掺杂原子的引入从微观上改变了基体成分与结构，降低了这些缺陷的形成能，从而更有利于它们的产生。这些反向缺陷会产生与预期掺杂相反的载流子，从而妨碍载流子浓度的调节。另外，掺杂效率受到掺杂元素在基体中的固溶度的严格限制。超过固溶极限的多余原子会聚集形成纳米第二相。如图 6-5 所示，Ag 在 SnSe 中的固溶度小于 1%，当将 1% 的 Ag 用熔融法掺入 SnSe 中时，超出固溶极限的 Ag 会与 SnSe 反应形成 AgSnSe$_2$ 第二相 [7]。虽然第二相能够通过电子势阱或者调制掺杂改变载流子浓度，但其效果往往远不如取代掺杂的掺杂效率高，且有可控性低的缺点，使得研究体系复杂化。

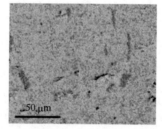

图 6-5 掺杂 1% Ag 的 SnSe 的 EDS 图像，粉色为 Ag 元素

有效掺杂与本征缺陷以及固溶度的关系可以利用三元等温相图进行详细的解释。假设存在一个半导体 $A^{2+}B^{2-}$，存在 A 空位和 B 空位两种本征缺陷。对于阳离子 A 空位，由于其无法为阴离子 B^{2-} 提供电子，从而体现出电子受体特征（提供空穴）。相反，对于阴离子 B 空位，由于缺少与阳离子 A^{2+} 的电

子结合的离子，从而体现出电子供体特征（提供电子）。图 6-6 所示为典型的三元等温相图。其中，AB 代表主成分，C 代表微量掺杂元素。实际上，化合物 AB 在 A-B 相线上并不像通常二元相图中显示的那样为一个点，而是一个以 AB 点为中心，有一定宽度的区间。区间的大小取决于 A/B 空位的最大浓度，并且根据 C 在 AB 中的最大固溶度向 AC 与 AC_2 方向延伸（图 6-6 中深色区域，实际上该区间的区域范围相对整个三元相图只是很小一块区域，为了分析需要，图中的区域被放大表示）。图 6-6（b）所示为随着温度变化，AB 单相区域的变化趋势（同样进行了放大处理），$T_1<T_2<T_3$[8]。在 A-AB 靠近 AB 的一小片区域内，由于 B 空位为主要本征缺陷，AB 体现出电子型电输运性能（N 型），而在 AB-B 靠近 AB 的一小片区域内，由于 A 空位为主要本征缺陷，AB 体现出空穴型电输运性能（P 型）。此时的 AB 的载流子浓度取决于 A 空位或 B 空位在 AB 中的固溶极限。对 SnSe 来说，其 Sn 空位的固溶极限能达到20%，即当 Sn 与 Se 的原子数比为 0.8∶1 时，由于 Sn 空位稳定存在，$Sn_{0.8}Se$仍为单相[9]。

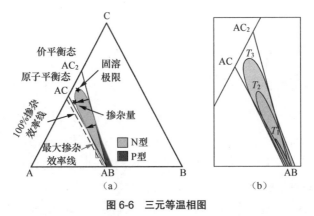

图 6-6　三元等温相图

（a）与掺杂相关的分界线和区域；（b）AB 单相区域随温度变化的趋势

接下来，引入单价阴离子 C^- 取代 B 离子，进行 N 型掺杂。由于一个 C 原子只能接收一个来自 A 阳离子的电子，所以整体 C 向晶体中提供一个额外的电子。并且由于 C 在 AB 中也存在一定的固溶极限，AB 的单相区域会向 AC 方向进行延伸，如图 6-6 所示（进行了放大处理）。一个 C^- 取代一个 B^{2-} 的情况被称为"原子平衡态"。此外，还存在"价平衡态"，即 $AB-AC_2$ 相线。在 $AB-AC_2$ 相线上，C 取代 B 的同时不会贡献额外的电子。但这种"价平衡态"

不是通过两个 C⁻ 取代一个 B²⁻ 实现的。因为在实际的原子取代过程中不能有两个原子同时占据同一个原子的位置，否则就变成了间隙原子。为了更好地了解这个过程，可以对 AB-AC₂ 相线进行简单的改变，使其变为 A₂B₂-AC₂。而此时的 C 取代 B 变成了两个 C⁻ 取代两个 B²⁻，同时 A 位置产生一个空位。通过该过程，两个 C⁻ 在取代过程中产生的额外电子与 A 空位产生的两个空穴发生中和，从而达到价平衡状态。此时，A 空穴数 n_1 与 C 取代离子数 n_2 的关系为 $2n_1=n_2$。显然，此时的 AB-AC₂ 取代并不能调节载流子浓度。而在 AB-AC₂ 相线的左侧，$2n_1<n_2$，空位产生的空穴数少于 C 提供的额外电子数，为 N 型掺杂；在 AB-AC₂ 相线的右侧，$2n_1>n_2$，为 P 型掺杂。而且，距离 AB-AC₂ 相线越远，掺杂的载流子浓度越高。但是由于 AB 单相区域的限制，存在最大掺杂效率曲线，该曲线与左侧 AB 单相相线重合（图中红色）。至此，我们可以评估阴离子 C 对于 AB 的掺杂效果。AB-AC₂ 相线将 AB 的单相区域分割成左右两部分，即图中浅蓝色与深蓝色区域。因此，只有在左侧的浅蓝色区域，C 才体现为 N 型掺杂，而在右侧深蓝色区域，C 体现为 P 型掺杂。值得注意的是，不同温度下，AB 的单相区域会发生变化。如图 6-6 所示，一般情况下，温度越高，单相的区域面积越大。同样的，根据三元等温相图，阳离子掺杂对于 AB 的影响可以通过相同的方法进行分析。

6.2.2 形成能和转换能级

通过相图能得出热力学平衡态的相、成分和温度之间的关系。但是这些只是对于掺杂效率的半定量分析。如果想要对 SnSe 本征缺陷以及不同掺杂元素的掺杂效率进行定量分析，则需要通过第一性原理计算从化学势以及形成能的能量角度进行分析。

通常情况下，衡量一种缺陷在晶格中的稳定性可以用对应的形成能来表示，形成能越小，缺陷越稳定，越容易形成。缺陷的形成能可以表示为[10-11]：

$$\Delta H_{D,q} = E_{D,q} - E_H - \sum_\alpha n_\alpha \mu_\alpha + q(E_F + E_V + \Delta V) \tag{6-1}$$

其中，$E_{D,q}$ 为计算中用到的超晶格（包含一个价态为 q 的缺陷）的总能量；E_H 为没有缺陷的超晶格的总能量；n_α 为形成一个缺陷需要移除（$n_\alpha<0$）或者加入（$n_\alpha>0$）的原子数；μ_α 为相应原子的化学势；E_F 为费米能级；E_V 为价带顶能级；ΔV 为能量修正，是引入缺陷后的超晶格与未引入缺陷的超晶格对齐能量。

在计算缺陷形成能之前，需要限定化学势的取值区间。根据成分不同，可以分两种情况来考虑。对 Sn-Se 二元体系而言，一种是 Sn 富余，另一种是 Se 富余。在这两种情况下，都需要满足 Sn 和 Se 的化学势小于它们单质态的化学势，从而避免形成 hcp 相的 Sn 单质和

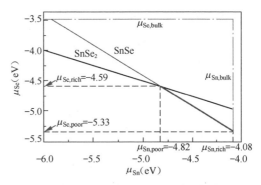

图 6-7　SnSe 晶体生长的热力学条件

Se 单质。图 6-7 所示为 SnSe 晶体生长的热力学条件。Sn 和 Se 的化学势上限分别由图 6-7 中的水平虚线和竖直虚线表示，由单质 Sn 与单质 Se 来决定。两条实线分别表示 SnSe 和 SnSe$_2$ 晶体生长的平衡态。加粗线表示 SnSe 晶体生长的最合适化学势区间。当 Sn 和 Se 原子的化学势满足以下限制条件时，SnSe 能生长成均匀的晶体：

$$\mu_{\mathrm{SnSe}} = \mu_{\mathrm{Sn}} + \mu_{\mathrm{Se}} \tag{6-2}$$

其中，μ_{SnSe} 为 SnSe 晶体的化学势。

式（6-2）表明了晶体生长的平衡态：当 $\mu_{\mathrm{Sn}} + \mu_{\mathrm{Se}}$ 大于 μ_{SnSe} 时，平衡态将会向左偏移，导致 SnSe 晶体的生长不均匀；当 $\mu_{\mathrm{Sn}} + \mu_{\mathrm{Se}}$ 小于 μ_{SnSe} 时，则意味着 SnSe 发生分解，生成 Sn 单质和 Se 单质。最终计算得到的 SnSe 的化学势为 -9.41eV。

同时，考虑到 Sn 与 Se 也能够生成 SnSe$_2$ 化合物，因此需要对化学势进行更加严格的限制。相对 SnSe，SnSe$_2$ 中 Se 的原子数占比更大，因此在 Se 富余的状态下，SnSe$_2$ 更容易生成。为了抑制 SnSe$_2$ 相的生成，Se 的化学势上限被进一步降低。当 Sn 和 Se 原子的化学势满足以下限制条件时，SnSe$_2$ 能生长成均匀的晶体：

$$\mu_{\mathrm{SnSe_2}} = \mu_{\mathrm{Sn}} + 2\mu_{\mathrm{Se}} \tag{6-3}$$

计算得到的 SnSe$_2$ 的化学势为 -14.00 eV，如图 6-7 中黑线表示。从图 6-7 可以看出，SnSe 与 SnSe$_2$ 的化学势交汇于 $\mu_{\mathrm{Sn}} = -4.82$ eV（$\mu_{\mathrm{Se}} = -4.59$ eV）。当 μ_{Se} 超过该临界值时，SnSe 的化学势将高于 SnSe$_2$ 的，意味着 SnSe$_2$ 比 SnSe 更容易生成。因此 $\mu_{\mathrm{Se}} = -4.59$ eV 就是实际的 SnSe 晶体生长的化学势上限。至此，可以初步确定化学势的取值范围，接下来需要在这个范围内计算相应的缺陷形

成能的大小。

在 Sn 富余和 Se 富余条件下，SnSe 不同电荷态的本征缺陷的形成能如表 6-2 所示。在 Sn 富余条件下，在中性电荷状态的 Sn_{Se}、V_{Sn} 以及 V_{Se} 具有较低的形成能（<1.5 eV），从而有可能影响 SnSe 的电输运性能。在 Se 富余条件下，在中性电荷状态的 Se_{Sn}、V_{Sn} 以及 V_{Se} 这 3 种缺陷的形成能比较低。在两种条件下不同缺陷体现出来的变化趋势有所不同。Sn_{Se} 和 V_{Se} 在 Sn 富余条件下形成能更低，V_{Sn} 和 Se_{Sn} 在 Se 富余条件下形成能更低。

表6-2　在Sn富余和Se富余条件下，SnSe不同电荷态的本征缺陷的形成能

缺陷类型	q	E_F（Sn 富余）（eV）	E_F（Se 富余）（eV）
V_{Sn}	2−	1.47	0.73
	1−	1.42	0.69
	0	1.47	0.73
V_{Se}	2−	1.95	2.68
	1−	1.02	1.75
	0	0.16	0.89
	1+	−0.23	0.51
Sn_i	0	2.48	3.22
	1+	1.73	2.47
	2+	1.17	1.91
Se_i	2−	5.22	4.49
	1−	4.28	3.55
	0	3.41	2.67
	1+	3.24	2.50
Sn_{Se}	2−	1.75	3.22
	1−	1.11	2.58
	0	0.62	2.09
	1+	0.39	1.86
	2+	0.17	1.65
Se_{Sn}	2−	4.11	2.64
	0	3.41	1.94
	1+	3.21	1.74
	2+	3.15	1.68

可以看出，缺陷的形成能受到费米能级位置的影响，费米能级表示的物理意义是电子占据缺陷的概率，当载流子浓度增大时，费米能级向导带或者价带方向移动，从而影响不同缺陷的形成，如图 6-8 所示。可以看出，在 Se 富余的情况下，Sn 空位的形成能远小于 Se 空位的，这意味着 Se 富余的情况下更有利于形成 Sn 空位。

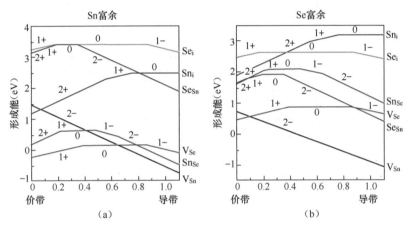

图 6-8　不同缺陷的形成能与费米能级的关系

（a）Sn 富余条件；（b）Se 富余条件

本征缺陷以及其他缺陷会在带隙或者靠近能带顶的位置引入杂质能级。如果杂质能级远离价带顶或者导带底，则缺陷中的空穴或电子参与电输运需要很高的能量激发，称为深层能级。如果杂质能级靠近价带顶或者导带底，则空穴或电子更容易参与电输运，称为浅层能级。为了表征缺陷参与电输运的能力的大小，引入了转换能级的概念。转换能级定义为一个缺陷提供或者接收电子时费米能级的位置，表示为：

$$\varepsilon\left(q/q'\right)=\frac{E_{\mathrm{F}}(\mathrm{SnSe}^{q})-E_{\mathrm{F}}(\mathrm{SnSe}^{q'})}{q-q'}\tag{6-4}$$

其中，q、q' 分别表示转换前后的电荷态。

从表 6-3 可以看出，Sn 空位的转换能级非常靠近价带顶，这意味着 Sn 空位不仅容易形成，而且极易参与电输运过程中，提供额外的空穴。而对 Se 空位来说，其转换能级 $\varepsilon(1+/0)$ 更靠近价带顶而不是导带底，这使得对 N 型掺杂来说，Se 空位属于深层能级，同样可以对 $\mathrm{Sn_{Se}}$ 和 $\mathrm{Se_{Sn}}$ 进行类似的分析，最后得出的结论是这些本征缺陷都无法为 N 型电输运提供额外的电子。因此，综上所述，对未掺杂的 SnSe 来说，其体现为本征 P 型电输运性能。

表6-3　以价带顶为基准的不同缺陷的转换能级大小

缺陷类型	q/q'	$\varepsilon(q/q')$（eV）
V_{Sn}	2−/0	0.04
V_{Se}	0/1−	0.86
	1+/0	0.38
Sn_i	1+/0	0.75
	2+/1+	0.56
Se_i	0/1−	0.87
	1+/0	0.17
Sn_{Se}	1−/2−	0.64
	0/1−	0.48
	1+/0	0.24
	2+/1+	0.21
Se_{Sn}	0/2−	0.35
	1+/0	0.20
	2+/1+	0.06

6.2.3　本征 Sn 空位掺杂

Nguyen 等人利用 STM 观察到了 SnSe 晶体中两种不同的缺陷，如图 6-9 所示。为了研究 Sn 空位掺杂对于电输运性能的影响，他们利用温度梯度法制备 SnSe 晶体，通过调控降温速度发现，在不同速度下，晶体具有不同的原子缺陷。在降温速度较低的情况下（<1 K·h^{-1}），晶体中的缺陷为单空位缺陷。当降温速度增大后，晶体中除了 Sn 空位还出现了多原子空位团，即多空位缺陷，显著影响 SnSe 晶体的电输运性能。

如图 6-10 所示，当降温速度较低时，SnSe 的电导率相对高降温速度的样品偏高，相应的泽贝克系数偏低。通过测量不同样品的载流子浓度发现，低降温速度的样品的载流子浓度比较低，因此可以从实验的角度得出结论：Sn 空位能够有效提升载流子浓度，而 Sn-Se 多原子空位团的贡献则不是很明显。

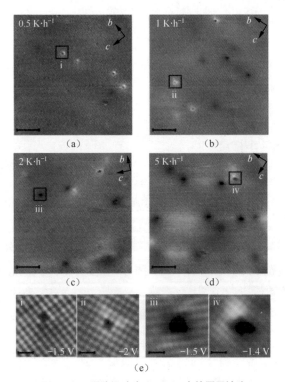

图 6-9　不同降温速度下 SnSe 中的原子缺陷

（a）0.5 K·h⁻¹；（b）1 K·h⁻¹；（c）2 K·h⁻¹；（d）5 K·h⁻¹；（e）单 / 多空位缺陷

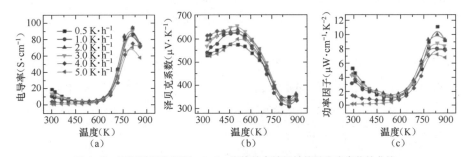

图 6-10　不同降温速度下，SnSe 晶体的电输运性能随温度变化的曲线

（a）电导率；（b）泽贝克系数；（c）功率因子

前文提到，引入 $SnSe_2$ 能够有效调节 SnSe 中的 Sn 空位，从而提升电输运性能。但是与晶体相比，通过熔融法调节 SnSe 空位的研究工作并不多，原因在于用熔融法制备的多晶存在大量无法调控的晶界，一般情况下晶界附近的化学组成与晶粒内部的会有一定的差异，而且用熔融法得到的多晶的晶粒尺寸不均匀，这些不利条件都为 Sn 空位在 SnSe 多晶中的调控设置了障碍。但是，通过水热法合成的纳米 SnSe 具有更好的晶界调控以及更加均匀的晶粒尺寸，从而在 Sn 空位调控方面更具优势。接下来的水热法制备方法部分会对 Sn 空位掺杂进行更加详细的介绍。

6.2.4　非本征 P 型掺杂

除了本征空位掺杂，与其他传统热电材料一样，SnSe 可以引入异价元素来有效调节载流子浓度，常见的 P 型掺杂元素有碱金属元素（Na、K）、第一副族元素（Cu、Ag）等。如表 6-4 所示 [1]，即使是化学价相同的元素，其掺杂效果差别也很大。为了深入了解此差异，有必要从形成能和转换能级的角度进行分析。其中，M 为熔炼法；AM 为电弧熔炼法；A 为退火；MA 为机械合金化；SSR 为固相反应；CM 为燃烧法；AS 为水相法；SPS 为放电等离子烧结；HP 为热压；CP 为冷压；ODP 为开模压制；ST 为辅助熔剂热法；ZM 为区域熔炼法。

首先需要确定各个原子的化学势的取值范围，由于引入了第三种元素，因此需要设定额外的限制条件避免第二相的生成。以 Na 和 Ag 掺杂的 SnSe 为例。除了之前提到的避免 Sn、Se 单质以及 $SnSe_2$ 相的生成，还需要额外考虑 Na_2Se 和 Ag_2Se 相的影响。因此，Na/Ag 和 Se 的化学势应满足：

$$2\mu_{Na} + \mu_{Se} < \Delta H_f(Na_2Se) \tag{6-5}$$

$$2\mu_{Ag} + \mu_{Se} < \Delta H_f(Ag_2Se) \tag{6-6}$$

在限定化学势的合理取值范围之后，通过第一性原理计算可以得到掺杂 SnSe 中不同缺陷的形成能与费米能级的关系，如图 6-11 所示。对于 Na 掺杂的 SnSe，只有当 Na 取代 Sn 原子位置（Na_{Sn}）时才提供额外的空穴，体现 P 型掺杂。而 Na 原子在间隙位置（Na_i）时则相反，其会提供电子，体现为 N 型掺杂。所以，如果 Na_{Sn} 和 Na_i 同时存在，则二者的效果会相互抵消。这被称为掺杂的"费米钉扎效应"。不过对 SnSe 中的 Na 来说，该效应可以忽略。因为 Na_{Sn} 的形成能远小于 Na_i 的形成能。在 Sn 富余的本征 SnSe 下，Sn_i 和 V_{Sn} 的形成能在靠近价带顶的一侧有个"钉扎点"。但是由于二者的形成能较高，因此在该情况下二者同时形成的可能性不大。而在 Se 富余条件下，在本征 SnSe 中没有出现"钉扎点"。回到掺杂的 SnSe 体系中，在 Sn 富余条件下，

表6-4　不同元素掺杂的SnSe多晶的热电性能总结与比较

成分	类型	方向	制备工艺	ZT值	$T(K)$	$\sigma(S \cdot cm^{-1})$	$S(\mu V \cdot K^{-1})$	$S^2\sigma(\mu W \cdot cm^{-1} \cdot K^2)$	$\kappa(W \cdot m^{-1} \cdot K^{-1})$	$n(cm^{-3})$	$\rho(g \cdot cm^{-3})$
$Ag_{0.01}Sn_{0.99}Se$	P	//	M+A+HP	0.6	750	45.9	344.1	5.4	0.68	3.5×10^{18}	5.93
$Sn_{0.99}Na_{0.01}Se_{0.8}Te_{0.2}$	P	⊥	MA+SPS	0.7	773	67.4	275.0	5.1	0.50	—	—
$Na_{0.01}Sn_{0.99}Se$	P	⊥	M+SPS	0.8	823	49.6	311.1	4.8	0.53	1.0×10^{19}	5.99
$Na_{0.015}Sn_{0.985}Se$	P	//	MA+HP	0.8	773	37.9	298.8	3.4	0.33	2.1×10^{19}	5.81
$Na_{0.01}Sn_{0.99}Se$	P	⊥	M+SPS	0.8	800	81.2	267.2	5.8	0.50	1.5×10^{19}	—
$Na_{0.02}Sn_{0.98}Se$	P	⊥	HP+SPS	0.9	798	56.4	288.8	4.7	0.4	3.08×10^{19}	5.62
$Na_{0.005}K_{0.005}Sn_{0.99}Se$	P	⊥	MA+SPS	1.2	773	34.9	374.7	4.9	0.32	7.2×10^{19}	5.71
$(NaCl)_{0.005}Sn_{0.995}Se$	P	⊥	SSR+HP	0.8	810	79.2	228.6	4.1	0.39	3.95×10^{19}	5.93
$Na_{0.01}Sn_{0.96}Pb_{0.04}Se$	P	⊥	M+SPS	1.2	773	89.4	269.7	6.5	0.45	2.8×10^{19}	—
$Ag_{0.01}Sn_{0.99}Se$	P	⊥	M+SPS	0.7	823	54.8	330.9	6.0	0.66	1.9×10^{19}	5.99
$Ag_{0.03}Sn_{0.97}Se$	P	⊥	ST+SPS	0.8	850	90.3	266.2	6.4	0.68	9×10^{18}	5.56
$Sn_{0.995}Tl_{0.005}Se$	P	—	M+HP	0.6	725	68.9	300.0	6.2	0.75	—	5.99
$Sn_{0.98}Cu_{0.02}Se$	P	—	M+SPS	0.7	773	42.4	238.6	2.4	0.27	1.84×10^{20}	6.12
$Sn_{0.97}Cu_{0.03}Se$	P	—	M+HP	0.7	823	35.0	325.1	3.7	0.39	1.57×10^{17}	6.16
$Sn_{0.99}Cu_{0.01}Se$	P	—	HT+SPS	1.2	873	35.2	310.6	3.4	0.20	—	—
$Sn_{0.99}In_{0.01}Se$	P	//	M+HP	0.2	823	6.53	350.0	0.8	0.36	2.9×10^{17}	5.87
$Sn_{0.9}Ge_{0.1}Se$	P	—	M	—	400	—	843.2	—	0.39	—	—
$Sn_{0.96}Ge_{0.04}Se$	P	⊥	ZM+HP	0.6	823	35.6	378.5	5.1	0.70	3.36×10^{17}	5.81
$K_{0.01}Sn_{0.99}Se$	P	⊥	MA+SPS	1.1	773	18.6	421.4	3.3	0.24	9.2×10^{18}	—

续表

成分	类型	方向	制备工艺	ZT值	$T(\mathrm{K})$	$\sigma(\mathrm{S}\cdot\mathrm{cm}^{-1})$	$S(\mu\mathrm{V}\cdot\mathrm{K}^{-1})$	$S^2\sigma(\mu\mathrm{W}\cdot\mathrm{cm}^{-1}\cdot\mathrm{K}^2)$	$\kappa(\mathrm{W}\cdot\mathrm{m}^{-1}\cdot\mathrm{K}^{-1})$	$n(\mathrm{cm}^{-3})$	$\rho(\mathrm{g}\cdot\mathrm{cm}^{-3})$
$\mathrm{Zn}_{0.01}\mathrm{Sn}_{0.99}\mathrm{Se}$	P	⊥	M+HP	1.0	873	74.1	328.5	8.0	0.73	4.5×10^{18}	—
$\mathrm{Na}_{0.01}\mathrm{Sn}_{0.99}\mathrm{Se}$	P	⊥	M+SPS	0.8	800	100.0	271.5	7.4	0.50	6.5×10^{19}	5.94
$\mathrm{Ag}_{0.015}\mathrm{Sn}_{0.985}\mathrm{Se}$	P	—	M	1.3	773	44.7	344.0	5.2	0.30	8×10^{18}	5.87
$\mathrm{SnSe}_{0.985}\mathrm{Cl}_{0.015}$	P	—	M	1.1	773	25.5	399.3	4.1	0.30	1×10^{17}	5.87
$\mathrm{Sn}_{0.97}\mathrm{Na}_{0.03}\mathrm{Se}$	P	⊥	SPS	0.8	773	65.1	280.2	5.1	0.50	2.2×10^{19}	5.93
$\mathrm{SnSe}_{0.9}\mathrm{Te}_{0.1}$	P	⊥	ST+SPS	1.1	800	57.4	322.8	6.0	0.44	1×10^{19}	5.87
$\mathrm{Sn}_{0.97}\mathrm{Sn}_{0.03}\mathrm{Se}$	P	—	M+HP	0.6	823	33.6	250.0	2.1	0.32	1.27×10^{17}	—
$\mathrm{SnSe}\text{-}1\%\ \mathrm{LaCl}_3$	P	⊥	MA+SPS	0.6	750	15.6	350.6	1.9	0.27	1.53×10^{16}	5.93
$\mathrm{SnSe}_{0.9375}\mathrm{Te}_{0.0625}$	N	⊥	M+HP	—	673	3.63	276.2	0.3	—	2.1×10^{17}	5.87
$\mathrm{SnSe}_{0.95}\text{-}0.4\%\ \mathrm{BiCl}_3$	N	⊥	M+SPS	0.7	793	28.9	-414.0	5.0	0.60	1.07×10^{19}	—
$\mathrm{SnSe}_{0.95}\text{-}3\%\ \mathrm{PbBr}_2$	N	⊥	M+HP	0.5	793	36.0	-360.0	4.7	0.72	1.86×10^{19}	5.99
$\mathrm{SnSe}_{0.87}\text{-}\mathrm{S}_{0.1}\mathrm{I}_{0.03}$	N	//	M+MA	1.0	773	10.0	-624.5	3.9	0.30	3.8×10^{16}	5.75
$\mathrm{SnSe}\text{-}\mathrm{Cl}_{0.006}$	N	⊥	HT+HP	—	540	9.0	-264.8	0.6	—	6.43×10^{18}	5.87
$\mathrm{Sn}_{0.74}\mathrm{Pb}_{0.20}\mathrm{Ti}_{0.06}\mathrm{Se}$	N	⊥	MA+SPS	0.4	773	14.8	-450.0	3.0	0.58	2.47×10^{16}	—

Na 掺杂的 SnSe 在靠近导带顶的位置有一个"钉扎点",而 Ag 掺杂的 SnSe 在带隙中间位置存在"钉扎点",因此,Sn 富余的条件不利于有效载流子掺杂。这既是因为高的形成能,也是钉扎效应存在的缘故。在 Se 富余的条件下,Na 掺杂的 SnSe 中没有钉扎效应,而 Ag$_i$ 和 Ag$_{Sn}$ 在 0.14 eV 位置存在"钉扎点",因此,可以推测 Ag 的 P 型掺杂效率略低于 Na,这与实验结果相符,如表 6-4 所示。另外,Na$_{Sn}$ 和 Ag$_{Sn}$ 价带顶的转换能级分别为 0.054 eV 和 0.058 eV。低的转换能级也进一步表明 Na 和 Ag 是很好的 P 型掺杂元素。

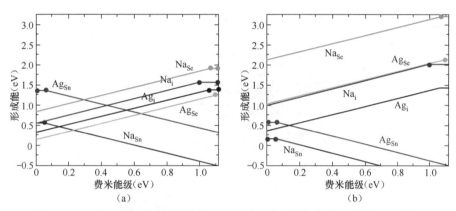

图 6-11　Na 掺杂的 SnSe 及 Ag 掺杂的 SnSe 中不同缺陷的形成能与费米能级的关系
（a）Sn 富余；（b）Se 富余

Wei 等人从实验方面系统地研究了碱金属元素 Li、Na、K 的掺杂效率,并且与 Ag 的进行了比较[12]。研究发现,在各种一价元素中,Na 的掺杂效率最高,如图 6-12 所示。SnSe 多晶的室温载流子浓度从 3.2×10^{17} cm^{-3} 提升到了 4.4×10^{19} cm^{-3},但是仍然偏离 100% 掺杂效率。这是因为在晶界处发生了元素偏析,导致实际含量低于名义含量,如图 6-13 所示。掺杂效率的差异直接反映在了 SnSe 的电输运性能上。对于电阻率,在名义含量同为 1% 的情况下,Na 的电阻率最低,为 0.011 Ω·cm,其次是 K,电阻率最高的是 Li,为 0.18 Ω·cm。相应的,泽贝克系数随载流子浓度提升有所降低。Li、Na、K 掺杂的 SnSe 的室温泽贝克系数分别为 359 μV·K^{-1}、241 μV·K^{-1}、和 142 μV·K^{-1},最终,Na 掺杂的 SnSe 获得了最高的功率因子,如图 6-14 所示。

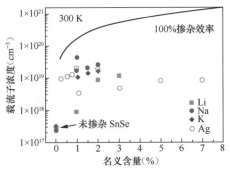

图 6-12　室温载流子浓度与名义含量的关系

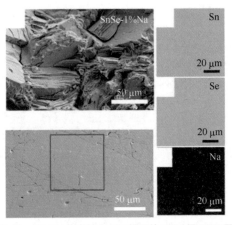

图 6-13　1% Na 掺杂的 SnSe 样品的 SEM 及 EDS 图像

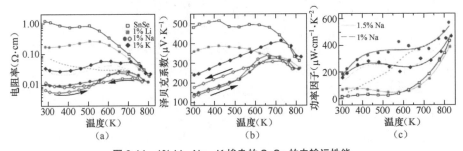

图 6-14　1% Li、Na、K 掺杂的 SnSe 的电输运性能

（a）电阻率；（b）泽贝克系数；（c）功率因子

　　另外，实验发现通过双掺杂能够突破单元素掺杂的掺杂极限。这种双掺策略提升载流子浓度的机制是指引入多种掺杂元素以避免单个元素的固溶极限限制。例如，双掺杂 Na 和 Ag 能使载流子浓度超越 Na 掺杂的最大值，其室温

载流子浓度能够达到 5×10^{19} cm^{-3} [13]。同样，SnSe 中双掺杂 Na 和 K，可以使室温载流子浓度达到 7×10^{19} cm^{-3} [14]。

6.2.5　N 型掺杂

SnSe 的 N 型掺杂与 P 型掺杂相比复杂很多。之前关于 Se 空位的形成能以及转换能级的讨论证实了 Se 空位无法为 SnSe 提供有效的电子来源。因此，N 型 SnSe 主要依靠外部掺杂来实现。实现的途径主要有两种，一种是用三价元素 As、Sb、Bi 取代 Sn 原子；另一种是用一价元素 Cl、Br、I 取代 Se 原子。但是由于 Sn 空位的存在，如果掺杂元素的百分比过低，SnSe 可能仍然由 Sn 空位主导，从而体现出 P 型掺杂。同时，Bi 和 Sb 为多价元素，既能够表现为 +3 价又能表现为 -3 价。种种因素的叠加导致 SnSe 的 N 型掺杂更具挑战性。这里我们把这些元素分成两部分来分析，首先分析 Bi、Br、I。这三类元素被大量应用到 SnSe 中来调节电子载流子浓度，并且使 SnSe 获得了优异的热电性能。然后单独研究 Sb 元素，分析氮族元素在调节 SnSe 载流子浓度中表现出的不同于卤族元素的独特性。

图 6-15 展示了在 Sn 富余以及 Se 富余条件下，不同 N 型缺陷的形成能随费米能级变化的关系。可以看出，与空穴掺杂相比，N 型缺陷的形成能普遍高于 P 型缺陷，这意味着 N 型掺杂难度比 P 型掺杂难度要高。在不同的情况下，不同元素的掺杂难度也有所不同。在 Se 富余的情况下 Bi 更容易形成 Bi$_{Sn}$ 缺陷。而 Br 和 I 则在 Sn 富余的情况下更易形成 Br$_{Se}$ 和 I$_{Se}$ 缺陷。

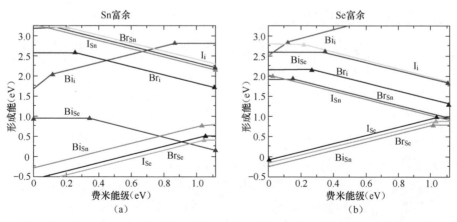

图 6-15　在 Sn 富余以及 Se 富余条件下，不同 N 型缺陷的形成能随费米能级变化的关系

图 6-16 表示不同 N 型缺陷的转换能级。对于 V_{Se}、Sn_{Se}、Se_{Sn} 以及 Sn_i，其转换能级的位置更靠近价带顶、远离导带顶，表明需要更大的能量才能激发缺陷电子参与电输运。相反，Bi_{Sn}、Br_{Se} 以及 I_{Se} 的转换能级与导带底的能级差分别为 0.082 eV、0.065 eV 和 0.057 eV。因为这些缺陷都属于浅层能级，因此能够更容易地参与电输运。Br 和 I 各有优势。由于 Br 的原子半径与 Se 的原子半径相近，Br 相对 I 更容易取代 Se 原子。但是 Br 的转换能级略大于 I 的转换能级，所以其掺杂效率可能略低于 I 的掺杂效率。

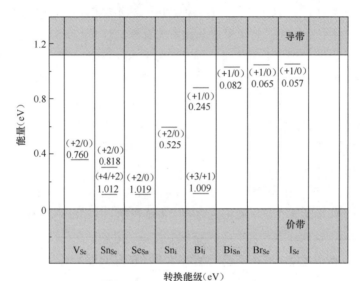

图 6-16　不同 N 型缺陷的转换能级

6.2.5.1　卤族元素 N 型掺杂

SnSe 本身为 P 型材料，并且存在大量的本征 Sn 空位，这使得实现 P-N 转变具有很大的挑战。通过筛选大量掺杂剂发现，$SnBr_2$ 是优异的 N 型 SnSe 掺杂剂。因此，研究人员展开了 Br 掺杂的 N 型 SnSe 多晶的热电性能的研究。但是，即使在掺杂 Br 之后，其载流子浓度仍然处于较低的水平，这是 Br 本身在 SnSe 内的有效掺杂效率低导致的。固溶合金化则是改变掺杂效率的有效途径，通过固溶一定量的 PbSe，发现 SnSe 的电输运性能得到显著提升，同时又由于 Pb 更大的原子质量以及原子体积引起晶格的质量和体积波动，SnSe 的晶格热导率得到进一步的降低，最终，在 SnSe 的高温相变点附近获得了高达 1.2 的 ZT 值，为当时 N 型 SnSe 中获得的最高热电性能。

图 6-17（a）所示为 Br 掺杂的 SnSe 的 XRD 图谱。可以看出，所有的
XRD 图谱与 SnSe 的标准图谱吻合。但是值得注意的是，多晶 SnSe 的 XRD 图
谱表现出明显的织构取向，其 (004) 峰的强度明显强于其他峰。这是因为 SnSe
为层状结构，其解理面为 (001) 面。同时，图 6-17（a）中的高角度峰并没有
发生太大的偏移，说明 Br 原子对 SnSe 的晶体畸变贡献不大。

图 6-17（b）表示 Br 掺杂后 SnSe 的晶格常数随 Br 含量变化的趋势。可
以看出，在 SnSe 中掺杂 Br 并不会影响 SnSe 的晶格常数。这是因为 Br 掺入
SnSe 中 Se 的位置，以及二者的离子半径相近。

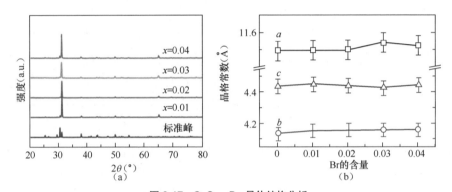

图 6-17　SnSe$_{1-x}$Br$_x$ 晶体结构分析
（a）SnSe$_{1-x}$Br$_x$（x=0.01, 0.02, 0.03, 0.04）的 XRD 图谱；
（b）SnSe$_{1-x}$Br$_x$（x=0.01, 0.02, 0.03, 0.04）的晶格常数随 Br 含量的变化

烧结块体的致密度对热导率的测试有着重要的影响。当样品致密度过低、
烧结不充分时，样品中会存在大量空隙，导致电导率急剧降低，热导率也低
于致密样品。如表 6-5 所示，与 SnSe 相比，Br 掺杂的 SnSe 样品的致密度在
94% 以上。作为对比，其他常见硫族化合物（PbTe、PbSe、PbS、SnTe）的用
SPS 制备的样品的致密度普遍能达到 97%。而导致 Br 掺杂的 SnSe 多晶样品的
致密度低的原因主要在于其层状结构以及弱的层间结合力。同时，由于 SnSe
在 800 K 附近存在一个相变过程，而且在 800 K 以下存在一个持续性相变过程
（这些会在后文进行详细阐述），这些相变都会引起 SnSe 的体积变化。值得一
提的是，800 K 以下的持续性相变过程伴随 SnSe 在 c 轴方向的负膨胀，这使
得多晶 SnSe 的致密烧结具有一定挑战性。

表6-5　Br掺杂以及PbSe固溶的SnSe的密度

名义成分	密度（$g \cdot cm^{-3}$）
SnSe	5.80
$SnSe_{0.99}Br_{0.01}$	5.78
$SnSe_{0.98}Br_{0.02}$	5.78
$SnSe_{0.97}Br_{0.03}$	5.80
$SnSe_{0.96}Br_{0.04}$	5.94

　　在得到 Br 掺杂的 SnSe 块体之后，需要对其进行切割测试。由于 SnSe 的层状结构，其各个方向的热电性能存在差异。因此，需要寻找性能最优的方向。通常情况下，对于层状材料，其层内的电输运性能远优于层间方向的，所以，对于大多数各向异性的热电材料，沿着层内的测试方向获得的热电性能最佳。但是，对具有低热导率的 SnSe 来说，存在层外低热导率引起的层外热电性能增强。从 SnSe 晶体结构示意可以看出，对于 SnSe 晶体，即使是层内方向，b 轴和 c 轴方向的价键强度仍然有着很大的差异，也就是说 SnSe 晶体存在 3 个方向的各向异性。但是对多晶 SnSe 来说，由于其是由粉体经过高压烧结制备的，其测试方向只有两个：垂直于压力方向的轴向和平行于压力方向的径向。

　　在向 SnSe 中掺杂 Br 之后，其热电性能发生显著变化，如图 6-18 所示。在掺杂 1% Br 之后，SnSe 的电导率急剧降低，室温电导率仅有 10^{-3} S $\cdot$ cm^{-1}。这是因为未掺杂的 SnSe 为 P 型半导体，载流子为空穴，而 Br 本身是电子掺杂剂。也就是说，当 Br 的浓度较低时，其功能是先降低空穴截流子浓度，在实现 P-N 转变之后才会随着含量的增大提升电导率。如图 6-18（a）所示，当 Br 的浓度从 2% 逐渐提升时，SnSe 的电导率才得到显著提升，但是仍然低于未掺杂样品，这是其极低的载流子迁移率导致的。我们把 N 型 SnSe 多晶的低电导率归因于 SnSe 中的晶界势垒。与传统铅硫族化合物相比，由于 SnSe 层间结合力更弱，因此其晶界势垒远大于其他硫族化合物。而随着温度的升高，晶界势垒对于载流子的影响降低，所以，Br 掺杂的 SnSe 的电导率在高温段超过了未掺杂样品，预示着其有更高的功率因子。

　　至于泽贝克系数，可以看出 1% 的 Br 掺杂就实现了 SnSe 的 P-N 转变。其室温泽贝克系的波动范围为 $-250 \sim -190$ μV $\cdot$ K^{-1}，其（绝对值）随着 Br 含量的升高而升高，这是逐渐升高的载流子浓度导致的。随着温度的升高，泽贝克系数（绝对值）逐渐升高。与之前 I 掺杂的样品相比，二者的泽贝克系数变化趋势相同，如图 6-18（b）所示。

最终，根据电导率和泽贝克系数，可以得到功率因子，如图 6-18（c）所示。可以看出，由于低温段较低的电导率和泽贝克系数，在 300 ～ 500 K 内功率因子趋近 0，但是其在 600 K 之后获得了显著的提升。最终，$SnSe_{0.97}Br_{0.03}$ 在 773 K 的功率因子达到 5 μW·cm^{-1}·K^{-2}，远高于未掺杂的 SnSe 的功率因子。

至于热导率，从图 6-18（d）可以看出，Br 掺杂的 SnSe 的热导率明显降低。研究发现，微米工程（晶界效应）很难对降低 SnSe 热导率做出贡献，但是纳米或者更小尺度（如点缺陷）仍然能够进一步降低热导率。显然，单原子掺杂为 SnSe 带来了大量的点缺陷，因此其热导率得到了进一步的降低。但与 SnSe 晶体相比，多晶的热导率仍然略高，这是因为，SnSe 晶体的层外方向存在着极强的层间声子散射，从晶体变成多晶的过程其实是对层间声子散射的一种削弱。而随着 Br 含量的提升，晶格热导率有所升高，这是更多电子热导率的参与导致的。最终，Br 掺杂的样品高温 ZT 值得到显著提升，与未掺杂 SnSe（0.4）相比，$SnSe_{0.97}Br_{0.03}$ 的 ZT 值在 773 K 时达到 1.1。

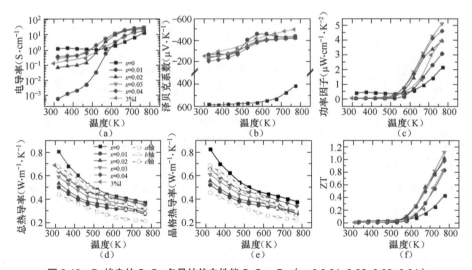

图 6-18　Br 掺杂的 SnSe 多晶的热电性能 SnSe$_{1-x}$Br$_x$（x=0,0.01, 0.02, 0.03, 0.04）

（a）电导率；（b）泽贝克系数；（c）功率因子；（d）总热导率；（e）晶格热导率；（f）ZT 值

为了进一步确定 Br 掺杂的 SnSe 的最优热电性能方向，需要测试 $SnSe_{0.97}Br_{0.03}$ 在平行和垂直于压力的两个方向上的热电性能，如图 6-19 所示。

其热导率在两个方向上的差异与未掺杂的 SnSe 一致：平行于压力方向的热导率更低。但是，其电输运性能则与未掺杂的 SnSe 产生了很大差异。与未掺杂的 SnSe 不同，Br 掺杂的 SnSe 的电输运性能体现出明显的各向同性，即电导率、泽贝克系数以及最终功率因子在误差范围内基本一致。也正是因为这种各向同性的电输运性能以及更低的热导率，Br 掺杂的 SnSe 在平行于压力方向的 ZT 值远高于垂直于压力方向。

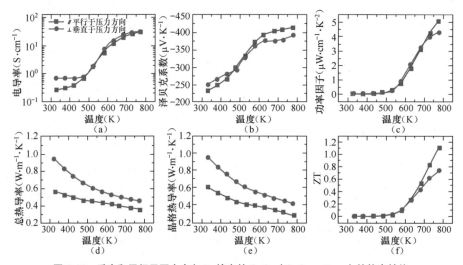

图 6-19　垂直和平行于压力方向 Br 掺杂的 SnSe（SnSe$_{0.97}$Br$_{0.03}$）的热电性能

（a）电导率；（b）泽贝克系数；（c）功率因子；（d）总热导率；（e）晶格热导率；（f）ZT 值

图 6-20 所示为 Br 掺杂的 SnSe$_{1-x}$Br$_x$（x=0.01, 0.02, 0.03, 0.04）的其他热电性能，包括比热、热扩散系数、洛伦兹常数和电子热导率。由于掺杂一般不引起物质比热的变化（实验测量值的波动更多源自仪器测试误差），所有 Br 掺杂的 SnSe 的比热均与未掺杂的 SnSe 一致。值得注意的是，与未掺杂 SnSe 相比，Br 掺杂的 SnSe 的洛伦兹常数表现出相反的变化趋势，即在高温段趋近非简并极限。这表明在 Br 掺杂的 SnSe 中，费米能级随着温度的升高逐渐向带隙中间移动。

洛伦兹常数是计算晶格热导率的关键参数。对在整个温区都保持非简并半导体特性或者重掺杂特性的半导体来说，洛伦兹常数可以取非简并极限或者简并极限值，而如果这一特性随温度发生变化，如发生简并非简并转换，则有必要计算不同温度下的洛伦兹常数。

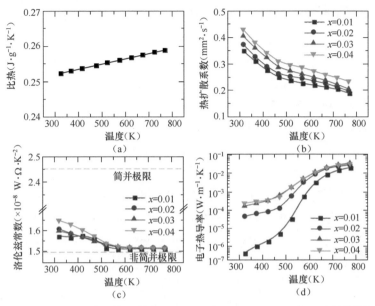

图 6-20　垂直和平行于压力方向的 Br 掺杂 SnSe$_{1-x}$Br$_x$（*x*=0.01, 0.02, 0.03, 0.04）的其他热电性能
（a）比热；（b）热扩散系数；（c）洛伦兹常数；（d）电子热导率

洛伦兹常数 *L* 通过以下计算得到：

$$L=\left(\frac{k_{\mathrm{B}}}{e}\right)\left[\frac{\left(r+\frac{7}{2}\right)F_{r+5/2}(\eta)}{\left(r+\frac{3}{2}\right)F_{r+1/2}(\eta)}\right]-\left[\frac{\left(r+\frac{5}{2}\right)F_{r+3/2}(\eta)}{\left(r+\frac{3}{2}\right)F_{r+1/2}(\eta)}\right]^2 \tag{6-7}$$

其中，k_{B} 为玻耳兹曼常数，η 为简并费米能级，*r* 为散射因子。

$$S=\pm\left(\frac{k_{\mathrm{B}}}{e}\right)\left[\frac{\left(r+\frac{5}{2}\right)F_{r+3/2}(\eta)}{\left(r+\frac{3}{2}\right)F_{r+1/2}(\eta)}-\eta\right] \tag{6-8}$$

其中，*S* 为泽贝克系数，$F_n(\eta)$ 为 *n* 阶费米积分，表示为：

$$F_n(\eta)=\int_0^\infty\frac{\chi^n}{1+\mathrm{e}^{\chi-\eta}}\mathrm{d}\chi \tag{6-9}$$

其中，χ 为能级。在 SnSe 中，声学支散射为声子散射的主要机制，所以 *r* 的取值为 $-1/2$[15]。

该洛伦兹常数的计算方法适用于本章的其他部分。图 6-20（c）所示为计算所得的洛伦兹常数，从中可知，室温下 N 型 SnSe 的洛伦兹常数约为 1.6×10^{-8} W·Ω·K^{-2}，这表明 N 型 SnSe 的载流子浓度低，费米能级仍处于带隙中。随着温度的升高，洛伦兹常数逐渐降低，在高温下接近非简并半导体的极限值（$1.5\times10^{-8}\,W\cdot\Omega\cdot K^{-2}$），这意味着费米能级随着温度升高逐渐向带隙中间移动。由图 6-20（d）可以看出，未掺杂的 SnSe 在整个温度范围内的电子热导率均很低，在室温下为 $10^{-3}\,W\cdot m^{-1}\cdot K^{-1}$ 量级。当温度升高到 773 K 时，仅为 $10^{-2}\,W\cdot m^{-1}\cdot K^{-1}$ 量级。

6.2.5.2　氮族元素 N 型掺杂

对 Bi 掺杂而言，由于 Bi 取代了 Sn，其在 Se 富余的情况下形成能更低。在这种情况下，不得不考虑 Sn 空位的影响。提供空穴的 Sn 空位将会抵消部分 Br 缺陷的作用，另外，由于 N 型掺杂会导致费米能级升高，而在高费米能级下，Sn 空位的形成能是负值，这些自发形成的 Sn 空位将会对费米能级产生钉扎效应，导致即使掺杂更多的 Bi，费米能级也不会得到进一步的提升，因此综合掺杂效率低于 Br 和 I 的掺杂效率。但是，这并不影响 Bi 掺杂的 N 型 SnSe 获得优异的热电性能，因为 Bi 掺杂带来的晶格畸变以及 Bi 元素本身较大的原子质量会导致更低的晶格热导率[16]。

对 Sb 掺杂而言，由于 Sb 的多价态特性，其既能够取代 Sn 原子体现为 N 型掺杂，也能取代 Se 原子体现为 P 型掺杂。这使得通过掺杂 Sb 获得高载流子浓度的手段与掺杂 Br、I、Bi 相比更加困难。但是，这种独特的多价态特性给 Sb 带来了特殊的电输运性能。

图 6-21 中 Δ 表示以单质为参照的相对值。图中 *ABCDE* 所涵盖的区域代表 Sb 掺杂的 SnSe 的稳定态，不包含与 SnSe 邻近的杂项，例如 Sn、Sb、SnSe$_2$、Sb$_2$Se$_3$。图 6-22 中计算了 Sb 缺陷在 SnSe 中不同费米能级位置下的形成能的大小。可以看出，无论 Sb 的含量为多少（$x\leqslant0.083$），Sb$_{Sn}$ 和 Sb$_{Se}$ 缺陷在费米能级附近的形成能都要小于其他缺陷，之前的分析表示形成能越低，缺陷越容易形成且更加稳

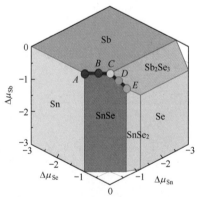

图 6-21　Sn-Se-Sb 体系的化学势与 Sn、Se 和 Sb 化学势的关系示意

定。因此可以得出，Sb$_{Sn}^{3+}$ 和 Sb$_{Se}^{3-}$ 极有可能共存于 SnSe 之中。Yamamoto 等人通过合成不同 Sb 含量的 SnSe 发现了这两种缺陷，同时发现由于两种缺陷的相互竞争作用，SnSe 在不同 Sb 含量下发生多次导电类型的转变（P-N 转变）[17]。

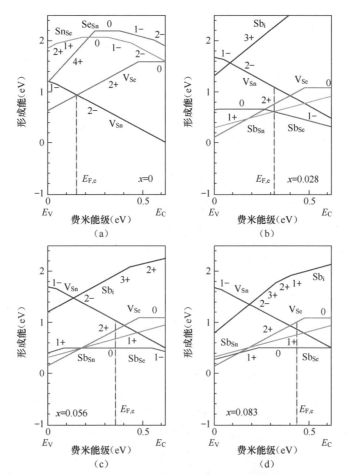

图 6-22　不同化学势下的缺陷形成能与费米能级的关系

（a）未掺杂的 SnSe；（b）～（d）Sb 掺杂的 SnSe

如图 6-23 所示，当 $x=0$ 时，由于 SnSe 具有大量的本征 Sn 空位，其泽贝克系数表现为正值。而当 $x<0.05$ 时，发生第一次 P-N 转变，泽贝克系数由正转负。当 Sb 的含量超过 0.05 之后，会再次发生 P-N 转变，泽贝克系数再次变为正值。同时，霍尔系数也发生相应的 P-N 转变。

通过 X 射线光电子能谱可以对 Sb 的价态和含量进行定量分析。图 6-24 所示为 Sb 元素的 XPS（X-ray Photoelectron Spectroscopy，X 射线光电子能谱）。由于自旋轨道相互作用，Sb 的 3d 峰分离成 $3d_{5/2}$ 和 $3d_{3/2}$ 两个能谱峰。从图中可以明显看出，Sb 峰包含两种价态，一种是 Sb^{3+}，另一种是 Sb^{3-}。两个峰的相对强度随着 Sb 含量的增加而发生变化。具体表现为，当 Sb 含量较低时，

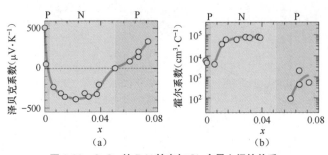

图 6-23　SnSe 的 P-N 转变与 Sb 含量之间的关系

（a）泽贝克系数；（b）霍尔系数

Sb^{3-} 为主要价态。随着 Sb 含量增大，Sb^{3+} 的占比越来越高。但从绝对值的角度来看，二者在 SnSe 中的占比随着 Sb 含量的增大而增大。但是，XPS 得出的结论似乎与电导率的 P-N 转变矛盾。根据之前的分析，Sb^{3+} 占据 Sn 位置后，将额外提供一个电子，而 Sb^{3-} 占据 Se 位置，将额外提供一个空穴。根据 Sb^{3+} 和 Sb^{3-} 的绝对含量和相对含量，从掺杂的角度看，SnSe 的电导率随 Sb 含量的增加应该呈现 P-P-N 的变化，而不是 P-N-P。为了解释这种矛盾的现象，需要对 Sb 掺杂 SnSe 多晶的能带结构进行分析。

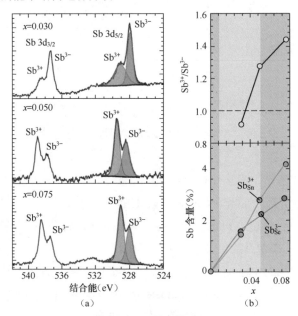

图 6-24　Sb 元素的 XPS

（a）通过 Sb^{3+} 和 Sb^{3-} 的两个对称峰拟合 Sb $3d_{5/2}$ 峰；

（b）Sb^{3+} 和 Sb^{3-} 的比值以及各自在 SnSe 中的掺杂比例

　　众所周知，通过第一性原理计算得出的能带结构与所选的晶胞有关。对于掺杂结构，掺杂原子的数量和位置同样对最终能带结构有着不容忽视的影响。为了表征不同含量以及不同价态 Sb 对 SnSe 晶体结构的影响，Yamamoto 等人采用了 3 种不同的晶胞结构，分别对应 3 个不同含量的 Sb。$x=0.028$ 的样品的超晶格包含 144 个原子、1 个 Sb_{Sn} 和 1 个 Sn_{Sb} 点缺陷。$x=0.056$ 的样品的超晶格则包含 72 个原子、1 个 Sb_{Sn} 和 1 个 Sn_{Sb} 点缺陷。对于 $x=0.083$ 的样品，由于其 Sb 含量更高，结合 XPS 表征结果，其超晶格包含 72 个原子、2 个 Sb_{Sn} 和 1 个 Sn_{Sb} 点缺陷。最终，他们得到了图 6-25 所示的能带结构。与未掺杂的 SnSe 相比，Sb 掺杂的 SnSe 的能带结构表现出明显不同。这些差异源自 Sb_{Sn} 和 Sn_{Sb} 点缺陷的贡献，二者对能带的影响也有差别。可以看出，Sb_{Sn} 对于导带能级有显著影响，而 Sn_{Sb} 则影响价带的能级结构。进一步讲，从态密度分布能看出不同原子轨道对能带结构的影响。如图 6-25（b）、图 6-25（c）所示，Sb 的 5p 轨道集中分布在价带顶，同时在价带顶上方有额外的能级分布，并形成了新的能级。该新能级对于 Sb 掺杂的 SnSe 的 P-N 转变具有决定性的作用。

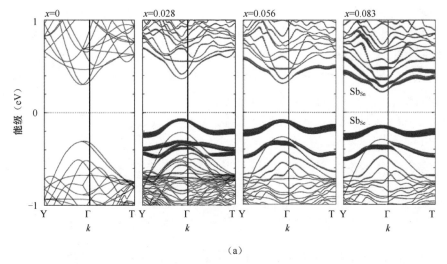

（a）

图 6-25　通过第一性原理得到的 Sb 掺杂 SnSe 样品的能带结构和态密度分布

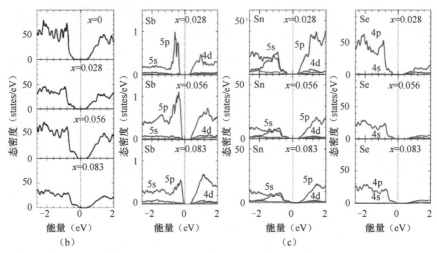

图 6-25　通过第一性原理得到的 Sb 掺杂 SnSe 样品的能带结构和态密度分布（续）
（a）能带结构；（b）态密度；（c）各原子轨道的分态密度

　　图 6-26 所示为不同 Sb 含量下，SnSe 的能带结构与费米能级的相对关系。对于未掺杂的 SnSe，本征 Sn 空位的存在使得费米能级位置位于禁带中靠近价带顶的位置。当 Sb 含量 x=0.03 时，由于 Sb_{Sn} 和 Sn_{Sb} 点缺陷的贡献，SnSe 价带顶和导带底之间产生了新的能级，对载流子产生了钉扎效应。此时，SnSe 体现为 N 型输运，但这不是源自 SnSe 本征导带的贡献，而是钉扎能级导致的 N 型输运。当 Sb 含量 x=0.075 时，费米能级继续向导带底移动，此时钉扎能级完全位于费米能级的下方。如果费米能级位置更贴近钉扎能级一侧，则 SnSe 整体体现为 P 型输运，此时电导率发生第二次 P-N 转变。

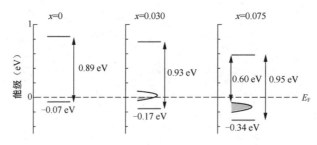

图 6-26　不同 Sb 含量下的钉扎能级对 SnSe 中 P-N 转变的影响

　　通过以上分析可以看出，掺杂对于载流子浓度的影响是综合性的。一方面，本征空位为 SnSe 提供了额外的空穴，这有利于 P 型掺杂，但是对 N 型掺杂则造成了不小的阻碍。另一方面，异价元素相对本征空穴的掺杂效率更高。对于 P 型掺杂，Na 的掺杂效率明显优于其他一价元素的，而对于 N 型掺杂，Br 的掺杂效率更高。以上只是针对载流子浓度的调节。SnSe 的热电性能是否优异是由电导率和泽贝克系数共同决定的。因此，对于具体元素的应用需要理论和实验相结合。

6.2.6　固溶与析出第二相

除了引入异价元素调节载流子浓度这种常用的提升热电性能的手段，同价态元素的固溶效应也具有非常显著的优化作用。其基本原理是通过高比例固溶，改变材料晶体结构，从而改变材料的能带结构和热输运性能，如"能带对齐"和晶格软化等[18]。另外，当固溶度超过固溶极限之后，过固溶的部分将在基体中形成不同种类的纳米缺陷。由于这些缺陷的尺寸与部分声子的特定波长相似，因此能够极大地增强声子散射以降低晶格热导率，如"全尺度声子散射"效应[19]。正是由于固溶在电输运和热输运方面的巨大潜力，人们基于 SnSe 多晶进行了大量的研究，进一步优化了 SnSe 多晶的热电性能。

SnSe 的组成元素属于碳族和氧族元素。与其位于同一主族的其他热电材料［如 PbQ（Q=S、Se、Te）以及 SnTe］都是典型的岩盐立方结构，因此 PbQ 与 SnTe 之间的固溶极限很大，甚至能够完全固溶。但是，SnSe 的晶体结构属于层状结构，独特的晶体结构使得 SnSe 与除 S 之外的其他元素的固溶度都偏低。SnS 是唯一能够与 SnSe 完全固溶的元素，这主要归因于 SnS 具有与 SnSe 相同的晶体结构。图 6-27 所示为 SnSe 与 SnS、PbSe、SnTe 的二元相图。后文会针对这 3 种固溶元素探究固溶对于 SnSe 的热电性能的影响。

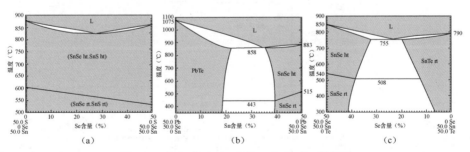

图 6-27　SnSe 与 SnS、PbSe、SnTe 的二元相图

（a）SnSe 与 SnS 的二元相图；（b）SnSe 与 PbSe 的二元相图；（c）SnSe 与 SnTe 的二元相图

6.2.6.1 S固溶

S 是唯一能够与 SnSe 实现完全固溶的元素，这与 SnSe、SnS 具有相同的晶体结构以及 S、Se 相近的原子半径有着密切的关系，因此这两种材料是探究固溶对热电性能各方面影响的很好的范例。从之前的二元相图的研究可以得出一些直观的结论。如图 6-27 所示，SnSe 和 SnS 的熔点相近，在 1150 K 附近。但是，固溶体的熔点略低于二者，而相变点温度则随着 S 含量的增加呈线性变化。由于 SnSe 在相变点温度以下具有更加优异的热电性能，而 SnS 具有更高的相变温度，因此通过 S 掺杂可以有效地使 ZT_{max} 值向高温区移动，从而实现扩大热电器件工作温区的目的。SnSe-PbSe 的相变点，温度随 Pb 含量变化则体现出相反的特点[20]。随着 Pb 含量的增加，SnSe 的相变点温度降低，这主要归因于 PbSe 更加对称的晶体结构（SnSe 高温 *Cmcm* 相相对低温 *Pnma* 相对称性更高）。

晶格常数同样会受固溶的影响。根据 Vegard 法则，固溶体的晶格常数为二者晶格常数的摩尔加权的总和，即：

$$a_{A_{(1-x)}B} = (1-x)a_A + xa_B \qquad (6\text{-}10)$$

其中，a_A、a_B 为 A、B 组分的晶格常数，x 为 B 组分的摩尔分数。

由于 SnS 的晶胞参数小于 SnSe 的晶胞，因此随着 S 固溶度的增大，SnSe 的晶格常数不断降低，如图 6-28 所示[21]。可以看出，晶格常数呈线性变化，而晶格常数的这种变化又反映在能带结构上。Zhao 等人通过第一性原理计算得到了不同 S 含量下的能带结构。

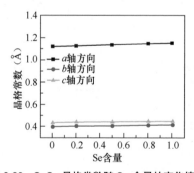

图 6-28　SnSe 晶格常数随 Se 含量的变化情况

通过第一性原理计算得到的二者的能带结构极其相似[22]，如图 6-29 所示。导带底与价带顶的位置基本一致。S 固溶带来的显著的能带变化是带隙变宽以及有效质量增大。宽带隙能够抑制双极扩散，降低高温热导率。另外，有效质量的增大有利于提升泽贝克系数，优化电输运性能。

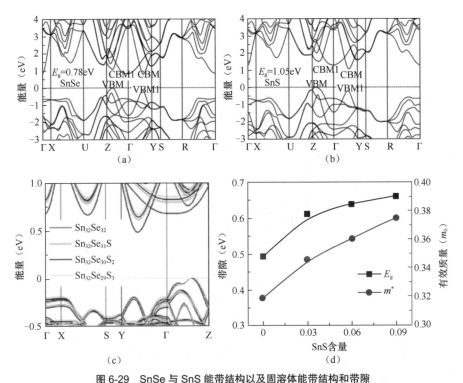

图 6-29　SnSe 与 SnS 能带结构以及固溶体能带结构和带隙
（a）SnSe 能带结构；（b）SnS 能带结构；（c）SnSe-SnS 固溶体能带结构；
（d）SnSe-SnS 固溶体带隙

除了上述对于电输运性能的影响，固溶同样对热输运有着不可忽视的作用。对于低固溶体系，其热处理过程中产生的纳米第二相可以作为有效的声子散射源有效地散射声子，降低晶格热导率。而完全固溶体或者高固溶体很难产生传统意义上的纳米第二相，因此无法借助纳米工程来降低热导率。但是，它们本身具有独特的降低晶格热导率的机制。

对纳米第二相以及各种晶格内点缺陷而言，其主要通过形成额外的声子散射中心，达到降低声子平均自由程（或者缩短弛豫时间）的目的，一般认为该过程不会改变声速以及声子色散关系。然而，晶格热导率与声子本身的性质有着紧密的联系：

$$\kappa_{\text{lat}} = \frac{1}{3} \int_0^{\omega \max} C_{\text{s}} v_{\text{g}}^2 \tau \mathrm{d}\omega \tag{6-11}$$

其中，C_{s} 为声谱比热，v_{g} 为群速度，τ 为声子弛豫时间，ω 为声子频率。当温度高于德拜温度，声子散射为主要散射因子时，式（6-11）可以简化为[23]：

$$\kappa_{\text{lat}} = A \frac{v_{\text{s}}^3}{T} \tag{6-12}$$

其中，A 为常数。从式（6-12）中可以看出，晶格热导率与声速呈指数关系。声速越快，晶格热导率越高。通过各种方式降低声速以及其他晶格色散相关参数的现象称为晶格软化（Lattice Softening）。图 6-30 所示为晶格软化与晶格散射示意以及它们对晶格热导率的影响。晶格软化改变声速，而晶格散射改变声子传播方向。

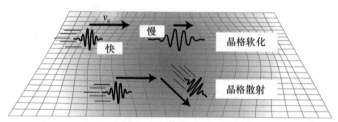

图 6-30　晶格软化与晶格散射示意以及它们对晶格热导率的影响

传统的晶格软化方法就是通过固溶引入原子，这往往会导致晶格畸变，从而阻碍声子在晶格中的传播。这种晶格畸变主要源自两个方面。一方面是新原子的原子半径与基体原子的存在差异，这种尺寸差异导致的畸变称为应力畸变；另一方面是新原子的原子质量与基体原子的存在差异，这种质量差异导致的畸变称为质量畸变。这两种畸变对于晶格热导率的影响可以通过 Klemens-Drabble 模型进行定量分析。

对于 Klemens-Drabble 模型，既可以通过第一性原理计算进行分析，也可以通过测量一些特定的实验参数获得晶格热导率随固溶度的变化趋势。如果简化 Debye-Callaway 模型，只考虑 U 散射和点缺陷散射，那么固溶后的晶格热导率（κ_{lat}）与原热导率（$\kappa_{\text{lat, p}}$）的关系可表示为

$$\frac{\kappa_{\text{lat}}}{\kappa_{\text{lat, p}}} = \frac{\tan^{-1} U}{U} \tag{6-13}$$

其中，U 为无序尺度参数，定义为：

$$U = \left(\frac{\pi^2 \Theta_D \Omega}{\hbar v_a^2} \kappa_{\mathrm{lat,p}} \Gamma \right)^{\frac{1}{2}} \tag{6-14}$$

其中，Θ_D 为德拜温度，Ω 为平均原子体积，$\hbar$ 为普朗克常数，v_a 为平均声速。前 3 个参数均为基本物理参数，查阅相关文献可以得到。平均声速则可以通过超声测速仪测量得到[24]。Γ 是用来表征应力起伏 Γ_S 和质量起伏 Γ_M 的畸变参数，三者之间的关系为：

$$\Gamma = \Gamma_M + \varepsilon \Gamma_S \tag{6-15}$$

其中，ε 为调节参数，以 SnSe 固溶 S 为例，应力起伏 Γ_S 和质量起伏 Γ_M 可以表示为：

$$\Gamma_{\mathrm{SnSe}_{1-x}\mathrm{S}_x} = \frac{1}{2} \left(\frac{M_{(\mathrm{Se,S})}}{\overline{M}} \right)^2 \Gamma_{(\mathrm{Sn,\,S})} \tag{6-16}$$

$$\overline{M} = \frac{1}{2} \left(M_{\mathrm{Se}} + M_{\mathrm{S}} \right) \tag{6-17}$$

$$\Gamma_{(\mathrm{Se,S})} = \Gamma_{\mathrm{M(Se,S)}} + \varepsilon \Gamma_{\mathrm{S(Se,S)}} \tag{6-18}$$

$$\Gamma_{\mathrm{M(Se,S)}} = x\left(1-x\right) \left(\frac{\Delta M}{M_{(\mathrm{Se,S})}} \right)^2 \tag{6-19}$$

$$\Gamma_{\mathrm{S(Se,S)}} = x\left(1-x\right) \left(\frac{\Delta r}{r_{(\mathrm{Se,S})}} \right)^2 \tag{6-20}$$

其中，M 是原子质量，r 是离子半径，x 是 Pb 的固溶度；$M_{(\mathrm{Se,S})} = (1-x)M_{\mathrm{Se}} + xM_{\mathrm{S}}$，$\Delta M = M_{\mathrm{Se}} - M_{\mathrm{S}}$，$r_{(\mathrm{Se,S})} = (1-x)r_{\mathrm{Se}} + xr_{\mathrm{S}}$，$\Delta r = r_{\mathrm{Se}} - r_{\mathrm{S}}$。

最后，对以上参数进行转换代入即可得到式（6-21），将式（6-21）代入式（6-13）即可得到晶格热导率：

$$\Gamma_{\mathrm{SnSe}_{1-x}\mathrm{S}_x} = \frac{1}{2} x\left(1-x\right) \left(\frac{M_{(\mathrm{Se,S})}}{\overline{M}} \right)^2 \left[\left(\frac{\Delta M}{M_{(\mathrm{Se,S})}} \right)^2 + \varepsilon \left(\frac{\Delta r}{r_{(\mathrm{Se,S})}} \right)^2 \right] \tag{6-21}$$

图 6-31 所示为不同 SnS 固溶度下通过实验测试以及 Debye-Callaway 模型得到的 SnSe 的晶格热导率。可以看出，通过以上 Debye-Callaway 模型得到的晶格热导率曲线与实验数值非常相近，证明了该模型的有效性。同时也表明 SnSe 与 SnS 固溶体的晶格热导率的降低主要来自 S 原子引起的应力畸变和质量畸变。

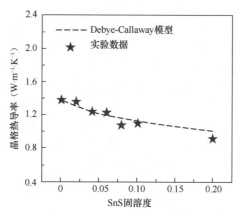

图 6-31　不同 SnS 固溶度下通过实验测试以及 Debye-Callaway 模型得到的 SnSe 的晶格热导率

6.2.6.2　Pb 固溶

Pb 与 SnSe 的固溶度在室温下约为 12%[25]，其在 SnSe 中的固溶效应也尤为显著。由于 Pb 的原子半径以及原子质量与 Sn 原子的相差更大，因此 Pb 固溶导致的应力畸变和质量畸变更加明显。如图 6-32 所示，随着 Pb 的含量逐渐增大，XRD 的峰逐渐发生偏移，而且不同位置的峰的偏移方向不尽相同。31°附近的两个峰向低角度偏移，而 41°附近的两个峰则向高角度偏移。产生这种现象的原因是 SnSe 为各向异性层状材料，低温下为 *Pnma* 结构，其在 3 个晶轴方向的晶格常数的大小不同。一般情况下，XRD 峰向低角度偏移表明晶格常数增大，向高角度偏移表明晶格常数减小。精修后的结果表明，*a* 轴和 *b* 轴的晶格常数随 Pb 含量的增大而增大，*c* 轴的晶格常数则随着 Pb 含量的增大而缩小。但总体而言，晶胞大小随着 Pb 含量的增大而增大，晶格常数方面，Pb 固溶体现出与 S 固溶相反的结果。值得注意的是，通常人们通过晶格常数的变化来粗略地衡量固溶度的大小。但是从 XRD 图谱可以看出，当 Pb 含量大于 12% 时，XRD 图谱已经出现了明显的 PbSe 杂峰，而此时，SnSe 的晶格常数仍然随着 Pb 含量的增大而持续增大。产生这种现象的原因是 Pb 较大的原子半径和原子质量，即使在基体中形成不固溶的 PbSe 纳米第二相，其仍然会导致很强的晶格畸变以及很明显的晶格常数变化。

值得注意的是，在固溶极限之内，SnSe-PbSe 固溶体内存在明显的调幅分解现象，这种现象显著增强了晶格散射，降低了晶格热导率[26]。传统热电材料 $AgPb_mSbTe_{2+m}$ 长久以来都被认为单一固溶体。但是近年来的研究发现，当 *m*>10 的时候，虽然 XRD 图谱显示其为单相，但其内部会产生共格纳米结构。

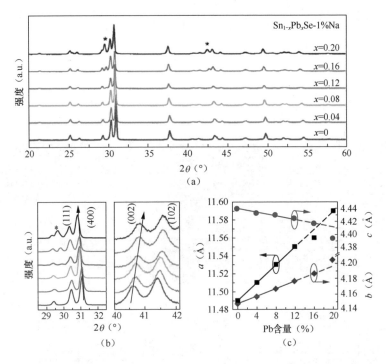

图 6-32　1%Na 掺杂、固溶不同含量 Pb 的 P 型 SnSe 多晶 XRD 图谱以及晶格常数变化

（a）XRD 图谱；（b）局部放大的 XRD 图谱中的峰偏移；（c）晶格常数

同样，Lee 等人发现在 SnSe-PbSb 的固溶体中存在相同的现象，即调幅分解[26]。如图 6-33 所示，在高分辨 STEM 下，SnSe 基体内均匀分布着直径为 5 ～ 10 nm 的纳米相。通过电子散射图谱可以看出，这些纳米相的散射图谱与 SnSe 的相同，即二者具有相同的晶体结构。图 6-33（b）和图 6-33（c）进一步表明，纳米相与基体呈共格结构，同时，存在明显的位错和缺陷。进一步 EDS 分析的结果表明，纳米相中的 Pb 含量大于基体中 Pb 含量，Sn 的成分变化则相反。而对 Se 而言，二者含量基本相同，如图 6-33（d）～图 6-33（f）所示。以上研究表明，在 SnSe-PbSe 固溶体中存在明显的调幅分解现象。调幅分解过程中富区中溶质原子将进一步富化，贫区中溶质原子则逐渐贫化，两个区域之间没有明显的分界线，成分是连续过渡的。在分解过程中溶质原子由低浓度区向高浓度区扩散，与 SnSe-PbSe 固溶体中的现象一致。SnSe-PbSe 调幅分解过程中会产生大量的位错点缺陷。进一步发现，Na 原子的存在增强了调幅分解。由于 Na 原子质量较小，无法通过 EDS 进行精确的定量分析，但是可通过电子能量损失谱（Electron Energy Loss Spectroscopy，EELS）技术成功地在固溶体中检测出 Na 的信号，并且发现 Na 在基体和纳米相中同样存在成分偏析，如图 6-33（g）～图 6-33（h）所示。最终发现，虽然固溶体内不存在结构不同的第二相，但是其晶格热导率在调幅分解带来的成分偏析以及位错点缺陷的作用下显著降低。

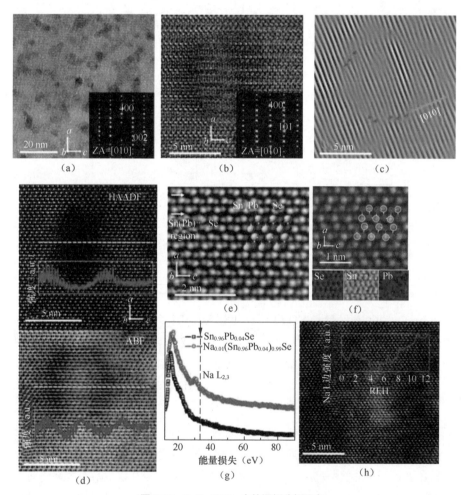

图 6-33 SnSe-PbSe 中的调幅分解现象

（a）单相 SnSe 的低分辨 STEM 明场图像和电子散射图谱；（b）单相 SnSe 的高分辨 STEM 明场图像和电子散射图谱；（c）SnSe 中的位错；（d）沿着虚线进行的 EDS 分析的明场图像和暗场图像；（e）～（f）原子分辨的 EDS 表明原子衬度的差别；（g）电子能量损失谱中的 Na 信号所在能量位置；（h）Na 在基体和纳米相中的成分偏析

　　通过实验以及计算证实了以上分析。如图 6-34 所示，未掺杂的 SnSe 主要
受到 U 散射影响，在固溶 Pb 之后，主要受到 U 散射和点缺陷散射的共同影响，
也就是前面提到的由于固溶导致的质量畸变和应力畸变。值得注意的是，在
引入 Na 之后，晶格热导率得到了显著降低。通过在计算中引入位错以及界面
散射的影响发现，理论计算的曲线能够较好地拟合实验中固溶 Pb、掺杂 Na 的
SnSe 的测试数据，因此间接证明了 SnSe-PbSe 中调幅分解效应对晶格热导的
积极影响。

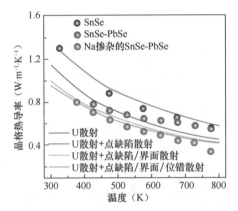

图 6-34　SnSe、SnSe-PbSe 固溶体、Na 掺杂的 SnSe-PbSe 固溶体的实验晶格热导率以及不同
散射机制影响下通过理论计算得到的晶格热导率曲线

　　另外，当 S 取代阴离子 Se 时，其对能带结构的影响主要体现在导带的结
构变化上；而 Pb 取代阳离子 Sn 时，其对能带结构的改变体现在价带的结构
变化上。该现象可以通过分子轨道模型进行解释。根据分子轨道模型，对于二
元化合物 XY，其能带结构与成键轨道和反键轨道有着紧密的关系。成键轨道
在凝聚态固体中组成价带结构，反键轨道组成导带结构。二者之间的能量差
即带隙[27]。元素的电负性对于能带结构也有显著的影响。例如，组成导带的
反键轨道主要来自阳离子 X 的贡献，组成价带的成键轨道则主要来自阴离子 Y
的贡献。例如，之前针对 S 的第一性原理分析表明，由于 SnSe 与 S 的固溶为
阴离子取代，因此固溶体的价带有效质量随着 S 含量的提高而略微增大。而对
Pb 而言，由于 Pb 对 SnSe 为阳离子取代，其对价带的影响可以忽略不计。因
此，实验结果显示，不同固溶度下的 SnSe-PbSe 的有效质量保持不变，同时室
温泽贝克系数基本相同，如图 6-35 所示[25, 28]。而对于 N 型 SnSe，Pb 固溶对

电输运的影响要显著得多。

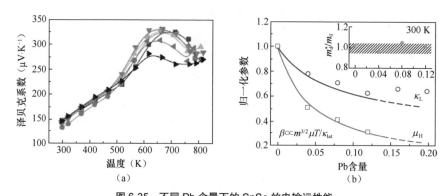

图 6-35　不同 Pb 含量下的 SnSe 的电输运性能

（a）泽贝克系数随温度变化关系；（b）归一化参数（载流子迁移率、
有效质量和晶格热导率）随 Pb 的变化关系

前面提到，对于 SnSe，Na 是很好的 P 型掺杂剂，这是由于 Na_{Sn} 的形成能和转换能级都很低。低的形成能能够保证 Na 有效取代 Sn，从而使晶格中每一个 Na 离子提供额外电子。而低的转换能能够保证额外电子以较低的能量参与导带输运。而在 N 型掺杂中，即使是掺杂效率最好的 Br 掺杂，其相对 Na 离子的形成能和转换能仍然偏大[10]。例如，即使是 12% Br 重掺杂的 SnSe，其载流子浓度仅仅为 1.3×10^{19} cm^{-3} [29]，而小于 1% 的 Na 掺杂即可使载流子浓度达到 10^{20} cm^{-3} 以上。调节载流子浓度是优化热电材料的基本、核心的手段，因此需要探究进一步降低 N 型掺杂元素的形成能和转换能，而引入窄带隙的固溶体能够有效达到这个目的。

图 6-36 表示 PbSe 固溶的 $Sn_{1-x}Pb_xSe_{0.97}Br_{0.03}$（$x = 0, 0.025, 0.05, 0.1, 0.2, 0.3$）的热电性能，包括电导率、泽贝克系数、功率因子、总热导率、晶格热导率和 ZT 值。Pb 对于 SnSe 电导率的影响可以分为 3 个部分：第一个是 Pb 含量为 0 ~ 5% 阶段；第二个是 Pb 含量为 5% ~ 20% 阶段；第三个是 Pb 含量为 20% 以上阶段。当 PbSe 的固溶度较低时，电导率有一个明显的降低过程，此时的 Pb 并没有起到固溶作用，而是以掺杂的形式分布在 SnSe 中。并且与 $SnBr_2$ 相比，当加入 Pb 后，Br 离子更加倾向于形成 $PbBr_2$。这是因为 $PbBr_2$ 的形成能远低于 $SnBr_2$。这就解释了为什么在 SnSe 中加入 $PbBr_2$ 作为掺杂剂的效果并不显著[30]。随着 Pb 含量的进一步提升，PbSe 的固溶效果逐渐显现，载流子浓度

开始逐渐提升，最终高于 Br 掺杂的 SnSe。当 Pb 的含量逐渐增大并超过 20% 时，多余的 PbSe 会以第二相的形式存在于 SnSe 中，该第二相的存在被 XRD 测试所证明。此时，由于 PbSe 的存在，电导率进一步提升，但是热输运性能也显著提高。

在整个 PbSe 的固溶范围内，泽贝克系数基本随着 Pb 含量的增大而减小，当 PbSe 的含量为 30% 时，泽贝克系数会显著降低，这是因为有 PbSe 第二相的析出，而 PbSe 本身的泽贝克系数远小于 N 型 SnSe。复合效应使得泽贝克系数显著降低。Pb 掺杂的 SnSe 的泽贝克系数随温度变化的趋势相同。值得注意的是，泽贝克系数在 $500 \sim 600$ K 有明显的上升，这与 SnSe 的持续性相变过程有关。最终，结合提升的电导率以及降低幅度不大的泽贝克系数，$Sn_{1-x}Pb_xSe_{0.97}Br_{0.03}$ 的功率因子随着 Pb 含量的增加逐渐增大。$Sn_{0.7}Pb_{0.3}Se_{0.97}Br_{0.03}$ 的功率因子在 773 K 达到了 $8 \ \mu W \cdot cm^{-1} \cdot K^{-2}$，即达到了与 N 型 SnSe 晶体相当的程度。

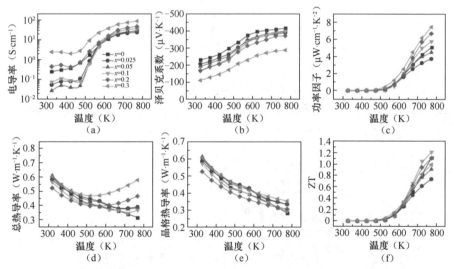

图 6-36　PbSe 固溶的 $Sn_{1-x}Pb_xSe_{0.97}Br_{0.03}$ ($x = 0, 0.025, 0.05, 0.1, 0.2, 0.3$) 的热电性能
(a) 电导率；(b) 泽贝克系数；(c) 功率因子；(d) 总热导率；(e) 晶格热导率；(f) ZT 值

与增强的电输运性能相比，Pb 固溶的 SnSe 的热导率表现更加复杂。如图 6-36 (d) 所示，可以看出，Pb 固溶的 SnSe 在低温端的总热导率低于 Br 掺杂 SnSe 的，但是在 600 K 以上，总热导率有个明显的上翘过程，导致总热导

率显著提升。一般情况下，这种热导率上翘过程都是高温双极扩散导致的。然而经过分析晶格热导率和电子热导率发现，600 K 以上总热导率的上翘过程源自增大的电子热导率。从晶格热导率角度来看，它始终随着温度的升高而降低，如图 6-36（e）所示，并且只有在低温端 Pb 固溶的 SnSe 的热导率低于 Br 掺杂的 SnSe，而在高温段则相反。Pb 含量小于 10% 时，固溶的 Pb 减弱了 Br 元素的点缺陷声子散射作用。Pb 含量在 10%～20% 时，体现出合金化散射的作用，此时，热导率明显降低。但是当 Pb 的含量超过 20 % 之后，由于 PbSe 第二相的高热导率，Pb 固溶的 SnSe 的热导率略微提升。这种复杂的热导率变化体现了 PbSe 在 SnSe 中的多种作用方式。最终，Pb 固溶的 SnSe 增强了其 N 型热电性能，$Sn_{0.9}Pb_{0.1}Se_{0.97}Br_{0.03}$ 的 ZT 值在 773 K 达到 1.2，使得 N 型 SnSe 的热电性能得到进一步提升。

图 6-37 所示为 PbSe 固溶的 $Sn_{1-x}Pb_xSe_{0.97}Br_{0.03}$（$x$ = 0, 0.025, 0.05, 0.1, 0.2, 0.3）的其他热电性能，包括比热、洛伦兹常数。当两种物质组成固溶体或者复合物时，其比热可按照二者的摩尔分数相加得到，所以，PbSe 固溶的 SnSe 的比热如图 6-37（a）所示。Pb 固溶的 SnSe 的洛伦兹常数与 Br 掺杂的 SnSe 相比有明显提升，特别是 30% Pb 固溶的 SnSe，其室温下的洛伦兹常数达到 1.9。但其整体趋势没有发生变化，仍然在高温段趋近非简并极限，如图 6-37（b）所示。这再次证明，在 N 型 SnSe 中，费米能级随着温度的提升逐渐向带隙中心移动。因为增大的电导率以及洛伦兹常数，Pb 固溶的 SnSe 的电子热导率在高温段有显著提升。

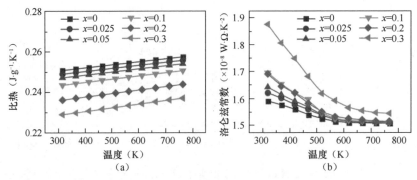

图 6-37　PbSe 固溶的 $Sn_{1-x}Pb_xSe_{0.97}Br_{0.03}$

（x = 0, 0.025, 0.05, 0.1, 0.2, 0.3）的其他热电性能

（a）比热；（b）洛伦兹常数

　　为了进一步解释 N 型 SnSe 的热电性能变化，我们对各个成分的 SnSe 进行了霍尔测试，得到载流子浓度和载流子迁移率，如表 6-6 所示。从表中可以看出 Br 和 PbSe 在提升 SnSe 热电性能中所起的作用。当向 SnSe 中掺杂 Br 时，其在实现 P-N 转变之后，随着 Br 含量的提升，载流子浓度逐渐提升，但是这种提升也带来了较低的载流子迁移率。之前我们提到，SnSe 多晶的晶界势垒是 SnSe 具有低电导率的原因，而在 N 型 SnSe 中这种作用更加明显。接着，在 Br 的基础上继续固溶 Pb，其载流子浓度先降低后升高，在掺入一点 Pb 之后载流子浓度提升效果明显，但是其载流子迁移率并没有得到显著提升，这也就从深层方面解释了 SnSe 多晶与 SnSe 晶体在性能上具有巨大差异的原因——低载流子迁移率。

表6-6　不同成分SnSe的载流子浓度和载流子迁移率

名义成分	载流子浓度（$\times 10^{17} \text{cm}^{-3}$）	载流子迁移率（$\text{cm}^2 \cdot \text{V}^{-1} \cdot \text{s}^{-1}$）
SnSe	2.25	12.50
$SnSe_{0.99}Br_{0.01}$	0.48	0.43
$SnSe_{0.98}Br_{0.02}$	5.90	0.87
$SnSe_{0.97}Br_{0.03}$	18.30	0.60
$SnSe_{0.96}Br_{0.04}$	10.00	0.32
$Sn_{0.975}Pb_{0.025}Se_{0.97}Br_{0.03}$	13.10	0.60
$Sn_{0.95}Pb_{0.05}Se_{0.97}Br_{0.03}$	26.57	0.14
$Sn_{0.9}Pb_{0.1}Se_{0.97}Br_{0.03}$	32.13	1.56
$Sn_{0.8}Pb_{0.2}Se_{0.97}Br_{0.03}$	54.80	1.63
$Sn_{0.7}Pb_{0.3}Se_{0.97}Br_{0.03}$	123.00	1.84

　　如图 6-38（a）所示，SnSe 的带隙随着 PbTe 固溶度的增大而显著降低，从未固溶的 SnSe 的 0.84 eV 逐渐降低到 SnSe-15%PbTe 的 0.74 eV。带隙降低带来的直接影响是掺杂能级与能带间的相对距离的变化，如图 6-38（b）所示。对 Br 掺杂而言，带隙降低使得杂质能级与导带底的距离变小，因此 Br 相对导带的转换能级降低。在之前的 N 型 SnSe 晶体的研究中，Pb 能够显著降低 Br 的形成能，因此，在低形成能和低转换能级的共同作用下，SnSe-PbTe 固溶体的 N 型掺杂效率得到显著提升，载流子浓度从 $1.8 \times 10^{18} \text{cm}^{-3}$ 提升到了 $9.9 \times 10^{18} \text{cm}^{-3}$。同时，由于 PbTe 为高对称立方晶体结构，这

能够显著提升 SnSe 的晶体对称性，从而抵消固溶散射导致的载流子迁移率大幅降低，如图 6-39（a）所示。最终，在高载流子浓度和高载流子迁移率的共同作用下，SnSe-PbTe 固溶体的电导率得到显著提升，如图 6-39（b）所示。

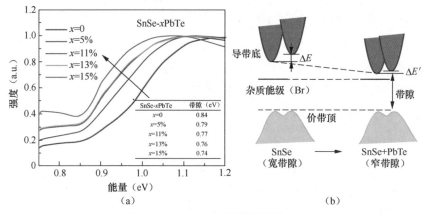

图 6-38　SnSe-PbTe 的带隙测试与示意

（a）SnSe-PbTe 固溶体室温光学带隙随 PbTe 固溶度的增大而降低；（b）SnSe-PbTe 带隙降低导致杂质能级与导带底的距离变小，有利于杂质能级的激发

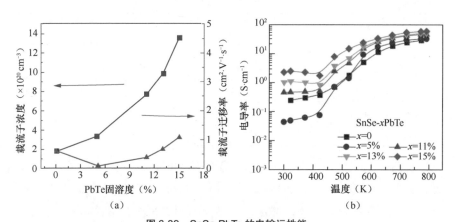

图 6-39　SnSe-PbTe 的电输运性能

（a）SnSe-PbTe 固溶体的载流子浓度和载流子迁移率随 PbTe 固溶度的变化；

（b）SnSe-PbTe 固溶体的电导率随温度的变化

6.2.6.3　Te 固溶

Te 为 Se 的同族元素，位于 Se 元素周期表的正下方。根据图 6-27（c）中的 SnSe-SnTe 相图可知，室温下 Te 在 SnSe 中的固溶度大约为 20%。通过

XRD 以及能带分析同样得到相似的数值。如图 6-40 所示，随着 Te 的固溶度的增大，XRD 的峰向低角度偏移，意味着晶格常数增大，对应地，晶胞逐渐增大。值得注意的是，当 Te 的含量大于图 6-27(c)所示的固溶极限（20%）时，仍然存在峰的偏移以及晶胞增大现象，这可能是由于超出固溶极限的 SnTe 纳米相在 SnSe 基体内继续产生应力晶格畸变，影响了 SnSe 的晶体结构。

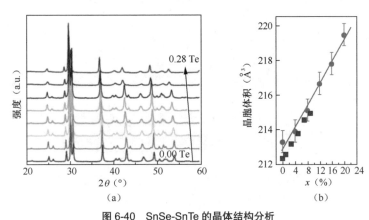

图 6-40　SnSe-SnTe 的晶体结构分析

（a）XRD 图谱；（b）SnSe 的晶胞体积变化

但是，SnSe-SnTe 固溶体的光学带隙呈现出了不同的变化趋势，如图 6-41 所示。当 Te 含量小于 20% 时，室温下光学带隙逐渐降低，这是由于 SnTe 的带隙为 0.16 eV，远小于 SnSe 的带隙（0.84 eV）。但是当 Te 含量接近 20% 时，带隙达到最小值 0.6 eV，并且不再降低，间接证明 Te 在 SnSe 中的固溶度约为 20%。

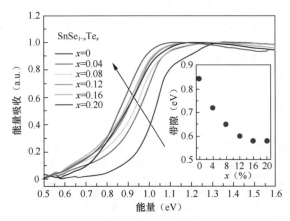

图 6-41　不同 Te 含量下 SnSe-SnTe 固溶体的光学带隙变化

通过 EDS 分析发现，SnSe-16%SnTe 中存在 Te 的富集现象，如图 6-42 所示，而 XRD 图谱中并没有 SnTe 的杂质峰出现。根据 SnSe-PbSe 固溶体的 EDS 分析可以推测，Te 富集现象同样可能是熔融过程中发生的调幅分解现象导致的。

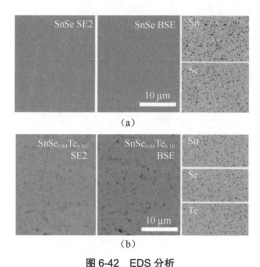

图 6-42　EDS 分析
（a）SnSe；（b）SnSe-16%SnTe

Wei 等人研究了 Na 掺杂的 SnSe-SnTe 固溶体的电输运性能随温度的变化趋势，如图 6-43 所示[31]。可以看出，随着 Te 含量的增大，SnSe 的电阻率先增大后减小，这主要是由于 Te 既导致晶格畸变又能提升晶体对称性。Te 含量较高时，晶体对称性的提升对电输运性能的影响更大。对于泽贝克系数，随着 Te 含量的增大，其先减小后增大。这一方面是由于载流子浓度增大导致泽贝克系数降低，另一方面是由于 Te 改变了 SnSe 的价带结构，增大了有效质量，提升了泽贝克系数。在电导率和泽贝克系数的双重作用下，SnSe-SnTe 固溶体的平均功率因子在 300 ～ 773 K 得到显著提升，如图 6-43（c）所示。

SnSe-SnTe 固溶体的热导率如图 6-44（a）所示。由于 SnSe-SnTe 的电导率偏低，所以其晶格热导率与总热导率基本相同。可以看出，随着 Te 含量的增加，室温热导率显著降低。这是 Te 固溶带来的晶格软化效应以及可能存在的纳米第二相带来的声子散射效应共同导致的。但是，SnSe-SnTe 固溶体的高温热导率基本不变，这与之前对 SnSe-PbSe 固溶体的分析不同。在 SnSe-PbSe 固溶体中，晶格软化和纳米第二相声子散射使得热导率在整个温度范围内显著降

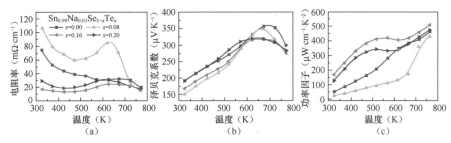

图 6-43 SnSe-SnTe 固溶体的电输运性能随温度的变化趋势

（a）电阻率；（b）泽贝克系数；（c）功率因子

低。这种异常的高温热导率变化可以通过 SnSe 晶体对称性的改变来解释。之前对 SnSe-SnTe 晶体的分析表明，少量的 SnTe 便能大幅提升晶体对称性[32]。因此可以推断，SnSe-SnTe 固溶体的晶格对称性由于大量 Te 的存在而得到显著提升，结合 SnSe 本身的持续性相变过程，这使得高温热导率与未固溶的 SnSe 保持在相同的水平。低温热导率的显著降低以及平均功率因子的增大最终使得 SnSe-SnTe 固溶体的 ZT 值在 300 ~ 773 K 时显著提升，特别是在 300 ~ 650 K 时，如图 6-44（b）所示。

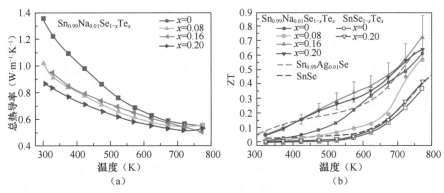

图 6-44 SnSe-SnTe 固溶体的电输运性能随温度的变化趋势

（a）总热导率；（b）ZT 值

6.2.7 织构取向

SnSe 的层状结构使得其在晶体的 3 个晶轴方向的热电性能有所不同。而由于 SnSe 多晶主要采用高温高压烧结技术，其在 3 个晶轴方向的各向异性缩减为两个方向——平行于压力方向和垂直于压力方向。由于 SnSe 多晶可以看作 SnSe 多层薄片在压力作用下沿垂直于压力的方向堆叠排列而成，因此这两个方向的热电性能也存在显著的差异：垂直于压力方向的热电性能更接近晶体的层内输运性能，载流子迁移率更高；而平行于压力方向的更接近晶体的层外输运性能，热导率更低。不同方向的 XRD 分析表现出明显的织构取向，如图 6-45 所示。可以看出，垂直于压力方向的 XRD 峰体现出极强的 (400) 取向，而 (400) 对应晶体的层外 c 轴方向，平行于压力方向的 XRD 中 (111) 峰强超过 (400)，层外取向性大幅减弱。为此，人们尝试通过增强织构的方式获得接近晶体性能的 SnSe 多晶 [33-38]。

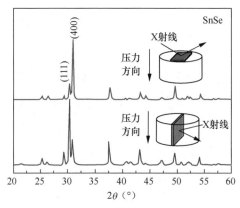

图 6-45   平行于压力方向和垂直于压力方向的 SnSe 多晶的 XRD 图谱

针对 P 型 SnSe 多晶，Cho 等人通过改变高温烧结过程中施加的压强的大小成功地调控了织构的强弱。从图 6-46（a）～图 6-46（c）可以看出，在高温烧结压强从 30 MPa 提升到 120 MPa 的过程中，垂直于压力方向的电导率得到显著提升，对应地，泽贝克系数略微降低。对于低电导率材料，一般而言，电导率的提升效应能够抵消泽贝克系数的小幅度降低，因此在高压强作用下，功率因子得到显著提升，823 K 时，功率因子从 30 MPa 的 2 $\mu W \cdot cm^{-1} \cdot K^{-2}$ 提升到 120 MPa 的 3.5 $\mu W \cdot cm^{-1} \cdot K^{-2}$。这种电输运性能的提升主要源自 SnSe 多晶增强的微观织构。图 6-46（d）～图 6-46（f）所示为平行于压力方向的 SnSe 截面的微观 SEM 形貌。可以看出，随着压强的增大，各个纳米 SnSe 层状薄片逐渐倾向于沿着垂直于压力的方向堆叠，由于 SnSe 层内方向具有更高的载流子迁移率，所以织构性更强的样品的电导率得到显著增大。

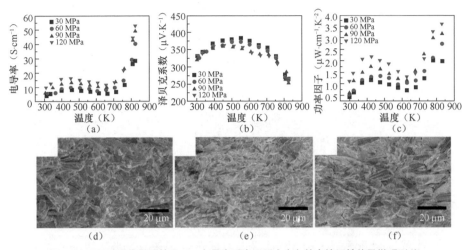

图 6-46　不同压强作用下的 SnSe 多晶在垂直于压力方向的电输运性能及微观形貌

（a）电导率；（b）泽贝克系数；（c）功率因子；（d）～（f）平行于压力方向的 SnSe 截面的微观 SEM 形貌

　　另一种常见的增强织构的方法是多段烧结。利用材料的高温蠕变逐渐提升其织构强度。分段烧结的方式是首先在高温、中等压强作用下将 SnSe 粉体烧结成细长的圆柱，然后将制备的细长柱体依次放入内径更大的模具中进行二次或者多次高温烧结，同时逐步增大烧结压力，如图 6-47（a）、图 6-47（b）所示。细长柱体在高温蠕变作用下高度逐渐缩短，直径逐渐增大，在这个过程中，SnSe 多晶之间沿着层内方向的切应力较小，导致 SnSe 多晶在垂直于压力方向的织构取向得到增强，如图 6-47（c）、图 6-47（d）所示。

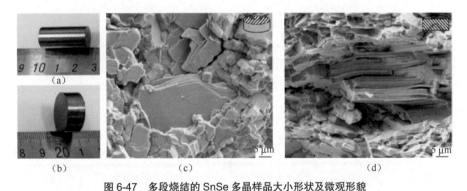

图 6-47　多段烧结的 SnSe 多晶样品大小形状及微观形貌

（a）～（b）第一次和第二次分段烧结的 SnSe 多晶样品；（c）分段烧结后垂直于压力方向的 SEM 形貌；（d）分段烧结后平行于压力方向的 SEM 形貌

除了通过直接观察微观结构来衡量织构取向的强弱，也可以利用取向因子 F 进行定量分析。取向因子 F 定义为：

$$F = \frac{P - P_0}{1 - P_0}$$ （6-22）

其中，

$$P_0 = \frac{I_0(h00)}{\sum I_0(hkl)}$$ （6-23）

$$P = \frac{I(h00)}{\sum I(hkl)}$$ （6-24）

P_0 和 P 分别为在随机取向和织构取向下，$(h00)$ 衍射面的累积强度与所有 XRD 衍射面 (hkl) 的累积总强度的比值。

针对 N 型 SnSe 多晶，Shang 等人通过高压改变 SnSe 的织构，并利用极图分布对 SnSe 多晶的织构取向进行了定量分析。图 6-48（a）、图 6-48（b）所示分别为平行和垂直于压力方向的 XRD 图谱，同样可以看出 (111) 峰与 (400) 峰的强度在不同方向上有显著差别。图 6-48（c）和图 6-48（d）所示分别为 (111) 晶面和 (400) 晶面的极图分布。可以明显地看出，(400) 极图的离散点分布更加集中，与 (400) 的强峰对应，同样证明垂直于压力方向的强织构取向。

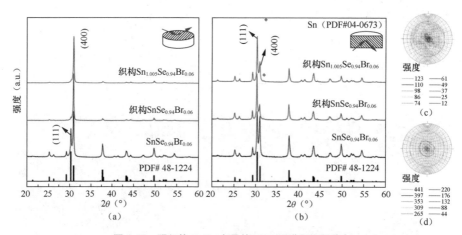

图 6-48　强织构 SnSe 多晶的 XRD 图谱和极图分布

（a）平行于压力方向的 SnSe 块体的 XRD 图谱；（b）垂直于压力方向的 SnSe 块体的 XRD 图谱；
（c）(111) 晶面的极图分布；（d）(400) 晶面的极图分布

之前的研究发现，N 型 SnSe 晶体和多晶中均存在"三维电荷 – 二维声子"

输运特性，可以推断，强织构 SnSe 多晶能够增强该效应。如图 6-49（a）所示，使用普通高温高压烧结得到的 N 型 SnSe 在垂直和平行于压力两个方向上的电导率基本相同。但是，在使用多段烧结技术之后，这两个方向上的电导率产生了显著差异，即垂直于压力方向的电导率高于平行于压力方向的电导率。这个现象与 P 型 SnSe 多晶相同，都是层内高载流子迁移率导致的。但是，泽贝克系数产生了显著变化，经过多段烧结之后，平行于压力方向的泽贝克系数（绝对值）显著大于垂直于压力方向的泽贝克系数（绝对值），如图 6-49（b）所示。利用简单单带模型拟合后发现这种泽贝克系数（绝对值）的增大源自平行于压力方向增大的有效质量。但是之前的研究表明，各向异性的块体材料的泽贝克系数具有各向同性，因此这里的泽贝克系数增大很可能是不同 SnSe 多晶晶粒层外方向的晶界散射导致的。图 6-49（c）所示为强织构 N 型 SnSe 多晶在两个方向上的载流子浓度和载流子迁移率。可以看出，多段烧结产生的织构基本不影响载流子浓度的大小，但是载流子迁移率在两个方向上产生了较大的差别，这一点也对应了上面提到的平行于压力方向上较强的晶界散射。最终，两个方向上的功率因子随温度的变化趋势与 N 型 SnSe 晶体类似：低温下垂直于压力方向的功率因子高于平行于压力方向，高温下平行于压力方向的功率因子高于垂直于压力方向，如图 6-49（d）所示。产生这种温度变化趋势的原因是，低温下二者的电导率有较大差异。但随着温度升高，两个方向的泽贝克系数差异逐渐增大，在 773 K，平行于压力方向的泽贝克系数为 -460 μV·K^{-1}，而垂直于压力方向的泽贝克系数仅为 -400 μV·K^{-1}，泽贝克系数的贡献逐渐超过电导率。

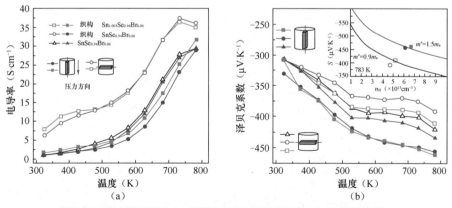

图 6-49 强织构 N 型 SnSe 多晶沿垂直和平行于压力方向的电输运性能

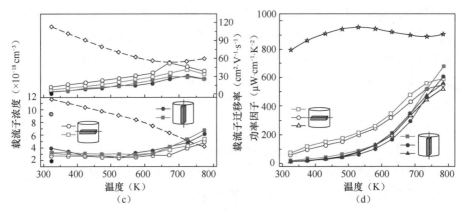

图 6-49　强织构 N 型 SnSe 多晶沿着垂直和平行于压力方向的电输运性能（续）

（a）电导率；（b）泽贝克系数；（c）载流子浓度和载流子迁移率；（d）功率因子

对于热输运性能，由于 N 型 SnSe 的载流子浓度、电导率过低，与晶格热导率相比，电子对于热导率的贡献可以忽略不计，因此总热导率和晶格热导率基本相同，如图 6-50 所示。由于 SnSe 的层外声子散射强于层内声子散射，因此在强织构取向下，平行于压力方向的晶格热导率显著低于垂直于压力方向。最终，在增大的高温功率因子和低热导率的共同作用下，强织构 N 型 SnSe 的平行于压力方向的高温 ZT 值远高于垂直于压力方向。与传统的利用高温高压工艺制备的 SnSe 多晶相比，其 ZT 值从 773 K 的 0.7 提升到了 1.5。除 SnSe 多晶外，多晶织构设计同样能够应用于其他具有各向异性晶体结构的热电材料，例如 Bi$_2$Te$_3$[39]、BiCuSeO[40] 等，在这些相关研究中，ZT 值显著提升。

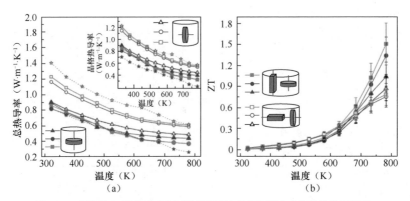

图 6-50　强织构 N 型 SnSe 多晶沿着垂直和平行于压力方向的热输运性能

（a）总热导率和晶格热导率；（b）ZT 值

6.2.8　机械合金化法

机械合金化法又称球磨法。它是指将欲合金化的组元粉末或已经合成的铸锭样品混合后放入高能球磨机中，高能球磨机将高速转动的机械能传递给组元粉末样品，通过回转过程中的反复挤压、破断，使之成为弥散分布的超微细粒子并实现合金化，从而避免了从液相到固相过程中的成分偏析现象。机械合金化法的基本原理是利用机械能来诱发化学反应或诱导材料组织、结构和性能的变化，以此来制备新材料。作为一种新技术，它可以细化晶粒、极大地提高粉末活性、改善颗粒分布均匀性以及增强体与基体之间界面的结合，促进固态离子扩散，诱发低温化学反应，从而提高材料的密实度、电学、热学等性能，是一种节能、高效的材料制备技术。

SnSe 的机械合金化在热电领域有着广泛的研究，其应用分两个方面：一方面是利用 Sn 单质与 Se 单质的挤压混合直接制备纳米级 SnSe 粉末；另一方面是将通过熔融法制备的 SnSe 大颗粒块体利用机械合金化的方法降低其晶粒尺寸，改变微观结构。通常情况下，通过手磨法只能将 SnSe 的颗粒尺寸研磨到几十微米的尺度，而且尺寸不均匀。但通过机械合金化的方法，在选择合适的球磨介质类型以及调节合适的球磨速度和球磨时间后，其颗粒尺寸能够达到纳米级别，当尺寸降低后，样品的比表面积显著增大，表面活化能增强，这些都会对合成样品的物理化学性质产生影响，如空位、孔洞、位错、孪晶等，部分缺陷如图 6-51 所示。

机械合金化法的工艺参数主要有两个，分别是球磨速度和球磨时间。球磨速度越快，其包含的能量就越大。对颗粒度和合金化程度要求相同的情况下，球磨速度越快，达到既定目标所需的球磨时间就越短。一般在满足条件的情况下优先选择高速度，因为缩短球磨时间能够有效地减少球磨罐和球磨介质的损耗。

球磨时间对于 SnSe 粉体的成分和微观结构起着关键性的影响。在保持其他变量（球磨介质、球磨速度等）不变的情况下，分别制备球磨 1 h、2 h、3 h、4 h、5 h、6 h、7 h、8 h 的 SnSe 粉末，并对这 8 份粉末进行 XRD 测试，分析相成分。从图 6-52 可以看出，球磨 1 h、2 h 的 XRD 图谱中存在着明显的 Sn 特征峰，该特征峰在球磨 3 h 的 XRD 图谱中消失。也就是说，Sn 和 Se 的 1∶1 混合物在球磨 3 h 之前的存在形式为 $Sn_{1-x}Se$ 以及少量的 Sn。在球磨时间达到 3 h 后，Sn 的

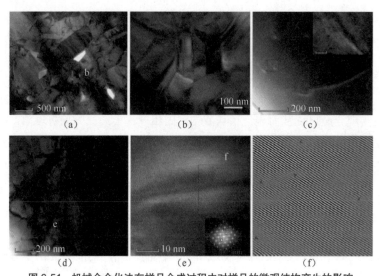

图6-51 机械合金化法在样品合成过程中对样品的微观结构产生的影响

（a）机械合金化法制备的 SnSe 样品 TEM 图像；（b）孪晶；（c）低密度畸变条纹；

（d）高密度畸变条纹；（e）高分辨畸变条纹；（f）高分辨位错

特征峰消失。因此得出结论：将 Sn 粉和 Se 粉按照 1∶1 比例混合后球磨 3 h 即可得到单相 SnSe 粉体。值得注意的是，在球磨 3 h 基础上增加球磨时间，虽然 XRD 的峰的位置没有发生变化，但是主峰半高宽逐渐变大。这说明 SnSe 的微观结构发生了改变。

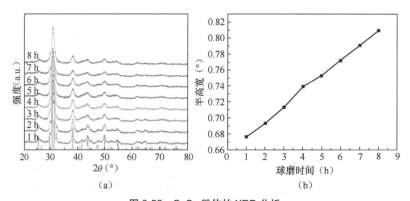

图6-52 SnSe 粉体的 XRD 分析

（a）不同球磨时间下 SnSe 的 XRD 图谱；

（b）不同球磨时间下 SnSe 的 XRD 图谱主峰半高宽

根据谢乐公式：

$$D = K\lambda / (B\cos\theta) \tag{6-25}$$

其中，K 为谢乐常数 (0.89)，B 为峰半高宽，λ 为 X 射线的波长，D 为晶粒在垂直于晶面方向的平均厚度。当 K、θ、λ 保持不变时，B 的大小代表晶粒尺寸。所以得出结论：随着球磨时间的增加，晶粒尺寸呈减小的趋势。

SEM 分析证实了 XRD 图谱的分析 [41]。如图 6-53 所示，不同球磨时间下 SnSe 样品的晶粒尺寸有着明显不同。球磨时间越长，晶粒尺寸越小。这是因为更长的球磨时间意味着更多的粉体与球磨介质之间挤压碰撞，所以粉体会破碎为尺寸更小的晶粒。同时，烧结时间对晶粒尺寸也有影响，烧结时间长的晶粒的尺寸会大于烧结时间短的晶粒的尺寸。

除了以上提及的因素，还有其他影响球磨产物尺寸的因素，例如所选球磨介质的材质、球磨产物的硬度，以及球磨环境（干磨或者湿磨）等。针对球磨环境，在多数情况下，湿磨后的样品晶粒尺寸更小，且颗粒分布更均匀。而且球磨时会吸收产生的部分热量，更有利于球磨罐的散热。但是由于湿磨的样品需要经历清洗、干燥等多个步骤，增大了粉体被氧化的概率，因此，从保证样品纯度以及对氧化敏感程度的考虑，干磨机械合金化是一种更加适合热电材料合成的机械合金化方法。

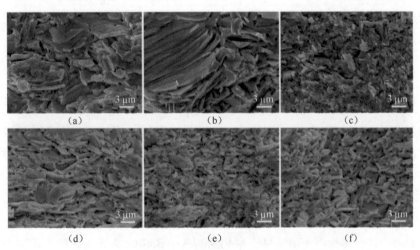

图 6-53　不同球磨时间和烧结时间对 SnSe 晶粒尺寸的影响

（a）5 h 球磨时间，0.5 h 烧结时间；（b）5 h 球磨时间，1 h 烧结时间；（c）20 h 球磨时间，0.5 h 烧结时间；（d）20 h 球磨时间，1 h 烧结时间；（e）50 h 球磨时间，0.5 h 烧结时间；（f）50 h 球磨时间，1 h 烧结时间

机械合金化产生的缺陷对 SnSe 的热电性能会产生显著的影响。如表 6-7 所示，可以看出，球磨时间为 5 h 的样品的载流子浓度只有 $10^{15}\,cm^{-3}$ 这个数量级，而球磨时间为 20 h 以及 50 h 的样品的载流子浓度达到 $10^{17}\,cm^{-3}$ 数量级，这是因为长时间机械合金化会产生更多的缺陷，对 SnSe 而言，这些缺陷会增大空穴载流子浓度。相应地，载流子迁移率有所降低，不过整体的电阻率还是降低，因此，对未掺杂的 SnSe 而言，增加球磨时间有利于提升电输运性能。

表6-7　不同球磨时间以及烧结时间对SnSe电输运性能的影响

球磨时间/烧结时间（h）	载流子浓度（cm^{-3}）	载流子迁移率（$cm^2 \cdot V^{-1} \cdot s^{-1}$）	霍尔系数（$cm^3 \cdot C^{-1}$）	电阻率（$\Omega \cdot cm$）
5/0.5	7.90×10^{15}	3.58	791	220.85
5/1.0	4.29×10^{15}	4.76	1457	306.21
20/0.5	1.90×10^{17}	1.16	33	28.32
20/1.0	2.99×10^{17}	1.44	21	14.51
50/0.5	2.13×10^{17}	1.59	29	18.46
50/1.0	4.12×10^{17}	1.16	15	13.03

同时，球磨时间对热导率的降低也有促进作用。热导率随着球磨时间的增加有降低趋势，特别是 5 h 球磨样品与 20 h、50 h 球磨样品之间的对比。这是由于小的晶粒增强了晶界散射。但是热导率之间的差异并没有随着晶粒变小而进一步降低。机械合金化法制备的小晶粒样品的热导率仍然远高于晶体的热导率。

针对这一现象，相关的研究给出了解释——这是机械合金化过程中产生了氧化反应导致的[42]。图 6-54（a）所示为 TEM 观察下的 SnSe 的表面氧化层，当 SnSe 与空气短暂接触（1 h）之后，其表面形成了尺度为几个纳米的异质结构，其顺序从内向外依次为 SnSe 层、无定型 $Sn_{1-x}Se$ 层以及无定型 SnO_2 氧化层。这种异质结构导致的直接的结果是晶界势垒效应。原理是，在晶界上产生能量较高的势垒，阻碍低能量载流子在晶界间的输运，而能量高于势垒的载流子输运能够不受晶界的影响。结果是，载流子迁移率显著降低，如图 6-54（b）所示。可以看出，对于其他不是用机械合金化法制备的 SnSe，其低温载流子迁移率都显著高于用机械合金化法制备的 SnSe。但是不同方法之间的差异随着温度的升高而逐渐降低。值得注意的是，用机械合金化法制备的样品的载流子迁移率变化趋势与用其他方法存在明显不同，其载流子迁移率是随着温度的升高逐渐提升的。这也跟晶界势垒效应有关。因为载流子的能量是随着温度的升高而升高的，因此高温下有更多的载流子获得高于晶界势垒的能量而参与电输运，晶界势垒效应随着温度的升高是逐渐减弱的。这种晶界势垒效应可以提升高电导率、高载流子迁移率的热电材料的泽贝克系数，但是对 SnSe 多晶这种低载流子迁移率的样品起着负面作用，因此在机械合金化过程中应该尽量避免氧化的发生，或者进行后处理，例如在高温情况下用氮氢混合气（95%N_2+5%H_2）对机械合金化后的粉体进行退火处理[42]。

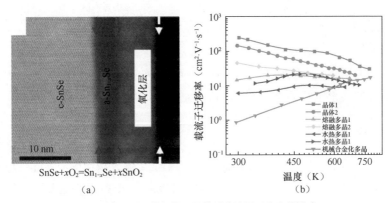

图 6-54　SnSe 的氧化层及其对载流子迁移率的影响

（a）TEM 观察下的 SnSe 的表面氧化层；

（b）利用不同合成方法制备的氧化程度不同的未掺杂的 SnSe 的载流子迁移率

除了用于 SnSe 的合成，机械合金化法还被广泛用于 SnSe 掺杂以及固溶[41, 43-47]。在这方面，机械合金化法有优于传统熔融法的特点——可制备成分均匀的低固溶度 SnSe 多晶样品。由于 SnSe 独特的层状结构，很多元素在其中的固溶度都很低。因此，在传统熔融制备过程中很容易出现合成样品成分不均匀的现象。而机械合金化法通过减小 SnSe 晶粒尺寸，能够极大地增大 SnSe 的比表面积，从而增加掺杂固溶物与 SnSe 的接触，最大限度地减少成分不均匀现象。例如，哈尔滨工业大学团队利用机械合金化法获得了 N 型 Pr 掺杂的 SnSe[47]。深圳大学团队利用机械合金化法获得了 N 型 Ti 掺杂的 SnSe[46]。

另外，机械合金化法还能够增大一些元素在 SnSe 中的固溶度。例如，利用熔融法，Te 在 SnSe 中的固溶度不到 20%，但是利用机械合金化法，Te 固溶的 SnSe 在 Te 含量达到 28% 时仍然有 XRD 峰偏移的现象[31]。另外，Br 在 SnSe 的固溶度大概为 4%，但是通过机械合金化法，Br 在 SnSe 中的固溶度可高达 12%[29]。

　　针对完全不固溶的体系，机械合金化法能够达到均匀混合的目的。例如，SiC 常被用来增强材料的硬度，通过机械合金化法制备的 SiC/SnSe 复合材料的机械强度得到很大的提升 [48]。而碳纳米管因为具有极高的导电性，所以常被用于提升复合材料的导电性。武汉理工大学的 XinFeng Tang 教授通过机械合金化法将碳纳米管与 SnSe 混合，达到了提升其电输运性能的目的。

　　由于机械合金化法的工艺简单、仪器成本低，其在 SnSe 未来的工业产业化应用上具有极大的潜力。

6.3　纳米合成法

　　传统的熔融法和机械合金化法很难对 SnSe 的形貌进行精确控制。而 SnSe 的形貌直接决定了其晶界结构、密度以及织构取向，从而影响 ZT 值的大小。因此，能够精确控制 SnSe 纳米形貌的化学合成法在 SnSe 的合成方面得到了广泛关注。在前文的材料合成工艺介绍中，我们提到了水热法、辅助熔剂热法、微波辅助熔剂热法等。在 SnSe 的研究中，这些方法均成功合成了高质量均匀形貌的 SnSe 纳米颗粒，并且以这些纳米合成的 SnSe 为基础，发展出了一系列不同于传统熔融法和机械合金化法的 SnSe 优化策略，如载流子浓度调节、空位工程、亚稳态固溶、表面处理等。本节对这些成果进行总结及分析。

6.3.1　溶液反应条件对 SnSe 性能的影响

　　澳大利亚南昆士兰大学课题组对各种纳米 SnSe 合成法进行了系统总结，如表 6-8 所示 [49]。其中，E 为乙醇；EG 为乙二醇；EA 为乙醇胺；EDA 为乙二胺；EDTA 为乙二胺四乙酸；BA 为己醇；TSC 为柠檬酸三钠；AA 为抗坏血酸；O 为乙醇胺；OA 为油酸；PD 为戊二醇；PT 为邻二氮杂菲；PVP 为聚乙烯吡咯烷酮；TA 为酒石酸；CA 为柠檬酸；BTBC 为叔丁胺甲硼烷；TGA 为巯基乙酸；DMPU 为 1,3- 二甲基 -3,4,5,6- 四氢 -2(1H)- 嘧啶酮；TOP 为三正辛基膦；SPS 为放电等离子烧结；HP 为热压；CP 为冷压；QDs 为量子点。从表中可以看出，虽然 SnSe 的合成反应众多，但是其 Sn 源和 Se 源的选择比较单一，大多数为 $SnCl_2$ 和 Se/SeO_2。同时，反应都在碱性条件下进行。这是由于 OH⁻ 在 SnSe 的合成反应中起催化作用。

　　以 $SnCl_2$ 与 Na_2SeO_3 为例，其在碱性溶液中发生以下反应 [50]：

表6-8　利用溶剂热法合成SnSe的不同方法

产物	溶剂	Sn源	Se源	掺杂物rcd	催化剂/活性剂	pH调节	反应温度(K)	反应时间(h)	烧结方法	烧结压强(MPa)	烧结温度(K)	烧结时间(min)
SnSe[52]	H_2O	$SnCl_2$	Se	—	EDTA+NaBH$_4$	KOH	423~443	6~12	CP+HP	2 tons	853	—
SnSe[53]	H_2O	$SnCl_2$	SeO_2	—	N_2H_4	NaOH	393、413、433、452	12	SPS	45	673	15.0
SnSe[51]	H_2O	$SnCl_2 \cdot 2H_2O$	NaHSe	—	—	NaOH	373	2	HP	60	773	20.0
SnSe[54]	H_2O	$SnCl_2 \cdot 2H_2O$	Se	—	—	NaOH	453	5	—	—	—	—
SnSe[55]	H_2O	$SnCl_2 \cdot 2H_2O$	Se	—	TSC	NaOH	298	—	—	—	—	—
SnSe[56]	H_2O	$SnCl_2 \cdot 2H_2O$	Se	—	—	NaOH	403	36	SPS	50	693	7.0
Sn$_{1-x}$Se[57]	H_2O	$SnCl_2 \cdot 2H_2O$	Se	—	—	NaOH	403	36	SPS	50	693	7.0
SnSe[58]	H_2O	$SnCl_2 \cdot 2H_2O$	Se	—	—	TA	298	—	—	—	—	—
SnSe[59]	H_2O	$SnCl_2 \cdot 2H_2O$	Se	—	NaBH$_4$	AA	473	24	SPS	30	773	3.3
SnSe[60]	H_2O	$SnCl_2 \cdot 2H_2O$	Se	—	NaBH$_4$	CA	373	2	HP	≈60	773	20.0
SnSe[61]	H_2O	$SnCl_2 \cdot 2H_2O$	Se	—	NaBH$_4$	NaOH	373	2	SPS	50	573~923	5.0
SnSe[62]	H_2O+EG	$SnCl_2 \cdot 2H_2O$	SeO_2	—	$N_2H_4 \cdot H_2O$	NaOH	298、443	3、12	—	—	—	—

续表

产物	溶剂	Sn源	Se源	掺杂物rcd	催化剂/活性剂	pH调节	反应温度(K)	反应时间(h)	烧结方法	烧结压强(MPa)	烧结温度(K)	烧结时间(min)
SnSe[63]	EG	$SnCl_2 \cdot 2H_2O$	SeO_2	—	$N_2H_4 \cdot H_2O$	NaOH	393、413、433	12	SPS	50	773	5.0
SnSe[64]	EG	$SnCl_2 \cdot 2H_2O$	SeO_2	—	$N_2H_4 \cdot H_2O$	—	455	24	SPS	50	633、773	6.0
SnSe[65]	EG	$SnCl_2 \cdot 2H_2O$	Na_2SeO_3	$InCl_3 \cdot 4H_2$	—	NaOH	503	36	SPS	60	950	5.0
SnSe[65]	EG	$SnCl_2 \cdot 2H_2O$	Na_2SeO_3	—	—	NaOH	503	36	SPS	60	850	5.0
$Sn_{0.98}Se$[66]	EG	$SnCl_2 \cdot 2H_2O$	Na_2SeO_3	—	—	NaOH	503	36	SPS	70	866	5.0
$Sn_{0.975}Se$[50]	EG	$SnCl_2 \cdot 2H_2O$	Na_2SeO_3	—	—	NaOH	503	36	SPS	70	856	5.0
$SnSe_{1-x}$[67]	EG	$SnCl_2$	CH_4N_2Se	—	—	—	453	24	—	—	—	—
SnSe[67]	EG	$SnCl_2$	Se	—	N_2	—	273	—	—	—	—	—
SnSe[68]	EA	$SnCl_2 \cdot 2H_2O$	Se	—	—	—	473	24	HP	50	923	10.0
SnSe[69]	EDA	$SnCl_2 \cdot 2H_2O$	Se	—	AAH	—	453	168	—	—	—	—
SnSe[70]	PD+TOP	$SnCl_2 \cdot 2H_2O$	Se	—	TGA	—	453	0.5	—	—	—	—
SnSe[71]	DMPU+TOP	$SnCl_2$	Se	—	BTBC	—	513	0.5	—	—	—	—
SnSe[72]	BA	$SnCl_2 \cdot 2H_2O$	SeO_2	—	$PVP+N_2$	—	473	12	—	—	—	—
SnSe[73]	OA+TOP	$SnCl_4 \cdot 5H_2O$	Se	—	N_2	—	453、523	1.25	—	—	—	—

续表

产物	溶剂	Sn源	Se源	掺杂物rcd	催化剂/活性剂	pH调节	反应温度(K)	反应时间(h)	烧结方法	烧结压强(MPa)	烧结温度(K)	烧结时间(min)
$SnS_{0.1}Se_{0.9}$[74]	H_2O	$SnCl_4 \cdot 5H_2O$	Se	Na_2S	$NaBH_4$	—	373	4	SPS	≈60	773	5.0
$Sn_{1-x}Cu_xSe$[75]	H_2O	$SnCl_2 \cdot 2H_2O$	Se	CuCl	—	NaOH	403	36	SPS	50	693	7.0
$Sn_{1-x}Pb_xSe$[76]	H_2O	$SnCl_2 \cdot 2H_2O$	Se	$PbCl_2$	—	NaOH	403	36	SPS	50	693	7.0
$Sn_{0.95-x}Pb_xSe$[77]	H_2O	$SnCl_2 \cdot 2H_2O$	Se	$PbCl_2$	—	NaOH	403	36	SPS	50	693	7.0
$Sn_{0.99-x}Pb_{0.01}Zn_xSe$[78]	H_2O	$SnCl_2 \cdot 2H_2O$	Se	$PbCl_2+ZnCl_2$	—	NaOH	403	36	SPS	50	693	7.0
$Sn_{0.99}Pb_{0.01}Se_{1-x}S_x$[79]	H_2O	$SnCl_2 \cdot 2H_2O$	Se	$PbCl_2+S$	—	NaOH	403	36	SPS	50	693	7.0
$Sn_{0.99}Pb_{0.01}Se+Se$[80]	H_2O	$SnCl_2 \cdot 2H_2O$	Se	$PbCl_2$	—	NaOH	403	6	SPS	50	693	7.0
$SnSe+Ge$[81]	H_2O	$SnCl_2 \cdot 2H_2O$	Se	GeI_4	—	NaOH	403	36	SPS	40	723	—
$Ag_xSn_{1-x}Se$[82]	EG	$SnCl_2$	SeO_2	$AgNO_3$	N_2H_4	NaOH	413	15	SPS	50	500	5.0
$SnSe+Te$[83]	EG	$SnCl_2$	Se	TeO_2	$NaBH_4+PVP$	NaOH	378	2	HP	50	753	10.0
$SnSe_{1-x}Te_x$[84]	EG	$SnCl_2 \cdot 2H_2O$	Na_2SeO_3	Na_2TeO_3	—	NaOH	503	6	SPS	40	873	5.0
$Sn_{1-x}Cu_xSe$[85]	EG	$SnCl_2 \cdot 2H_2O$	Na_2SeO_3	$CdCl_2$	—	NaOH	503	36	SPS	60	900	5.0
$Sn_{1-x}Cd_xSe$[86]	EG	$SnCl_2 \cdot 2H_2O$	Na_2SeO_3	$CdCl_2$	—	NaOH	503	36	SPS	60	850	5.0
$SnSb_xSe_{1-2x}$[87]	EG	$SnCl_2 \cdot 2H_2O$	Na_2SeO_3	Sb_2O_3	—	NaOH	503	36	SPS	60	850	5.0
$Sn_{1-x}Bi_xSe$[88]	EDA	$SnCl_2$	Se	$BiCl_3$	$NaBH_4$	NaOH	423	2	SPS	50	773	20.0
$Sn_{0.94}Bi_{0.06}Se$[89]	$C_6H_{14}+E$	$SnCl_4 \cdot 5H_2O$	SeO_2	Bi	$O+PT+N_2$	—	423	—	SPS	40	723	—

$$SnCl_2 \rightarrow Sn^{2+} + 2Cl^- \qquad (6\text{-}26)$$

$$Na_2SeO_3 \rightarrow 2Na^+ + SeO_3^{2-} \qquad (6\text{-}27)$$

$$SeO_3^{2-} + C_2H_6O_2 \rightarrow Se + C_2H_2O_2 + H_2O + 2OH^- \qquad (6\text{-}28)$$

$$3Se + 6OH^- \rightarrow 2Se^{2-} + SeO_3^{2-} + 3H_2O \qquad (6\text{-}29)$$

$$Sn^{2+} + Se^{2-} \rightarrow SnSe \qquad (6\text{-}30)$$

又如 $SnCl_2$ 与 Se 的反应[51]:

$$Sn^{2+} + 3OH^- \rightarrow Sn(OH)_3^- \qquad (6\text{-}31)$$

$$4Se + BH_4^- + 8OH^- \rightarrow 4Se^{2-} + B(OH)_4^- + 4H_2O \qquad (6\text{-}32)$$

$$BH_4^- + 4H_2O \rightarrow 4H_2 + B(OH)_4^- \qquad (6\text{-}33)$$

$$Sn(OH)_3^- + Se^{2-} \rightarrow SnSe + 3OH^- \qquad (6\text{-}34)$$

当 OH^- 不足时,会发生副反应,Sn^{2+} 将会被 Se 进一步氧化,从而反应生成 $SnSe_2$:

$$Sn^{2+} + Se \rightarrow Sn^{4+} + Se^{2-} \qquad (6\text{-}35)$$

$$Sn^{4+} + 2Se^{2-} \rightarrow SnSe_2 \qquad (6\text{-}36)$$

由于 SnSe 在液相反应中的复杂性,即使是通过水热法和溶剂热法合成的 SnSe,其热电性能与熔融法合成的仍然存在很大差异,如图 6-55 所示。

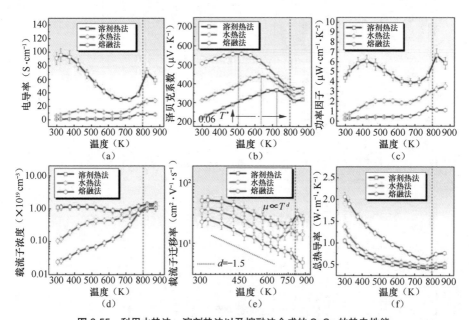

图 6-55 利用水热法、溶剂热法以及熔融法合成的 SnSe 的热电性能

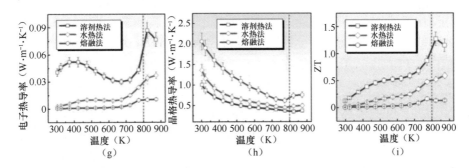

图 6-55　利用水热法、溶剂热法以及熔融法合成的 SnSe 的热电性能（续）
（a）电导率；（b）泽贝克系数；（c）功率因子；（d）载流子浓度；（e）载流子迁移率；
（f）总热导率；（g）电子热导率；（h）晶格热导率；（i）ZT 值

可以看出，利用水热法和溶剂热法合成的"未掺杂"SnSe 的 ZT 值高于熔融法合成的 SnSe。其较高的热电性能源自高电输运性能和低热输运性能。值得注意的是，利用溶剂热法合成的 SnSe 与熔融法合成的碱金属元素掺杂的 SnSe 有着极其相似的性能，特别是载流子浓度，其在室温达到了 10^{19} cm^{-3}，这是其能够获得高 ZT 值的关键。

关于用化学法制备的 SnSe 具有高载流子浓度的原因，存在以下 3 个方面的猜想假设。第一，与用熔融法相比，用溶剂热法合成的 SnSe 具有更多的 Sn 空位缺陷。第二，与 NaOH 有关，根据前面的溶剂热法常见的反应公式可以看出，若处于弱 pH 环境，则存在能够将 Sn^{2+} 进一步氧化的副反应，从而生成 SnSe$_2$，副反应的存在反过来影响空位等缺陷的形成。第三，用于催化的 NaOH 中的碱金属离子在反应过程中吸附在纳米 SnSe 表面或者进入其内部，从而形成 P 型掺杂，提升载流子浓度。

第一种猜想假设是讨论和研究最多的。表 6-8 中列出的 Se 富余的 SnSe 纳米合成物的大部分工作都是基于这种猜想假设开展的。其主要观点跟熔融法制备 SnSe 相同：在控制 Sn 源和 Se 源比例的基础上，由于 Sn 空位的低形成能，在热力学角度容易形成 Sn 空位，并且由于纳米尺度以及"低温"合成等影响，用溶剂热法合成的 SnSe 的空位密度大于用传统熔融法制备的 SnSe，从而提升了载流子浓度。另外，大量存在的 Sn 空位在极大程度上散射了声子，降低了热导率，最终提升了 SnSe 的热电性能。这些工作主要基于理论分析，因为在实验中表征 Sn 空位存在难度。截至本书成稿之日，关于 Sn 空位的直观表征工作都是基于熔融法合成的多晶以及晶体进行的，如高分辨 TEM 和 STM[90-92]。

而对用溶剂热法合成的 SnSe 纳米颗粒来说，相关工作主要是基于 EDS 分析得到的结果。但是由于 EDS 分析本身的精确度有限，利用这种方法得到的结果只能作为辅助证据，所以其核心支撑点还是来自第一性原理相关的理论分析。

第二种猜想假设是 Sn 空位的产生受到 NaOH 催化剂的影响。具体而言，通过调节 SnSe 合成中的副反应程度，NaOH 的浓度能够影响 SnSe 的形貌以及空位的产生[50]。图 6-56 所示为不同 NaOH 含量对 SnSe 合成反应产物的影响。整个反应在 45 mL 的乙二醇中进行，可以看出，在没有 NaOH 的条件下，SnCl$_2$ 跟 NaSeO$_2$ 的反应产物为 SnSe$_2$。随着 NaOH 浓度的增大，SnSe 的比例逐渐增大。当 NaOH 含量达到 4 mL（10 mol·L^{-1}）时，副反应基本消失，此时的反应产物全为 SnSe。随着 NaOH 含量的进一步增加，反应产物仍然为 SnSe，但是通过观察放大的 XRD 图谱发现，峰强和位置都有明显的变化。通

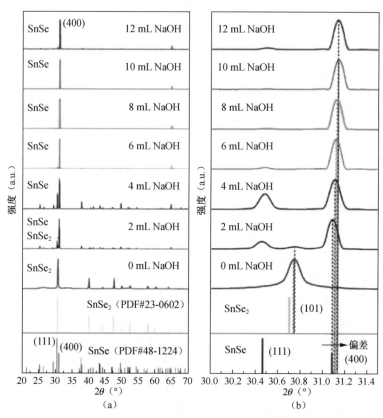

图 6-56　不同 NaOH 含量对 SnSe 合成反应产物的影响

常情况下，对于各向异性材料，XRD 的峰强的相对变化体现了织构的取向程度。如图 6-56（c）所示，在没有副反应产生的 NaOH 的含量区间内，随着 NaOH 含量的增大，生成的 SnSe 从纳米线和纳米片混合物转变为纯纳米片，并且尺寸有所增大，但是在 NaOH 含量达到 12 mL 时，SnSe 的微观结构杂乱，推测是因为过量 NaOH 对 SnSe 的生长产生了抑制作用。另外，峰位置的小范围偏移能够体现晶格常数的变化。通过 EDS 分析发现，在 NaOH 含量为 4 mL、6 mL、8 mL、10 mL 和 12 mL 的反应中，Sn 与 Se 的比值呈现规律性的变化，分别为 0.988∶1、0.985∶1、0.981∶1、0.975∶1 以及 0.975∶1。虽然 EDS 的定量分析存在一定的误差，但是相同条件下测量结果的相对趋势足够证明 Sn 与 Se 的比值逐渐变小。但值得商榷的是，导致晶格常数变化的原因是 Sn 空位还是 Na 取代？由于相关工作中没有关于 Na 的含量的表征，只能推测是两者的共同作用，这有待进一步的验证。

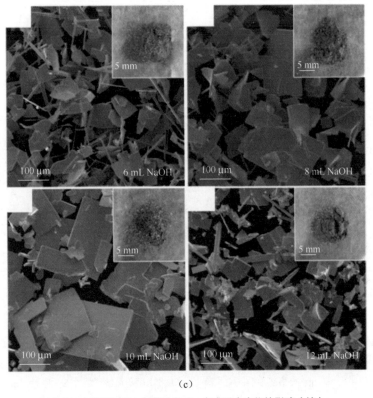

（c）

图 6-56　不同 NaOH 含量对 SnSe 合成反应产物的影响（续）

（a）SnSe 的 XRD 图谱；（b）区域放大的 SnSe 的 XRD 图谱；（c）SnSe 微观形貌

图 6-57 所示为不同 NaOH 含量对 SnSe 热电性能的影响。可以看出，随着 NaOH 含量的增大，SnSe 的电输运性能得到提升，这主要来自载流子浓度的贡献，其达到了最优载流子浓度量级 10^{19} cm^{-3}，而载流子迁移率有所降低。至于热输运方面，晶格热导率有所降低，这是 SnSe 中"缺陷"增多导致的。最终，当 NaOH 含量为 10 mL 时，ZT 值在 823 K 达到 1.5。

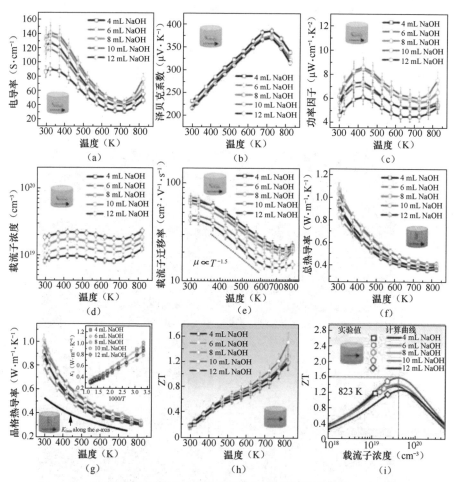

图 6-57 不同 NaOH 含量对 SnSe 热电性能的影响

（a）电导率；（b）泽贝克系数；（c）功率因子；（d）载流子浓度；（e）载流子迁移率；（f）总热导率；

（g）晶格热导率；（h）ZT 值；（i）ZT 值与载流子浓度的关系

第三种猜想假设是用于催化的 NaOH 中的碱金属离子在反应过程中吸附在纳米 SnSe 表面或者进入其内部，从而形成 P 型掺杂，提升载流子浓度。这是目前为止最恰当的解释。

合肥工业大学的 Yu Liu 等人的研究发现，在不发生副反应和不产生第二相的条件下，利用溶剂热法合成的 SnSe 的载流子浓度远高于熔融法，达到 10^{19} cm^{-3} 以上。并且，很难通过清洗杂质的方法使载流子浓度降低。通过总结研究发现，这些合成反应中都包含碱金属离子，例如 K$^+$、Na$^+$，如表 6-9 所示。其中，QDs 为量子点，EG 为乙二醇，NWs 为纳米线。

表6-9　部分包含Na离子的SnSe合成反应

产物	反应物及溶剂	ZT$_{max}$
Sn$_{0.96}$Ga$_{0.04}$Se[93]	SnCl$_2$·2H$_2$O、GaCl$_3$、NaOH、Se、H$_2$O	2.20（873 K）
Sn$_{0.98}$Pb$_{0.01}$Zn$_{0.01}$Se[78]	SnCl$_2$·2H$_2$O、PbCl$_2$、ZnCl$_2$、NaOH、Se、H$_2$O	2.20（873 K）
Sn$_{0.95}$Se[65]	SnCl$_2$·2H$_2$O、NaOH、Se、H$_2$O	2.10（873 K）
Sn$_{0.97}$Ge$_{0.03}$Se[94]	SnCl$_2$·2H$_2$O、GeI$_4$、NaOH、Se、H$_2$O	2.10（873 K）
Sn$_{0.99}$Pb$_{0.01}$Se-Se QDs[80]	SnCl$_2$·2H$_2$O、PbCl$_2$、NaOH、Se、H$_2$O	2.00（873 K）
Sn$_{0.96}$Pb$_{0.01}$Cd$_{0.03}$Se[95]	SnCl$_2$·2H$_2$O、PbCl$_2$、CdCl$_2$、NaOH、Se、H$_2$O	1.90（873 K）
Sn$_{0.948}$Cd$_{0.023}$Se[86]	SnCl$_2$·2H$_2$O、CdCl$_2$、Na$_2$SeO$_3$、NaOH、EG	1.70（823 K）
SnSe-4%InSe$_y$[96]	SnCl$_2$·2H$_2$O、InCl$_3$·4H$_2$O、Na$_2$SeO$_3$、NaOH、EG	1.70（823 K）
SnSe-1%PbSe[76]	SnCl$_2$·2H$_2$O、PbCl$_2$、NaOH、Se、H$_2$O	1.70（873 K）
NaOH-Sn$_{1-x}$Se[50]	SnCl$_2$、Na$_2$SeO$_3$、NaOH、EG	1.50（823 K）
Sn$_{0.882}$Cu$_{0.118}$Se[85]	SnCl$_2$·2H$_2$O、CuCl$_2$、Na$_2$SeO$_3$、NaOH、EG	1.41（823 K）
SnSe-15%Te NWs[83]	SnCl$_2$·2H$_2$O、NaBH$_4$、NaOH、Se、H$_2$O	1.40（790 K）
Sn$_{0.98}$Se[65]	SnCl$_2$·2H$_2$O、Na$_2$SeO$_3$、NaOH、EG	1.36（823 K）
SnSe$_{0.9}$Te$_{0.1}$[84]	SnCl$_2$·2H$_2$O、Na$_2$SeO$_3$、Na$_2$TeO$_3$、NaOH、EG	1.10（800 K）
Sn$_{0.99}$Cu$_{0.01}$Se[75]	SnCl$_2$·2H$_2$O、CuCl、NaOH、Se、H$_2$O	1.20（873 K）
SnSe$_{0.9}$S$_{0.1}$[74]	SnCl$_2$·2H$_2$O、Na$_2$S、NaBH$_4$、NaOH、Se、H$_2$O	1.16（923 K）

用溶剂热法合成 SnSe 并将其烧结成块体涉及多个过程：纳米 SnSe 合成反应、清洗与干燥、退火和还原、烧结工艺等。Yu Liu 等人选取了无表面活化剂的水相 SnSe 合成反应（SnCl$_2$ 和 Se 为反应物）为研究对象，通过改变纳米 SnSe 的合成和干燥工艺，研究了 NaOH 在纳米 SnSe 中的作用机制。

图 6-58 所示为 $SnCl_2$ 和 Se 在 NaOH 中反应制备纳米 SnSe 以及相应的清洗与干燥、退火和还原、烧结工艺示意。通过研究不同清洗次数下分离出的上层清液发现，随着清洗次数的增多，上层清液的 pH 发生显著变化：pH 从第一次清洗的上层清液中的 14，依次变为 13、10.5、8、7。由于 NaOH 不会与 Sn 源和 Se 源反应生成固相沉淀物，并且也不会与 SnSe 发生化学反应，因此，推测 NaOH 吸附在 SnSe 的表面。而且通过一次清洗并不能完全将 SnSe 与 NaOH 分离。多次重复清洗能够减少 NaOH 在 SnSe 表面的吸附。但是上层清液的 pH 等于 7 并不能证明 NaOH 被完全分离，存在部分 NaOH 吸附在 SnSe 上并且无法被彻底清洗的可能性。

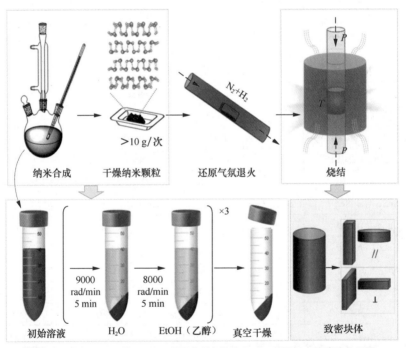

图 6-58　$SnCl_2$ 和 Se 在 NaOH 中反应制备纳米 SnSe 以及相应的清洗与干燥、退火和还原、烧结工艺示意

如图 6-59（a）所示，对经历不同清洗次数的纳米 SnSe 进行干燥、退火以及烧结处理，发现其微观形貌存在显著差异。在只清洗一次的情况下，其烧结后的晶界表面存在大量杂质。并且随着清洗次数的增加，其晶粒尺寸逐渐增大。通过对经历不同清洗次数的 SnSe 产物进行研究，发现其热电性能存在显

著差异，清洗的次数越多，其电导率越高，功率因子也得到显著提升。并且多次的清洗使得载流子浓度和载流子迁移率得到了同步提升。这说明 NaOH 在烧结的 SnSe 块体中起着异相杂质的作用，其 Na 离子并没有进入 SnSe 晶格内部提升载流子浓度，反而降低了 SnSe 的电输运性能。

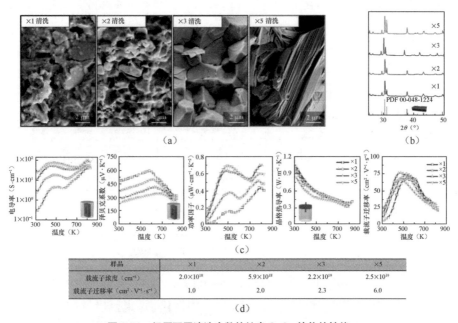

图 6-59　经历不同清洗次数的纳米 SnSe 块体的性能
（a）晶粒尺寸；（b）XRD；（c）热电性能；（d）载流子浓度和载流子迁移率

为了研究在经历多次清洗后的 SnSe 中是否仍然存在 Na 离子，他们针对烧结的 SnSe 块体进行了原子探针层析（Atom Probe Tomography，APT），发现即使在清洗过 5 次以上的纳米 SnSe 中，仍然存在浓度高达 2% 的 Na 离子，如图 6-60 所示。可以看出，在 SnSe 晶界以及内部位错缺陷处存在大量 Na 的沉积相。这个直接证据证明了 Na 离子是导致用溶剂热法制备的 SnSe 具有高载流子浓度的原因之一。进一步研究发现，SnSe 晶界和内部位错缺陷处的 Na 离子很可能是以 Na_2Se_y 的形式存在的。在清洗纳米 SnSe 的过程中，部分 SnSe 表面的 Se 被氧化成 Se_y^{2-} 离子，从而吸附 Na 离子，并且在高温退火和烧结过程中扩散进入晶粒内部形成沉积相。该假设有待进一步的实验验证。

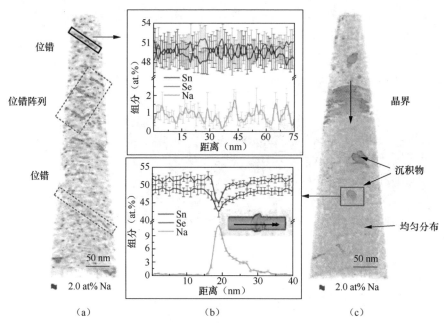

图 6-60　APT 发现在 SnSe 晶界以及内部的位错缺陷处存在大量 Na 的沉积相

（a）位错；（b）组成成分的线性扫描；（c）沉积物

　　为了进一步确定 Na 离子对提升 SnSe 电导率的贡献，NaOH 被四甲基氢氧化铵（Me₄NOH）替代作为 SnSe 合成的催化剂，因为 Me₄NOH 能够提供合成 SnSe 所需要的碱性环境，同时不包含碱金属元素。结果表明，加入 Me₄NOH 的 SnSe 为单相，与 NaOH 参与的反应相比，体现出截然不同的微观特性，如图 6-61 所示。可以看出，含有 Na 离子的 SnSe 烧结样品的晶粒明显大于含有 Me₄NOH 的样品，体现出明显的晶粒生长特征。根据晶粒生长热力学分析可知，固溶性第二相在高温高压条件下能够从基体界面向内部扩散，在扩散过程中，系统整体自由能降低。该原子扩散过程有利于晶界的迁移，从而促进晶粒生长[97-102]。而 Me₄NOH 本身包含的 C、N、H 元素很难在 SnSe 中扩散，甚至有可能吸附在晶界表面阻碍晶界的移动，抑制晶粒的生长[103-107]。对这两个样品的晶界部分进行能谱分析可以发现，使用 NaOH 的 SnSe 产物的晶界有明显的 Na 元素聚集以及 Sn 和 Se 元素的缺失，而使用 Me₄NOH 的 SnSe 产物的晶界元素分布均匀。

　　图 6-61（c）和图 6-61（d）所示分别为二者的电输运性能。可以看出，含有 Na 离子的 SnSe 的电导率显著大于包含四甲基铵离子的 SnSe，二者的载

流子浓度相差两个数量级。对应地，包含四甲基铵离子的 SnSe 的泽贝克系数体现出典型的非简并半导体特性，室温泽贝克系数达到了熔融法制备的 SnSe 的水平。值得注意的是，包含 Na 离子的 SnSe 的室温泽贝克系数与用其他方法制备的 SnSe 相比偏高，这是由于 Na 离子在晶界偏析，从而产生能量过滤效应。该效应广泛存在于包含纳米析出相的各种热电体系材料中[108-110]。

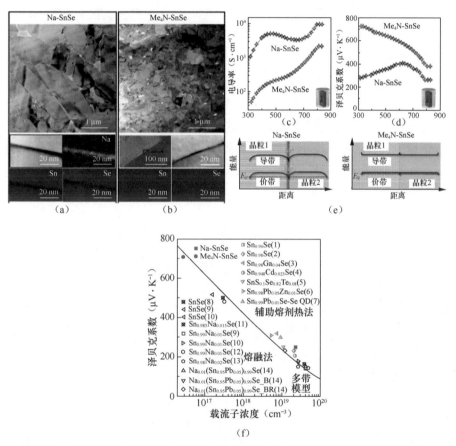

图 6-61　分别利用 NaOH 和 Me₄NOH 合成的纳米 SnSe 烧结产物微观表征以及热电性能
（a）利用 NaOH 合成的纳米 SnSe 的微观形貌和成分；（b）利用 Ne₄NOH 合成的纳米 SnSe 的微观形貌和成分；（c）电导率；（d）泽贝克系数；（e）晶界的能量过滤效应示意；（f）基于多带模型的 Pisarenko 曲线

6.3.2　非稳态掺杂固溶

之前关于熔融法掺杂 SnSe 的研究表明，SnSe 的有效掺杂元素选择有限。

由于利用熔融法获得的 SnSe 在高温下基本处于热力学平衡态，这在很大程度上也受到了固溶极限的影响。虽然使用淬火、退火热处理工艺在一些体系中能够获得超出相图固溶极限的亚稳态体系，但是该方法的作用在 SnSe 体系中并不突出，容易出现成分不均匀的现象。但是用溶剂热法制备的 SnSe 具有独特的纳米结构和极大的比表面积，这使得实现亚稳态掺杂的难度大大降低。例如，Cu 在 SnSe 中的固溶度只有约 3%，但是利用溶剂热法制备的 SnSe 中，其固溶度达到了 10% 以上，并且没有第二相析出。Cd 在 SnSe 中完全不固溶，但是在其在纳米 SnSe 中的固溶度能达到 2%[84-86]。这使得利用溶剂热法制备的 SnSe 体现出许多独有的热电性能。同时，在具有高固溶度的元素固溶方面，溶剂热法在常温常压下的反应条件也体现出优势[74]。此外，也有研究发现，一些在熔融法中具有高固溶度的元素在溶剂热法中反而以第二相的形式存在于 SnSe 中[76, 78]。以上种种特性使得纳米合成成为 SnSe 研究的重点方向之一。

Cu 掺杂的纳米 SnSe 是典型的纳米合成超越固溶极限的例子[85]。根据相图，Cu 在 SnSe 中的固溶度只有 3%，但是利用溶剂热法合成的 Cu 掺杂的纳米 SnSe 中，Cu 的固溶度高达 10%。图 6-62（a）所示为 Cu（CuCl$_2$）含量为 r（r 为 Cu 的名义含量）的 SnSe 的 XRD 图谱。可以看出，在 r=0 ～ 30% 时，合成的 SnSe 均为单相，没有 Cu 化合物的 XRD 峰出现。EPMA（Electron Probe Micro-Analysis，电子探针显微分析）分析表明，随着 Cu 名义含量的增大，SnSe 中 Cu 的实际含量也随之增大，在 r=10% 附近，SnSe 中 Cu 的实际含量达到峰值 11.8%。当 r 进一步增大时，Cu 的实际含量继续保持 11.8%，没有进一步增大。因此推测，Cu 在 SnSe 中的亚稳态固溶度为 11.8%。

另外，Cu 含量的变化引起了 SnSe 微观形貌的改变。如图 6-62（c）～图 6-62（g）所示，在没有 Cu 或者 Cu 的含量低时，合成的 SnSe 为纳米薄片。当 Cu 的含量高时，合成的 SnSe 的形貌变为纳米线。但是，形貌的改变没有改变 SnSe 的取向。从图 6-62（d）、图 6-62（e）可以看出，二者都有明显的 (100) 取向面。EDS 分析发现，即使在高 Cu 含量的 SnSe 中，各种元素均匀分布，不存在 Cu 的析出相，进一步证明 Cu 在 SnSe 中属于完全固溶状态。Cu 是小半径原子，之前针对 PbTe 的研究发现，Cu 是以间隙原子的形式存在于 PbTe 中的[111]。所以，Cu 在 SnSe 中的存在是不是与 PbTe 中相同呢？TEM 分析没有发现 Cu 原子存在于晶格间隙中；XPS 分析 Cu 也是以正一价的形式存在的。另外，通过分析不同 Cu 含量 SnSe 的 XRD 图谱可以看出，随着 Cu 含量的增大，晶格常数呈现出变小的趋势，这也证明了 Cu 原子取代了 Sn 原子。

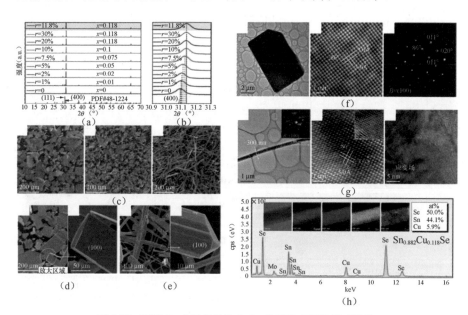

图 6-62　不同 Cu 含量的纳米 SnSe 的 XRD 图谱和微观结构

（a）不同 Cu（CuCl₂）含量的 SnSe 的 XRD 图谱；（b）放大的 31°处的 SnSe 峰的位置随 Cu 含量的增大而发生偏移；（c）Cu 含量为 0、5%、11.8% 的 SnSe 的微观形貌；（d）Cu 含量为 5% 的 SnSe 的放大微观形貌，圆形区域为 SnSe 的 (100) 面；（e）Cu 含量为 11.8% 的 SnSe 的放大微观形貌，圆形区域为 SnSe 的 (100) 面；（f）SnSe 的 TEM 图像；（g）Cu 含量为 5% 的 SnSe 的 TEM 图像；（h）Cu 含量为 11.8% 的纳米 SnSe 的 EDS 面扫描

图 6-63（a）～图 6-63（e）所示为 Cu 掺杂的纳米 SnSe 的电输运性能随温度变化的曲线。可以看出，随着 Cu 含量的增大，SnSe 的电导率呈现有规律的增大趋势。从载流子浓度可以看出，载流子浓度与 Cu 含量呈正相关，证明 Cu 离子是以正价态存在于 Sn 位的（否则，间隙 Cu 离子会降低载流子浓度）。载流子浓度升高导致泽贝克系数降低，但是电导率和泽贝克系数的共同作用仍然提升了高温功率因子。

图 6-63（f）～图 6-63（h）所示为 Cu 掺杂的纳米 SnSe 的热输运性能随温度变化的曲线。由于 Cu 与 Sn 的原子半径以及质量相差巨大，Cu 掺杂会在 SnSe 晶体内部产生应力和质量起伏，从而阻碍声子输运，降低晶格热导率。另外，在纳米 SnSe 中，Cu 具有超过 10% 的固溶度，因此 SnSe 的热导率得到显著降低。值得注意的是，Cu 掺杂的纳米 SnSe 的晶格热导率在 793 K 附近没

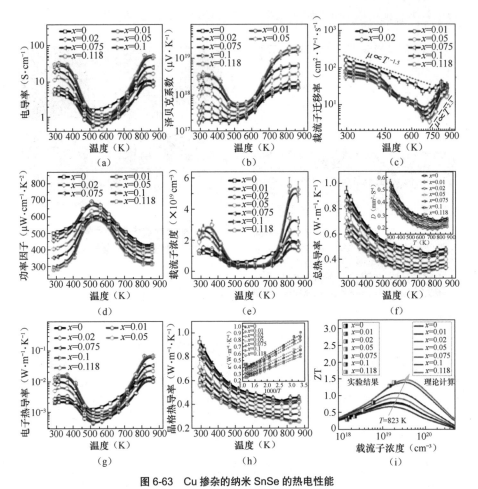

图 6-63　Cu 掺杂的纳米 SnSe 的热电性能

（a）电导率；（b）泽贝克系数；（c）载流子迁移率；（d）功率因子；（e）载流子浓度；（f）总热导率；
（g）电子热导率；（h）晶格热导率；（i）ZT 值

有明显的上翘现象，在 793 ～ 823 K 仍然下降，表明 SnSe 的相变温度因为 Cu 掺杂而发生了改变。之前关于 Na 掺杂以及 Br 掺杂的 SnSe 晶体的研究中发现了相同的现象，但是由于掺杂量很小（<3%），相变点的温度变化并不明显。在研究双极扩散效应对热导率的影响方面，由于 Cu 掺杂 SnSe 样品的高载流子浓度，SnSe 中基本不存在双极扩散效应。最后，通过简单单带模型拟合，发现 Cu 掺杂的 SnSe 样品的 ZT 值的变化趋势与单带模型下载流子浓度对高温 ZT 值的影响规律相符。

　　另一个典型例子是 Cd 掺杂的纳米 SnSe[86]。在传统的二元相图中，Cd 在 SnSe 中的室温固溶度为 0。但是在利用溶剂热法合成的纳米 SnSe 中，其固溶度达到了 2.3%。从图 6-64（a）和图 6-64（b）可以看出，随着 Cd 含量的增加，XRD 的峰位置发生明显偏移，说明 Cd 掺杂进入 SnSe 晶格之中。从图 6-64（c）和图 6-64（d）中 SEM 图像、EDS 分析结果可以看出，Cd 均匀分布在 SnSe 之中。TEM 分析发现，Cd 掺杂的纳米 SnSe 中存在大量的位错缺陷。通过原子衬度扫描分析发现，这些缺陷中存在 Cd 原子。

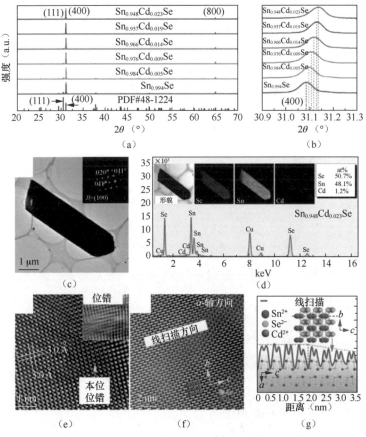

图 6-64　Cd 掺杂的纳米 SnSe 的 XRD 图谱和微观结构

（a）Cd 掺杂的纳米 SnSe 的 XRD 图谱；（b）放大的 XRD 图谱；（c）Cd 掺杂的纳米 SnSe 的 SEM 图像；（d）Cd 掺杂的纳米 SnSe 的 EDS 分析；（e）～（f）位错区域的 TEM 图像；（g）沿着（f）图中红线方向扫描的原子衬度强度曲线

与 Cu 相同，由于 Cd 原子与 Sn 原子存在质量和半径差异，Cd 掺杂的纳米 SnSe 存在更强的声子散射，从而降低了晶格热导率[86]。但是，Cd 掺杂的纳米 SnSe 在电输运方面体现出独特的性能——具有更高的载流子浓度。由于 Cd 在 SnSe 中体现为 +2 价，理论上当一个 Cd 取代 Sn 时，整个体系没有产生额外的空穴或者电子。唯一能够解释载流子浓度变化的因素是空穴密度的变化。通过第一性原理计算发现，Cd 的掺杂会略微降低 Sn 空位的形成能。因此，推测 Cd 掺杂引入了更多的空穴，从而提升了其电输运性能。但是，在之前关于纳米 SnSe 高载流子浓度的讨论中，我们提到了反应中存在的 Na 离子对 SnSe 载流子浓度的影响不容忽视，因此，这里存在另一种可能性，即 Cd 的引入促进了 Na 离子在 SnSe 中的吸附，从而间接提升了载流子浓度。这有待进一步研究。

从动力学角度来看，Cu 和 Cd 与纳米 SnSe 的反应可以看成低温环境下的阳离子交换过程。同样，存在着利用阴离子交换实现 SnSe 非稳态固溶的方法。

以 SnSe 与 SnS 的反应为例。如图 6-65 所示，首先通过与合成 SnSe 相似的方法合成 SnS，然后在碱性条件下加入 NaHSe 即可实现 Se 与 S 的阴离子交换，反应如下：

$$Na_2S + Na_2SnO_2 + 2H_2O \rightarrow SnS + 4NaOH \tag{6-37}$$

$$SnS + xNaHSe + xNaOH \rightarrow SnS_{1-x}Se_x + xNa_2S + xH_2O \tag{6-38}$$

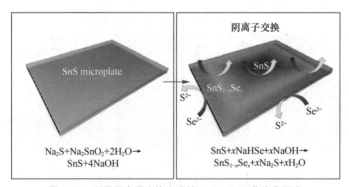

图 6-65　利用阴离子交换实现的 SnSe-SnS 非稳态固溶

阴离子交换的原理是 SnS 和 SnSe 在水中的溶解度 K_{sp} 不同，即 $K_{sp}(SnSe) < K_{sp}(SnS)$。但是受到纳米 SnS 的微观形貌的限制，Se 在 SnS 中呈现自外向内的

扩散。因此，通过这种方法制备的 SnSe-SnS 固溶体呈现出非稳态异质结构，其表面为 $SnS_{1-x}Se_x$，但是其核心部分的成分仍然为 SnS。这种异质结构并不稳定，利用高温烧结工艺即可实现 Se 在 S 中完全扩散[74]。

一些在熔融法中具有高固溶度的元素在溶剂热法中反而以第二相的形式存在于 SnSe 中。南京理工大学的 Guodong Tang 教授多次发现 SnSe 中存在 Pb 的纳米第二相[76, 78]，如图 6-66 所示。在相关工作中，他们在 SnSe 中引入 1% 的 PbSe，发现 PbSe 以纳米第二相的形式存在于晶界和晶粒之中。根据传统 SnSe-PbSe 的二元相图，室温下 PbSe 在 SnSe 中的固溶度高达 12%[112]。这种相分离状态显著降低了 SnSe 的晶格热导率，从而使纳米 SnSe-PbSe 的 ZT 值在 873 K 达到 1.7。

但是，截至本书成稿之日，学术界还没有相关 PbSe 纳米第二相形成的理论解释。可能的原因是 SPS 属于低温快速烧结技术，PbSe 在高温烧结过程中并没有完全扩散均匀，从而形成过饱和固溶体。在降温过程中，由于 SnSe-PbSe 中存在的调幅分解，PbSe 纳米第二相重新聚集形成纳米相。同样，相关假设有待进一步的研究验证。

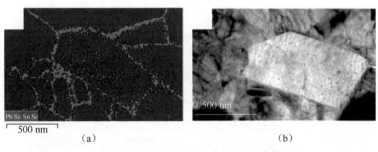

（a）　　　　　　　　　　　　　　　　（b）

图 6-66　SnSe-1% PbSe 中的 PbSe 纳米第二相

（a）SnSe 和 PbSe 的相分布；（b）TEM 图像

6.3.3　N 型掺杂

与 P 型掺杂相比，SnSe 的 N 型掺杂难度大很多，因为纯 SnSe 中存在大量的 Sn 空位，其形成能很低，因此限制了其他缺陷的形成。为了实现 SnSe 的 N 型掺杂，需要打破 Sn 与 Se 的连接键。一种方法是用 +3 价元素取代 Sn，另一种方法是利用 −1 价元素取代 Se。这两种方法在溶剂热法合成 SnSe 中都有应用，但是其作用方式又与用熔融法合成的 N 型 SnSe 的有所不同。本小节以 Sb 掺杂和 Cl 掺杂的纳米 SnSe 为例进行简要说明。

在对熔融法制备 Sb 掺杂的 N 型 SnSe 的讨论中发现，Sb 在 SnSe 中存在两种不同的价态，+3 价和 −3 价。这使得 Sb 掺杂的 SnSe 中出现明显的 P-N 转变。但是在溶剂热法制备的 Sb 掺杂的纳米 SnSe 中，情况有所不同。图 6-67 所示为 Sb 掺杂的纳米 SnSe 的 XPS 分析。从 Sb 的能谱分析中可以看出，Sb 只以 +3 价态存在，因此，Sb 掺杂的纳米 SnSe 在 300 ～ 823 K 均体现出 N 型电输运性能[87]。

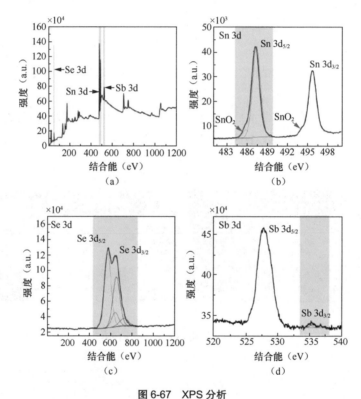

图 6-67　XPS 分析

（a）Sb 掺杂的纳米 SnSe 的 XPS 分析；（b）Sn 元素的 XPS；
（c）Se 元素的 XPS；（d）Sb 元素的 XPS

如表 6-10 所示，样品的室温载流子浓度很低，1%Sb 掺杂的纳米 SnSe 的只有 $2.25×10^{15}$ cm^{-3}，即使 3%Sb 掺杂的纳米 SnSe 也只有 $7.84×10^{18}$ cm^{-3}。但是在 823 K 时，载流子浓度都得到了显著提升，3%Sb 掺杂的样品载流子浓度

达到了 4.49×10^{20} cm^{-3}。这种载流子的热激活效应与之前 Bi 掺杂的 SnSe 晶体的相同[113]。另外，Sb 掺杂在 SnSe 中引入了大量的点缺陷、晶格位错以及变形，同样增强了声子散射从而降低了晶格热导率。从表 6-10 可以看出，室温热导率从 0.63 W·m^{-1}·K^{-1} 降低到了 0.35 W·m^{-1}·K^{-1}。高温热导率也进一步降低，在 823 K 时，从 0.31 W·m^{-1}·K^{-1} 降低到了 0.2 W·m^{-1}·K^{-1}。

表6-10 Sb掺杂的纳米SnSe的热电性能

参数	$x = 1\%$	$x = 2\%$	$x = 3\%$
密度（g·cm^{-3}）	6.076	6.082	6.085
载流子浓度（cm^{-3}，300 K）	2.25×10^{15}	1.51×10^{17}	7.84×10^{18}
载流子浓度（cm^{-3}，823 K）	2.54×10^{18}	3.94×10^{19}	4.49×10^{20}
载流子迁移率（cm^2·V^{-1}·s^{-1}，300 K）	35.57	4.02	0.65
载流子迁移率（cm^2·V^{-1}·s^{-1}，823 K）	53.31	8.55	0.97
电导率（S·cm^{-1}，300 K）	0.01	0.10	0.81
电导率（S·cm^{-1}，823 K）	21.7	54	69.6
泽贝克系数（μV·K^{-1}，300 K）	−587.9	−377.1	−198.5
泽贝克系数（μV·K^{-1}，823 K）	−280.2	−197.5	−105.1
功率因子（μW·cm^{-1}·K^{-2}，300 K）	0.004	0.014	0.032
功率因子（μW·cm^{-1}·K^{-2}，823 K）	1.71	2.11	0.77
比热（J·g^{-1}·K^{-1}，300 K）	0.267	0.26	0.255
比热（J·g^{-1}·K^{-1}，823 K）	0.282	0.276	0.272
热导率（W·m^{-1}·K^{-1}，300 K）	0.63	0.46	0.35
热导率（W·m^{-1}·K^{-1}，823 K）	0.31	0.22	0.20

另一种制备 N 型纳米 SnSe 的方法是利用卤族元素的阴离子扩散效应。英国格拉斯哥大学的 Gregory 教授通过改变合成 SnSe 的酸碱度环境，引入大量 Cl 元素，从而利用烧结过程中的 Cl 元素扩散，制备了 N 型纳米 SnSe。

在该反应中，他们利用柠檬酸替代 NaOH，此时 SnSe 的合成反应变为：

$$\text{NaHSe} + \text{SnCl}_2 \rightarrow \text{SnSe} + \text{NaCl} + \text{HCl} \qquad （6\text{-}39）$$

　　可以看出，该反应中的 Na 离子含量大幅降低，这有利于降低 SnSe 中 Na 的含量。同时，反应产物 HCl 会先吸附在纳米 SnSe 表面，然后通过烧结过程的高温高压扩散进入 SnSe 内部，实现 N 型掺杂。

　　但是，值得注意的是，与阳离子扩散相比，阴离子扩散的难度更大。这是由于阴离子的半径更大，扩散速度相对较慢。因此，为了改善 Cl 在 SnSe 中的掺杂效果，需要提高烧结温度或者增大 SnSe 与 Cl 的接触面积，即降低 SnSe 的晶粒尺寸。在这里，Gregory 发现改变合成反应时间能够有效控制 SnSe 晶粒尺寸，反应时间越短，晶粒越小，如图 6-68 所示。同时，小的晶粒具有更大的比表面积，能够吸附更多的 Cl 离子，从而改善 Cl 的掺杂效果。

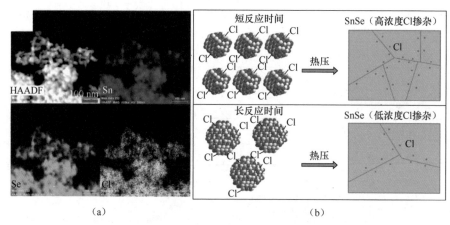

（a）　　　　　　　　　　　　　　　　　　（b）

图 6-68　纳米 SnSe 的元素成分及分布
（a）利用柠檬酸作为催化剂合成的纳米 SnSe 的 EDS 图像；
（b）不同反应时间下 SnSe 的尺寸变化和掺杂效果示意

6.3.4　表面处理

　　表面处理广泛存在于各种合成方法中。熔融法、机械合金化法以及溶剂热法中都有表面处理的应用，但是它们的原理存在很大区别。对熔融法而言，由于晶界是在熔融体凝固过程中产生的，因此，对于表面的处理多采用降温偏析法。其原理是：一些元素在基体中的固溶度随着温度的降低而降低，因此在降温过程中不断有纳米第二相析出，并且由于晶界处存在大量缺陷，在缺陷运动带动晶界运动的过程中，第二相会不断在晶界处积累，例如 Na 元素在 PbTe

晶界处的偏析 [114]，以及 Ag 元素在 SnSe 晶界处的偏析等 [115]。对机械合金化而言，其界面效应比熔融法要明显得多，这是因为用机械合金化法制备的材料晶粒能够达到纳米级，大大增大了比表面积。大的比表面积使得纳米颗粒的晶界具有更高的自由能，从而更易发生副反应，特别是在密闭性不好的情况下容易发生氧化反应，使氧化物覆盖在纳米颗粒表面。

　　由于固液接触面远大于固固接触面，因此利用溶剂热法进行表面处理的纳米颗粒的表面结构更加均匀。但是，之前限制溶剂表面处理的因素之一是没有合适的"表面处理剂"。所以，溶剂的作用局限于混合作用，如 PbS 基体与纳米 Ag 颗粒的混合 [116]。另外，具有有机官能团的纳米颗粒能够与一些金属有机化合物或者卤素有机化合物发生离子交换，因此也能够实现表面处理的效果 [117-122]。但是，由于离子交换不充分，产物中仍然残留大量的有机物，这导致烧结样品的致密度较低，严重影响了纳米热电材料的电输运性能。

　　后来经过研究发现，联氨能够在过量硫族元素的作用下在室温下溶解 SnS_2 和 $SnSe_2$。该过程并不是化学变化，而是降低维度尺寸的物理变化。该过程通过原位还原硫族元素并利用联氨生成硫族化合物，并最终将其分解为可溶性分子金属硫族化合物。这个方法产生的小分子可溶于肼和其他极性溶剂，并且能够在升温条件下重新生成初始物质 [123]。在该工作的启发之下，人们发现众多金属硫族化合物同样能够溶解在联氨中，如 SnS_2、$SnSe_2$、In_2Se_3、$ZnTe$、In_2Te_3、GeS_2、$GeSe$、$GeSe_2$、Cu_2S、Sb_2Se_3、Sb_2S_3、Sb_2Te_3、Bi_2S_3、$HgSe$ 等。虽然这种方法最初是应用在薄膜的制备上的，但是这些材料同样被广泛应用于调节热电材料的热电性能。

　　但是，联氨的剧毒性限制了这种方法的使用。进一步的研究发现，硫醇 – 乙二胺混合物同样能够溶解很多金属硫族化合物，如图 6-69 所示 [124-125]。而且，与联氨相比，硫醇 – 乙二胺混合物还能够溶解金属氧化物，这让它的应用范围得到进一步扩展 [126-127]。

　　与联氨通过缩短分子链的长度实现物理溶解金属硫族化合物不同，硫醇 – 乙二胺混合物在溶解过程中涉及了物理反应和化学反应两种机制。对于 S、Se 和 Te 单质，研究发现，硫醇 – 乙二胺混合物跟联氨的作用机理一致，都是以物理方式缩短分子链的长度 [128]。但是对于其他金属硫族化合物，硫醇会

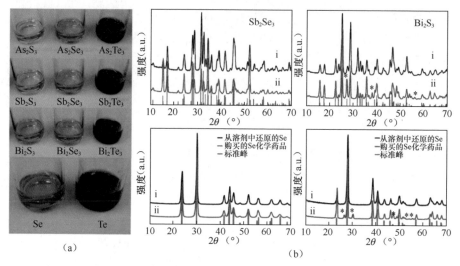

图 6-69　利用硫醇 – 乙二胺混合物溶解的金属硫族化合物

（a）溶液颜色；（b）生成的 Sb₂Se₃、Bi₂S₃、Se、Te 的 XRD 图谱

在乙二胺的作用下，与金属硫族化合物反应生成复杂金属硫醇螯合物，该螯合物能够溶解在硫醇 – 乙二胺混合物中 [129]。这种螯合物的特点是其金属离子与硫醇离子的结合键很弱，在加热条件下很容易断裂，从而重新"还原"为金属硫族化合物。

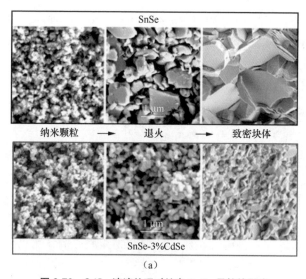

图 6-70　CdSe 溶液处理对纳米 SnSe 晶粒的影响

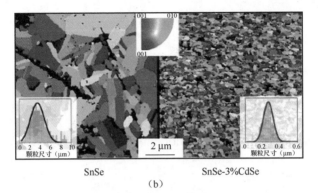

SnSe　　　　　　　　SnSe-3%CdSe

（b）

图 6-70　CdSe 溶液处理对纳米 SnSe 晶粒的影响（续）

（a）经过和未经过 CdSe 溶液处理的 SnSe 在退火和烧结之后的晶粒尺寸；

（b）经过 CdSe 溶液处理的 SnSe 晶粒在烧结后的背散射电子图像

硫醇 – 乙二胺混合物的特性使其能够应用在热电材料的表面处理中。这种表面处理能够调节烧结后的纳米 SnSe 的晶粒尺寸。对于没有经过表面处理的纳米 SnSe，其在退火和烧结过程中都存在不可避免的晶粒生长，从而破坏了纳米 SnSe 大比表面积这个重要特性，如图 6-70 所示。

晶粒生长被抑制的原因是 CdSe 在退火之后会在纳米 SnSe 表面形成厚度只有几纳米的 CdSe 颗粒。并且纳米 CdSe 能够在高温处理前后始终存在于纳米 SnSe 表面，这是因为 CdSe 在 SnSe 中的固溶度极低。大量的纳米 CdSe 会在高温烧结条件下阻碍晶界的移动，从而达到抑制晶粒生长的效果，这种效应在金属中很常见，称为纳米钉扎效应[106, 130]。

钉扎效应对纳米 SnSe 的影响如图 6-71 所示。可以看出，经过 CdSe 表面处理的 SnSe 的电导率在整个测试温度范围内都有所降低，降低效应在低温区极为明显。泽贝克系数则因为增强的晶界势垒效应得到了显著增大，通过计算可知，纳米 SnSe 的晶界势垒从未经过表面处理的 113 meV 提升到了 191 meV。但是，增强的晶界势垒降低了载流子迁移率。

而热输运方面，CdSe 对纳米 SnSe 的影响有两方面。一方面，大量的晶界显著增强了晶界散射效应，其对低频声子的散射效应增强。另一方面，大量存在的纳米 CdSe 同样对声子产生散射效应。由于 CdSe 具有纳米尺寸，其散射的主要是高频声子部分。在二者的共同作用下，经过 CdSe 溶液处理的纳米 SnSe 的热导率在整个测试温度范围内都显著降低。其在 773 K 时的热导率达

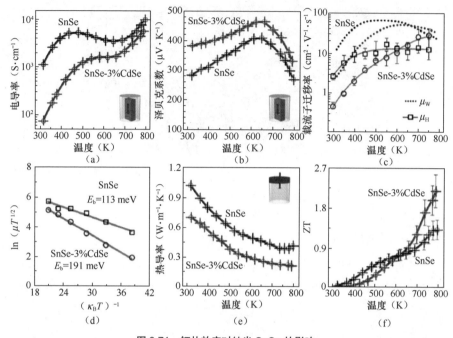

图 6-71　钉扎效应对纳米 SnSe 的影响
（a）电导率；（b）泽贝克系数；（c）载流子迁移率；
（d）晶界势垒；（e）热导率；（f）ZT 值

到 $0.2\ W\cdot m^{-1}\cdot K^{-1}$，几乎达到理论计算下 SnSe 的非晶极限。最终，极低的高温热导率使纳米 SnSe 的高温热电性能得到显著提升，ZT 值达到 2.0 以上。

　　表面处理的效果不限于限制晶粒生长。根据所选金属硫族化合物类型的不同，其甚至能产生截然相反的效果。例如，当采用 PbS 溶液进行表面处理时，PbS 会在退火之后吸附在纳米 SnSe 表面，但是其存在方式与 CdSe 不同，由于 Pb 在 SnSe 中的固溶度达到 10% 以上，S 与 SnSe 完全固溶，因此在热处理过程中，Pb 和 S 均会从表面向纳米 SnSe 内部扩散。而这种扩散过程有利于晶界的移动，从而促进晶粒生长。如图 6-72 所示，经过 PbS 表面处理的 SnSe 颗粒直径为几百纳米，在经过烧结之后，直径增大到 2～3 μm，在经历 500 K 的高温烧结之后，SnSe 的直径进一步增大到约 4 μm。该晶粒生长过程与经过 CdSe 表面处理的纳米 SnSe 形成鲜明对比，证明了表面处理在调节热电性能方面的应用潜力。

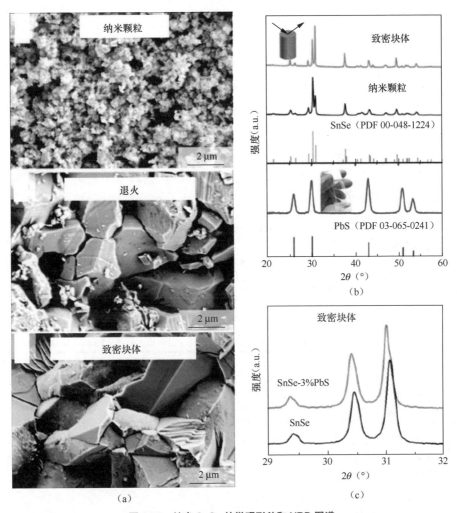

图 6-72　纳米 SnSe 的微观形貌和 XRD 图谱

（a）经过 PbS 溶液表面处理的纳米 SnSe 在退火烧结之后的晶粒尺寸变化；（b）经过 PbS 溶液表面处理的纳米 SnSe 的粉末和块体 XRD 图谱；（c）经过 PbS 溶液表面处理的与未经过表面处理的纳米 SnSe 的 XRD 图谱

6.3.5　纳米 SnS 的探索与发展

　　SnS 与 SnSe 具有相同的晶体结构，其合成方式也与 SnSe 极为相似。$SnCl_2 \cdot 2H_2O$ 为无表面活性剂反应的 Sn 源[131-135]。而在 Se 源的选择上，SnS 的选择受到更多的限制，主要为 Na_2S 和 NaHS。以 Na_2S 为例，其反应为：

$$Sn^{2+}+S^{2-} \rightarrow SnS \qquad (6\text{-}40)$$

为了避免 Sn^{2+} 的水解，通常会与 SnSe 合成反应一样，在其中加入过量的 NaOH。同样，利用溶剂热法合成的 SnS 载流子浓度也远高于用熔融法合成的未掺杂的 SnS，达到 $10^{19}\,cm^{-3}$，其原因同样在于合成过程中 Na 离子的吸附效应。清华大学的 Jingfeng Li 教授课题组对此进行了详细研究[131]。研究发现，改变离心清洗次数能够调节 SnS 吸附的 Na 离子的含量，从而实现调节纳米 SnS 的电输运性能的目的。离心清洗的次数越多，SnS 吸附的 Na 离子越少。

截至本书成稿之日，针对纳米 SnS 热电性能的研究工作不多，主要是针对合成反应的探索以及 Na 离子的调控，相关的研究总结如表 6-11 所示。

表6-11　利用不同溶剂热法合成SnS的相关反应及热电性能

产物	反应物/溶剂	ZT_{max}值
SnS[134]	$SnCl_2 \cdot 2H_2O$、S、N_2H_4/H_2O	0.1（773 K）
SnS[74]	$SnCl_2 \cdot 2H_2O$、NaOH、Na_2S/H_2O	0.4（773 K）
SnS[133]	$SnCl_2 \cdot 2H_2O$、Na_2S/EG	0.3（773 K）
SnS[131]	$SnCl_2 \cdot 2H_2O$、Na_2S/H_2O	0.5（873 K）

具体的热电性能如图 6-73 所示，可以看出，目前得到的纳米 SnSe 的 ZT_{max} 值只有 0.5，远低于用熔融法和晶体法制备的 SnS 的 ZT_{max} 值。而制约纳米 SnS 热电性能提升的因素主要在于低电导率和高热导率。之前关于纳米 SnSe 的相关研究表明，通过非稳态掺杂、晶粒尺寸控制以及表面处理等手段有望进一步提升纳米 SnS 的热电性能。

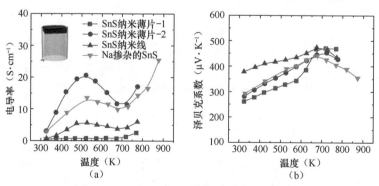

图 6-73　利用溶剂热法合成的纳米 SnS 的热电性能

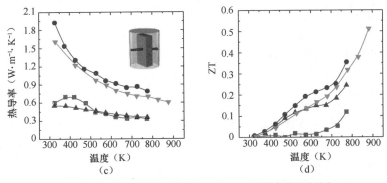

图 6-73　利用溶剂热法合成的纳米 SnS 的热电性能（续）

（a）电导率；（b）泽贝克系数；（c）热导率；（d）ZT 值

6.4　本章小结

本章系统地研究了通过熔融法合成、制备 SnSe 以及优化其热电性能的方法，结合第一性原理以及各种物理基础模型对 SnSe 的电输运和热输运性能进行了详细的分析，利用三元等温相图分析了 SnSe 中本征空位的形成以及其对异价元素掺杂效率的影响，利用形成能和转换能级分析本征缺陷以及异价元素掺杂如何影响 SnSe 中载流子浓度的调节。此外，我们详细分析了 SnSe 的常见固溶体 SnSe-SnS、SnSe-PbSe、SnSe-SnTe 对晶体结构以及热电性能的影响，阐述了晶格软化、位错以及界面效应降低晶格热导率的机理，利用原子轨道模型和能带结构揭示了固溶提升 SnSe 电输运性能的机理。最后，总结了织构取向对 P 型和 N 型 SnSe 多晶热电性能的提升效果。

针对机械合金化，本章首先介绍了机械合金化法的特征，然后总结了机械合金化法（特别是球磨时间）对 SnSe 合成制备的影响。除了用于 SnSe 的合成，机械合金化法还广泛用于 SnSe 掺杂以及固溶；而针对完全不固溶的体系，机械合金化法能够达到均匀混合的目的。

针对溶剂热法合成 SnSe，本章首先总结了不同溶液反应条件对 SnSe 性能的影响，讨论了溶剂热法制备的 SnSe 具有高载流子浓度的原因。利用纳米颗粒的大比表面积和高自由能，可实现多种元素的非稳态掺杂；对于 N 型掺杂，溶剂热法能够限制多价态掺杂元素的价态分布，提升电子掺杂效率。接着，详细讨论了调控 SnSe 界面的方法。最后，对目前溶剂热法制备 SnS 的方法进行了系统总结。

6.5 参考文献

[1]   CHEN Z G, SHI X, ZHAO L D, et al. High-performance SnSe thermoelectric materials: Progress and future challenge [J]. Progress in Materials Science, 2018, 97: 283-346.

[2]   LIU G, ZHOU J, WANG H. Anisotropic thermal expansion of SnSe from first-principles calculations based on Gruneisen's theory [J]. Physical Chemistry Chemical Physics, 2017, 19(23): 15187-15193.

[3]   KARUNARATHNE A, PARAJULI P, PRIYADARSHAN G, et al. Anisotropic elasticity drives negative thermal expansion in monocrystalline SnSe [J]. Physical Review B, 2021, 103(05): 054108.

[4]   BANSAL D, HONG J, LI C W, et al. Phonon anharmonicity and negative thermal expansion in SnSe [J]. Physical Review B, 2016, 94(05): 054307.

[5]   TAN G, ZHAO L D, KANATZIDIS M G. Rationally designing high-performance bulk thermoelectric materials [J]. Chemical Reviews, 2016, 116(19): 12123-12149.

[6]   SHI X L, ZOU J, CHEN Z G. Advanced thermoelectric design: From materials and structures to devices [J]. Chemical Reviews, 2020, 120(15): 7399-7515.

[7]   CHEN C L, WANG H, CHEN Y Y, et al. Thermoelectric properties of P-type polycrystalline SnSe doped with Ag [J]. Journal of Materials Chemistry A, 2014, 2(29): 11171-11176.

[8]   ZHAO L D, CHANG C, TAN G, et al. SnSe: A remarkable new thermoelectric material [J]. Energy and Environmental Science, 2016, 9(10): 3044-3060.

[9]   MALE J, AGNE M T, GOYAL A, et al. The importance of phase equilibrium for doping efficiency: Iodine doped PbTe [J]. Materials Horizons, 2019, 6(7): 1444-1453.

[10] ZHOU Y, LI W, WU M, et al. Influence of defects on the thermoelectricity in SnSe: A comprehensive theoretical study [J]. Physical Review B, 2018, 97(24): 245202.

[11] SRAITROVA K, CIZEK J, HOLY V, et al. Vacancies in SnSe single crystals in a near-equilibrium state [J]. Physical Review B, 2019, 99(3): 035306.

[12] WEI T R, TAN G, ZHANG X, et al. Distinct impact of Alkali-Ion doping on electrical transport properties of thermoelectric P-type polycrystalline SnSe [J]. Journal of the American Chemical Society, 2016, 138(28): 8875-8882.

[13] LUO Y, CAI S, HUA X, et al. High thermoelectric performance in polycrystalline SnSe via dual-doping with Ag/Na and nanostructuring with Ag_8SnSe_6 [J]. Advanced Energy Materials, 2019, 9(2): 1803072.

[14] GE Z H, SONG D, CHONG X, et al. Boosting the thermoelectric performance of (Na,K)-codoped polycrystalline SnSe by synergistic tailoring of the band structure and atomic-scale defect phonon scattering [J]. Journal of the American Chemical Society, 2017, 139(28): 9714-9720.

[15] ZHAO L D, ZHANG B P, LIU W S, et al. Effects of annealing on electrical properties of N-type Bi_2Te_3 fabricated by mechanical alloying and spark plasma sintering [J]. Journal of Alloys and Compounds, 2009, 467(1-2): 91-97.

[16] DUONG A T, NGUYEN V Q, DUVJIR G, et al. Achieving ZT=2.2 with Bi-doped N-type SnSe single crystals [J]. Nature Communications, 2016, 7(13):13713.

[17] YAMAMOTO C, HE X, KATASE T, et al. Double charge polarity switching in Sb-doped SnSe with switchable substitution sites [J]. Advanced Functional Materials. 2020, 31(8): 2008092.

[18] PEI Y Z, SHI X Y, LALONDE A, et al. Convergence of electronic bands for high performance bulk thermoelectrics [J]. Nature, 2011, 473(7345): 66-69.

[19] ZHAO L D, DRAVID V P, KANATZIDIS M G. The panoscopic approach to high performance thermoelectrics [J]. Energy & Environmental Science, 2014, 7(1): 251-268.

[20] CHANG C, WANG D Y, HE D S, et al. Realizing high-ranged out-of-plane ZTs in N-type SnSe crystals through promoting continuous phase transition [J]. Advanced Energy Materials, 2019, 9(28): 1901334.

[21] HAN Y M, ZHAO J, ZHOU M, et al. Thermoelectric performance of SnS and SnS-SnSe solid solution [J]. Journal of Materials Chemistry A, 2015, 3(8): 4555-4559.

[22] GUO R, WANG X, KUANG Y, et al. First-principles study of anisotropic thermoelectric transport properties of IV - VI semiconductor compounds SnSe and

SnS [J]. Physical Review B, 2015, 92(11): 115202.

[23]   HANUS R, AGNE M T, RETTIE A J E, et al. Lattice softening significantly reduces thermal conductivity and leads to high thermoelectric efficiency [J]. Advanced Materials, 2019, 31(21): e1900108.

[24]   XIAO Y, CHANG C, PEI Y L, et al. Origin of low thermal conductivity in SnSe [J]. Physical Review B, 2016, 94(12): 125203.

[25]   WEI T R, TAN G, WU C F, et al. Thermoelectric transport properties of polycrystalline SnSe alloyed with PbSe [J]. Applied Physics Letters, 2017, 110(5): 053901.

[26]   LEE Y K, AHN K, CHA J, et al. Enhancing P-type thermoelectric performances of polycrystalline SnSe via tuning phase transition temperature [J]. Journal of the American Chemical Society, 2017, 139(31): 10887-10896.

[27]   ZEIER W G, ZEVALKINK A, GIBBS Z M, et al. Thinking like a chemist: Intuition in thermoelectric materials [J]. Angewandte Chemie - International Edition, 2016, 55(24): 6826-6841.

[28]   LEE Y K, AHN K, CHA J, et al. Enhancing P-type thermoelectric performances of polycrystalline SnSe via tuning phase transition temperature [J]. Journal of the American Chemical Society, 2017, 139(31): 10887-10896.

[29]   LI S, WANG Y, CHEN C, et al. Heavy doping by bromine to improve the thermoelectric properties of N-type polycrystalline SnSe [J]. Advanced Science, 2018, 5(9): 1800598.

[30]   LI D, TAN X, XU J, et al. Enhanced thermoelectric performance in N-type polycrystalline SnSe by $PbBr_2$ doping [J]. RSC Advances, 2017, 7(29): 17906-17912.

[31]   WEI T R, WU C F, ZHANG X, et al. Thermoelectric transport properties of pristine and Na-doped $SnSe_{1-x}Te_x$ polycrystals [J]. Physical Chemistry Chemical Physics, 2015, 17(44): 30102-30109.

[32]   QIN B, WANG D, HE W, et al. Realizing High Thermoelectric performance in P-type SnSe through crystal structure modification [J]. Journal of the American Chemical Society, 2019, 141(2): 1141-1149.

[33]   SHANG P P, DONG J, PEI J, et al. Highly textured N-type SnSe polycrystals with

enhanced thermoelectric performance [J]. Research, 2019, 9(2019): 1-10.

[34] WANG X, XU J, LIU G Q, et al. Texturing degree boosts thermoelectric performance of silver-doped polycrystalline SnSe [J]. NPG Asia Materials, 2017, 9(8): e426.

[35] FU Y J, XU J T, LIU G Q, et al. Enhanced thermoelectric performance in P-type polycrystalline SnSe benefiting from texture modulation [J]. Journal of Materials Chemistry C, 2016, 4(6): 1201-1207.

[36] LIANG S J, XU J T, NOUDEM J G, et al. Thermoelectric properties of textured polycrystalline $Na_{0.03}Sn_{0.97}Se$ enhanced by hot deformation [J]. Journal of Materials Chemistry A, 2018, 6(46): 23730-23735.

[37] CHO J Y, SIYAR M, BAE S H, et al. Effect of sintering pressure on electrical transport and thermoelectric properties of polycrystalline SnSe [J]. Bulletin of Materials Science, 2020, 43(1): 63.

[38] SASSI S, CANDOLFI C, VANEY J B, et al. Assessment of the thermoelectric performance of polycrystalline P-type SnSe [J]. Applied Physics Letters, 2014, 104(21): 212105.

[39] LIU Y, ZHANG Y, ORTEGA S, et al. Crystallographically textured nanomaterials produced from the liquid phase sintering of $Bi_xSb_{2-x}Te_3$ nanocrystal building blocks [J]. Nano Letters, 2018, 18(4): 2557-2563.

[40] SUI J H, LI J, HE J Q, et al. Texturation boosts the thermoelectric performance of BiCuSeO oxyselenides [J]. Energy & Environmental Science, 2013, 6(10): 2916-2920.

[41] LUO X, HUANG B, GUO X, et al. High ZT value of pure SnSe polycrystalline materials prepared by high-energy ball milling plus hot pressing sintering [J]. ACS Applied Materials & Interfaces, 2021, 13(36): 43011-43021.

[42] LEE Y K, LUO Z, CHO S P, et al. Surface oxide removal for polycrystalline SnSe reveals near-single-crystal thermoelectric performance [J]. Joule, 2019, 3(3): 719-731.

[43] PENG K, WU H, YAN Y, et al. Grain size optimization for high-performance polycrystalline SnSe thermoelectrics [J]. Journal of Materials Chemistry A, 2017, 5(27): 14053-14060.

[44] JIANG X Y, ZHANG Q K, DENG S P, et al. Enhanced thermoelectric performance of polythiophene/carbon nanotube-based composites [J]. Journal of Electronic Materials, 2020, 49(4): 2371-2380.

[45] LEE Y K, LUO Z, CHO S P, et al. surface oxide removal for polycrystalline SnSe reveals near-single-crystal thermoelectric performance [J]. Joule, 2019, 3(3): 719-731.

[46] LI F, WANG W, QIU X, et al. Optimization of thermoelectric properties of N-type Ti, Pb co-doped SnSe [J]. Inorganic Chemistry Frontiers, 2017, 4(10): 1721-1729.

[47] LI S, ZHANG F, CHEN C, et al. Enhanced thermoelectric performance in polycrystalline N-type pr-doped SnSe by hot forging [J]. Acta Materialia, 2020, 190(15): 1-7.

[48] JU H, KIM J. Effect of SiC ceramics on thermoelectric properties of SiC/SnSe composites for solid-state thermoelectric applications [J]. Ceramics International, 2016, 42(8): 9550-9556.

[49] SHI X L, TAO X, ZOU J, et al. High-performance thermoelectric SnSe: Aqueous synthesis, innovations, and challenges [J]. Advanced Science, 2020, 7(7): 1902923.

[50] SHI X L, LIU W D, WU A Y, et al. Optimization of sodium hydroxide for securing high thermoelectric performance in polycrystalline $Sn_{1-x}Se$ via anisotropy and vacancy synergy [J]. InfoMat, 2020, 2(6): 1201-1215.

[51] HAN G, POPURI S R, GREER H F, et al. Facile Surfactant-free synthesis of P-type SnSe nanoplates with exceptional thermoelectric power factors [J]. Angewandte Chemie International Edition, 2016, 55(22): 6433-6437.

[52] CHEN W H, YANG Z R, LIN F H, et al. Nanostructured SnSe: Hydrothermal synthesis and disorder-induced enhancement of thermoelectric properties at medium temperatures [J]. Journal of Materials Science, 2017, 52(16): 9728-9738.

[53] GE Z H, WEI K Y, LEWIS H, et al. Bottom-up processing and low temperature transport properties of polycrystalline SnSe [J]. Journal of Solid State Chemistry, 2015, 225(3): 354-358.

[54] RONGIONE N A, LI M, WU H, et al. High-performance solution-processable flexible SnSe nanosheet films for lower grade waste heat recovery [J]. advanced

electronic materials, 2019, 5(3): 1800774.

[55]　HAN Q F, ZHU Y, WANG X, et al. Room temperature growth of SnSe nanorods from aqueous solution [J]. Journal of Materials Science, 2004, 39(14): 4643-4646.

[56]　TANG G D, WEN Q, YANG T, et al. Rock-salt-type nanoprecipitates lead to high thermoelectric performance in undoped polycrystalline SnSe [J]. RSC Advances, 2017, 7(14): 8258-8263.

[57]　WEI W, CHANG C, YANG T, et al. Achieving high thermoelectric figure of merit in polycrystalline SnSe via introducing Sn vacancies [J].Journal of the American Chemical Society, 2018, 140(1): 499-505.

[58]　ZHANG W X, YANG Z H, LIU J W, et al. Room temperature growth of nanocrystalline tin（Ⅱ）selenide from aqueous solution [J]. Journal of Crystal Growth, 2000, 217(1): 157-160.

[59]　KUNDU S, YI S I, YU C. Gram-scale solution-based synthesis of SnSe thermoelectric nanomaterials [J]. Applied Surface Science, 2018, 459(30): 376-384.

[60]　HAN G, POPURI S R, GREER H F, et al. Chlorine-enabled electron doping in solution-synthesized SnSe thermoelectric nanomaterials [J]. Advanced Energy Materials, 2017, 7(13): 1602328.

[61]　ZHANG Q K, NING S T, QI N, et al. Enhanced thermoelectric performance of a simple method prepared polycrystalline SnSe optimized by spark plasma sintering [J]. Journal of Applied Physics, 2019, 125(22): 225109.

[62]　SHANMUGAM G, DESHPANDE U P, SHARMA A, et al. Impact of different morphological structures on physical properties of nanostructured SnSe [J]. Journal of Physical Chemistry C, 2018, 122(24): 13182-13192.

[63]　LI Y W, LI F, DONG J F, et al. Enhanced mid-temperature thermoelectric performance of textured SnSe polycrystals made of solvothermally synthesized powders [J]. Journal of Materials Chemistry C, 2016, 4(10): 2047-2055.

[64]　LIU C Y, MIAO L, WANG X Y, et al. Enhanced thermoelectric properties of P-type polycrystalline SnSe by regulating the anisotropic crystal growth and Sn vacancy [J]. Chinese Physics B, 2018, 27(4): 047211.

[65]　SHI X, CHEN Z G, LIU W, et al. Achieving high figure of merit in P-type

polycrystalline $Sn_{0.98}Se$ via self-doping and anisotropy-strengthening [J]. Energy Storage Materials, 2018, 10(1): 130-138.

[66] DARGUSCH M, SHI X L, TRAN X Q, et al. In-situ observation of the continuous phase transition in determining the high thermoelectric performance of polycrystalline Sn0.98Se [J]. Journal of Physical Chemistry Letters, 2019, 10(21): 6512-6517.

[67] BERNARDES-SILVA A O, MESQUITA A F, NETO E D, et al. Tin selenide synthesized by a chemical route: The effect of the annealing conditions in the obtained phase [J]. Solid State Communications, 2005, 135(11-12): 677-682.

[68] GUO J, JIAN J K, LIU J, et al. Synthesis of SnSe nanobelts and the enhanced thermoelectric performance in its hot-pressed bulk composite [J]. Nano Energy, 2017, 38(5): 569-575.

[69] LI B, XIE Y, HUANG J X, et al. Solvothermal route to tin monoselenide bulk single crystal with different morphologies [J]. Inorganic Chemistry, 2000, 39(10): 2061-2064.

[70] SINGH S, BERA S, AFZAL H, et al. Influence of sulphur doping in SnSe nanoflakes prepared by microwave assisted solvothermal synthesis [C]. 2019, 2100(2): 020108.

[71] ZHANG C L, YIN H H, HAN M, et al. Two-dimensional tin selenide nanostructures for flexible all-solid-state supercapacitors [J]. ACS Nano, 2014, 8(4): 3761-3770.

[72] LIU J Y, HUANG Q Q, QIAN Y Q, et al. Screw dislocation-driven growth of the layered spiral-type SnSe nanoplates [J]. Crystal Growth & Design, 2016, 16(4): 2052-2056.

[73] YIN D, DUN C, GAO X, et al. Controllable colloidal synthesis of Tin(II) chalcogenide nanocrystals and their solution-processed flexible thermoelectric thin films [J]. Small, 2018, 14(33): 1801949.

[74] HAN G, POPURI S R, GREER H F, et al. Topotactic anion-exchange in thermoelectric nanostructured layered tin chalcogenides with reduced selenium content [J]. Chemical Science, 2018, 9(15): 3828-3836.

[75] GONG Y R, CHANG C, WEI W, et al. Extremely low thermal conductivity and

enhanced thermoelectric performance of polycrystalline SnSe by Cu doping [J]. Scripta Materialia, 2018, 147(1): 74-78.

[76] TANG G, WEI W, ZHANG J, et al. Realizing high figure of merit in phase-separated polycrystalline $Sn_{1-x}Pb_xSe$ [J]. Journal of the American Chemical Society, 2016, 138(41): 13647-13654.

[77] TANG G D, LIU J, ZHANG J, et al. Realizing high thermoelectric performance below phase transition temperature in polycrystalline SnSe via lattice anharmonicity strengthening and strain engineering [J]. ACS Applied Materials & Interfaces, 2018, 10(36): 30558-30565.

[78] LIU J, WANG P, WANG M Y, et al. Achieving high thermoelectric performance with Pb and Zn codoped polycrystalline SnSe via phase separation and nanostructuring strategies [J]. Nano Energy, 2018, 53(6): 683-689.

[79] LU W Q, LI S, XU R, et al. Boosting thermoelectric performance of SnSe via tailoring band structure, suppressing bipolar thermal conductivity, and introducing large mass fluctuation [J]. ACS Applied Materials & Interfaces, 2019, 11(48): 45133-45141.

[80] CHEN C, XUE W, LI S, et al. Zintl-phase Eu_2ZnSb_2: A promising thermoelectric material with ultralow thermal conductivity [J]. Proceedings of the National Academy of Sciences, 2019, 116(8): 2831-2836.

[81] CHANDRA S, BISWAS K. Realization of high thermoelectric figure of merit in solution synthesized 2D SnSe nanoplates via Ge alloying [J]. Journal of the American Chemical Society, 2019, 141(15): 6141-6145.

[82] CHIEN C H, CHANG C C, CHEN C L, et al. Facile chemical synthesis and enhanced thermoelectric properties of Ag doped SnSe nanocrystals [J]. RSC Advances, 2017, 7(54): 34300-34306.

[83] LI M Y, LIU Y, ZHANG Y, et al. Crystallographically textured SnSe nanomaterials produced from the liquid phase sintering of nanocrystals [J]. Dalton Transactions, 2019, 48(11): 3641-3647.

[84] HONG M, CHEN Z G, YANG L, et al. Enhancing the thermoelectric performance of $SnSe_{1-x}Te_x$ nanoplates through band engineering [J]. Journal of Materials Chemistry A, 2017, 5(21): 10713-10721.

[85] SHI X, ZHENG K, HONG M, et al. Boosting the thermoelectric performance of P-type heavily Cu-doped polycrystalline SnSe: Via inducing intensive crystal imperfections and defect phonon scattering [J]. Chemical Science. 2018, 9(37): 7376-7389.

[86] SHI X, WU A, FENG T, et al. High thermoelectric performance in P-type polycrystalline Cd - doped SnSe achieved by a combination of cation vacancies and localized lattice engineering [J]. Advanced Energy Materials, 2019, 9(11): 1803242.

[87] SHI X L, ZHENG K, LIU W D, et al. Realizing high thermoelectric performance in N-Type highly distorted Sb-doped SnSe microplates via tuning high electron concentration and inducing intensive crystal defects [J]. Advanced Energy Materials, 2018, 8(21): 1800775.

[88] LI X, CHEN C, XUE W, et al. N-type Bi-doped SnSe thermoelectric nanomaterials synthesized by a facile solution method [J]. Inorganic Chemistry, 2018, 57(21): 13800-13808.

[89] CHANDRA S, BANIK A, BISWAS K. N-type ultrathin few-layer nanosheets of Bi doped SnSe: Synthesis and thermoelectric properties [J]. ACS Energy Letters, 2018, 3(5): 1153-1158.

[90] WU D, WU L, HE D, et al. Direct observation of vast off-stoichiometric defects in single crystalline SnSe [J]. Nano Energy, 2017, 35(3): 321-330.

[91] NGUYEN V Q, KIM J, CHO S. A review of SnSe: Growth and thermoelectric properties [J]. Journal of the Korean Physical Society, 2018 72(8): 841-857.

[92] KIM S U, DUONG A T, CHO S, et al. A microscopic study investigating the structure of SnSe surfaces [J]. Surface Science, 2016, 651(1): 5-9.

[93] LOU X N, LI S, CHEN X, et al. Lattice strain leads to high thermoelectric performance in polycrystalline SnSe [J]. ACS Nano, 2021, 15(5): 8204-8215.

[94] CHANDRA S, BISWAS K. Realization of high thermoelectric figure of merit in solution synthesized 2D SnSe nanoplates via Ge alloying [J]. Journal of the American Chemical Society, 2019, 141(15): 6141-6145.

[95] LI S, LOU X N, LI X T, et al. Realization of high thermoelectric performance in polycrystalline Tin selenide through Schottky vacancies and endotaxial

nanostructuring [J]. Chemistry of Materials, 2020, 32(22): 9761-9770.

[96] SHI X, WU A, LIU W, et al. Polycrystalline SnSe with extraordinary thermoelectric property via nanoporous design [J]. ACS Nano, 2018, 12(11): 11417-11425.

[97] KAJIHARA M. Chemical driving force for diffusion-induced recrystallization or diffusion-induced grain boundary migration in a binary system consisting of nonvolatile elements [J]. Scripta Materialia, 2006, 54(10): 1767-1772.

[98] HILLERT M. On the driving force for diffusion induced grain boundary migration [J]. Scr Metall, 1983, 17(2): 237-240.

[99] ELIZABETH A. Holm S M F. How grain growth stops: A mechanism for grain-growth stagnation in pure materials [J]. Science, 2010, 328(5982): 1138-1141.

[100] FOURNELLE R A. On the thermodynamic driving force for diffusion-induced grain boundary migration, discontinuous precipitation and liquid film migration in binary alloys [J]. Materials Science and Engineering A, 1991, 138(1): 133-145.

[101] HILLERT M, PURDY G R. Chemically induced grain boundary migration [J]. Acta Metallurgica, 1978, 26(2): 333-340.

[102] BALLUFFI R W, CAHN J W. Mechanism for diffusion induced grain boundary migration [J]. Acta Metallurgica, 1981, 29(3): 493-500.

[103] DARLING K A, RAJAGOPALAN M, KOMARASAMY M, et al. Extreme creep resistance in a microstructurally stable nanocrystalline alloy [J]. Nature, 2016, 537: 378-381.

[104] ZHANG Q, ZHANG Q, CHEN S, et al. Suppression of grain growth by additive in nanostructured P-type bismuth antimony tellurides [J]. Nano Energy, 2012, 1(1): 183-189.

[105] LIU Y, PATTERSON B R. Grain growth inhibition by porosity [J]. Acta Metallurgica et Materialia, 1993, 41(9): 2651-2656.

[106] WEYGAND D, BRÉCHET Y, LÉPINOUX J. Zener pinning and grain growth: A two-dimensional vertex computer simulation [J]. Acta Materialia, 1999, 47(3): 961-970.

[107] CHANG K, FENG W, CHEN L Q. Effect of second-phase particle morphology on grain growth kinetics [J]. Acta Materialia, 2009, 57(17): 5229-5236.

[108] NARDUCCI D, SELEZNEVA E, CEROFOLINI G, et al. Impact of energy filtering and carrier localization on the thermoelectric properties of granular semiconductors [J]. Journal of Solid State Chemistry, 2012, 193(1): 19-25.

[109] BAHK J H, SHAKOURI A. Enhancing the thermoelectric figure of merit through the reduction of bipolar thermal conductivity with heterostructure barriers [J]. Applied Physics Letters, 2014, 105(05): 052106.

[110] GAYNER C, AMOUYAL Y. Energy filtering of charge carriers: Current trends, challenges, and prospects for thermoelectric materials [J]. Advanced Functional Materials, 2020, 30(18): 1-17.

[111] XIAO Y, WU H, LI W, et al. Remarkable roles of Cu to synergistically optimize phonon and carrier transport in N-type PbTe-Cu$_2$Te [J]. Journal of the American Chemical Society, 2017, 139(51): 18732-18738.

[112] VOLYKHOV A A, SHTANOV V I, YASHINA L V. Phase relations between germanium, tin, and lead chalcogenides in pseudobinary systems containing orthorhombic phases [J]. Inorganic Materials, 2008, 44(3): 345-356.

[113] DUONG A T, NGUYEN V Q, DUVJIR G, et al. Achieving ZT=2.2 with Bi-doped N-type SnSe single crystals [J]. Nature Communications, 2016, 7(13): 13713.

[114] BISWAS K, HE J, BLUM I D, et al. High-performance bulk thermoelectrics with all-scale hierarchical architectures [J]. Nature, 2012, 489: 414-418.

[115] CHEN C L, WANG H, CHEN Y Y, et al. Thermoelectric properties of P-type polycrystalline SnSe doped with Ag [J]. Journal of Materials Chemistry A, 2014, 2(11): 11171-11176.

[116] IBÁÑEZ M, LUO Z, GENÇ A, et al. High-performance thermoelectric nanocomposites from nanocrystal building blocks [J]. Nature Communications, 2016, 7(10): 10766.

[117] IBÁÑEZ M, KORKOSZ R J, LUO Z, et al. Electron doping in bottom-up engineered thermoelectric nanomaterials through HCl-mediated ligand displacement [J]. Journal of the American Chemical Society, 2015,137(12): 4046-4049.

[118] IBAÑ EZ M, HASLER R, GENC A, et al. Ligand-mediated band engineering in bottom-up assembled SnTe nanocomposites for thermoelectric energy conversion

[J]. Journal of the American Chemical Society, 2019, 141(20): 8025-8029.

[119] ZHANG Y, LIU Y, CALCABRINI M, et al. Bismuth telluride-copper telluride nanocomposites from heterostructured building blocks [J]. Journal of Materials Chemistry C, 2020, 8(40): 14092-14099.

[120] IBÁÑEZ M, HASLER R, LIU Y, et al. Tuning P-type transport in bottom-up-engineered nanocrystalline Pb chalcogenides using Alkali metal chalcogenides as capping ligands [J]. Chemistry of Materials, 2017, 29(17): 7093-7097.

[121] ORTEGA S, IBÁÑEZ M, LIU Y, et al. Bottom-up engineering of thermoelectric nanomaterials and devices from solution-processed nanoparticle building blocks [J]. Chemical Society Reviews, 2017, 46(12): 3510-3528.

[122] IBÁÑEZ M, GENÇ A, HASLER R, et al. Tuning transport properties in thermoelectric nanocomposites through inorganic ligands and heterostructured building blocks [J]. ACS Nano, 2019, 13(6): 6572-6580.

[123] MITZI D B, KOSBAR L L, MURRAY C E, et al. High-mobility ultrathin semiconducting films prepared by spin coating [J]. Nature, 2004, 428(6980): 299-303.

[124] WEBBER D H, BRUTCHEY R L. Alkahest for V_2VI_3 chalcogenides: Dissolution of nine bulk semiconductors in a diamine-dithiol solvent mixture [J]. Journal of the American Chemical Society, 2013,135(42): 15722-15725.

[125] MCCARTHY C L, BRUTCHEY R L. Solution processing of chalcogenide materials using thiol-amine "alkahest" solvent systems [J]. Chemical Communications, 2017, 53(36): 4888-4902.

[126] BUCKLEY J J, MCCARTHY C L, DEL PILAR-ALBALADEJO J, et al. Dissolution of Sn, SnO, and SnS in a thiol-amine solvent mixture: Insights into the identity of the molecular solutes for solution-processed SnS [J]. Inorganic Chemistry, 2016, 55(6): 3175-3180.

[127] MCCARTHY C L, WEBBER D H, SCHUELLER E C, et al. Solution-phase conversion of bulk metal oxides to metal chalcogenides using a simple thiol-amine solvent mixture [J]. Angewandte Chemie-International Edition, 2015, 54(29): 8378-8381.

[128] WEBBER D H, BUCKLEY J J, ANTUNEZ P D, et al. Facile dissolution of

selenium and tellurium in a thiol-amine solvent mixture under ambient conditions [J]. Chemical Science, 2014, 5(6): 2498-2502.

[129] ZHAO X, DESHMUKH S D, ROKKE D J, et al. Investigating chemistry of metal dissolution in amine-thiol mixtures and exploiting it toward benign ink formulation for metal chalcogenide thin films [J]. Chemistry of Materials, 2019, 31(15): 5674-5682.

[130] MANOHAR P A, FERRY M, CHANDRA T. Five decades of the zener equation [J]. ISIJ International, 1998, 38(9): 913-924.

[131] TANG H, DONG J F, SUN F H, et al. Adjusting Na doping via wet-chemical synthesis to enhance thermoelectric properties of polycrystalline SnS [J]. Science China Materials, 2019, 62(10): 1005-1012.

[132] YANG H, KIM C E, GIRI A, et al. Synthesis of surfactant-free SnS nanoplates in an aqueous solution [J]. RSC Advances, 2015, 5(115): 94796-94801.

[133] TAN Q, WU C F, SUN W, et al. Solvothermally synthesized SnS nanorods with high carrier mobility leading to thermoelectric enhancement [J]. RSC Advances, 2016, 6(50): 43985-43988.

[134] FENG D, GE Z H, CHEN Y X, et al. Hydrothermal synthesis of SnQ (Q = Te, Se, S) and their thermoelectric properties [J]. Nanotechnology, 2017, 28(45): 455707.

[135] YANG H Q, WANG X Y, WU H, et al. Sn vacancy engineering for enhancing the thermoelectric performance of two-dimensional SnS [J]. Journal of Materials Chemistry C, 2019, 7(11): 3351-3359.

第 7 章　结语及展望

自从德国物理学家泽贝克在 1821 年发现加热不同金属构成的电回路能够产生电流，热电材料的发展已经经历了 200 多年的历史。在这 200 多年间，人们对于高性能热电材料的探索从当初的金属合金逐渐扩展到了半导体材料，并且发展了一系列理论方法，如"声子玻璃 - 电子晶体""全尺度声子散射""能带工程"以及"晶体材料"等。得益于这些热电理论的发展，热电材料性能实现了阶梯式的发展，ZT 值从 20 世纪 40 年代的不到 0.2 发展到目前的 2.0、3.0。对应地，热电器件的能源转换效率从当初的不足 1% 提升到目前的 7%。但是这个过程并不是一帆风顺的。在热电材料的发展过程中，一直存在质疑的声音，认为热电研究已经触及"天花板"了。原因很简单，热电效应的各个参数之间存在着复杂的耦合作用，而他们将自己的思维也禁锢在这些耦合关系之中了。但是，热电材料的探索不应停下脚步。在寻找传统热电理论的突破口的过程中，我们发现多数传统高效热电材料都集中在窄带隙半导体范围内（带隙为 0.1 ~ 0.4 eV），而绝大多数的理论预测都基于这点。这恰恰限制了这些热电材料的实际应用范围。在此基础上，我们开发出了高效的锡硫族层状宽带隙热电材料 SnQ（Q = Se、S），其带隙在 0.9 eV 以上，进而在更宽的温度范围内实现了材料热电性能的巨大提升，促进了热电材料性能的质的跨越。

7.1　本书总结

本书总结了锡硫族层状宽带隙热电材料 SnQ 近些年的研究进展，分析了具有层状结构的热电材料的载流子和声子输运机制，阐明了研究宽带隙热电材料的重要性和必要性。本书对 SnQ 材料的基本物理性质和化学性质进行了介绍，重点分析了材料的晶体结构的层状特征及其对热电性能的贡献。SnQ 材料的优异热电性能源自其强非谐振效应导致的本征低热导特性，本书分析了非谐振效应与材料热输运之间的关系，着重讨论了 SnQ 材料的本征低热导特性的内在机理和外部影响因素。在电输运方面，本书从 SnQ 材料复杂的电子能带结构出发，阐明了材料的多价带输运和多能带交互的特性，并且介绍了 N 型 SnSe 晶体的"三维电荷 - 二维声子"热电性能。最后，虽然锡硫族层状宽带隙 SnQ 晶体的热电性能优越，但是多晶在大规模合成与应用方面更具优势。本书总结了锡硫族层状宽带隙 SnQ 多晶的研究进展，从不同的制备和合成方法出发，主要对 SnSe 多晶的突出成果进行了介绍。

宽带隙热电材料是一类涵盖内容很广的材料体系，如 BiCuSeO[1]、$K_2Bi_8Se_{13}$[2]、$BiSbSe_3$[3] 和 BiSeBr/BiSeI[4] 等，相关研究表明它们都体现出很有发展潜力的热电性能。虽然本书没有对其他宽带隙热电材料进行系统的介绍，但是，它们的性能与锡硫族层状宽带隙热电材料 SnQ 有着很多相似之处，如热电输运的各向异性、强非谐振效应和复杂能带结构等。因此，本书的相关理论分析对这些材料的研究也有借鉴意义。

7.2　研究展望

截至本书成稿之日，关于锡硫族层状宽带隙热电材料的研究仍然处于起步阶段，每过一段时间就会涌现出很多新兴研究方向。在本书的最后，我们简要列举其中的几个，希望能引起人们对这些方向的关注，促进相关研究的进一步完善与发展。

第一，单层 SnQ 的热电性能研究。

与块体 SnQ 相比，单层材料具有独特的量子限域效应。一方面，量子限域显著提升了单层材料的带隙，使其理论上的最优使用温度得到进一步提升；另一方面，量子限域效应能够增大载流子有效质量，为其电输运性能的提升提供新的理论基础 [5]。因为这些特性，相关理论研究发现单层 SnSe 的热电性能优于普通块体 SnSe，并且 P 型与 N 型 SnSe 的器件兼容性与块体 SnSe 相比有显著提升，这使得单层 SnQ 的研究极具吸引力。目前，依靠溶剂热法以及气相沉积法已经能够制备出高质量的单层 SnQ 薄膜 [6]。但是，对于单层 SnQ 本征缺陷以及相关掺杂、固溶的研究尚处于起步阶段，这方面的研究有待进一步的探索。

第二，SnQ 的拓扑特性研究。

热电材料的拓扑特性研究源自 Bi_2Te_3 体系，其通过晶体对称实现对表面态的保护。同样，前期关于 SnQ 的拓扑特性的理论研究已经证明了立方结构的 SnQ 具有拓扑效应，但是用传统方法制备的 SnQ 都呈现 *Pnma* 相或者 *Cmcm* 相的晶体结构。最近关于立方 SnSe 的研究有了关键性的发展，例如利用 MEB 成功制备了厚度为十几个原子层的立方 SnSe 薄膜 [7]，或者利用超高压实现了室温下 SnSe 从 *Pnma* 到 *Cmcm* 再到 *Pm3m* 立方结构的转变 [8]。二者都通过实验的方法验证了立方 SnSe 的拓扑特性。但是，相关样品的制备条件苛刻，这制约了其热电性能的研究，所以下一阶段的关键在于在常规环境下制备立方结构 SnSe，并且通过实验手段对拓扑态 SnQ 的热电性能进行系统研究。

第三，高性能晶体热电器件的搭建。

高性能晶体热电器件的搭建是热电材料产业应用至关重要的一环。其不仅受限于材料本身的性能优值，更受限于多个工程学难题，如 PN 结两侧的器件兼容性、稳定的电极接触材料等。对 SnQ 来说，相关的热电器件的制备面临着新的挑战。例如，P 型、N 型 SnQ 的最优性能方向不同，如何解决 PN 结两侧的机械性能存在差异的问题；怎样缓解或者消除宽带隙半导体与金属电极接触时在接触面产生的极强的费米钉扎效应；以及怎样避免高温下电极材料向材料内部的扩散等。

7.3 参考文献

[1] ZHAO L D, HE J Q, BERARDAN D, et al. BiCuSeO oxyselenides: New promising thermoelectric materials [J]. Energy & Environmental Science, 2014, 7(9): 2900-2924.

[2] PEI Y, CHANG C, WANG Z, et al. Multiple converged conduction bands in $K_2Bi_8Se_{13}$: A promising thermoelectric material with extremely low thermal conductivity [J]. Journal of the American Chemical Society, 2016, 138(50): 16364-16371.

[3] LIU X, WANG D, WU H, et al. Intrinsically low thermal conductivity in $BiSbSe_3$: A promising thermoelectric material with multiple conduction bands [J]. Advanced Functional Materials, 2019, 29(3): 1806558.

[4] WANG D, HUANG Z, ZHANG Y, et al. Extremely low thermal conductivity from bismuth selenohalides with 1D soft crystal structure [J]. SCIENCE CHINA

Materials, 2020, 63(9): 1759-1768.

[5]　MAO J, LIU Z, REN Z. Size effect in thermoelectric materials [J]. npj Quantum Materials, 2016, 1(16): 16028.

[6]　LI L, CHEN Z, HU Y, et al. Single-layer single-crystalline SnSe nanosheets [J]. Journal of the American Chemical Society, 2013, 135(4): 1213-1216.

[7]　WANG Z, WANG J, ZANG Y, et al. Molecular beam epitaxy-grown SnSe in the rock-salt structure: An artificial topological crystalline insulator material [J]. Advanced Materials, 2015, 27(28): 4150-4154.

[8]　CHEN X, LU P, WANG X, et al. Topological Dirac line nodes and superconductivity coexist in SnSe at high pressure [J]. Physical Review B, 2017, 96(16): 165123.